W0259220

RANDWERTPROBLEME DER MIKROWELLENPHYSIK

RANDWERTPROBLEME DER MIKROWELLENPHYSIK

VON

FRITZ E. BORGNIS UND CHARLES H. PAPAS
CALIFORNIA INSTITUTE OF TECHNOLOGY
PASADENA/USA.

MIT 75 TEXTABBILDUNGEN

SPRINGER-VERLAG
BERLIN · GÖTTINGEN · HEIDELBERG
1955

ISBN-13: 978-3-642-88039-1 e-ISBN-13: 978-3-642-88038-4
DOI: 10.1007/978-3-642-88038-4

SOFTCOVER REPRINT OF THE HARDCOVER 1ST EDITION 1955

Vorwort.

Unter den vielen Problemen, welche die schnelle Entwicklung der Mikrowellenphysik mit sich gebracht hat, nehmen Beugungs- und Strahlungsprobleme einen wichtigen Platz ein. Die linearen Abmessungen der angestrahlten oder strahlenden Objekte liegen dabei gewöhnlich in der Größenordnung der Wellenlänge oder darunter.

In der Auffindung strenger Lösungen in zahlenmäßig auswertbarer Form wurden bedeutende Fortschritte erzielt. Diese Lösungen beschränken sich jedoch auf eine verhältnismäßig kleine Zahl von Problemen, deren einfache Geometrie den verfügbaren mathematischen Hilfsmitteln entgegenkommt. Für die überwiegende Zahl von Problemstellungen besitzt man, wenigstens bis heute, nicht die Mittel zu einer mathematisch strengen und numerisch mit beliebiger Genauigkeit auswertbaren Lösung.

Das Interesse richtet sich daher mit Notwendigkeit auf Verfahren zur Gewinnung angenäherter Lösungen, die es erlauben, experimentelle Ergebnisse mit einer für praktische Bedürfnisse hinreichenden Genauigkeit analytisch zu beschreiben. Die Literatur der vergangenen Dekade läßt die Anstrengungen erkennen, die den vielfältigen nach einer Lösung drängenden Problemen gewidmet wurden. Als ein wertvolles Hilfsmittel erwies sich dabei die Heranziehung von Integralgleichungen und die damit eng verknüpfte, im Englischen unter dem Namen "*Variational Principle*" bekannte Methode, zu deren konsequenten Anwendung auf den in Frage stehenden Problemkreis J. SCHWINGER den grundlegenden Anstoß gegeben hat. Dieses Verfahren, das wir hier als „Methode der stationären Darstellung" bezeichnen wollen, dient zur angenäherten Berechnung von Größen, die aus einer bestimmten Art von Mittelwertbildung über Feldverteilungen hervorgehen.

Falls man sich, sei es auf Grund physikalisch plausibler Überlegungen oder durch Konstruktion nach gegebenen Vorschriften, eine Näherung für die Feldverteilung verschaffen kann, liefert die Methode im Prinzip eine verbesserte Näherung für die aus der Mitteilung hervorgehende Größe. Tatsächlich interessieren nun bei sehr vielen Problemen die gemittelten Größen und nicht so sehr die Feldverteilungen selbst. Es hat sich herausgestellt, daß man oft schon mit relativ groben Näherungen für die Feldverteilungen zu recht brauchbaren Ergebnissen für die gemittelten Größen gelangt.

Die Formulierung und Lösung von Randwertproblemen mit Hilfe von Integralgleichungen erweist sich in vielen Fällen als vorteilhaft.

Diese Art der Behandlung ist keineswegs neu; eine weitere Verbreitung, besonders im Zusammenhang mit der Formulierung stationärer Darstellungen, hat sie jedoch erst in jüngster Zeit gefunden. Man findet daher in den Büchern der Elektrodynamik nicht allzuviel davon. Wer sich mit den genannten Methoden aus der Literatur vertraut machen will, ist im wesentlichen auf die Originalarbeiten angewiesen, in denen die methodische Seite nicht ausführlich behandelt zu werden pflegt.

Das vorliegende Buch bemüht sich um eine systematische Einführung in die Anwendung der genannten Verfahren an Hand ausgewählter Beispiele aus der Physik der Mikrowellen; die Anwendung in anderen Gebieten, wie beispielsweise der Mechanik oder der Quantentheorie, vollzieht sich auf ganz analoge Weise.

Bei der Beschränkung auf den umrissenen Problemkreis müssen beim Leser notwendigerweise gewisse Kenntnisse vorausgesetzt werden. Es darf angenommen werden, daß der Physiker oder Ingenieur, der sich für die hier behandelten Dinge interessiert, mit der MAXWELLschen Theorie und der klassischen Behandlung der Wellengleichung vertraut ist. Kenntnisse über Integralgleichungen werden jedoch nicht vorausgesetzt, und die Anwendung der GREENschen Funktion sowie der DIRACschen Deltafunktion wird von Grund auf erläutert.

Die Auswahl der Beispiele trägt naturgemäß subjektiven Charakter; sie erfolgte nach methodischen Gesichtspunkten und aus dem Bestreben, die Anwendungen möglichst vielfältig zu gestalten. Vom Streuproblem am metallischen Kreiszylinder, das sich seiner einfachen Geometrie wegen besonders gut zur ausführlichen Erläuterung der Idee der stationären Darstellung eignet, führen die Probleme über die verwandten Streuprobleme am Streifen und Spalt zur am Ende offenen koaxialen LECHER-Leitung und zur Streuung an Blenden in koaxialen Leitungen und im Rechteckhohlleiter. Den Abschluß bilden zwei Strahlerprobleme, nämlich die Weitwinkel-Konusantenne und die lineare gerade Antenne. Dazwischen wird dem klassischen Anwendungsbeispiel der stationären Darstellung von Eigenwerten der gebührende Platz eingeräumt mit einer ausführlicheren Betrachtung über die näherungsweise Bestimmung der Grenzfrequenz von zylindrischen Hohlleitern beliebiger Querschnittsform und von Hohlraumresonatoren beliebiger Gestalt. In einem Anhang finden sich einige ergänzende Betrachtungen zur stationären Darstellung sowie zur Anwendung der dyadischen GREENschen Funktion auf die Lösung der vektoriellen Wellengleichung.

Das Schwergewicht liegt auf der Erläuterung der Methodik und nicht auf der mathematischen Auswertung. So wird des öfteren bei langwierigen Integrationen auf die Originalarbeiten verwiesen, wobei jedoch meist ersichtlich wird, wie das Endergebnis im Prinzip zustande kommt. Die Absicht ist nicht, die gewählten Beispiele auf dem jeweils elegantesten Wege in Kürze zu erledigen, sondern vielmehr die Methodik möglichst vielgestaltig hervortreten zu lassen. Der Aufbau entspricht etwa der Art einer Vorlesung mit dem Ziel, den Leser mit der Materie soweit vertraut zu machen, daß er in die Lage versetzt wird, Probleme ähnlicher Art auch selbständig zu behandeln. Dem physikalischen Charakter des Buches entsprechend wird auch der praktischen Seite der Probleme Rechnung getragen, indem die Ergebnisse im allgemeinen numerisch diskutiert und ausgewertet werden.

Bezüglich des periodischen Zeitfaktors haben wir uns, in Übereinstimmung mit anderen neueren Darstellungen, für $e^{-i\omega t}$ entschieden. Dies hat den Vorteil, daß bei Wellenvorgängen, mit denen wir es hier zu tun haben, eine in der positiven x-Richtung fortschreitende Welle durch e^{ikx} beschrieben wird. Wo im Endergebnis eine Induktivität oder Kapazität eingeführt wird, muß man dafür ein $-i\omega L$ und $-i\omega C$ für den induktiven Widerstand und den kapazitiven Leitwert in Kauf nehmen. Der mehr elektrotechnisch orientierte Leser mag sich überall da, wo ein L oder ein C auftritt, die imaginäre Einheit i durch $-i$ ersetzt denken und so die gewohnte Form herstellen.

Dielektrizitätskonstante und Permeabilität sind mit $\varepsilon\varepsilon_0$ und $\mu\mu_0$ bezeichnet, womit das Maßsystem freigestellt bleibt. Im praktischen (M.K.S.) Maßsystem ist $\mu_0 = 4\pi \cdot 10^{-7}$ Henry/m und damit $\varepsilon_0 = 1/\mu_0 c^2 = 1/(4\pi \cdot 9 \cdot 10^9)$ Farad/m zu setzen.

Eine Reihe von Fachkollegen haben uns durch ihr liebenswürdiges Interesse bei der Niederschrift des Manuskripts sowie durch wertvolle Kommentare unterstützt.

Unser besonderer Dank gebührt Herrn Professor Dr. RONOLD W. P. KING von der Harvard-Universität, Cambridge, Mass., USA, sowie den Herren Professor Dr. J. LENSE und Diplomphysiker F. ENGELMANN vom Mathematischen Institut der Technischen Hochschule München für das sorgfältige Mitlesen des ganzen Manuskripts und zahlreiche wertvolle Anregungen. Für viele nützliche Hinweise sind wir den Herren Professor Dr. A. ERDÉLYI und Professor Dr. W. R. SMYTHE vom California Institute of Technology in Pasadena, California, USA, verpflichtet. Herrn Professor Dr. E. HALLÉN von der Königl. Technischen Hochschule in Stockholm verdanken wir gelegentlich seines Aufenthaltes in Pasadena eine Reihe wertvoller Bemerkungen zum Abschnitt 17.5 über seine Integralgleichung der linearen Antenne.

Dem Verlag sei auch an dieser Stelle unser Dank für sein bereitwilliges Eingehen auf alle unsere Wünsche bei der Drucklegung zum Ausdruck gebracht.

Pasadena, Januar 1955.

F. E. B. C. H. P.

Inhaltsverzeichnis.

Verzeichnis der verwendeten Symbole.

(Die beigesetzten Gleichungsnummern geben an, wo das betreffende Symbol eingeführt oder definiert wird.)

Generelle Bezeichnungen.

x, y, z rechtwinklige Koordinaten.
ϱ, φ, z zylindrische Koordinaten.
r, ϑ, φ sphärische Koordinaten.
δ Variationszeichen.
$\mathrm{Re}(z), \mathrm{Im}(z)$ reeller und imaginärer Teil des komplexen Ausdrucks z.
$\boldsymbol{A} \cdot \boldsymbol{B}$ inneres Produkt der Vektoren $\boldsymbol{A}$ und $\boldsymbol{B}$.
$\boldsymbol{A} \times \boldsymbol{B}$ äußeres Produkt der Vektoren $\boldsymbol{A}$ und $\boldsymbol{B}$.
$\boldsymbol{AB}$ dyadisches Produkt der Vektoren $\boldsymbol{A}$ und $\boldsymbol{B}$ (Anhang C).
$a^* = \alpha - i\beta$ ist die zu $a = \alpha + i\beta$ konjugiert komplexe Größe.
$f'(x)$ bezeichnet die erste Ableitung der Funktion $f(x)$.
Vektoren sind durch halbfette lateinische oder kleine griechische Buchstaben, *Dyaden (Tensoren)* durch halbfette *große* griechische Buchstaben gekennzeichnet. Die Zeitabhängigkeit ist durchwegs durch $e^{-i\omega t}$ gegeben.

Spezielle Bezeichnungen.

A Oberfläche.
dA Oberflächenelement.
A_m Konstante Gl. (12.8), (13.3), (13.81).
A_m^s Konstante Gl. (12.63), (13.47).
a Zylinderradius; Breite des rechteckigen Hohlleiterquerschnitts (Fig. 12.1 und 13.1); Konuslänge (Fig. 16.1); Ellipsenhalbachse (Fig. 14.4 und 15.2).
$\boldsymbol{A}$ Vektorpotential.
B Fernfeldamplitude Gl. (6.9), (A.14), (A.23), (B.19).
B_0 Blindleitwert ($Y_0 = G_0 - iB_0$).
B_m Konstante Gl. (13.9), (13.80).
B_m^s Konstante Gl. (12.63), (13.47).
b Höhe des rechteckigen Hohlleiterquerschnitts (Fig. 12.1); Ellipsenhalbachse (Fig. 14.4 und 15.2).
$\boldsymbol{B}$ magnetische Induktion.
C Kapazität Gl. (A.13).
C_0 Kapazität (Fig. 10.5 und 12.2), Gl. (12.51).
C_j Konstante Gl. (12.113).
C_m Konstante Gl. (12.9).
C_n Konstante Gl. (16.20).
$Ci(x)$ Integralcosinus Gl. (17.69).
$C_k(\boldsymbol{r}, \boldsymbol{r}')$ Gl. (17.31).
c Vakuumlichtgeschwindigkeit; Halbachse eines dreiachsigen Ellipsoids (Fig. 15.1).
c_μ Konstante Gl. (13.98).
D_1, D_2 Deckflächen Fig. 17.1.
D_{jk} Konstante Gl. (12.105) und (12.113).

D_μ Konstante Gl. (16.39) bis (16.41).
$\boldsymbol{D}$ elektrische Verschiebung.
E_x, E_y, E_z; E_r, E_φ, E_z; $E_r, E_\vartheta, E_\varphi$ elektrische Feldkomponenten in rechtwinkligen, zylindrischen und sphärischen Koordinaten.
$E_{0\varrho}$ elektrisches Radialfeld in der koaxialen LECHER-Leitung Gl. (10.1).
E_{y_g}, E_{y_u} bezüglich der Ebene $z = 0$ gerade bzw. ungerade elektrische Feldkomponenten Gl. (13.48) und (13.49).
E elektrische Feldkomponente auf einer Bezugsfläche, so $\mathsf{E}(\varrho)$ Gl. (10.19), (11.19); $\mathsf{E}(y)$ Gl. (12.12); $\mathsf{E}(x)$ Gl. (13.6), (13.56); $\mathsf{E}(\vartheta)$ Gl. (16.47).
$\mathfrak{E}$ Einheitsdyade, Einheitstensor Gl. (17.9), (C.19).
$\boldsymbol{E}$ elektrisches Feld.
$\boldsymbol{E}^i$ einfallendes, $\boldsymbol{E}^s$ gestreutes, $\boldsymbol{E}^{total} = \boldsymbol{E}^i + \boldsymbol{E}^s$ totales elektrisches Feld.
$\boldsymbol{E}_l$ longitudinales elektrisches Feld.
$\boldsymbol{E}_t$ tangentiales elektrisches Feld.
$\boldsymbol{E}_{tr}$ transversales elektrisches Feld.
$\boldsymbol{E}_\mu$ elektrisches Feld des μ-ten Schwingungstyps Gl. (15.7).
E_μ genähertes elektrisches Feld des μ-ten Schwingungstyps Gl. (14.64) bis (14.73).
$\boldsymbol{e}$ Einheitsvektor; speziell $\boldsymbol{e}_x, \boldsymbol{e}_y, \boldsymbol{e}_z$ im rechtwinkligen, $\boldsymbol{e}_r, \boldsymbol{e}_\varphi, \boldsymbol{e}_z$ im zylindrischen und $\boldsymbol{e}_r, \boldsymbol{e}_\vartheta, \boldsymbol{e}_\varphi$ im sphärischen Koordinatensystem.
$\boldsymbol{e}_n$ elektrisches Einheitsfeld, in der Richtung $\boldsymbol{n}$ fortschreitend, Gl. (B.1).
$\mathsf{F}(x)$ Gl. (13.90).
$F(z), F_1(z)$ Gl. (17.51) und Gl. (17.54).
$G(\boldsymbol{r}, \boldsymbol{r}')$ skalare GREENsche Funktion Gl. (2.1).
G_0 Wirkleitwert ($Y_0 = G_0 - iB_0$).
$G_k(\boldsymbol{r}, \boldsymbol{r}')$ Gl. (17.26).
$g(a, \varphi; a, \varphi')$ Gl. (5.12).
$g(\varrho, \varrho', \xi)$ Gl. (10.25).
H_x, H_y, H_z; H_r, H_φ, H_z; $H_r, H_\vartheta, H_\varphi$ magnetische Feldkomponenten in rechtwinkligen, zylindrischen und sphärischen Koordinaten.
$H_{0\varphi}$ magnetisches Zirkularfeld in einer koaxialen LECHER-Leitung Gl. (10.1).
H'_y magnetische Feldkomponente Gl. (13.52).
$H_n^{(1)}(x)$ HANKELsche Zylinderfunktion (bei der gewählten Zeitabhängigkeit $e^{-i\omega t}$ im Unendlichen auslaufende Zylinderwelle).
H magnetische Feldkomponente auf einer Bezugsfläche, so $\mathsf{H}(\varrho)$ Gl. (11.36).
$h_0^2 = k^2 - (\pi/a)^2$ Gl. (12.2) und (12.6).
$h_m^2 = h_0^2 - (m\pi/b)^2$ Gl. (12.6); $h_m^2 = k^2 - (m\pi/a)^2$ Gl. (13.4).
$h_{m,n}^2 = k^2 - (m\pi/a)^2 - (n\pi/b)^2$ Gl. (2.35).
$h_\mu^2 = k^2 - \gamma_\mu^2$ Gl. (14.3).
$h_n^{(1)}(x) = \frac{1}{\sqrt{x}} H_{n+1/2}^{(1)}(x)$ Gl. (16.16).
$\boldsymbol{H}$ magnetisches Feld.
$\boldsymbol{H}^i$ einfallendes, $\boldsymbol{H}^s$ gestreutes, $\boldsymbol{H}^{total} = \boldsymbol{H}^i + \boldsymbol{H}^s$ totales magnetisches Feld
$\boldsymbol{H}_{tr}$ transversales magnetisches Feld.
$\boldsymbol{H}_\mu$ magnetisches Feld des μ-ten Schwingungstyps Gl. (15.7).
H_μ genähertes magnetisches Feld des μ-ten Schwingungstyps Gl. (14.64) bis (14.73).
$\boldsymbol{h}_n$ magnetisches Einheitsfeld, in der Richtung $\boldsymbol{n}$ fortschreitend, Gl. (B.1).
$i = \sqrt{-1}$ imaginäre Einheit.
$\boldsymbol{I}$ elektrische Stromdichte (Ampere/Flächeneinheit).

J elektrischer Gesamtstrom (Ampere) mit den Komponenten J_ϱ, J_z Gl. (17.18), (17.22).
$J_n(x)$ BESSELsche Zylinderfunktion.
J Integralausdruck (Gl. 4.7)
$K(\boldsymbol{r}, \boldsymbol{r}')$ Kern einer Integralgleichung Gl. (4.24), (12.89), (17.44).
K Konstante Gl. (13.24), (16.32).
$k = 2\pi/\lambda$ Kreiswellenzahl.
$\boldsymbol{k}$ Wellenvektor; $|\boldsymbol{k}| = k$.
$L(x)$ Gl. (17.69).
$L_\mu(\cos\vartheta)$ $= a_\mu P_\mu(\cos\vartheta) + b_\mu P_\mu(-\cos\vartheta)$ Gl. (16.36) und (16.37).
L_0 Induktivität (Fig. 13.2).
l Antennenlänge (Fig. 17.1).
log natürlicher Logarithmus der Basis e.
M Mantelfläche (Fig. 17.1).
M Konstante Gl. (15.24).
$N_n(x)$ NEUMANNsche Zylinderfunktion.
N Konstante Gl. (15.29).
N Normierungsfaktor Gl. (11.34).
$\boldsymbol{n}$ äußere Normale.
$P_n(\cos\vartheta)$ LEGENDREsche Kugelfunktion.
$p = \delta/b$ (Fig. 12.1, 12.6, 12.7).
$p = b/a$ (Fig. 14.4).
$Q_n(\varrho)$ Eigenfunktionen der koaxialen Leitung Gl. (11.26).
$q = 1/(1-2p)$ Gl. (12.98) mit $p = \delta/b$.
R Radiusvektor Gl. (10.49).
$R_n(\varrho)$ Eigenfunktionen der koaxialen Leitung Gl. (10.12).
$R_\mu(x) = \dfrac{1}{\sqrt{x}} J_{\mu+1/2}(x)$ Gl. (16.38).
$\boldsymbol{r}$ Ortsvektor; $|\boldsymbol{r}| = r$.
$\bar{S}$ mittlere Strahlungsleistung Gl. (10.59).
$\mathrm{Si}(x)$ Integralsinus Gl. (17.69).
$s = \sin(\pi\delta/a)$ Gl. (13.94).
T Amplituden-Transmissionskoeffizient des elektrischen Feldes Gl. (12.5).
t Energie-Transmissionsfaktor Gl. (9.27), (B.2).
t Zeit.
$u(\boldsymbol{r})$ skalare Wellenfunktion Gl. (1.18).
$u^i(\boldsymbol{r})$ einfallende, $u^s(\boldsymbol{r})$ gestreute, $u(\boldsymbol{r}) = u^i(\boldsymbol{r}) + u^s(\boldsymbol{r})$ totale Wellenfunktion.
V Volumen.
dV Volumenelement.
V_0 Spannung Gl. (10.4), (10.56), (17.17).
X Gl. (4.25), (12.92).
$\bar{x} = x + a/2$ Gl. (13.53).
$Y_0 = G_0 - iB_0$ Leitwert.
$Y_C = -i\omega C_0$ (Fig. 11.3).
Y_K Abschlußleitwert der Konusleitung Gl. (16.57).
Z Wellenwiderstand einer Ersatzleitung (Fig. 12.2).
$Z_0 = \sqrt{\dfrac{\mu\mu_0}{\varepsilon\varepsilon_0}}$ Feldwellenwiderstand Gl. (4.1).
Z_e Eingangsimpedanz der Konusleitung Gl. (16.30).
Z_e Eingangsimpedanz der zylindrischen Antenne Gl. (17.46).
Z_K Wellenwiderstand der Konusleitung Gl. (16.12).

Z_L Wellenwiderstand der konzentrischen LECHER-Leitung Gl. (10.6).
$Z_p(x)$ allgemeine Zylinderfunktion.
α Konstante Gl. (12.26), (13.62), (17.76).
β Amplituden-Reflexionskoeffizient Gl. (10.3), (11.24), (16.7).
Γ, Γ_μ Näherungswerte für γ_μ, Gl. (14.27).
γ Amplitudenfaktor Gl. (11.26), (11.39).
γ_m Konstante Gl. (13.79).
$\overset{z}{\gamma}_{\mu e}$, $\overset{z}{\gamma}_{\mu m}$ Eigenwerte des μ-ten Schwingungstyps für den elektrischen bzw. magnetischen Typ Gl. (14.2), (14.12), (14.13).
$\boldsymbol{\Gamma}(\boldsymbol{r}, \boldsymbol{r}')$ dyadische (tensorielle) GREENsche Funktion Gl. (17.1), (D.6), (D.15).
$\delta(\boldsymbol{r} - \boldsymbol{r}')$ DIRACsche Deltafunktion Gl. (2.2) ff.
δ Apertur einer ebenen Blende im Rechteck-Hohlleiter (Fig. 12.1 und 13.1).
δ Amplitudenfaktor Gl. (11.26), (11.39).
$\delta_{ik} = 0$ für $i \neq k$, $\delta_{ik} = 1$ für $i = k$.

$$\nabla = \boldsymbol{e}_x \frac{\partial}{\partial x} + \boldsymbol{e}_y \frac{\partial}{\partial y} + \boldsymbol{e}_z \frac{\partial}{\partial z}$$

$$\nabla^2 = \nabla \cdot \nabla = \frac{\partial^2}{\partial x^2} + \frac{\partial^2}{\partial y^2} + \frac{\partial^2}{\partial z^2}$$

$\varepsilon\, \varepsilon_0$ Dielektrizitätskonstante (ε_0, = Dielektrizitätskonstante des leeren Raums).
ε_n NEUMANNsche Zahl ($\varepsilon_0 = 1$ $\varepsilon_{1,2,3} \ldots = 2$).
ζ Variable Gl. (13.25).
η Variable Gl. (13.27), (A.8).
ϑ Variable Gl. (13.64), (13.93).
Θ_0 halber Öffnungswinkel der Konusantenne (Fig. 16.1).
λ Vakuumwellenlänge.
λ_i innere Wellenlänge im Hohlleiter.
λ_n Eigenwert Gl. (10.14), (11.13)
$\mu\,\mu_0$ Permeabilität (μ_0 Permeabilität des leeren Raums).
μ_n Eigenwert Gl. (11.32).
ν_{ik} Gl. (17.77) bis (17.79).
ξ Variable Gl. (10.25).
$\xi' = 2a \sin\varphi'/2$ Gl. (17.66).
$\boldsymbol{\Pi}$ HERTZscher Vektor, Fußnote zu Gl. (12.59).
$\boldsymbol{\varrho}$ Ortsvektor in der Ebene; $|\boldsymbol{\varrho}| = \varrho$.
σ Streuquerschnitt Gl. (3.14).
$\sigma_{\parallel}$, $\sigma_{\perp}$ Streuquerschnitte für parallel bzw. senkrecht zur Zylinderachse polarisiertes elektrisches Feld Gl. (4.4) bzw. (5.13).
$\tau = b/a$ (Fig. 10.1).
$\Phi_m(\boldsymbol{r})$ Gl. (12.90).
$\Phi_\mu(x, y)$ Vergleichsfunktion des μ-ten Schwingungstyps Gl. (14.27) und (14.29), (14.30).
$\Phi_\mu^{(n)}(x,y)$ Gl. (14.59).
$\boldsymbol{\Phi}$ Dyade Gl. (C.11).
$\tilde{\boldsymbol{\Phi}}$ zu $\boldsymbol{\Phi}$ konjugierte (transponierte) Dyade. Gl. (C. 26) und (C. 27).
$\varphi_{\mu e}$, $\varphi_{\mu m}$ Eigenfunktionen des μ-ten elektrischen bzw. magnetischen Schwingungstyps in Hohlleitern.
$\psi(\boldsymbol{r})$ Gl. (4.24), (12.89).
ψ_g, ψ_u bezüglich der Ebene $z = 0$ gerade bzw. ungerade magnetische Feldkomponenten in der x-Richtung (H_x), Gl. (12.64) und (12.65).
$\Omega(x)$ Gl. (17.69).
$\omega = 2\pi f$ Kreisfrequenz.
$\omega_{g\mu}$ Kreis-Grenzfrequenz des μ-ten Schwingungstyps Gl. (14.4).

1. Das elektromagnetische Feld. Allgemeine und spezielle Beziehungen.

1.1. MAXWELLsche Gleichungen und Wellengleichung.

Wir setzen voraus, daß der Leser mit der MAXWELLschen Theorie vertraut ist und beschränken uns daher in diesem einleitenden Abschnitt auf eine kurze Zusammenstellung einiger grundlegender Beziehungen, von denen in der Folge Gebrauch gemacht wird. Dabei wird gleichzeitig die Bedeutung der Symbole erkenntlich werden*).

Unter Beschränkung auf zeitlich harmonische Vorgänge und Abspaltung der Zeitfunktion $e^{-i\omega t}$ schreiben wir die MAXWELLschen Gleichungen für homogene und isotrope ruhende Medien in der Form

$$\operatorname{rot} \boldsymbol{H} = \boldsymbol{I} - i\omega \boldsymbol{D} = \boldsymbol{I} - i\omega\varepsilon\varepsilon_0 \boldsymbol{E} \tag{1.1}$$

$$\operatorname{rot} \boldsymbol{E} = i\omega \boldsymbol{B} = i\omega\mu\mu_0 \boldsymbol{H}\,. \tag{1.2}$$

Die Erhaltung der Ladung wird durch die Kontinuitätsgleichung gewährleistet:

$$-i\omega\varrho + \operatorname{div} \boldsymbol{I} = 0\,. \tag{1.3}$$

Die Divergenzbildung von Gl. (1.1) führt in Verbindung mit Gl. (1.3) zu

$$\operatorname{div} \boldsymbol{D} = \varepsilon\varepsilon_0 \operatorname{div} \boldsymbol{E} = \varrho\,, \tag{1.4}$$

die Divergenzbildung von Gl. (1.2) zu

$$\operatorname{div} \boldsymbol{B} = \mu\mu_0 \operatorname{div} \boldsymbol{H} = 0\,, \tag{1.5}$$

wobei ε und μ als konstante und reelle Größen betrachtet werden.

Die Feldgleichungen für $\boldsymbol{E}$ und $\boldsymbol{H}$ werden in bekannter Weise durch Anwendung des Operators *rot* auf Gl. (1.1) und (1.2) und Ersatz von $\operatorname{rot}\boldsymbol{E}$ und $\operatorname{rot}\boldsymbol{H}$ aus den ursprünglichen Gl. (1.1) und (1.2) gewonnen. Es ergeben sich die Beziehungen

$$\operatorname{rot}\operatorname{rot} \boldsymbol{E} - k^2 \boldsymbol{E} = i\omega\mu\mu_0 \boldsymbol{I} \tag{1.6}$$

und

$$\operatorname{rot}\operatorname{rot} \boldsymbol{H} - k^2 \boldsymbol{H} = \operatorname{rot} \boldsymbol{I} \tag{1.7}$$

---

*) Siehe dazu z. B. R. BECKER: Theorie der Elektrizität, Bd. I. Leipzig 1933. — STRATTON, J. A.: Electromagnetic theory. New York u. London 1941.

mit

$$k^2 = \omega^2 \varepsilon \varepsilon_0 \mu \mu_0 = \frac{\omega^2}{c^2} = \left(\frac{2\pi}{\lambda}\right)^2 \tag{1.8}$$

und

$$c^2 = \frac{1}{\varepsilon \varepsilon_0 \mu \mu_0} . \tag{1.9}$$

Unter Beachtung der Vektorbeziehung

$$\operatorname{rot} \operatorname{rot} \boldsymbol{A} = \operatorname{grad} \operatorname{div} \boldsymbol{A} - \nabla^2 \boldsymbol{A} ,$$

wobei $\boldsymbol{A}$ einen beliebigen Vektor andeutet, erhält man in raumladungsfreien Gebieten ($\operatorname{div} \boldsymbol{E} = 0$) die Differentialgleichungen für $\boldsymbol{E}$ und $\boldsymbol{H}$ in der Form

$$\nabla^2 \boldsymbol{E} + k^2 \boldsymbol{E} = -i \omega \mu \mu_0 \boldsymbol{I} \tag{1.10}$$

$$\nabla^2 \boldsymbol{H} + k^2 \boldsymbol{H} = -\operatorname{rot} \boldsymbol{I} , \tag{1.11}$$

wobei mit Rücksicht auf Gl. (1.3) und (1.4) notwendigerweise $\operatorname{div} \boldsymbol{I} = 0$ gilt.

Im freien Raum, wo weder Raumladungen noch Ströme vorhanden sind, verschwindet auch $\boldsymbol{I}$, und es gelten die Wellengleichungen

$$\nabla^2 \boldsymbol{E} + k^2 \boldsymbol{E} = 0 \tag{1.12}$$

$$\nabla^2 \boldsymbol{H} + k^2 \boldsymbol{H} = 0 . \tag{1.13}$$

1.2. Randbedingungen auf vollkommenen elektrischen und magnetischen Leitern.

Die vorangehenden Wellengleichungen für $\boldsymbol{E}$ und $\boldsymbol{H}$ sind partielle Differentialgleichungen zweiter Ordnung mit im allgemeinen drei unabhängigen Ortskoordinaten, deren Lösung, wie bekannt, erst durch Angabe von „Randbedingungen" eindeutig bestimmt ist. Dies besagt, daß solche Lösungen für $\boldsymbol{E}$ und $\boldsymbol{H}$ in einem vorgegebenen Gebiet gefunden werden können, wenn die Werte von $\boldsymbol{E}$ und $\boldsymbol{H}$ bzw. deren Ableitungen auf dem das Gebiet umschließenden „Rand" vorgegeben sind. Nach einem bekannten Theorem ist die Lösung im Innern eines Gebietes für zeitlich periodische Vorgänge bereits durch Vorgabe der *tangentiellen* Komponenten von $\boldsymbol{E}$ oder von $\boldsymbol{H}$ längs des Randes eindeutig bestimmt*). Rückt der Rand oder ein Teil des Randes ins Unendliche, so tritt anstelle der Vorgabe von Randwerten gewöhnlich eine Bedingung, die als *Ausstrahlungsbedingung* bezeichnet wird.

In vielen solchen Randwertproblemen, wie bei all denen, die wir behandeln werden, ist es zweckmäßig, die Art der Berandung der betrachteten Gebiete zu idealisieren. Obwohl es derartige Berandungen in der Natur nicht gibt, kommen die Eigenschaften der tatsächlich zur

*) STRATTON, J. A.: Electromagnetic theory, S. 487. New York u. London 1941.

Begrenzung verwendeten substantiellen Oberflächen den idealisierten Annahmen sehr nahe, so daß die unter solchen Annahmen gewonnenen Lösungen für viele Zwecke eine befriedigende Annäherung an die wirklichen Verhältnisse liefern.

Zwei Arten solchermaßen idealisierter Berandungen werden vornehmlich benutzt: a) der *vollkommene elektrische* und b) der *vollkommene magnetische* Leiter. Der erstere wird durch gute metallische Leiter weitgehend angenähert. Der letztere existiert in der Natur nicht und kann auch, wenigstens vorläufig, nicht substantiell nachgebildet werden. Seine Konzeption leistet indessen bei der mathematischen Behandlung häufig wertvolle Dienste.

a) Längs der Oberfläche eines vollkommenen elektrischen Leiters besteht definitionsgemäß kein elektrisches Feld; die tangentielle Komponente $\boldsymbol{E}_t$ von $\boldsymbol{E}$ ist Null längs des Leiters, d. h. das elektrische Feld steht immer senkrecht zur Leiteroberfläche. Das Leiterinnere ist feldfrei. $\boldsymbol{n}$ bedeute den *äußeren* Normalenvektor zu einem Flächenelement der Berandung (Fig. 1.1); die Randbedingung am vollkommenen elektrischen Leiter lautet damit

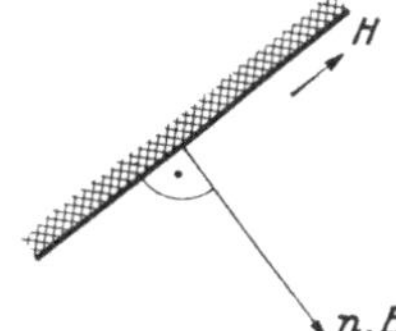

Fig. 1.1. Das elektrische Feld $\boldsymbol{E}$ steht senkrecht auf der Oberfläche eines vollkommenen elektrischen Leiters.

$$\boldsymbol{n} \times \boldsymbol{E} = 0 . \tag{1.14}$$

Da die magnetischen Feldlinien im Leiterinnern verschwinden und zufolge div $\boldsymbol{H} = 0$ in geschlossenen Bahnen verlaufen, können sie nicht auf der Leiteroberfläche entspringen. Sie verlaufen daher parallel zur Leiteroberfläche, und es gilt dort

$$\boldsymbol{n} \cdot \boldsymbol{H} = 0 . \tag{1.15}$$

b) Der (fiktive) magnetische Leiter schließt definitionsgemäß tangentielle Komponenten $\boldsymbol{H}_t$ des magnetischen Feldes $\boldsymbol{H}$ aus, läßt jedoch auf seiner Oberfläche fiktive magnetische Ladungen zu; dies führt zu folgender Formulierung der Randbedingungen am vollkommenen magnetischen Leiter:

$$\boldsymbol{n} \times \boldsymbol{H} = 0 \tag{1.16}$$

$$\boldsymbol{n} \cdot \boldsymbol{E} = 0 . \tag{1.17}$$

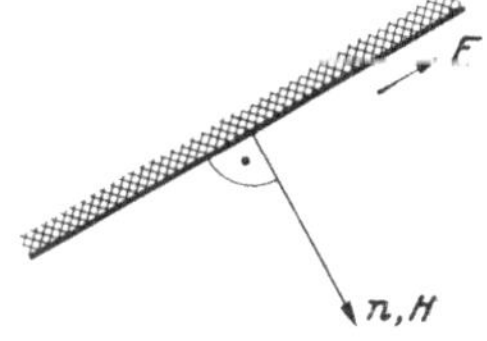

Fig. 1.2. Das magnetische Feld $\boldsymbol{H}$ steht senkrecht auf der Oberfläche eines (fiktiven) magnetischen Leiters.

1.3. Rückführung von Problemen auf eine skalare Wellengleichung.

Die Wellengleichungen (1.12) und (1.13) sind vektorieller Natur. Um sie zu lösen, ist man fast immer darauf angewiesen, sie auf die Lösung von skalaren Wellengleichungen der Form

$$(\nabla^2 + k^2)\, u(\boldsymbol{r}) = 0 \tag{1.18}$$

zurückzuführen, wobei $u(\boldsymbol{r}) = u(x, y, z)$ eine skalare Ortsfunktion bedeutet. Zur Abkürzung führen wir den Ortsvektor $\boldsymbol{r}$ mit den Komponenten x, y, z in das Argument von Ortsfunktionen ein.

Der Vorgang der „Skalarisierung" der vektoriellen Wellengleichung besteht darin, daß man versucht, eine skalare Funktion $u(\boldsymbol{r})$ zu finden, aus der sich alle nicht identisch verschwindenden Feldkomponenten durch einfache Differentiation oder Integration herleiten lassen. Häufig ist die skalare Funktion einer Komponente von $\boldsymbol{E}$ oder $\boldsymbol{H}$ selbst proportional. In zylindrischen Wellenleitern z. B. läßt sich u mit der axialen Komponente E_z (E-Typ) oder H_z (H-Typ) identifizieren. Alle übrigen Komponenten von $\boldsymbol{E}$ und $\boldsymbol{H}$ folgen aus E_z bzw. H_z, d. h. aus der Lösung der skalaren Wellengleichung durch einfache Differentiation*).

Gewöhnlich – und mit solchen Fällen werden wir uns vorwiegend beschäftigen – erlaubt eine einfache geometrische Struktur der betrachteten Anordnungen die Zurückführung der vektoriellen Wellengleichung auf eine *einzige* skalare Wellengleichung vom Typ der Gl. (1.18). Im allgemeinen Fall kommt man nicht mit einer einzigen skalaren Wellengleichung bzw. Wellenfunktion aus, sondern benötigt deren zwei.

1.4. Komplementäre Lösungssysteme.

Aus den MAXWELLschen Gleichungen (1.1) und (1.2) läßt sich eine mitunter nützliche Aussage über ein komplementäres Lösungssystem machen, das sich ohne Schwierigkeit anschreiben läßt, sobald ein ursprüngliches Lösungssystem vorliegt. Führen wir nämlich ein neues Lösungssystem mit den Feldkomponenten $\boldsymbol{E}'$ und $\boldsymbol{H}'$ ein, das zu einem vorgegebenen Lösungssystem in der folgenden Beziehung steht:

$$\boldsymbol{E}' = \mp \sqrt{\frac{\mu\mu_0}{\varepsilon\varepsilon_0}}\, \boldsymbol{H} \quad \text{und} \quad \boldsymbol{H}' = \pm \sqrt{\frac{\varepsilon\varepsilon_0}{\mu\mu_0}}\, \boldsymbol{E}\,, \tag{1.19}$$

so findet man mit Einsetzen von $\boldsymbol{E}'$ und $\boldsymbol{H}'$ aus Gl. (1.19) in die Gl. (1.1) und (1.2) die Beziehungen

$$\operatorname{rot} \boldsymbol{H}' = -i\omega\varepsilon\varepsilon_0 \boldsymbol{E}' \tag{1.20}$$

$$\operatorname{rot} \boldsymbol{E}' = \boldsymbol{I}_m + i\omega\mu\mu_0 \boldsymbol{H}' \qquad \text{mit } \boldsymbol{I}_m = \mp \sqrt{\frac{\mu\mu_0}{\varepsilon\varepsilon_0}}\, \boldsymbol{I}\,. \tag{1.21}$$

$\boldsymbol{E}'$ und $\boldsymbol{H}'$ gehorchen demnach denselben Gleichungen wie $\boldsymbol{E}$ und $\boldsymbol{H}$, falls man die elektrische Stromdichte $\boldsymbol{I}$ in Gl. (1.1) nun als fiktive magnetische Stromdichte $\boldsymbol{I}_m$ interpretiert. In *stromfreien* Gebieten wird dies belanglos, und das System $\boldsymbol{E}', \boldsymbol{H}'$ genügt denselben Gleichungen wie zuvor das System $\boldsymbol{E}, \boldsymbol{H}$. Da das Lösungssystem $\boldsymbol{E}, \boldsymbol{H}$ jedoch erst

*) Siehe z. B. F. BORGNIS: Ann. Physik (V) **35**, 359 (1939); Z. Physik **117**, 642 (1941).

durch die Randbedingungen eindeutig bestimmt ist, müssen die Randbedingungen für das System $\boldsymbol{E}', \boldsymbol{H}'$ unter Beachtung von Gl. (1.19) abgeändert werden. An Rändern, an denen ursprünglich $\boldsymbol{E}_t = 0$ vorgeschrieben war, ist jetzt $\boldsymbol{H}'_t = 0$ vorzuschreiben; an Rändern mit $\boldsymbol{H}_t = 0$ muß jetzt $\boldsymbol{E}'_t = 0$ verlangt werden. Fig. 1.3 erläutert die Beziehungen der komplementären Systeme zueinander.

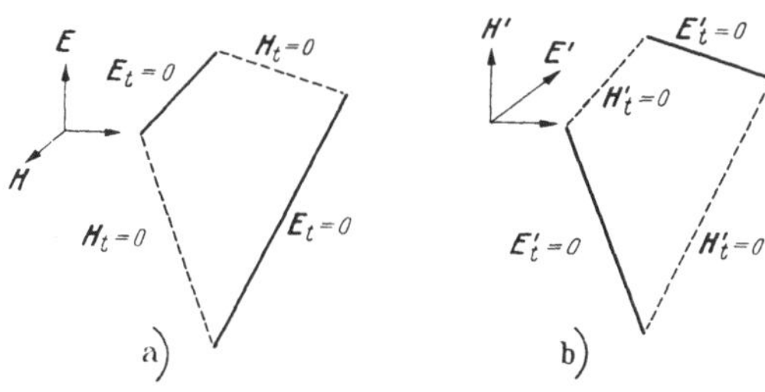

Fig. 1.3. Komplementäre Lösungssysteme und Ränder. Die ausgezogenen Linien deuten elektrische, die gestrichelten Linien magnetische Leiter an.

Kennt man das Lösungssystem $\boldsymbol{E}, \boldsymbol{H}$ für vorgegebene Ränder (Fig. 1.3a), so erhält man mit Gl. (1.19) sogleich ein komplementäres Lösungssystem $\boldsymbol{E}', \boldsymbol{H}'$ für das gleiche Gebiet, bei dem jedoch nun „elektrische“ und „magnetische“ Berandungen vertauscht sind (Fig. 1.3b). Die Polarisationsrichtung im komplementären System ist um 90° gegenüber derjenigen im ursprünglichen System gedreht.

Eine ebene Welle $\boldsymbol{E}^i, \boldsymbol{H}^i$ falle z. B. auf einen ebenen metallischen Schirm S_1 (Fig. 1.4), dessen Öffnung einem magnetischen Leiter entsprechen soll ($\boldsymbol{H}_t = 0$ in der Öffnung). Ist die Lösung für dieses Problem bekannt, so kennt man mit Gl. (1.19) auch die Lösung für den „komplementären“ Schirm S_2, wobei jedoch die Polarisationsrichtung der ursprünglich einfallenden Welle unter Aufrechterhaltung der Richtung des Poyntingschen Vektors $\boldsymbol{E}^i \times \boldsymbol{H}^i$ um 90° gedreht ist.

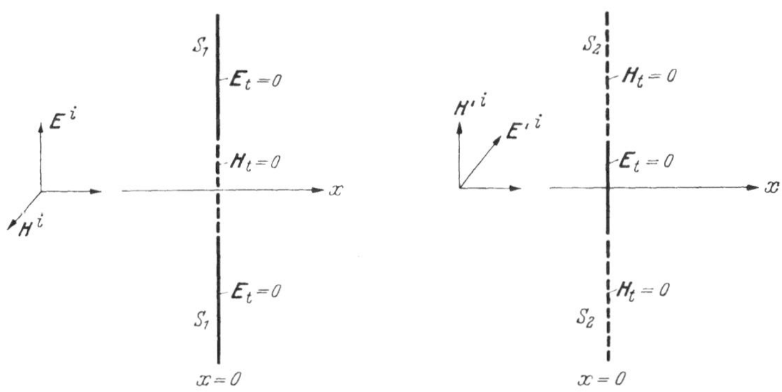

Fig. 1.4. Komplementäre Lösungssysteme beim Auftreffen einer ebenen Welle auf ebene metallische Schirme S_1 bzw. S_2

Bei den in Fig. 1.4 skizzierten ebenen Schirmen kann man nun in der Tat aus Symmetriebetrachtungen heraus beweisen, daß die tangentielle magnetische Feldstärke $\boldsymbol{H}_t^s$ des „*gestreuten*" $\boldsymbol{H}$-Feldes längs der Öffnung der Schirmebene verschwindet, d. h. daß die Öffnung als magnetischer Leiter ($\boldsymbol{H}_t^s = 0$) angesehen werden kann, wenn man sich dabei *allein* auf das „Streufeld" bezieht, das durch die Anwesenheit des Schirms hervorgerufen wird. Das Streufeld definieren wir durch den Ansatz

$$\boldsymbol{E}^{total} = \boldsymbol{E}^i + \boldsymbol{E}^s \quad \text{und} \quad \boldsymbol{H}^{total} = \boldsymbol{H}^i + \boldsymbol{H}^s . \tag{1.22}$$

$\boldsymbol{E}^i$ und $\boldsymbol{H}^i$ bedeuten dabei die „einfallende" ebene Welle (i für Inzidenz), $\boldsymbol{E}^s$ und $\boldsymbol{H}^s$ das Streufeld (s für Streufeld), das dem Schirm derart zugeordnet ist, daß es zusammen mit dem einfallenden Feld das tatsächlich vorhandene totale Feld $\boldsymbol{E}^{total}$, $\boldsymbol{H}^{total}$ liefert. Auf dem metallischen Teil der Schirme verschwindet gemäß den Randbedingungen am vollkommenen elektrischen Leiter das totale tangentielle elektrische Feld $\boldsymbol{E}_t^{total}$.

Wir wollen nun zeigen, daß das Streufeld $\boldsymbol{H}_t^s$ über den „offenen" Bereichen der Schirmebene verschwindet; nach Gl. (1.22) ist dies gleichbedeutend mit der Tatsache, daß längs den Schirmöffnungen das ungestörte magnetische Feld der einfallenden Welle vorhanden ist.

1.5. Symmetrieeigenschaften von Lösungen im bezug auf eine Symmetrieebene.

Zu dem erwähnten Zweck stellen wir gewisse Symmetrieeigenschaften des elektromagnetischen Feldes fest, die unmittelbar aus den MAXWELLschen Gleichungen hervorgehen. Wir nehmen an, daß im Raum eine Ebene $x = 0$ existiert, in bezug auf welche das elektromagnetische Feld eine gewisse Symmetrie besitzen möge. Wir definieren als eine „gerade" Funktion f_g im bezug auf diese Ebene $x = 0$ eine solche, für die

$$f_g(x, y, z) = f_g(-x, y, z) \tag{1.23}$$

gilt; als eine „ungerade" Funktion f_u eine solche mit der Eigenschaft

$$f_u(x, y, z) = -f_u(-x, y, z) . \tag{1.24}$$

Bekanntlich läßt sich jede beliebige Funktion $F(x, y, z)$ immer in eine Summe einer geraden und einer ungeraden Funktion zerlegen. Wir wählen eine Ebene $x = 0$ im Raum und schreiben

$$F(x, y, z) = f_g(x, y, z) + f_u(x, y, z) . \tag{1.25}$$

Mit Gl. (1.23) und (1.24) folgt sofort

$$F(-x, y, z) = f_g(x, y, z) - f_u(x, y, z) ,$$

und daraus die Zerlegung von $F(x, y, z)$ mit

$$f_g = \frac{1}{2} [F(x, y, z) + F(-x, y, z)] \tag{1.26}$$

$$f_u = \frac{1}{2} [F(x, y, z) - F(-x, y, z)] . \tag{1.27}$$

Nehmen wir nun eine Feldkonfiguration an, deren elektrisches „transversales" Feld $\boldsymbol{E}_{tr}$ eine gerade Funktion von x sei:

$$\boldsymbol{E}_{tr}(x, y, z) = \boldsymbol{E}_{tr}(-x, y, z) . \tag{1.28}$$

Unter einer transversalen Feldkomponente verstehen wir dabei eine solche, die in einer Ebene senkrecht zur x-Achse gelegen ist und die daher „transversal" zur Fortschreitungsrichtung liegt; sie läßt sich in die Komponenten E_y und E_z zerlegen. Die restliche Feldkomponente E_x bezeichnen wir als „longitudinale" Feldstärke $\boldsymbol{E}_l$.

Aus der Annahme (1.28) ergeben sich in strom- und raumladungsfreien Gebieten zwangsläufig bestimmte Symmetrieeigenschaften für sämtliche übrigen transversalen und longitudinalen Feldkomponenten $\boldsymbol{E}_l$, $\boldsymbol{H}_{tr}$ und $\boldsymbol{H}_l$, die wir nun aufstellen werden.

Die Divergenzgleichung für $\boldsymbol{E}$ liefert

$$\operatorname{div} \boldsymbol{E} = \frac{\partial E_x}{\partial x} + \frac{\partial E_y}{\partial y} + \frac{\partial E_z}{\partial z} = 0 . \tag{1.29}$$

Die transversalen Komponenten E_y und E_z liefern auch nach der Differentiation nach y bzw. z gerade Funktionen, da nach x nicht differenziert wird [Gl. (1.28)]. Gl. (1.29) besagt daher, daß auch $\partial E_x/\partial x$ eine gerade Funktion sein muß. Die Ableitung nach x macht jedoch aus einer geraden Funktion eine ungerade, wie man aus der Differentiation von Gl. (1.23) nach x und Beachtung von Gl. (1.24) erkennt. E_x muß daher eine ungerade Funktion sein. Damit gilt für das longitudinale Feld E_x bzw. $\boldsymbol{E}_l$

$$\boldsymbol{E}_l(x, y, z) = -\boldsymbol{E}_l(-x, y, z) . \tag{1.30}$$

Weiterhin ergeben die MAXWELLschen Gleichungen im stromfreien Raum

$$i\omega\mu\mu_0 H_y = \frac{\partial E_x}{\partial z} - \frac{\partial E_z}{\partial x} \tag{1.31}$$

$$i\omega\mu\mu_0 H_z = \frac{\partial E_y}{\partial x} - \frac{\partial E_x}{\partial y} . \tag{1.32}$$

Die rechten Seiten der Gl. (1.31) und (1.32) erweisen sich mit Rücksicht auf die Beziehungen (1.28) und (1.30) als ungerade Funktionen. Damit ergeben sich die transversalen $\boldsymbol{H}$-Komponenten als ungerade:

$$\boldsymbol{H}_{tr}(x, y, z) = -\boldsymbol{H}_{tr}(-x, y, z) . \tag{1.33}$$

Die Divergenzgleichung $\operatorname{div} \boldsymbol{H} = 0$ liefert mit Gl. (1.33) für die longitudinale Komponente H_x bzw. $\boldsymbol{H}_l$ eine gerade Funktion:

$$\boldsymbol{H}_l(x, y, z) = \boldsymbol{H}_l(-x, y, z) . \tag{1.34}$$

Man rechnet leicht nach, daß die Wahl von Gl. (1.28) mit einer ungeraden Funktion für $\boldsymbol{E}_{tr}$ anstelle der dort angenommenen geraden Funktion die obigen Ergebnisse für $\boldsymbol{E}_l$, $\boldsymbol{H}_{tr}$ und $\boldsymbol{H}_l$ gerade umkehrt.

Zusammenfassend gelten daher die folgenden *Symmetriebeziehungen* für jedes elektromagnetische Feld im freien Raum im bezug auf eine Symmetrieebene $x = 0$:

$$\begin{aligned} \boldsymbol{E}_{tr}(x, y, z) &= \pm \boldsymbol{E}_{tr}(-x, y, z) \\ \boldsymbol{H}_{tr}(x, y, z) &= \mp \boldsymbol{H}_{tr}(-x, y, z) \\ \boldsymbol{E}_{l}\,(x, y, z) &= \mp \boldsymbol{E}_{l}\,(-x, y, z) \\ \boldsymbol{H}_{l}\,(x, y, z) &= \pm \boldsymbol{H}_{l}\,(-x, y, z)\,. \end{aligned} \tag{1.35}$$

Die Gl. (1.35) sind dahin zu verstehen, daß die Existenz einer einzigen Symmetriebeziehung darin notwendigerweise die Existenz der drei restlichen Symmetriebeziehungen nach sich zieht. Die Feldkomponenten $\boldsymbol{E}$ und $\boldsymbol{H}$ sind dabei im allgemeinen komplexe Größen; die Symmetriebedingungen gelten sowohl für die imaginären als auch die reellen Feldanteile.

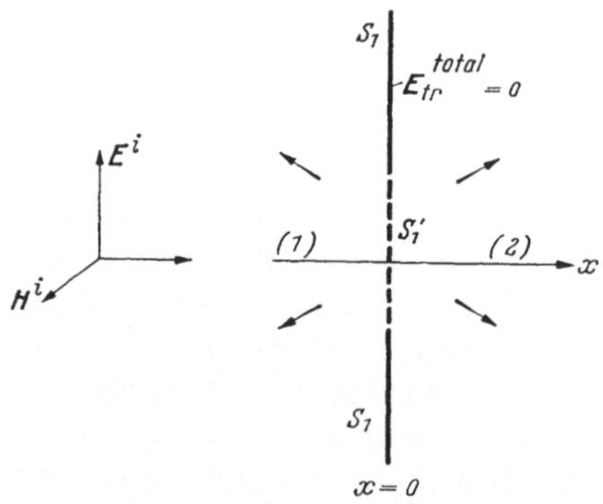

Fig. 1.5. Auftreffen einer ebenen Welle auf den ebenen Schirm S_1 mit der Öffnung S_1'. Die Pfeile deuten die gestreute Welle an.

Wir kehren nun zurück zu dem ebenen Schirm. Nach Fig. 1.5 falle eine ebene Welle $\boldsymbol{E}^i$, $\boldsymbol{H}^i$ auf einen ebenen metallischen Schirm mit der Öffnung S_1'. Das totale elektrische Feld sei nach der Definition (1.22) $\boldsymbol{E}^{total} = \boldsymbol{E}^i + \boldsymbol{E}^s$.

Zu beiden Seiten des Schirms gilt für das transversale elektrische Feld über den metallischen Teil die Randbedingung $\boldsymbol{E}_{tr}^{total} = 0$ oder für das gestreute Feld allein

$$\boldsymbol{E}_{tr}^{s} = -\boldsymbol{E}_{tr}^{i}\,. \tag{1.36}$$

Über die Öffnung muß das totale elektrische Feld und damit das gestreute Feld stetig sein. Betrachten wir die beiden Raumgebiete (1) und (2) vor und hinter dem Schirm, so geht aus Gl. (1.36) und der Stetigkeit von $\boldsymbol{E}^s$ in der Öffnung hervor, daß die Lösungen für das Streufeld $\boldsymbol{E}^s$ symmetrisch zur Schirmebene sind: Auf beiden Seiten des (als unendlich dünn angenommenen) Schirms genügt $\boldsymbol{E}_{tr}^{s}$ den gleichen Randbedingungen, und über die Öffnung besitzt $\boldsymbol{E}_{tr}^{s}$ „auf beiden Seiten" denselben Wert. Im Unendlichen wird das Streufeld in beiden Räumen (1) und (2) durch eine auslaufende Welle dargestellt. Die Lösungen für $\boldsymbol{E}^s$ sind daher in beiden Räumen notwendigerweise spiegelbildlich identisch zur Ebene $x = 0$, nachdem die Vorgabe der tangentiellen Komponenten von $\boldsymbol{E}^s$ auf den Begrenzungen der Gebiete (1) bzw. (2) die Lösung von $\boldsymbol{E}^s$ im Innern der Gebiete eindeutig bestimmt.

Dies bedeutet aber für die transversale und longitudinale Komponente

$$\boldsymbol{E}^s_{tr}(x, y, z) = \boldsymbol{E}^s_{tr}(-x, y, z)$$

$$\boldsymbol{E}^s_l(x, y, z) = -\boldsymbol{E}^s_l(-x, y, z) .$$

Nach den Beziehungen (1.35) folgt daraus

$$\boldsymbol{H}^s_{tr}(x, y, z) = -\boldsymbol{H}_{tr}(-x, y, z)$$

$$\boldsymbol{H}^s_l(x, y, z) = \boldsymbol{H}^s_l(-x, y, z) ,$$

d. h. das transversale magnetische Streufeld ist eine ungerade Funktion in x. Das totale magnetische Feld ist stetig in der Öffnung, daher auch das magnetische Streufeld $\boldsymbol{H}^s$. Längs der x-Koordinate ist also $\boldsymbol{H}^s_{tr}$ stetig in der Öffnung und außerdem eine ungerade Funktion im bezug auf die Öffnungsebene $x = 0$. Eine im Ursprung stetige und ungerade Funktion ist aber dort notwendigerweise Null, d. h. das Streufeld $\boldsymbol{H}_{tr}$ verschwindet über die Öffnung, längs der deshalb streng nur das ungestörte magnetische Feld der einfallenden Welle herrscht. Betrachtet man das Streufeld für sich, so kann man sich für dieses daher die Öffnung mit einem fiktiven magnetischen Leiter überspannt denken. Auf einem solchen verschwindet nach Gl. (1.17) auch das longitudinale elektrische Streufeld $\boldsymbol{E}^s$.

Für den komplementären Schirm S_2 in Fig. 1.4 lassen sich genau dieselben Symmetriebetrachtungen durchführen. Auch dort kann man sich den nicht von metallischen Leitern erfüllten Teil der Schirmebene durch einen magnetischen Leiter ausgekleidet denken, der das transversale magnetische Streufeld über die Öffnung zu Null werden läßt. Die Symmetriebetrachtungen sind unabhängig von der Art der einfallenden Welle.

Es sei angemerkt, daß das magnetische Streufeld beim Durchgang durch die *metallischen* Teile des Schirms unstetig ist. Da $\boldsymbol{H}^s_{tr}$ eine ungerade Funktion in x ist, besitzt es in der Umgebung von $x = 0$ zu beiden Seiten der metallischen Schirmteile Werte entgegengesetzten Vorzeichens. Der Sprung in der transversalen Komponente des Streufeldes ist mit dem in der Schirmebene fließenden Flächenstrom verknüpft.

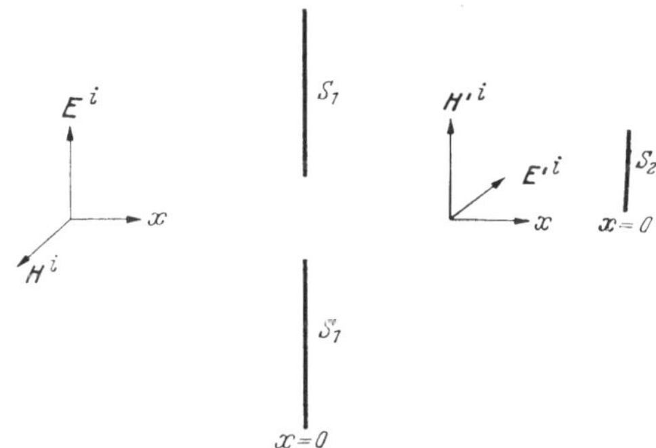

Fig. 1.6. Zugeordnete Schirmsysteme S_1 und S_2, die durch Vertauschung von Öffnung und Bedeckung auseinander hervorgehen.

Um die Streufelder der einander zugeordneten Schirmsysteme nach Fig. 1.6 durch die einfache Transformation (1.19) in Beziehung setzen zu können, muß man die Aufteilung des totalen Feldes in einen „einfallenden" und einen „gestreuten" Anteil nach Gl. (1.22) für die beiden Schirmsysteme S_1 und S_2 in etwas verschiedener Weise handhaben, wie wir nun zeigen wollen.

Offensichtlich ist der Feldcharakter bei beiden Anordnungen in großer Entfernung vom Schirm verschieden. Beschreiben wir das elektrische Feld der von links auf die Schirme auftreffenden ebenen Welle, deren Fortschreitungsrichtung wir der Einfachheit halber als senkrecht zur Schirmebene annehmen, durch

$$\boldsymbol{E}^i = \boldsymbol{e}^i \, e^{ikx}, \tag{1.37}$$

und denken uns zunächst die Öffnung im Schirm S_1 als nicht vorhanden, so erhalten wir vor dem Schirm S_1 eine reflektierte Welle, die zusammen mit der einfallenden Welle eine stehende Welle bildet und die Erfüllung der Randbedingung $\boldsymbol{E}_{tr} = 0$ auf dem Schirm in der Ebene $x = 0$ gewährleistet.

Vor dem Schirm gilt dann

$$\boldsymbol{E}_1^{(-)} = \boldsymbol{e}_1^i \left(e^{ikx} - e^{-ikx}\right). \qquad (x \leqq 0) \tag{1.38a}$$

Hinter dem Schirm ist kein Feld vorhanden:

$$\boldsymbol{E}_1^{(+)} = 0. \qquad (x \geqq 0) \tag{1.38b}$$

Denken wir uns nun die Öffnung im Schirm S_1 angebracht, so können wir diese als die Ursache eines Streufeldes ansehen, das die vorgangs besprochenen Symmetrieeigenschaften besitzt und sich dem durch die Gl. (1.38) beschriebenen Feld überlagert. In großer Entfernung hinter dem Schirm existiert nur das Streufeld, das die Form einer Kugelwelle besitzt und wie eine solche im Unendlichen verschwindet*).

Definieren wir in $\boldsymbol{E}^{total} = \boldsymbol{E}^i + \boldsymbol{E}^s$ das Feld $\boldsymbol{E}^i$ im gesamten Bereich $-\infty \leqq x \leqq \infty$ durch Gl. (1.37), d. h. durch eine fortschreitende Welle, wie sie überall ohne Vorhandensein des Schirms vorhanden wäre, so müssen wir im Streufeld $\boldsymbol{E}^s$ hinter dem Schirm einen Anteil $-\boldsymbol{e}_1^i e^{ikx}$ und vor dem Schirm einen Anteil $-\boldsymbol{e}_1^i e^{-ikx}$ einschließen, um in großer Entfernung hinter dem Schirm das totale Feld Null und vor dem Schirm eine stehende Welle nach Gl. (1.38) zu erhalten sowie auf dem Schirm die Randbedingung $\boldsymbol{E}_{tr}^{total} = 0$ zu befriedigen.

Der genannte Anteil im Streufeld entspricht zwei von der Schirmebene $x = 0$ nach beiden Seiten ins Unendliche auslaufenden ebenen Wellen; er liefert auf dem ganzen Schirm nach Gl. (1.37) den Beitrag $-\boldsymbol{e}_1^i$ zum Streufeld. Dies ist aber für die Anwendung der vorausgehenden Betrachtungen über komplementäre Schirmsysteme

*) Die Öffnungen im Schirm S_1 bzw. die Bedeckungen im Schirm S_2 können als im Endlichen liegende sekundäre Quellen des Streufeldes betrachtet werden, deren Felder in großem Abstand r vom Schirm wie e^{ikr}/r gegen Null gehen.

unerwünscht, da man für den Schirm S_1 in Fig. 1.4 bzw. Fig. 1.6 die Bedeckung als eine Fläche betrachten möchte, längs der das Streufeld $\boldsymbol{E}^s_{tr}$ verschwindet.

Es ist daher zweckmäßig, bei einem sich ins Unendliche erstreckenden Schirm S_1 unter $\boldsymbol{E}^i$ die Ausdrücke (1.38a) und (1.38b) vor und hinter dem Schirm zu verstehen, d. h. vor dem Schirm $\boldsymbol{E}^i_1$ in Form einer *stehenden* Welle mit $\boldsymbol{E}^i_1(0) = 0$ auf dem Schirm und hinter dem Schirm $\boldsymbol{E}^i_1$ als Null anzusetzen. Damit entfällt beim Streufeld der oben betrachtete unerwünschte Anteil, und es gilt $\boldsymbol{E}^s_{tr} = 0$ über den metallischen Teil des Schirms. Aus dem derart definierten Streufeld kann man dann mittels der einfachen Transformation (1.19) zum Streufeld des komplementären Schirms S_2 in Fig. 1.4 übergehen.

Bei dem Schirm S_2 in Fig. 1.6 wird man hingegen zweckmäßig unter $\boldsymbol{E}^i$ für *alle* x-Werte das durch Gl. (1.37) gegebene Feld einer fortschreitenden ebenen Welle verstehen. Denkt man sich hier den Schirm S_2 entfernt, so herrscht überall das elektrische Feld nach Gl. (1.37). Das Einbringen des Schirmes S_2, der sich über einen *endlichen* Bereich in der Ebene $x = 0$ erstreckt, ruft eine Störung hervor, die im Unendlichen gegen Null abklingt, so daß zu beiden Seiten des Schirms im Unendlichen die ungestörte einfallende Welle vorhanden ist. Das Streufeld nimmt seinen Ursprung von dem im Schirm S_2 fließenden Flächenstrom und gehorcht den oben besprochenen Symmetriebedingungen. In der Ebene $x = 0$ erzeugt ein solcher Flächenstrom keine transversale magnetische Feldkomponente, da $\boldsymbol{H}^s_{tr}$ ungerade bezüglich $x = 0$ ist*). Somit kann für das Streufeld der Schirm S_2 durch die Schirmkonfiguration S_2 in Fig. 1.4 ersetzt werden, auf deren Streufeld sich die Transformation (1.19) zum Übergang auf die komplementäre Anordnung S_1 unmittelbar anwenden läßt.

Wenn im folgenden von dem komplementären Charakter von Schirmanordnungen nach Fig. 1.4 für das Streufeld Gebrauch gemacht wird, werden wir bei den ursprünglichen Schirmanordnungen S_1 und S_2 nach Fig. 1.6 unter $\boldsymbol{E}^i$ bzw. $\boldsymbol{H}^i$ daher stets die folgenden Ausdrücke verstehen:

Schirmanordnung S_1:

$$\left.\begin{aligned} &\boldsymbol{E}^i_1(x) = \boldsymbol{e}^i_1(e^{ikx} - e^{-ikx}), \ \boldsymbol{H}^i_1 = \boldsymbol{h}^i_1(e^{ikx} + e^{-ikx}) \quad (x \leqq 0)\\ &\boldsymbol{E}^i_1(x) = \boldsymbol{H}^i_1(x) = 0 \,. \qquad\qquad\qquad\qquad\qquad (x \geqq 0) \end{aligned}\right\} \tag{1.39}$$

Schirmanordnung S_2:

$$\boldsymbol{E}^i_2(x) = \boldsymbol{e}^i_2 e^{ikx}\,, \quad \boldsymbol{H}^i_2(x) = \boldsymbol{h}^i_2\, e^{ikx}\,. \qquad (-\infty \leqq x \leqq \infty) \tag{1.40}$$

Für schiefen Einfall gelten analoge Überlegungen. Für die Schirmanordnung S_1 überlagern wir zur Darstellung von $\boldsymbol{E}^i_1$ vor dem Schirm der einfallenden ebenen Welle eine an der leitenden Ebene $x = 0$

*) Siehe dazu auch die Anmerkung auf S. 241 .

reflektierte ebene Welle, womit $\boldsymbol{E}_1^i$ auf der ganzen Schirmebene verschwindet. Hinter dem Schirm gilt wieder $\boldsymbol{E}_1^i = 0$.

Bei der Schirmanordnung S_2 dagegen verstehen wir unter $\boldsymbol{E}_2^i$ die ungestörte einfallende ebene Welle im ganzen Raum.

Mit dem Vorstehenden sind die beiden Schirmkonfigurationen in Fig. 1.6 als komplementär in dem auseinandergesetzten Sinn erwiesen. Ist die Lösung der elektromagnetischen Feldgleichungen für die durch den einen Schirm auferlegte Randbedingung gefunden, so läßt sich sogleich die Lösung für den komplementären Schirm anschreiben, bei dem Öffnungen und Bedeckungen komplementär zu entsprechenden Bereichen des ursprünglichen Schirms sind. Die Polarisation der auftreffenden Welle ist beim komplementären Problem als um 90° gedreht anzunehmen*). Die Amplituden der im linken Halbraum ($x < 0$) einfallenden komplementären Wellen sind daher verknüpft durch

$$\boldsymbol{e}_2^i = -\sqrt{\frac{\mu\mu_0}{\varepsilon\varepsilon_0}}\,\boldsymbol{h}_1^i, \quad \boldsymbol{h}_2^i = \sqrt{\frac{\varepsilon\varepsilon_0}{\mu\mu_0}}\,\boldsymbol{e}_1^i. \tag{1.41}$$

Die gestreuten Feldkomponenten unterliegen in den beiden Halbräumen zu beiden Seiten der Ebene $x = 0$ den oben erörterten Symmetriebedingungen (1.35) und sind zueinander komplementär. Sie gehorchen daher den Beziehungen

$$\boldsymbol{E}_2^s = \mp\sqrt{\frac{\mu\mu_0}{\varepsilon\varepsilon_0}}\,\boldsymbol{H}_1^s, \qquad \boldsymbol{H}_2^s = \pm\sqrt{\frac{\varepsilon\varepsilon_0}{\mu\mu_0}}\,\boldsymbol{E}_1^s \text{ für } x \lessgtr 0\,. \tag{1.42}$$

Für die totalen Felder $\boldsymbol{E} = \boldsymbol{E}^i + \boldsymbol{E}^s$ und $\boldsymbol{H} = \boldsymbol{H}^i + \boldsymbol{H}^s$ findet man aus den Beziehungen (1.39) bis (1.42) die folgenden Gleichungen, welche die korrekte Formulierung des BABINETschen Prinzips für die Beugung am ebenen, unendlich gut leitenden und unendlich dünnen Schirm beinhalten:

$$\begin{array}{ll} x \leqq 0 & x \geqq 0 \\ \boldsymbol{E}_1 - \sqrt{\dfrac{\mu\mu_0}{\varepsilon\varepsilon_0}}\,\boldsymbol{H}_2 = \boldsymbol{E}_1^{ref} & \sqrt{\dfrac{\varepsilon\varepsilon_0}{\mu\mu_0}}\,\boldsymbol{E}_1 + \boldsymbol{H}_2 = \boldsymbol{H}_2^i \\ \boldsymbol{H}_1 + \sqrt{\dfrac{\varepsilon\varepsilon_0}{\mu\mu_0}}\,\boldsymbol{E}_2 = \boldsymbol{H}_1^{ref.} & \sqrt{\dfrac{\mu\mu_0}{\varepsilon\varepsilon_0}}\,\boldsymbol{H}_1 - \boldsymbol{E}_2 = -\boldsymbol{E}_2^i\,. \end{array} \tag{1.43}$$

Der obere Index für $x \leqq 0$ kennzeichnet die an der Ebene $x = 0$ der Schirmanordnung S_1 reflektierten Anteile der primären Welle. Es sei vermerkt, daß die Gültigkeit der Beziehungen (1.43) unabhängig von der speziellen Art der einfallenden Welle ist.

*) Diese Aussage über komplementäre Schirme ist im Einklang mit der korrekten Formulierung des „BABINETschen Prinzips". Vgl. dazu E. T. COPSON: Proc. Roy. Soc. (London) **186**, 100 (1946). — MEIXNER, J.: Z. Naturforsch. **1 A**, 496 (1946) u. **3 A**, 506 (1948). — BAKER, B. B., u. E. T. COPSON: The mathematical theory of HUYGEN's principle. Oxford 1950.

2. Die skalare GREENsche Funktion.

2.1. Die GREENsche Funktion.

Wir betrachten die skalare Wellengleichung (1.18), auf die sich, wie vorgangs bemerkt, die vektoriellen Wellengleichungen (1.12) bzw. (1.13) in einem ladungs- und stromfreien Raumgebiet meist reduzieren lassen, und suchen nach einer Lösung $u(\boldsymbol{r})$, die auf den Begrenzungen des Gebietes gewisse vorgegebene Randwerte annimmt. Eine solche Lösung läßt sich, wenigstens formal, mit Hilfe einer „GREENschen Funktion" $G(\boldsymbol{r})$ für das betreffende Raumgebiet stets anschreiben. Um diese GREENsche Funktion zu finden, muß man allerdings eine der Wellengleichung ähnliche und im Grunde sogar noch etwas kompliziertere Differentialgleichung lösen. Trotzdem ist die GREENsche Funktion ein wertvolles praktisches Hilfsmittel.

2.2. Die Differentialgleichung der GREENschen Funktion und die δ-Funktion.

Um zur Sache zu kommen, betrachten wir die homogene Wellengleichung für die gesuchte Funktion $u(\boldsymbol{r})$; sie lautet nach Gl. (1.18)

$$(\nabla^2 + k^2)\, u(\boldsymbol{r}) = 0$$

im Innern eines Volumens V, das von der Oberfläche A berandet wird, auf der $u(\boldsymbol{r})$ oder seine Ableitungen gewisse vorgegebene Randwerte annehmen. Um eine Lösung $u(\boldsymbol{r})$ zu konstruieren, betrachten wir die folgende (inhomogene) Differentialgleichung für die GREENsche Funktion G:

$$(\nabla^2 + k^2)\, G(\boldsymbol{r}, \boldsymbol{r}') = -\delta(\boldsymbol{r} - \boldsymbol{r}') \,, \tag{2.1}$$

oder, in rechtwinkligen Koordinaten ausgeschrieben,

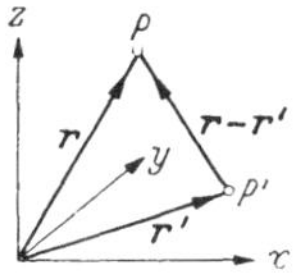

$$\left(\frac{\partial^2}{\partial x^2} + \frac{\partial^2}{\partial y^2} + \frac{\partial^2}{\partial z^2} + k^2\right) G(x, y, z;\, x', y', z')$$
$$= -\,\delta(x - x')\,\delta(y - y')\,\delta(z - z') \,. \tag{2.1a}$$

Fig. 2.1. Der Ortsvektor $\boldsymbol{r}$ und der Vektor $\boldsymbol{r}'$.

Das negative Vorzeichen der δ-Funktion ist dabei Sache der Konvention; es kann ebensogut ein Plus-Zeichen gewählt werden.

$\boldsymbol{r}$ ist, wie früher, der Ortsvektor nach einem Punkte $P(x, y, z)$ des Raumgebietes (Fig. 2.1), $\boldsymbol{r}'$ ist ein [bei der Differentiation auf der linken Seite von Gl. (2.1)] festgehaltener Ortsvektor vom Ursprung nach einem Punkte $P'(x', y', z')$.

Das Symbol δ steht für die DIRACsche δ-Funktion, die folgende Eigenschaften besitzen soll*):

$$\begin{aligned}
&1.\ \delta(x-x')=0\,, && \text{wenn } x\neq x'\,;\\
&2.\ \delta(x-x')=\infty\,, && \text{wenn } x=x'\,;\\
&3.\ \int \delta(x-x')\,dx=1\,, && \text{wenn } x=x' \text{ im Integrationsbereich liegt;}
\end{aligned} \tag{2.2}$$

4. $\int f(x)\,\delta(x-x')\,dx=f(x')$, wenn $x=x'$ im Integrationsbereich liegt und $f(x)$ eine in $x=x'$ stetige und im Integrationsbereich integrierbare Funktion bedeutet.

Die Eigenschaften 1 und 2 zeigen, daß die Deltafunktion überall längs der x-Achse gleich Null ist mit Ausnahme der Stelle $x=x'$, wo sie solcherart gegen Unendlich geht, daß die Bedingung 3 erfüllt ist. Die Beziehung 4 ist eine unmittelbare Folge von 3: Integriert man längs x von $x'-\varepsilon$ bis $x'+\varepsilon$, wobei ε eine beliebig kleine positive Zahl ist, so folgt

$$\int\limits_{x'-\varepsilon}^{x'+\varepsilon} f(x)\,\delta(x-x')\,dx=f(x')\int\limits_{x'-\varepsilon}^{x'+\varepsilon}\delta(x-x')\,dx=f(x')\,.$$

Die Definition der δ-Funktion läßt sich auf eine beliebige Anzahl von Dimensionen erweitern. In drei Dimensionen gilt z. B.:

$$\begin{aligned}
&1.\ \delta(x-x')\,\delta(y-y')\,\delta(z-z')=0, \text{ wenn } x\neq x',\ y\neq y',\ z\neq z'\,;\\
&2.\ \delta(x-x')\,\delta(y-y')\,\delta(z-z')=\infty, \text{ wenn } x=x',\ y=y',\ z=z'\,;\\
&3.\ \int\limits_V \delta(x-x')\,\delta(y-y')\,\delta(z-z')\,dx\,dy\,dz=1\,, \text{ wenn } x',y',z' \text{ im Integrationsbereich liegen;}\\
&4.\ \int\limits_V f(x,y,z)\,\delta(x-x')\,\delta(y-y')\,\delta(z-z')\,dx\,dy\,dz=f(x',y',z')\,, \text{ wenn } x',y',z' \text{ im Integrationsbereich liegen.}
\end{aligned} \tag{2.3}$$

Entsprechend gilt für die δ-Funktion in drei Dimensionen in der Schreibweise von Gl. (2.1)

$$\begin{aligned}
&1.\ \delta(\boldsymbol{r}-\boldsymbol{r}')=0\,, && \text{wenn } \boldsymbol{r}\neq\boldsymbol{r}'\,,\\
&2.\ \delta(\boldsymbol{r}-\boldsymbol{r}')=\infty\,, && \text{wenn } \boldsymbol{r}=\boldsymbol{r}'\,,\\
&3.\ \int\limits_V \delta(\boldsymbol{r}-\boldsymbol{r}')\,dV=1\,, && \text{wenn } \boldsymbol{r}' \text{ im Integrationsvolumen } V \text{ liegt,}\\
&\qquad\qquad\qquad\quad =0\,, && \text{wenn } \boldsymbol{r}' \text{ außerhalb } V \text{ liegt,}\\
&4.\ \int\limits_V f(\boldsymbol{r})\,\delta(\boldsymbol{r}-\boldsymbol{r}')\,dV=f(\boldsymbol{r}')\,, && \text{wenn } \boldsymbol{r}' \text{ innerhalb } V \text{ liegt,}\\
&\qquad\qquad\qquad\qquad\qquad =0\,, && \text{wenn } \boldsymbol{r}' \text{ außerhalb } V \text{ liegt.}
\end{aligned} \tag{2.4}$$

Die Deltafunktion auf der rechten Seite von Gl. (2.1) besitzt daher eine Singularität an der Stelle $\boldsymbol{r}=\boldsymbol{r}'$, d. h. im Punkte P'. Das Volumenintegral über $\delta(\boldsymbol{r}-\boldsymbol{r}')$ wird 1, falls P' innerhalb des Integrations-

*) Über die δ-Funktion im allgemeinen siehe z.B. B. VAN DER POL u. H. BREMMER: Operational calculus. Cambridge University Press 1950.

volumens V liegt; es verschwindet, falls P' außerhalb desselben liegt. Die Stelle $\boldsymbol{r}'$ ist als Sitz einer „Einheitsquelle" anzusehen.

Beim Übergang zu krummlinigen Koordinaten ist die Singularität auf der rechten Seite von Gl. (2.1a) sinngemäß abzuändern, um sie in Einklang mit den vorausgehenden Definitionen in rechtwinkligen Koordinaten zu bringen.

In Zylinder-Koordinaten ϱ, φ, z z.B. lautet der Ausdruck für eine analoge Singularität im Ursprung ($\varrho' = \varphi' = z' = 0$)

$$\delta(\varrho, \varphi, z) = \frac{1}{\varrho}\,\delta(\varrho)\,\delta(\varphi)\,\delta(z)\,. \tag{2.5}$$

Der Faktor $1/\varrho$ muß eingeführt werden, um den Faktor ϱ im Ausdruck für das Volumenelement $dV = \varrho\, d\varrho\, d\varphi\, dz$ zu kompensieren. Es folgt mit der Singularität (2.5) und bei Integration über ein Gebiet, das den Ursprung einschließt,

$$\begin{aligned}\int\limits_V \frac{\delta(\varrho)}{\varrho}\,\delta(\varphi)\,\delta(z)\,dV &= \int\limits_V \delta(\varrho)\,\delta(\varphi)\,\delta(z)\,d\varrho\,d\varphi\,dz \\ &= \int \delta(\varrho)\,d\varrho \int \delta(\varphi)\,d\varphi \int \delta(z)\,dz = 1\end{aligned}$$

und

$$\int\limits_V f(\varrho,\varphi,z)\,\frac{\delta(\varrho)}{\varrho}\,\delta(\varphi)\,\delta(z)\,dV = f(0,0,0)\,. \tag{2.6}$$

In Kugelkoordinaten r, ϑ, φ lautet der Ausdruck für eine Singularität im Ursprung ($r' = \vartheta' = \varphi' = 0$)

$$\delta(r, \vartheta, \varphi) = \frac{1}{r^2 \sin\vartheta}\,\delta(r)\,\delta(\vartheta)\,\delta(\varphi)\,. \tag{2.7}$$

Analog den obigen Betrachtungen für zylindrische Koordinaten folgt bei Integration unter Einschluß des Ursprungs

$$\begin{aligned}&\int\limits_V f(r,\vartheta,\varphi)\,\frac{\delta(r)\,\delta(\vartheta)\,\delta(\varphi)}{r^2\sin\vartheta}\,dV \\ &= \int\limits_V f(r,\vartheta,\varphi)\,\frac{\delta(r)\,\delta(\vartheta)\,\delta(\varphi)}{r^2\sin\vartheta}\,r^2\sin\vartheta\,dr\,d\vartheta\,d\varphi = f(0,0,0)\,.\end{aligned} \tag{2.8}$$

2.3. Symmetrieeigenschaft der GREENschen Funktion.

Mit Hilfe der obigen Definitionen für die Delta-Funktion wollen wir eine bekannte Beziehung für die GREENsche Funktion $G(\boldsymbol{r}, \boldsymbol{r}')$, wie sie durch Gl. (2.1) beschrieben ist, herleiten. Diese Beziehung lautet

$$G(\boldsymbol{r}, \boldsymbol{r}') = G(\boldsymbol{r}', \boldsymbol{r})\,. \tag{2.9}$$

Sie besagt, daß G symmetrisch in $\boldsymbol{r}$ und $\boldsymbol{r}'$ ist oder mit anderen Worten: Der Wert von G an irgendeinem Aufpunkt $\boldsymbol{r}$, der von einer

Singularität am Ort $\boldsymbol{r}'$ erzeugt wird, ist derselbe, wie der Wert von G an eben jenem Ort $\boldsymbol{r}'$, wenn wir die Singularität am Ort $\boldsymbol{r}'$ aufheben und sie dafür in den Aufpunkt $\boldsymbol{r}$ verpflanzen. Die Beziehung (2.9) ist jedoch nur gültig, wenn $G(\boldsymbol{r}, \boldsymbol{r}')$ bestimmten homogenen Randbedingungen genügt; dies wird aus der folgenden Ableitung von Gl. (2.9) ersichtlich.

Wir wenden auf Gl. (2.1) den GREENschen Satz in der folgenden bekannten Form an:

$$\int\limits_V (u\,\nabla^2 v - v\,\nabla^2 u)\,dV = \oint\limits_A \left(u\,\frac{\partial v}{\partial n} - v\,\frac{\partial u}{\partial n}\right) dA\,. \tag{2.10}$$

Das Symbol $\partial/\partial n$ stellt die Ableitung in Richtung der *äußeren* Normalen dar. Sie kann auch durch den Gradienten der Funktion ausgedrückt werden in der Form $\partial v/\partial n = \boldsymbol{n}\cdot \operatorname{grad} v$, wenn $\boldsymbol{n}$ der Einheitsvektor in Richtung der äußeren Normalen zum Flächenelement dA ist.

Addieren und subtrahieren wir auf der linken Seite von Gl. (2.10) unter dem Integral den Ausdruck $k^2 u v$, so erhalten wir

$$\begin{aligned}\int\limits_V \{u(\nabla^2 + k^2)\,v - v(\nabla^2 + k^2)\,u\}\,dV \\ = \oint\limits_A \left\{u\,\frac{\partial v}{\partial n} - v\,\frac{\partial u}{\partial n}\right\} dA\,.\end{aligned} \tag{2.11}$$

In dieser Gleichung setzen wir nun für u die Funktion $G(\boldsymbol{r}, \boldsymbol{r}')$ mit der Singularität an der Stelle $\boldsymbol{r}'$ und für v eine Funktion $G(\boldsymbol{r}, \boldsymbol{r}'')$ mit der Singularität an einer anderen Stelle $\boldsymbol{r}''$ ein. Unter Berücksichtigung der Gl. (2.1), der sowohl $G(\boldsymbol{r}, \boldsymbol{r}')$ als auch $G(\boldsymbol{r}, \boldsymbol{r}'')$ genügen sollen, erhalten wir

$$\begin{aligned}-\int\limits_V \{G(\boldsymbol{r}, \boldsymbol{r}')\,\delta(\boldsymbol{r} - \boldsymbol{r}'') - G(\boldsymbol{r}, \boldsymbol{r}'')\,\delta(\boldsymbol{r} - \boldsymbol{r}')\}\,dV \\ = \oint\limits_A \left\{G(\boldsymbol{r}, \boldsymbol{r}')\,\frac{\partial}{\partial n}\,G(\boldsymbol{r}, \boldsymbol{r}'') - G(\boldsymbol{r}, \boldsymbol{r}'')\,\frac{\partial}{\partial n}\,G(\boldsymbol{r}, \boldsymbol{r}')\right\} dA\,.\end{aligned}$$

Gemäß den Beziehungen (2.4) für die δ-Funktion folgt daraus, wenn wir bei der Integration sowohl den Punkt $\boldsymbol{r}'$ als auch $\boldsymbol{r}''$ einschließen,

$$\begin{aligned}&-\{G(\boldsymbol{r}'', \boldsymbol{r}') - G(\boldsymbol{r}', \boldsymbol{r}'')\} \\ &= \oint\limits_A \left\{G(\boldsymbol{r}, \boldsymbol{r}')\,\frac{\partial}{\partial n}\,G(\boldsymbol{r}, \boldsymbol{r}'') - G(\boldsymbol{r}, \boldsymbol{r}'')\,\frac{\partial}{\partial n}\,G(\boldsymbol{r}, \boldsymbol{r}')\right\} dA\,.\end{aligned} \tag{2.12}$$

Wir wollen nunmehr annehmen, daß die GREENsche Funktion auf der berandenden Oberfläche folgenden homogenen Randbedingungen genüge*):

$$\text{a}):\ G(\boldsymbol{r}, \boldsymbol{r}') = G(\boldsymbol{r}, \boldsymbol{r}'') \equiv 0 \text{ am Rand,} \tag{2.13}$$

oder

$$\text{b}):\ \frac{\partial}{\partial n} G(\boldsymbol{r}, \boldsymbol{r}') = \frac{\partial}{\partial n} G(\boldsymbol{r}, \boldsymbol{r}'') \equiv 0 \text{ am Rand.} \tag{2.14}$$

In beiden Fällen a) und b) verschwindet das Oberflächenintegral auf der rechten Seite von Gl. (2.12) und wir erhalten

$$G(\boldsymbol{r}', \boldsymbol{r}'') = G(\boldsymbol{r}'', \boldsymbol{r}') . \tag{2.15}$$

Damit ist unsere Behauptung (2.9) verifiziert, vorausgesetzt, daß G den Randbedingungen (2.13) oder (2.14) genügt; denn $\boldsymbol{r}'$ und $\boldsymbol{r}''$ bezeichnen beliebige, innerhalb des Integrationsgebietes V wählbare Punkte**).

2.4. Lösung der Wellengleichung mittels der GREENschen Funktion.

Mit Hilfe der vorgangs behandelten GREENschen Funktion läßt sich nun, wie erwähnt, die Lösung der Wellengleichung (1.18) für vorgegebene Randwerte formal in Gestalt einer Integraldarstellung anschreiben. Wir setzen in Gl. (2.11) $G(\boldsymbol{r}, \boldsymbol{r}')$ für v [wobei G durch Gl. (2.1) definiert ist] und verstehen unter u die durch die Wellengleichung (1.18) definierte Funktion. Man erhält aus Gl. (2.11) unter Beachtung, daß $G(\boldsymbol{r}, \boldsymbol{r}')$ der Gl. (2.1) und $u(\boldsymbol{r})$ der Gl. (1.18) genügen und daß $-\int\limits_V u(\boldsymbol{r})\, \delta(\boldsymbol{r} - \boldsymbol{r}')\, dV$ sich gemäß Gl. (2.4) auf $-u(\boldsymbol{r}')$ reduziert, falls $\boldsymbol{r}'$ innerhalb von V liegt***),

$$-u(\boldsymbol{r}') = \oint\limits_A \left\{ u(r) \frac{\partial}{\partial n} G(\boldsymbol{r}, \boldsymbol{r}') - G(\boldsymbol{r}, \boldsymbol{r}') \frac{\partial}{\partial n} u(r) \right\} dA . \tag{2.16}$$

Aus dieser allgemeinen Beziehung gewinnen wir die beiden folgenden Spezialfälle:

a) Wenn $u(\boldsymbol{r})$ auf dem Rande des Gebietes vorgegeben ist *(erste Randwertaufgabe)*, wählen wir $G(\boldsymbol{r}, \boldsymbol{r}')$ derart, daß $G(\boldsymbol{r}, \boldsymbol{r}') = 0$, wenn

*) Homogen bedeutet, daß die rechten Seiten der Gl. (2.13) bzw. (2.14) den Wert Null besitzen.

**) Über allgemeinere Betrachtungen zur Symmetriebedingung (2.15) vgl. die Literaturangaben auf S. 25.

***) Die Darstellung (2.16) gilt, wie sich versteht, nur für Punkte $\boldsymbol{r}'$ *innerhalb* von V bzw. im Innern der Berandung des Oberflächenintegrals; für alle Punkte $\boldsymbol{r}'$, die *außerhalb* des Integrationsvolumens bzw. dessen Oberfläche liegen, ist die Delta-Funktion $\delta(\boldsymbol{r} - \boldsymbol{r}')$ Null, da $\boldsymbol{r}$ dort nirgends mit $\boldsymbol{r}'$ zusammenfällt, und somit auch die rechte Seite von Gl. (2.16) und damit $u(\boldsymbol{r}')$ Null.

$\boldsymbol{r}$ auf der Berandung liegt. Dann folgt

$$u(\boldsymbol{r}') = -\oint_A u(\boldsymbol{r}) \frac{\partial}{\partial n} G(\boldsymbol{r}, \boldsymbol{r}')\, dA\,. \tag{2.17a}$$

b) Wenn $\partial u/\partial n$ auf der Berandung vorgegeben ist *(zweite Randwertaufgabe)*, wählen wir $G(\boldsymbol{r}, \boldsymbol{r}')$ derart, daß $\partial G(\boldsymbol{r}, \boldsymbol{r}')/\partial n = 0$, wenn $\boldsymbol{r}$ auf der Berandung liegt, und erhalten

$$u(\boldsymbol{r}') = \oint_A G(\boldsymbol{r}, \boldsymbol{r}') \frac{\partial}{\partial n} u(\boldsymbol{r})\, dA\,. \tag{2.17b}$$

Falls wir also die GREENsche Funktion für homogene Randbedingungen der Form $G = 0$ oder $\partial G/\partial n = 0$ am Rand kennen, kann die Lösung der Wellengleichung (1.18) bei beliebig vorgegebenen gemischten oder inhomogenen Randbedingungen für u bzw. $\partial u/\partial n$ durch Auswertung der Integraldarstellungen (2.17) gefunden werden.

Die Auffindung der geeigneten GREENschen Funktion ist keineswegs immer möglich und häufig nicht einfach, weil sie selbst wieder die Lösung eines Randwertproblems erfordert. Für eine Anzahl von Fällen ist sie jedoch bekannt und leistet dort wertvolle Dienste. Auf der anderen Seite ist das Randwertproblem für die GREENsche Funktion oftmals aus dem Grunde einfacher als das Randwertproblem für die darzustellende Funktion u selbst, weil man die Randbedingungen für G homogen wählen kann ($G = 0$ oder $\partial G/\partial n = 0$ auf dem *ganzen* Rand), während die Randbedingungen für u nicht homogen zu sein brauchen.

Wie Gl. (2.1) zeigt, gehorcht die GREENsche Funktion G überall der Wellengleichung (1.18) mit Ausnahme der Stelle $\boldsymbol{r} = \boldsymbol{r}'$, wo sich eine „Einheitsquelle" befindet. Eine GREENsche Funktion, die den Randbedingungen $G = 0$ oder $\partial G/\partial n = 0$ auf vorgeschriebenen Begrenzungen genügt, löst daher bereits die Wellengleichung (1.18) mit den Randbedingungen $u = 0$ oder $\partial u/\partial n = 0$ für den besonderen Fall, daß sich an der Stelle $\boldsymbol{r} = \boldsymbol{r}'$ eine durch die Deltafunktion beschriebene Strahlungsquelle befindet.

Rückt bei Strahlungsproblemen die Berandung eines Gebietes oder ein Teil derselben ins Unendliche, so verlangt die eindeutige Lösung für G, daß G am Rand überall oder stückweise der „SOMMERFELDschen Ausstrahlungsbedingung" genügt. Physikalisch besagt diese Bedingung, daß die betrachtete Funktion sich im Unendlichen wie eine ins Unendliche fortschreitende Welle verhält; die Bedingung schließt eine aus dem Unendlichen einfallende Welle aus*).

---

*) SOMMERFELD, A.: Vorlesungen über theoretische Physik, Bd. VI, S. 191. Wiesbaden 1947; Partial differential equations in physics, S. 188. New York 1949. — FRANK, PH., u. R. VON MISES: Die Differential- und Integralgleichungen der Mechanik und Physik, Bd. II, S. 803. Braunschweig 1935. — BAKER, B. B., u. E. T. COPSON: The mathematical theory of HUYGEN's principle, S. 25, 28, 152. Oxford 1950.

Eine GREENsche Funktion, die allein im unendlich Fernen der Ausstrahlungsbedingung gehorcht, wird als GREENsche Funktion des freien Raumes bezeichnet; sie stellt eine Lösung der Wellengleichung dar für den Fall, daß im ganzen Gebiet nichts anderes als eine Einheitsquelle für $\boldsymbol{r} = \boldsymbol{r}'$ vorhanden ist. Im folgenden Abschnitt wollen wir diese Lösung, die eine wichtige Rolle spielt, angeben.

2.5. Die GREENsche Funktion im freien Raum.

Die GREENsche Funktion im freien Raum hat der Differentialgleichung (2.1) zu genügen; der einzige „Rand“ ist die unendlich ferne, den freien Raum umgrenzende Fläche, auf der die Funktion die Ausstrahlungsbedingung zu erfüllen hat. Die Lösung hängt von der betrachteten Konfiguration, d. h. von der Anzahl der Dimensionen ab. Die skalare GREENsche Funktion des freien Raums besitzt die folgende Form:

a) Eindimensionales (ebenes) Problem:

$$G(x, x') = \frac{i}{2k} e^{ik|x-x'|} . \tag{2.18}$$

b) Zweidimensionales (zylindrisches) Problem:

$$G(\varrho, \varrho') = \frac{i}{4} H_0^{(1)}(k|\varrho - \varrho'|) , \tag{2.19}$$

wobei $|\varrho - \varrho'| = \sqrt{(x-x')^2 + (y-y')^2} = \sqrt{\varrho^2 + \varrho'^2 - 2\varrho\varrho' \cos(\varphi - \varphi')}$. $H_0^{(1)}(x)$ bedeutet dabei eine HANKELsche Zylinderfunktion*); ϱ und φ sind Polarkoordinaten in der x, y-Ebene.

c) Dreidimensionales (sphärisches) Problem:

$$G(\boldsymbol{r}, \boldsymbol{r}') = \frac{e^{ik|\boldsymbol{r}-\boldsymbol{r}'|}}{4\pi|\boldsymbol{r}-\boldsymbol{r}'|} , \tag{2.20}$$

wobei $|\boldsymbol{r} - \boldsymbol{r}'| = \sqrt{(x-x')^2 + (y-y')^2 + (z-z')^2}$.

Die Singularität der δ-Funktion in Gl. (2.1) ist im Fall a) in der Ebene x', im Fall b) längs einer Parallelen zur z-Achse bei ϱ', φ' und im Fall c) im Endpunkt des Vektors $\boldsymbol{r}'$ gelegen.

Die Verschiedenheit der Lösungen (2.18) bis (2.20) ist durch die Anzahl der Dimensionen h des betrachteten Problems bedingt, d. h. durch die Forderung, daß G im Unendlichen den Charakter einer ebenen, zylindrischen oder sphärischen Welle besitzt. Die Ausdrücke entsprechen den bekannten Lösungen der Wellengleichung in ein, zwei und drei Dimensionen bei einer Singularität im Ursprung. Die multiplikative

*) Siehe z. B. E. JAHNKE u. F. EMDE: Funktionentafeln, Abschnitt VIII. Leipzig u. Berlin 1938.

Konstante folgt aus der Forderung einer Einheitsquelle in der singulären Stelle.

Die allgemeine Formulierung der Ausstrahlungsbedingung für eine Funktion $u(\boldsymbol{r})$, die der Gleichung $(\nabla^2 + k^2)\, u(\boldsymbol{r}) = q(\boldsymbol{r})$ in h Dimensionen genügt, wobei $q(\boldsymbol{r})$ eine im Unendlichen von genügender Ordnung verschwindende Quellenfunktion bedeutet, lautet*) (bei einer Zeitabhängigkeit $e^{-i\omega t}$)

$$\lim_{r\to\infty} r^{\frac{h-1}{2}} \left(\frac{\partial u}{\partial r} - i k u\right) = 0 . \tag{2.21}$$

Man zeigt leicht, daß die Lösungen (2.18) bis (2.20) die Bedingung (2.21) für $h = 1$, 2 und 3 erfüllen.

Wir wollen die Funktion (2.18) im ebenen Fall etwas genauer betrachten, da sie einen guten Einblick in die generelle Struktur einer GREENschen Funktion vermittelt. Die Differentialgleichung, der $G(x, x')$ im eindimensionalen, ebenen Problem genügen muß, lautet mit Gl. (2.1) bzw. (2.1a)

$$\left(\frac{\partial^2}{\partial x^2} + k^2\right) G(x, x') = -\,\delta(x - x') . \tag{2.22}$$

Außerhalb der Singularität, d. i. für $x \neq x'$, ist $\delta(x - x') = 0$, und die Lösungen von (2.21) sind von der Form $e^{\pm ikx}$, $\cos k x$ oder $\sin k x$. Die Ausstrahlungsbedingung schließt die letzteren beiden aus, da für $x > x'$ sich G wie eine in der positiven x-Richtung wandernde, für $x < x'$ wie eine in der negativen x-Richtung wandernde Welle verhalten muß. Die Funktion $G(x, x')$ in (2.18) erfüllt, wie man leicht einsieht, diese Bedingungen. Sie ist weiterhin, wie es von G verlangt wird, symmetrisch in x und x'. Wir wollen nun auch noch zeigen, daß sie der Differentialgleichung (2.22) genügt. Wir setzen dazu

$$\xi = |x - x'| \text{ und somit } G(\xi) = \frac{i}{2k}\, e^{ik\xi} .$$

Damit folgt

$$\frac{\partial G}{\partial x} = \frac{\partial G}{\partial \xi}\,\frac{\partial \xi}{\partial x} \quad \text{und} \quad \frac{\partial^2 G}{\partial x^2} = \frac{\partial^2 G}{\partial \xi^2}\left(\frac{\partial \xi}{\partial x}\right)^2 + \frac{\partial G}{\partial \xi}\,\frac{\partial^2 \xi}{\partial x^2} ,$$

$$\text{oder } \frac{\partial G}{\partial x} = -\,\frac{1}{2}\, e^{ik|x-x'|}\,\frac{\partial \xi}{\partial x} \quad \text{und} \quad \frac{\partial^2 G}{\partial x^2} = -\,\frac{1}{2}\, e^{ik|x-x'|}\left(i\,k\left(\frac{\partial \xi}{\partial x}\right)^2 + \frac{\partial^2 \xi}{\partial x^2}\right). \tag{2.23}$$

Die Funktion $\xi(x, x')$ und ihre Ableitungen sind aus Fig. 2.2 ersichtlich. Setzen wir die Ableitung $\partial^2 G/\partial x^2$ aus Gl. (2.23) in Gl. (2.22) ein, so

*) RELLICH, F.: Jber. dtsch. Math.Ver. **53**, 57 (1943).

muß mit $\left(\frac{\partial \xi}{\partial x}\right)^2 = 1$ gemäß Fig. 2.2 die folgende Beziehung gelten:

$$-\frac{1}{2} e^{ik|x-x'|}\left(ik + \frac{\partial^2 \xi}{\partial x^2} - ik\right) = -\frac{1}{2} e^{ik|x-x'|} \frac{\partial^2 \xi}{\partial x^2} = -\delta(x - x') . \quad (2.24)$$

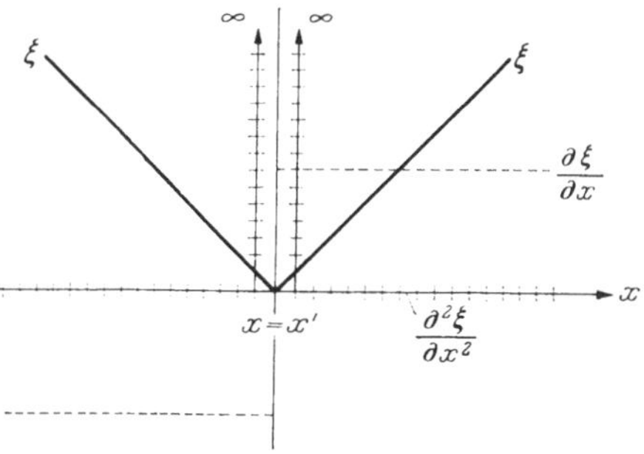

Fig. 2.2. Die Funktion $\xi(x, x') = |x - x'|$ mit unstetiger Tangente in $x = x'$ und ihre erste und zweite Ableitung (quergestrichelt).

An der Stelle $x = x'$ besitzt nun die linke Seite von Gl. (2.24) tatsächlich den Charakter einer δ-Funktion, wie man aus Fig. 2.2 erkennt: Die zweite Ableitung von ξ nach x ist Null für alle $x \neq x'$ und singulär für $x = x'$. Wir haben nur noch zu zeigen, daß die Singularität auf der linken Seite von der Art ist, wie wir sie in Gl. (2.2) für eine δ-Funktion verlangten. Dazu integrieren wir die zu Gl. (2.24) äquivalente Gl. (2.22) auf beiden Seiten nach x in einem Intervall $x' - l$ bis $x' + l$ und erhalten mit Rücksicht auf Gl. (2.2) die Bedingungsgleichung

$$\left(\frac{\partial G}{\partial x}\right)_{x'+l} - \left(\frac{\partial G}{\partial x}\right)_{x'-l} + k^2 \int_{x'-l}^{x'+l} G(x) d x = -1 .$$

Die linke Seite der Gleichung wird aber mit Gl. (2.18) und (2.23)

$$-\frac{1}{2} e^{ikl}\left(\frac{\partial \xi}{\partial x}\right)_{x'+l} + \frac{1}{2} e^{ikl}\left(\frac{\partial \xi}{\partial x}\right)_{x'-l} - 2k^2 \int_0^{x'+l} \frac{e^{ik(x-x')}}{2ik} d x$$
$$= -\frac{1}{2} e^{ikl} - \frac{1}{2} e^{ikl} + (e^{ikl} - 1) = -1 ,$$

wie verlangt.

In gleicher Weise überzeugt man sich, daß die GREENschen Funktionen $G(\boldsymbol{\varrho}, \boldsymbol{\varrho}')$ bzw. $G(\boldsymbol{r}, \boldsymbol{r}')$ in Gl. (2.19) bzw. (2.20) der Differentialgleichung (2.1) sowie der Ausstrahlungsbedingung (2.21) in zwei bzw. drei Dimensionen genügen.

2.6. Der Entwicklungssatz und die GREENsche Funktion im Zylinder mit Rechteckquerschnitt.

Als Beispiel für die Aufstellung einer GREENschen Funktion in einem teilweise im Endlichen berandeten Bereich wollen wir G im Innern eines Zylinders mit Rechteckquerschnitt konstruieren. Wir denken z. B. an einen metallischen Hohlleiter mit den Seitenlängen a, b (Fig. 2.3), der sich längs der z-Achse ins Unendliche erstreckt und suchen die GREENsche Funktion $G(x, y, z; x', y', z')$ im Innern des Rechtecks mit den Randbedingungen

$$G = 0 \text{ für } x = 0 \text{ und } x = a,$$
$$y = 0 \text{ und } y = b.$$

In der z-Richtung soll G der Ausstrahlungsbedingung genügen, d. h. sich wie eine (inhomogene) ebene Welle $f(x, y)\, e^{ik|z-z'|}$ verhalten [vgl. das vorangehende Beispiel und Gl. (2.18)].

Wir leiten zunächst einen Entwicklungssatz für G ab, der unserer Aufgabe zu Hilfe kommt. Wir nehmen an, daß in dem zu betrachtenden Gebiet die Eigenfunktionen u_n der Wellengleichung (1.18) bekannt sind, d. h. daß die u_n der folgenden Gleichung genügen:

$$(\nabla^2 + k_n^2)\, u_n = 0\,. \qquad (2.25)$$

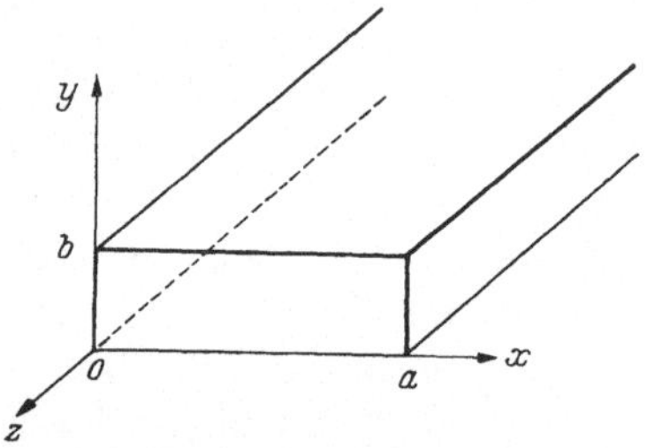

Fig. 2.3. Metallischer Hohlleiter mit rechteckigem Querschnitt (a, b) und unendlicher Ausdehnung in der z-Richtung.

k_n^2 sei der n-te Eigenwert des betrachteten Bereiches für dieselben homogenen Randbedingungen, denen das gesuchte G unterworfen wird. Aus der Theorie der Eigenwertprobleme und Eigenfunktionen*) entnehmen wir die bekannten Tatsachen, daß

$$\int_V u_n(\boldsymbol{r})\, u_m^*(\boldsymbol{r})\, dV = \delta_{nm}\,, \qquad (2.26)$$

wobei $\delta_{nm} = 0$ für $n \neq m$ und $\delta_{nm} = 1$ für $n = m$ (normierte Eigenfunktionen), und

$$F(\boldsymbol{r}) = \sum_n A_n\, u_n(\boldsymbol{r})\,, \qquad (2.27)$$

d. h. daß sich eine beliebige, zweimal stetig differenzierbare Funktion $F(\boldsymbol{r})$, welche homogenen Randbedingungen genügt, in eine gleichmäßig konvergente Reihe nach den Eigenfunktionen u_n des Gebietes entwickeln läßt.

Die Differentialgleichung für unsere GREENsche Funktion lautet nun

$$(\nabla^2 + k^2)\, G(\boldsymbol{r}, \boldsymbol{r}') = -\,\delta(\boldsymbol{r} - \boldsymbol{r}')\,. \qquad (2.28)$$

Wir denken uns G gemäß Gl. (2.27) entwickelt:

$$G(\boldsymbol{r}, \boldsymbol{r}') = \sum_n A_n(\boldsymbol{r}')\, u_n(\boldsymbol{r})\,. \qquad (2.29)$$

Man wird erwarten, daß die Summe für alle $\boldsymbol{r}$, mit Ausnahme der Stelle $\boldsymbol{r} = \boldsymbol{r}'$, wo die zweite Ableitung von G nicht regulär ist, konvergiert.

*) Siehe z. B. R. COURANT u. D. HILBERT: Methoden der mathematischen Physik, Bd. I. Berlin 1931; Methods of mathematical physics. New York 1953.

Wir setzen $G(\mathbf{r}, \mathbf{r}')$ nach Gl. (2.29) in Gl. (2.28) ein und erhalten unter Berücksichtigung von Gl. (2.25)

$$\sum_n (\nabla^2 + k^2) A_n u_n(\mathbf{r}) = \sum_n A_n (k^2 - k_n^2) u_n(\mathbf{r}) = -\delta(\mathbf{r} - \mathbf{r}') .$$

Wir multiplizieren beide Seiten mit $u_m^*(\mathbf{r})$ und integrieren gliedweise über den räumlichen Bereich V:

$$\sum_n A_n(k^2 - k_n^2) \int_V u_n(\mathbf{r}) u_m^*(\mathbf{r}) dV = - \int_V u_m^*(\mathbf{r}) \delta(\mathbf{r} - \mathbf{r}') dV .$$

Unter Beachtung von Gl. (2.4) und (2.26) folgt sofort

$$A_n (k^2 - k_n^2) = - u_n^*(\mathbf{r}') . \tag{2.30}$$

Damit erhalten wir den Entwicklungssatz für die GREENsche Funktion mit Gl. (2.29):

$$G(\mathbf{r}, \mathbf{r}') = - \sum_n \frac{u_n(\mathbf{r}) u_n^*(\mathbf{r}')}{k^2 - k_n^2} . \tag{2.31}$$

Wenn die Eigenfunktionen u_n des Bereiches bekannt sind, läßt sich mit Hilfe von Gl. (2.31) G durch das System dieser Eigenfunktionen darstellen. Die Darstellung divergiert für $k = k_n$. Dies ist aus physikalischen Gründen ohne weiteres verständlich: Falls die Quellen der GREENschen Funktion auf der rechten Seite von Gl. (2.28) in einer Eigenfrequenz des Systems schwingen, erhält man in einem ungedämpften abgeschlossenen System [reelle Eigenwerte k_n in Gl. (2.25)] unendliche Amplituden, abgesehen von dem Sonderfall, daß die Quellen auf Knotenlinien der Eigenfunktionen ($u_n^*(\mathbf{r}') = 0$) zu liegen kommen.

Wir kehren nun zu unserem Beispiel des Rechteckzylinders zurück. In der x- und y-Richtung ist der Bereich durch den Zylindermantel abgegrenzt. Die normierten Eigenfunktionen des Rechtecks lauten für unsere Randbedingungen $u = 0$ für $x = 0$, a und $y = 0$, b

$$u_{m,n}(x, y) = \frac{2}{\sqrt{ab}} \sin \frac{m \pi x}{a} \sin \frac{n \pi y}{b} . \tag{2.32}$$

Dies läßt sich leicht durch Einsetzen in die zweidimensionale Wellengleichung (2.25) verifizieren. Die Eigenwerte $k_{m,n}$ ergeben sich dabei aus

$$k_{m,n}{}^2 = \left(\frac{m \pi}{a}\right)^2 + \left(\frac{n \pi}{b}\right)^2 . \tag{2.33}$$

Längs der Zylinderachse ist unser Bereich jedoch nicht endlich, sondern unendlich ausgedehnt. Es läßt sich beweisen, daß der Entwicklungssatz (2.31) auch für unendlich ausgedehnte Bereiche gilt. Die Eigenwerte verlieren aber nun ihren diskreten Charakter und gehen in ein Kontinuum über; die Summe verwandelt sich dabei in ein Integral*).

Um diesen etwas komplizierten Grenzübergang zu vermeiden, schlagen wir einen anderen Weg zur Gewinnung von G hier ein. Der Entwicklungssatz (2.31) und die bekannten Eigenfunktionen (2.32) legen folgenden Ansatz für G nahe:

$$G = \frac{4}{a\,b} \sum_{m,n} \sin\frac{m\pi x}{a} \sin\frac{m\pi x'}{a} \sin\frac{n\pi y}{b} \sin\frac{n\pi y'}{b} f_{m,n}(z, z')\,, \tag{2.34}$$

wobei $f_{m,n}(z, z')$ zu bestimmen bleibt. Wir gehen mit dem Ansatz (2.34) in die Differentialgleichung (2.1 a) für G ein:

$$\left(\frac{\partial^2}{\partial x^2} + \frac{\partial^2}{\partial y^2} + \frac{\partial^2}{\partial z^2} + k^2\right) G(x, y, z; x', y', z') = -\,\delta(x - x')\,\delta(y - y')\,\delta(z - z')\,.$$

Setzen wir

$$h_{m,n}{}^2 = k^2 - \left(\frac{m\pi}{a}\right)^2 - \left(\frac{n\pi}{b}\right)^2, \tag{2.35}$$

so erhalten wir

$$\begin{aligned} \frac{4}{ab} \sum_{m,n} \left(\frac{\partial^2}{\partial z^2} + h_{m,n}{}^2\right) \sin\frac{m\pi x}{a} \sin\frac{m\pi x'}{a} \sin\frac{n\pi y}{b} \sin\frac{n\pi y'}{b} f_{m,n}(z, z') \\ = -\,\delta(x - x')\,\delta(y - y')\,\delta(z - z')\,. \end{aligned} \tag{2.36}$$

Nun multiplizieren wir beide Seiten dieser Gleichung mit dem Ausdruck $\sin\frac{\mu\pi x}{a} \sin\frac{\nu\pi y}{b}$ und integrieren über x von 0 bis a und über y von 0 bis b. Es ist

$$\int_0^a \sin\frac{m\pi x}{a} \sin\frac{\mu\pi x}{a}\, dx = \begin{cases} 0 & \text{für } m \neq \mu \\ \frac{a}{2} & \text{für } m = \mu \end{cases} \tag{2.37}$$

$$\int_0^a \sin\frac{\mu\pi x}{a}\, \delta(x - x')\, dx = \sin\frac{\mu\pi x'}{a}\,. \qquad (0 \leqq x' \leqq a) \tag{2.38}$$

Analoge Gleichungen gelten in der y-Richtung. Damit folgt aus Gl. (2.36), daß für ein festes μ und ν alle Summenglieder auf der linken Seite bei der Ausführung der Integration verschwinden mit Ausnahme der Glieder, für die $m = \mu$ und $n = \nu$ ist. Auf der rechten Seite liefert die Integration das Produkt $-\sin\frac{\mu\pi x'}{a} \sin\frac{\nu\pi y'}{b}\, \delta(z - z')$. Schreiben wir wieder m, n anstelle von μ, ν, so erhalten wir schließlich unter Beachtung von Gl. (2.37) und nach Kürzung der Glieder in x' und y'

$$\left(\frac{\partial^2}{\partial z^2} + h_{m,n}{}^2\right) f_{m,n}(z, z') = -\,\delta(z - z')\,. \tag{2.39}$$

*) Siehe z. B. A. SOMMERFELD: Vorlesungen über theoretische Physik, Bd. VI, S. 196ff. Wiesbaden 1947; Partial differential equations in physics, S. 193ff. New York 1949.

Gl. (2.39) ist aber gerade die Differentialgleichung der GREENschen Funktion in einer Dimension. Ihre Lösung für den Fall, daß G den Ausstrahlungsbedingungen für $z \to \pm\infty$ genügt, haben wir oben in Gl. (2.18) kennengelernt; sie lautet in entsprechender Schreibweise

$$f_{m,n}(z, z') = \frac{i}{2\,h_{m,n}}\, e^{i\,h_{m,n}|z-z'|}\,. \tag{2.40}$$

Damit haben wir $f_{m,n}$ in unserem Ansatz (2.34) bestimmt und erhalten für die gesuchte GREENsche Funktion im Rechteckzylinder mit den Randbedingungen $G = 0$ für $x = 0, a$ und $y = 0, b$ den Ausdruck

$$G(x, y, z;\, x', y', z') = \frac{2\,i}{a\,b} \sum_{m,n} \sin\frac{m\pi x}{a} \sin\frac{m\pi x'}{a} \sin\frac{n\pi y}{b} \sin\frac{n\pi y'}{b}\, \frac{e^{i\,h_{m,n}|z-z'|}}{h_{m,n}}\,, \tag{2.41}$$

mit $h_{m,n}$ nach Gl. (2.35).

Man sieht leicht ein, daß wir jetzt auch die Funktion G mit den Randbedingungen $\partial G/\partial n = 0$ für $x = 0, a$ und $y = 0, b$ anschreiben können; wir haben dazu nur die Eigenfunktionen u_n in der x, y-Ebene zu wählen, die der Randbedingung $\partial u/\partial n = 0$ für $x = 0, a$ und $y = 0, b$ genügen. Diese erhält man offensichtlich, wenn man die sinus-Funktionen in Gl. (2.32) bzw. (2.41) durch cosinus-Funktionen ersetzt. Auch „gemischte Randbedingungen" für G lassen sich erfüllen, z. B. $G = 0$ für $x = 0, a$ und $\partial G/\partial n = 0$ für $y = 0, b$. Hierzu wählt man die sinus-Funktion in x und die cosinus-Funktion in y.

Für den Fall, daß G nur von x und z, nicht aber von y abhängen soll, erhält man für die Randbedingung $G = 0$ für $x = 0, a$ und $y = 0, b$ analog

$$G(x, z;\, x', z') = \frac{i}{a} \sum_{m} \sin\frac{m\pi x}{a} \sin\frac{m\pi x'}{a}\, \frac{e^{i\,h_m|z-z'|}}{h_m} \tag{2.42}$$

$$\text{mit } h_m^2 = k^2 - \left(\frac{m\pi}{a}\right)^2.$$

Dieser Fall tritt z. B. bei speziellen Wellentypen im Rechteckzylinder ein, deren Feldkomponenten nur von x, z, nicht aber von y abhängen (H_{mo}-Typ).

Mit diesem kursorischen Abriß über die GREENsche Funktion, der jedoch im wesentlichen beinhaltet, was wir in der Folge über dieselbe benötigen, beschließen wir dieses Kapitel. Für weitergehende Ansprüche verweisen wir auf die einschlägige Literatur*).

*) COURANT, B. R., u. D. HILBERT: Methoden der mathematischen Physik. Berlin 1931; Methods of mathematical physics, Bd. I. New York 1953. — FRANK, PH., u. R. v. MISES: Differential- und Integralgleichungen der Mechanik und Physik, Bd. I. Braunschweig 1935. — KNESER, A.: Die Integralgleichungen und ihre Anwendung in Mathematik und Physik. Braunschweig 1922. — MORSE, PH. M., u. H. FESHBACH: Methods of theoretical physics, Bd. I. New York, Toronto, London 1953.

3. Beugung einer ebenen Welle am metallischen Kreiszylinder. Formulierung einer Integralgleichung für den Strombelag und Betrachtungen über deren Lösung.

3.1. Begriff der Integralgleichung.

Im vorangehenden Abschnitt wurde gezeigt, wie man eine Lösung der skalaren Wellengleichung, wenigstens formal, mit Hilfe der GREENschen Funktion anschreiben kann. Bei vielen Problemen läßt sich diese Darstellung verwenden, indem man jedoch die Fragestellung in gewissem Sinn umkehrt. Wir übernehmen z. B. die Darstellung (2.17b) und schreiben sie in der etwas veränderten Form*)

$$u(\boldsymbol{r}) = \oint_A G(\boldsymbol{r}, \boldsymbol{r}')\, \psi(\boldsymbol{r}')\, dA' \,. \tag{3.1}$$

Wir haben dabei aus bloßen Gründen der Schreibweise $\boldsymbol{r}$ mit $\boldsymbol{r}'$ vertauscht, was zufolge der in Gl. (2.15) gezeigten Symmetrieeigenschaft von $G(\boldsymbol{r}, \boldsymbol{r}')$ erlaubt ist, und für die Randfunktion $\partial u/\partial n$ die Bezeichnung ψ eingeführt. Im Vorigen hatten wir die Funktion $G(\boldsymbol{r}, \boldsymbol{r}')$ sowie die Randwerte von $\psi = \partial u/\partial n$ als bekannt angenommen und damit u dargestellt. Häufig liegt nun der umgekehrte Fall vor, daß G und u bekannt sind und die Funktion ψ in Gl. (3.1) gesucht ist. Die Integration wird dabei über eine Oberfläche A erstreckt, auf der man $u(\boldsymbol{r})$ und damit die linke Seite von Gl. (3.1) kennt. Gl. (3.1) bezeichnet man dann als Integralgleichung für die unbekannte Funktion ψ. Die Aufgabe ist, diejenige „Belegungsfunktion“ $\psi(\boldsymbol{r}')$ auf einer vorgegebenen Oberfläche A zu finden, die nach Multiplikation mit einer bekannten „Quellenfunktion“ $G(\boldsymbol{r}, \boldsymbol{r}')$ – dem *Kern* der Integralgleichung – und Integration über die Oberfläche A eine vorgegebene Funktion $u(\boldsymbol{r})$ liefert, wobei sich $\boldsymbol{r}$ ebenfalls auf die Oberfläche A bezieht. Die Form der Integralgleichung (3.1) wird dabei als „lineare Integralgleichung *erster* Art“ bezeichnet; in dieser tritt die unbekannte Funktion ψ im Gegensatz zu einer „Integralgleichung *zweiter* Art“ nur unter dem Integralzeichen auf.

Wir erläutern diese abstrakten Ausführungen nun an einem konkreten Beispiel, wobei der Sinn der obigen Aussagen von selbst zutage treten wird.

3.2. Aufstellung einer Integralgleichung für den Flächenstrom auf der Zylinderoberfläche.

Eine elektromagnetische Welle, deren elektrischer Vektor längs der z-Achse eines rechtwinkligen Koordinatensystems polarisiert sei, falle

*) Die Bezeichnung dA' für das Oberflächenelement auf der Fläche A weist darauf hin, daß die Integration über die *gestrichene* Variable $\boldsymbol{r}'$ zu erstrecken ist.

auf einen als unendlich gut leitend vorausgesetzten Zylinder, der sich längs der z-Achse beiderseits ins Unendliche erstreckt (Fig. 3.1). Zweckmäßigerweise führen wir in der Ebene senkrecht zur Zylinderachse Polarkoordinaten ϱ, φ ein (Fig. 3.2). Für eine in der Winkelrichtung $\varphi = \varphi_1$ einfallende ebene Welle läßt sich das einfallende elektrische Feld, dessen Amplitude wir zu *Eins* normieren, anschreiben als

$$E_z^i = e^{i(\boldsymbol{k}\cdot\boldsymbol{\varrho})} = e^{ik\varrho\cos(\varphi-\varphi_1)}, \qquad (3.2)$$

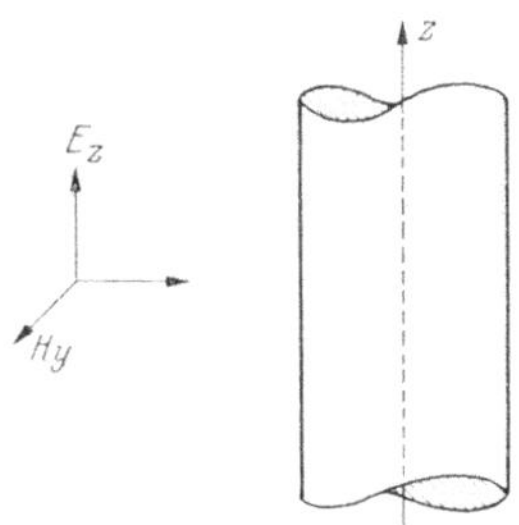

Fig. 3.1. Eine ebene Welle mit der elektrischen Feldkomponente E_z fällt auf einen längs der z-Achse unendlich ausgedehnten metallischen Kreiszylinder.

wenn $\boldsymbol{k}$ der Wellenvektor in der Fortschreitungsrichtung φ_1 (Fig. 3.2) und $\boldsymbol{\varrho}$ der vektorielle Abstand eines Aufpunktes P von der Zylinderachse sind. Mit Rücksicht auf die Symmetrie des Problems um die z-Achse macht es keinen Unterschied, unter welchem Winkel φ_1 die ebene Welle einfällt. Wir wollen jedoch den Parameter φ_1 beibehalten.

Durch den Zylinder wird die einfallende Welle gebeugt; das totale Feld zerlegen wir in zwei Anteile:

$$E_z(\boldsymbol{r}) = E_z^i(\boldsymbol{r}) + E_z^s(\boldsymbol{r}), \qquad (3.3)$$

wobei E_z^i das Feld der einfallenden ebenen Welle nach Gl. (3.2) und E_z^s das „gestreute" Feld bedeuten. Aus der Symmetrie des Problems um die z-Achse geht hervor, daß auch die gestreute Welle nur eine z-Komponente des elektrischen Feldes aufweist, weiterhin ist es evident, daß in jeder Ebene senkrecht zur Zylinderachse die gleichen Verhältnisse herrschen. Das magnetische Streufeld H_φ^s ist rein zirkular aus Symmetriegründen. Wir haben es daher mit einem zweidimensionalen Problem in der (ϱ, φ)-Ebene zu tun. Um dies deutlich zu machen, setzen wir $E_z = u(\varrho)$ und schreiben

$$E_z(\varrho) = u(\varrho) = u^i(\varrho) + u^s(\varrho). \qquad (3.4)$$

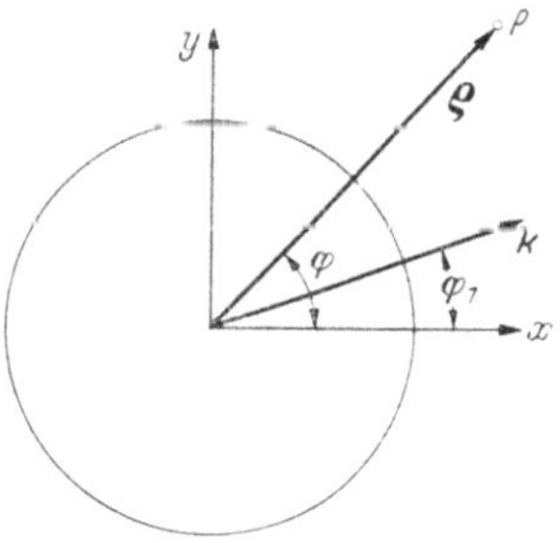

Fig. 3.2. Polarkoordinatensystem in der x, y-Ebene der Fig. 3.1.

Die skalare Funktion u genügt als Feldkomponente in der z-Richtung der Wellengleichung (1.18) in zwei Dimensionen

$$(\nabla^2 + k^2)\, u(\varrho) = 0. \qquad (3.5)$$

Die zweidimensionale Greensche Funktion $G(\varrho, \varrho')$ genügt der Differentialgleichung

$$(\nabla^2 + k^2)\, G(\varrho, \varrho') = -\delta(\varrho - \varrho'). \qquad (3.6)$$

Mit Gl. (2.16) gilt daher in zwei Dimensionen

$$-u(\varrho') = \oint\limits_A \left\{u(\varrho)\frac{\partial}{\partial n} G(\varrho, \varrho') - G(\varrho, \varrho')\frac{\partial}{\partial n} u(\varrho)\right\} dA \,. \tag{3.7}$$

Als Berandung A des ebenen Gebietes wählen wir die Randkurven A_1 und A_2 gemäß Fig. (3.3), wobei wir A_1 mit der Oberfläche des beugenden Zylinders vom Radius a zusammenfallen lassen und A_2 in sehr großen Abstand vom Zylinder verlegen. Die Ableitung $\partial/\partial n$ ist in Richtung der *äußeren* Normalen $\boldsymbol{n}$ von A_1 und A_2 zu bilden. Auf A_1 machen wir uns den Umstand zunutze, daß $u(\varrho)$ dort verschwindet, da kein elektrisches Tangentialfeld $E_z = u(\varrho)$ auf der als unendlich gut leitend angesehenen Zylinderoberfläche besteht.

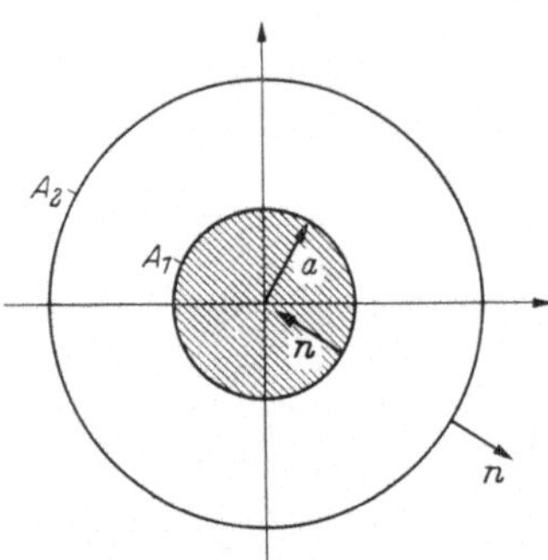

Fig. 3.3. Integrationsbereich in Gl. (3.7).

Wenn wir in Gl. (3.7) noch ϱ mit ϱ' vertauschen*), erhalten wir, mit $u(\varrho') = 0$ auf der Zylinderoberfläche A_1,

$$\begin{aligned} u(\varrho) = & \oint\limits_{A_1} G(\varrho, \varrho')\frac{\partial}{\partial n'} u(\varrho')\, dA' \\ & + \oint\limits_{A_2} \left\{G(\varrho, \varrho')\frac{\partial}{\partial n'} u(\varrho') - u(\varrho')\frac{\partial}{\partial n'} G(\varrho, \varrho')\right\} dA' \,. \end{aligned} \tag{3.8}$$

Mit dem Ansatz (3.4) zerlegen wir das Integral über die ferne Oberfläche A_2 in die folgenden beiden Anteile:

$$\begin{aligned} & \oint\limits_{A_2} \left\{G(\varrho, \varrho')\frac{\partial}{\partial n'} u^i(\varrho') - u^i(\varrho')\frac{\partial}{\partial n'} G(\varrho, \varrho')\right\} dA' \\ + & \oint\limits_{A_2} \left\{G(\varrho, \varrho')\frac{\partial}{\partial n'} u^s(\varrho') - u^s(\varrho')\frac{\partial}{\partial n'} G(\varrho, \varrho')\right\} dA' \,. \end{aligned}$$

Der erste Anteil ist mit $u^i(\varrho)$ identisch, wie aus Gl. (2.16) hervorgeht**).

Der zweite Anteil verschwindet aus folgendem Grund: Für $\varrho \to \infty$, wohin wir A_2 verlegen, müssen sowohl $G(\varrho, \varrho')$ als auch das Streufeld $u^s(\varrho')$ der

*) Die Vertauschung von ϱ mit ϱ' geschieht nur in der Absicht, auf der linken Seite von Gl. (3.8) im Argument von u die Größe ϱ anstelle von ϱ' einzuführen. Zufolge der Symmetrieeigenschaft der GREENschen Funktion kann man $G(\varrho, \varrho')$ anstelle von $G(\varrho', \varrho)$ schreiben.

**) Diese Darstellung von $u^i(\varrho)$ gilt für alle Punkte ϱ, die im Innern von A_2 liegen, d. h. nicht nur im Ringgebiet zwischen A_1 und A_2 (Fig. 3.3); ihre Verwendung zur Darstellung von $u^i(\varrho)$ wird nicht durch den Umstand beeinträchtigt, daß wir sie an sich nur für das Ringgebiet brauchen.

Ausstrahlungsbedingung Genüge leisten. Bis auf konstante Faktoren werden beide Funktionen mit Annäherung an das Unendliche identisch, — sie verhalten sich dort als Zylinderwellen wie $e^{ik\varrho}/\sqrt{\varrho}$ — und die Differenz der beiden Glieder unter dem zweiten Integralanteil geht gegen Null. (Man bemerke, daß dieser Schluß nicht etwa auch auf den ersten Integralanteil angewendet werden kann, weil die einfallende ebene Welle keineswegs im Unendlichen verschwindet.) Aus Gl. (3.8) erhalten wir somit schließlich das Ergebnis

$$u(\boldsymbol{\varrho}) = u^i(\boldsymbol{\varrho}) + \oint\limits_{A_1} G(\boldsymbol{\varrho}, \boldsymbol{\varrho}') \frac{\partial}{\partial n'} u(\boldsymbol{\varrho}') \, dA' . \tag{3.9}$$

Der Vergleich mit Gl. (3.4) lehrt, daß der Integralausdruck auf der rechten Seite gerade die gestreute Welle $u^s(\boldsymbol{\varrho})$ darstellt.

Auf der Zylinderoberfläche A_1 gilt

$$\frac{\partial}{\partial n'} u(\boldsymbol{\varrho}') = -\frac{\partial}{\partial \varrho'} u(\boldsymbol{\varrho}') = -\left\{\frac{\partial}{\partial \varrho'} E_z(\varrho', \varphi')\right\}_{\varrho'=a} .$$

Auf Grund der MAXWELLschen Gleichung (1.2) in Zylinderkoordinaten gilt $-(\partial/\partial\varrho')\, E_z = i\omega\mu\mu_0 H_\varphi$; außerdem ist pro Längeneinheit des Zylinders $dA' = a\, d\varphi'$ und somit nach Gl. (3.9), wenn wir anstelle des Vektors $\boldsymbol{\varrho}'$ Polarkoordinaten einführen,

$$u(\varrho, \varphi) = u^i(\varrho, \varphi) + \int\limits_0^{2\pi} i\omega\mu\mu_0 H_\varphi(a, \varphi')\, G(\varrho, \varphi; a, \varphi')\, a\, d\varphi' . \tag{3.10}$$

Die zirkulare Komponente H_φ auf der Oberfläche des unendlich gut leitenden Zylinders ist bekanntlich gleich der Flächenstromdichte I längs des Zylindermantels auf der Mantellinie a, φ'. Bezeichnen wir mit $I_{\varphi_1}(a, \varphi')$ die Flächenstromdichte auf dem Zylindermantel, die einer unter dem Winkel φ_1 einfallenden ebenen Welle zugeordnet ist, so folgt aus Gl. (3.10)

$$u(\varrho, \varphi) = u^i(\varrho, \varphi) + i\omega\mu\mu_0 a \int\limits_0^{2\pi} I_{\varphi_1}(a, \varphi')\, G(\varrho, \varphi; a, \varphi')\, d\varphi' . \tag{3.11}$$

Gl. (3.11) liefert $u(\varrho, \varphi)$ in jedem Punkt ϱ, φ im Innern des Kreisrings in Fig. 3.3, wenn der Strombelag I_{φ_1} auf dem beugenden Zylinder und die „Quellenfunktion" G für das zylindrische Gebiet bekannt sind. Wir machen nun davon Gebrauch, daß wir das elektrische Feld $E_z = u(\varrho, \varphi)$ auf der Zylinderoberfläche selbst kennen; wie wir wissen, verschwindet dort $E_z = u(\varrho, \varphi)$. Für $\varrho = a$ ist daher $u(a, \varphi) = 0$ für alle Werte von φ. Damit erhalten wir die gesuchte Integralgleichung für die Verteilungsfunktion der Oberflächenstromdichte $I_{\varphi_1}(a, \varphi')$ auf dem beugenden

Zylinder. Lassen wir $\varrho \to a$ rücken, so erhalten wir aus Gl. (3.11)

$$0 = u^i(a, \varphi) + i\omega\mu\mu_0 a \int_0^{2\pi} I_{\varphi_1}(a, \varphi')\, G(a, \varphi; a, \varphi')\, d\varphi' . \qquad (3.12)$$

Die Funktion $u^i(a, \varphi) = E_z^i(a, \varphi)$ kennen wir aber aus Gl. (3.2); mit dieser erhalten wir schließlich die gesuchte Integralgleichung für I_{φ_1} in der folgenden Form:

$$-e^{ika\cos(\varphi-\varphi_1)} = i\omega\mu\mu_0 a \int_0^{2\pi} I_{\varphi_1}(a, \varphi')\, G(a, \varphi; a, \varphi')\, d\varphi' . \qquad (3.13)$$

Die Integralgleichung bringt zum Ausdruck, daß das Streufeld auf der Zylinderoberfläche, das durch den Integralausdruck dargestellt wird, das einfallende Feld an jeder Stelle φ zu Null kompensiert.

Gl. (3.13) macht nun die Bedeutung der am Anfang dieses Abschnitts gegebenen allgemeinen Betrachtungen erkenntlich. Gesucht ist der Strombelag $I_{\varphi_1}(a, \varphi)$ auf der Oberfläche des Zylinders, wobei die GREENsche Funktion G sowie die Funktion $-u^i(a, \varphi)$ auf der linken Seite der Integralgleichung erster Art (3.13) bekannt sind. Sobald wir die Lösung von I_{φ_1} besitzen, können wir dieselbe unter dem Integralzeichen in Gl. (3.11) einsetzen und erhalten so schließlich die Funktion $u(\varrho, \varphi)$, d. h. die Verteilung des elektrischen Feldes E_z im ganzen Raum und damit die Lösung des Beugungsproblems.

Man bemerkt, daß die Integralgleichung (3.13), die zur Lösung des zweidimensionalen Problems für $u(\varrho, \varphi)$ führt, sich nurmehr über die eine Variable φ erstreckt. Diese Verminderung der Anzahl der Dimensionen, die letztlich von der Verwendung des GREENschen Satzes herrührt, bringt offensichtlich sowohl für strenge als auch angenäherte Lösungen gewisse Vorteile mit sich.

3.3. Definition des Streuquerschnitts des beugenden Zylinders.

Im allgemeinen ist es keine leichte Aufgabe, die Lösung solcher Integralgleichungen, selbst näherungsweise, zu finden. Um die Feldverteilung E_z zu bestimmen, hat man außerdem noch die Integration in Gl. (3.11) durchzuführen, eine weitere, im allgemeinen oft schwierige Operation.

Physikalisch ist man häufig nicht so unbedingt an einer strengen Lösung der gesamten Feldverteilung, als vielmehr an Größen interessiert, die einer Art räumlichem Mittelwert über die Feldverteilung entsprechen. Beim vorliegenden Problem richtet sich das Interesse auf den sog. „*Streuquerschnitt*" des beugenden Zylinders, den dieser der einfallenden ebenen Welle darbietet. Darunter versteht man das Verhältnis der insgesamt von einer Längeneinheit des Zylinders erzeugten „Streustrahlung" zur Strahlung der einfallenden ebenen Welle durch die Flächeneinheit*). Letztere folgt mit Hilfe der bekannten Darstellung durch den komplexen POYNTINGschen Vektor im Zeitmittel zu $\overline{S^i} = \frac{1}{2} \operatorname{Re} (\boldsymbol{E}^i \times \boldsymbol{H}^{i*})_n$, die erstere wird definiert zu $\overline{S^s} = \frac{1}{2} \operatorname{Re} \oint\limits_A (\boldsymbol{E}^s \times \boldsymbol{H}^{s*})_n \, dA$, wobei die Zylinderfläche A (Fig. 3.3) in beliebigem Abstand ϱ vom beugenden Zylinder liegen kann. Der Streuquerschnitt σ wird daher definiert durch

$$\sigma = \frac{\operatorname{Re} \oint\limits_A (\boldsymbol{E}^s \times \boldsymbol{H}^{s*})_n \, dA}{\operatorname{Re} (\boldsymbol{E}^i \times \boldsymbol{H}^{i*})_n} \,. \tag{3.14}$$

Zweckmäßigerweise wird man die Fläche A entweder in sehr großen Abstand ($\varrho \to \infty$) vom Zylinder verlegen und im gestreuten Fernfeld von asymptotischen Entwicklungen Gebrauch machen; oder man wird sie mit dem Zylindermantel zusammenfallen lassen, wo man die Bedingung $E_z = 0$ bzw. $u^s(a, \varphi) = -u^i(a, \varphi)$ nützlich verwenden kann.

Gl. (3.14) zeigt, daß es bei der Berechnung von σ auf den räumlichen Mittelwert der Strahlung über die Fläche A ankommt. Diese Problemstellung ist typisch für alle die Aufgaben, die wir im folgenden behandeln werden. Wenn man die *genaue* Verteilung von $u(\varrho, \varphi)$ im ganzen Raum kennen will, bleibt nichts übrig, als Integralgleichungen der Art (3.13) bzw. (3.1) zu lösen und daraus mittels nochmaliger Integration u zu gewinnen. In den Fällen jedoch, wo man sich begnügt, gewisse über das „Streufeld" gemittelte Größen – wie z. B. σ in Gl. (3.14) – in guter Annäherung darzustellen, kann man die Auflösung von Integralgleichungen in vielen Fällen durch ein elegantes Approximationsverfahren umgehen. Die Technik dieser von JULIAN SCHWINGER in Hinsicht auf derartige Problemstellungen entwickelten „*Methode der stationären Darstellung*"**), wie wir sie nennen wollen, werden wir an dem vorliegenden Beispiel der Beugung am Kreiszylinder im folgenden Kapitel auseinandersetzen.

3.4. Betrachtungen zur Lösung der Integralgleichung für den Strombelag.

Zum Abschluß dieses Kapitels wollen wir einige allgemeine Hinweise über eine Methode anfügen, die mitunter zur direkten Auflösung von Integralgleichungen der Form (3.1) von Nutzen ist.

*) STRATTON, J. A.: Electromagnetic theory, S. 569. New York u. London 1941. — MORSE, PH. M., u. H. FESHBACH: Methods of theoretical physics, Bd. II. New York, Toronto, London 1953.

) Im Englischen als "*variational principle*" oder "*stationary principle*" bezeichnet. Vgl. dazu die einleitende Bemerkung bei B. A. LIPPMANN u. J. SCHWINGER: Phys. Rev. **79, 469 (1950).

In Fällen, wo sich die GREENsche Funktion gemäß der Darstellung (2.31) nach Eigenfunktionen entwickeln läßt, können wir Gl. (3.1) in folgender Form anschreiben:

$$U(\mathbf{r}) = - \oint_A \left[\sum_n \frac{u_n(\mathbf{r})\, u_n^*(\mathbf{r}')}{k^2 - k_n^2} \right] \psi(\mathbf{r}')\, dA' \,. \tag{3.15}$$

Zur besseren Unterscheidung schreiben wir auf der linken Seite von Gl. (3.15) $U(\mathbf{r})$ anstelle $u(\mathbf{r})$; $U(\mathbf{r})$ ist auf A als vorgegeben zu betrachten, ebenso seien die Eigenfunktionen u_n des Problems bekannt. Die gesuchte Funktion $\psi(\mathbf{r}')$ denken wir uns nun ebenfalls in eine Reihe nach den Eigenfunktionen u_n entwickelt:

$$\psi(\mathbf{r}') = \sum_\mu C_\mu\, u_\mu(\mathbf{r}') \,. \tag{3.16}$$

Mit Gl. (3.16) und Vertauschung von Summation und Integration folgt aus Gl. (3.15)

$$U(\mathbf{r}) = - \sum_{n,\mu} \oint_A \frac{u_n(\mathbf{r})}{k^2 - k_n{}^2}\, C_\mu\, u_n{}^*(\mathbf{r}')\, u_\mu(\mathbf{r}')\, dA' \,. \tag{3.17}$$

Zufolge der Orthogonalität der Eigenfunktionen gilt, wenn wir dieselben als normiert betrachten,

$$\oint_A u_n{}^*(\mathbf{r}')\, u_\mu(\mathbf{r}')\, dA' = \delta_{n\mu} \,. \tag{3.18}$$

Wir haben dabei stillschweigend angenommen, daß die Integrationsbereiche der Integralgleichung (3.15) bzw. (3.17) und der Orthogonalitätsbeziehung (3.18) identisch sind; an diesen Umstand ist in der Tat die hier skizzierte Auflösungsmethode der Integralgleichung (3.17) geknüpft. Bei gewissen Problemen ist der Bereich A von vornherein der gleiche – z. B. in dem vorgangs behandelten Beugungsproblem am Zylinder, wo sich die Integrale in φ über den Kreis von 0 bis 2π erstrecken. Bei anderen Problemen ist der Bereich A der Integralgleichung zwar verschieden von A in Gl. (3.18); er läßt sich jedoch durch Umformungen in den letzteren Bereich überführen. Wo dies nicht möglich ist, ist die Entwicklung (3.16) von $\psi(\mathbf{r}')$ nach Eigenfunktionen nicht von Nutzen.

Mit Gl. (3.18) und der *Annahme gleicher Integrationsbereiche* A in Gl. (3.17) und (3.18) erhalten wir

$$U(\mathbf{r}) = - \sum_n C_n \frac{u_n(\mathbf{r})}{k^2 - k_n^2} \,, \tag{3.19}$$

da bei der Integration über A nur das Glied mit $\mu = n$ übrigbleibt. Wir multiplizieren nun nochmals Gl. (3.19) mit $u_\mu^*(\mathbf{r})$ und integrieren über A; man erhält unmittelbar mit Rücksicht auf Gl. (3.18)

$$C_n = -(k^2 - k_n^2) \oint_A U(\mathbf{r})\, u_n^*(\mathbf{r})\, dA \,. \tag{3.20}$$

Mit Ausführung der Integration in Gl. (3.20) ergeben sich die Koeffizienten C_μ bzw. C_n unserer Entwicklung (3.16) für die gesuchte Funktion ψ und damit die Reihenentwicklung von $\psi(\boldsymbol{r}')$ nach Eigenfunktionen.

Die vorgangs skizzierte, mit den Namen SCHMIDT-HILBERT verknüpfte Methode läßt sich ohne prinzipielle Schwierigkeiten auf das vorgangs behandelte Beugungsproblem anwenden. Man muß jedoch beachten, daß wir es hier mit einem Strahlungsproblem zu tun haben, das sich über den ganzen Raum ins Unendliche erstreckt. Das Spektrum der Eigenwerte ist daher nicht diskret, sondern kontinuierlich, und die Summe in der Darstellung (3.15) geht in der Grenze in ein Integral über. Dieser Grenzübergang läßt sich korrekt durchführen. Aus praktischen Gründen wird man aber diesen etwas weitläufigen Umweg vermeiden und im Fall eines sich ins Unendliche erstreckenden Bereiches nicht die Darstellung der GREENschen Funktion durch die Summe in Gl. (3.15) benutzen.

Wir kennen mit Gl. (2.19) bereits eine geschlossene Darstellung der GREENschen Funktion für das zweidimensionale Problem; es ist daher einfacher, die Darstellung dieser Funktion nach den Eigenfunktionen des Zylinders zu verwenden. Es gilt*)

$$H_0^{(1)}(k\,|\varrho - \varrho'|) = \sum_{n=0}^{\infty} \varepsilon_n\, J_n(k\varrho_<)\, H_n^{(1)}(k\varrho_>) \cos n(\varphi - \varphi')\,. \tag{3.21}$$

Wenn wir diese Darstellung, anstelle der Summendarstellung von G nach Gl. (2.31), in Gl. (3.15) einführen, erhalten wir nach dem gleichen Verfahren wie oben eine Darstellung der Entwicklungskoeffizienten C_n und damit eine Reihendarstellung für $\psi(\boldsymbol{r}')$ bzw. in unserem Beugungsproblem für den Strombelag $I_{\varphi_1}(a, \varphi')$ nach Eigenfunktionen, welche eine Lösung der Integralgleichung (3.13) in Form einer Reihe liefert. Diese Lösung setzen wir dann in Gl. (3.11) ein und erhalten nach Ausführung der Integration schließlich eine Reihendarstellung für die Funktion $u(\varrho, \varphi)$, d. h. für das elektrische Feld $E_z(\varrho, \varphi)$ im ganzen Raum, womit unser Beugungsproblem im Prinzip gelöst ist. Der Streuquerschnitt σ nach Gl. (3.14) läßt sich dann ebenfalls im Prinzip bestimmen.

Wir wollen diese Rechnung hier nicht im einzelnen wiedergeben, weil im wesentlichen nur das Prinzipielle daran interessiert. An sich

*) ε_n ist die „NEUMANNsche Zahl" und ist definiert als $\varepsilon_0 = 1$ und $\varepsilon_{1,2,3}\ldots = 2$. Die Symbole $\varrho_<$ und $\varrho_>$ bedeuten, daß für $\varrho > \varrho'$ die Werte $\varrho_>$ und $\varrho_<$ durch ϱ bzw. ϱ' zu ersetzen sind; umgekehrt ersetze man für $\varrho < \varrho'$ die Werte $\varrho_<$ und $\varrho_>$ durch ϱ bzw. ϱ'. $J_n(x)$ und $H_n^{(1)}(x)$ bezeichnen die BESSELsche und HANKELsche Zylinderfunktion vom Parameter n. Zu Gl. (3.21) vgl. A. SOMMERFELD, l. c (s. Fußnote S. 24) § 21.

gewinnt man nämlich die Reihendarstellung für $E_z(\varrho, \varphi)$ bedeutend schneller auf einem direkten Weg, d. h. ohne über die Lösung für I_{φ_1} der Integralgleichung zu gehen. Die einfallende ebene Welle läßt sich in folgender Weise nach Zylinderfunktionen entwickeln:

$$E_z^i(\varrho, \varphi) = e^{i k \varrho \cos(\varphi - \varphi_1)} = \sum_{m=0}^{\infty} \varepsilon_m \, i^m \, J_m(k\varrho) \cos m(\varphi - \varphi_1) \,. \tag{3.22}$$

Macht man ferner für die gestreute Welle den Ansatz

$$E_z^s(\varrho, \varphi) = u^s(\varrho, \varphi) = \sum_{m=0}^{\infty} B_m \, H_m^{(1)}(k\varrho) \cos m(\varphi - \varphi_1) \,, \tag{3.23}$$

so bestimmen sich die unbekannten Koeffizienten B_m aus der Randbedingung $E_z = E_z^i + E_z^s = 0$ am Zylinder für $\varrho = a$, d. h. aus $E_z^i(a, \varphi) = -E_z^s(a, \varphi)$. Durch Koeffizientenvergleich der Glieder mit $\cos m(\varphi - \varphi_1)$ ergeben sich unmittelbar die Koeffizienten B_m in dem Ansatz (3.23) und damit das Streufeld in folgender Form:

$$E_z^s(\varrho, \varphi) = -\sum_{m=0}^{\infty} \varepsilon_m \, i^m \frac{J_m(ka)}{H_m^{(1)}(ka)} H_m^{(1)}(k\varrho) \cos m(\varphi - \varphi_1) \,. \tag{3.24}$$

Das totale Feld $E_z = E_z^i + E_z^s$ erhält man mit Addition von Gl. (3.22) und (3.24) zu

$$E_z(\varrho, \varphi) = \sum_{m=0}^{\infty} \varepsilon_m \, i^m \frac{J_m(k\varrho) H_m^{(1)}(ka) - H_m^{(1)}(k\varrho) J_m(ka)}{H_m^{(1)}(ka)} \cos m(\varphi - \varphi_1). \tag{3.25}$$

Auf der Zylinderoberfläche $\varrho = a$ verschwindet E_z, wie verlangt.

Aus Gl. (3.25) läßt sich die FOURIER-Darstellung des Strombelags auf der Zylinderoberfläche unmittelbar gewinnen. Die MAXWELLsche Gleichung (1.2) liefert in Zylinderkoordinaten

$$H_\varphi(a, \varphi) = I_{\varphi_1}(a, \varphi) = \frac{i}{\omega \mu \mu_0} \left[\frac{\partial Ez}{\partial \varrho} \right]_{\varrho = a} \,. \tag{3.26}$$

Mit dieser Beziehung folgt aus Gl. (3.25), wenn wir von der bekannten Beziehung $J_m'(ka) \, H_m^{(1)}(ka) - H_m^{(1)\prime}(ka) \, J_m(ka) = 2/i\pi k a$ Gebrauch machen, und mit $k = \omega \sqrt{\varepsilon \varepsilon_0 \mu \mu_0}$ der totale Strombelag auf dem Zylinder zu

$$I_{\varphi_1}(a, \varphi) = \frac{2}{\pi k a} \sqrt{\frac{\varepsilon \varepsilon_0}{\mu \mu_0}} \sum_{m=0}^{\infty} \frac{\varepsilon_m \, i^m}{H_m^{(1)}(ka)} \cos m(\varphi - \varphi_1) \,. \tag{3.27}$$

Das gleiche Resultat findet man, wenn man $I_{\varphi_1}(a, \varphi)$ nach dem oben erläuterten Verfahren mit Hilfe von Gl. (3.20) bestimmt; geht man damit in Gl. (3.11) ein, so folgt wiederum Gl. (3.25).

Die vorangehenden Reihenentwicklungen enthalten Zylinderfunktionen vom Argument $ka = 2\pi \, a/\lambda$. Für lange Wellen $\lambda \gg a$, d. h. kleine

Argumente ka konvergieren die Reihen ziemlich schnell und gestatten eine relativ rasche Auswertung. Mit wachsendem ka, d. h. kürzer werdender Wellenlänge benötigt man mehr und mehr Glieder der Reihe, was ihre numerische Auswertung mühsam und schließlich, auch mangels von Tabellen für große Indices m, unmöglich macht. Durch geschickte Transformationen können die obigen Darstellungen zwar so umgeformt werden, daß sie auch für große Werte von ka genügend schnell konvergieren*). Diese Darstellungen versagen jedoch in der Nachbarschaft des zur Einfallsrichtung der ebenen Welle parallelen Strahls $\varphi = \varphi_1$ hinter dem Zylinder; sie lassen sich daher nicht ohne weiteres zur Berechnung des Streuquerschnitts σ nach Gl. (3.14) heranziehen, deren Integrationsbereich die Umgebung von $\varphi = \varphi_1$ einschließt.

Diese Schwierigkeit läßt sich, zumindest im Prinzip, mit Hilfe der SCHWINGERschen Methodik umgehen, die wir im folgenden Kapitel am gleichen Beispiel auseinandersetzen. Mit geeigneten Näherungen für den Strombelag lassen sich Näherungsausdrücke für den Streuquerschnitt erhoffen, die auch für große Werte von ka, d. h. für sehr kurze Wellenlängen brauchbar sind.

4. Formulierung einer stationären Darstellung des Streuquerschnitts für eine ebene Welle, deren elektrisches Feld parallel zur Achse des beugenden Kreiszylinders liegt.

4.1. Der Streuquerschnitt des Kreiszylinders.

Wir stellen uns, wie im vorangehenden Abschnitt angekündigt, die Aufgabe, einen analytischen Ausdruck für den Streuquerschnitt zu finden, der in guter Annäherung eine numerische Berechnung von σ für beliebige Werte von $ka = 2\pi\, a/\lambda$ erlaubt. Wir formen zunächst den Ausdruck (3.14) für σ etwas um. Im Nenner machen wir Gebrauch davon, daß $\boldsymbol{E}^i$ senkrecht auf $\boldsymbol{H}^i$ steht und daß $|E^i| = Z_0 |H^i|$ ist, wobei

$$Z_0 = \sqrt{\frac{\mu\,\mu_0}{\varepsilon\,\varepsilon_0}} \tag{4.1}$$

den „*Feldwellenwiderstand*“ der ebenen Welle bezeichnet. Damit folgt

$$|\boldsymbol{E}^i \times \boldsymbol{H}^{i*}|_n = E_z^i \cdot \frac{E_z^{i*}}{Z_0} = \frac{1}{Z_0}\,, \tag{4.2}$$

wenn wir die Amplitude des einfallenden elektrischen Feldes zu Eins normieren [s. Gl. (3.2)].

---

*) DEBYE, P.: Phys. Zeitschr. **9**, 775 (1908). — FRANZ, W.: Z. f. Naturforschung **9**a, 705 (1954) und **10 a**, 374 (1955).

Im Zähler von Gl. (3.14) wählen wir als Integrationsfläche A die Zylinderfläche A_1 ($\varrho = a$) und schreiben*)

$$\oint_{A_1} (\boldsymbol{E}^s \times \boldsymbol{H}^{s*})_n \, dA = -\oint_{A_1} (E_z^s \cdot H_\varphi^{s*}) \, dA$$

$$= -\oint_{A_1} E_z^s (H_\varphi^* - H_\varphi^{i*}) \, dA ,$$

oder mit Beachtung von Gl. (3.4)

$$\begin{aligned} \oint_{A_1} (\boldsymbol{E}^s \times \boldsymbol{H}^{s*})_n \, dA &= \int_{A_1} E_z^i (H_\varphi^* - H_\varphi^{i*}) \, dA \\ &= a \int_0^{2\pi} u^i(a, \varphi, \varphi_1) \, I_{\varphi_1}^* \, d\varphi , \end{aligned} \tag{4.3}$$

wobei wir davon Gebrauch machen, daß auf dem Zylindermantel $u^s = -u^i$, H_φ gleich der Oberflächenstromdichte I und $\oint_{A_1} u^i H_\varphi^{i*} \, dA = \oint_{A_1} (\boldsymbol{E}^i \times \boldsymbol{H}^{i*})_n \, dA = 0$ ist. Nach Gl. (3.14) folgt daher

$$\sigma_{||} = a \, Z_0 \, \mathrm{Re} \left\{ \int_0^{2\pi} u^i(a, \varphi, \varphi_1) \, I_{\varphi_1}^*(a, \varphi) \, d\varphi \right\} ,$$

wobei der Index von $\sigma_{||}$ darauf hinweist, daß das elektrische Feld der einfallenden Welle *parallel* zur Zylinderachse polarisiert ist. Da es nur auf den Realteil des Integrals ankommt, können wir auch schreiben:

$$\sigma_{||} = a \, Z_0 \, \mathrm{Re} \left\{ \int_0^{2\pi} u^{i*}(a, \varphi, \varphi_1) \, I_{\varphi_1}(a, \varphi) \, d\varphi \right\} . \tag{4.4}$$

Die Bezeichnung φ_1 weist auf die Einfallsrichtung $\varphi = \varphi_1$ der ebenen Welle hin. Zufolge der zirkularen Symmetrie des Systems hängt $\sigma_{||}$ am Ende natürlich nicht von dem Parameter φ_1 ab. Die Beziehung (4.4) läßt sich unter Zuhilfenahme der Integralgleichung (3.12) umformen; es gilt mit Gl. (3.12) bzw. Gl. (3.13)

$$\begin{aligned} u^{i*}(a, \varphi, \varphi_1) &= e^{-i k a \cos(\varphi - \varphi_1)} = e^{i k a \cos(\varphi - \varphi_1 - \pi)} \\ &= -i \omega \mu \mu_0 a \int_0^{2\pi} I_{\varphi_1 + \pi}(a, \varphi') \, G(a, \varphi; a, \varphi') \, d\varphi' , \end{aligned} \tag{4.5}$$

und damit für $\sigma_{||}$ nach Gl. (4.4)**)

$$\sigma_{||} = -a Z_0 \mathrm{Re} \left\{ i \omega \mu \mu_0 a \int_0^{2\pi} \int_0^{2\pi} I_{\varphi_1}(a, \varphi) \, G(a, \varphi; a, \varphi') \, I_{\varphi_1 + \pi}(a, \varphi') \, d\varphi \, d\varphi' \right\} . \tag{4.6}$$

Wir halten fest, daß Gl. (4.4) und Gl. (4.6) verschiedene, jedoch gleichwertige Darstellungen für den Streuquerschnitt $\sigma_{||}$ sind. In Gl. (4.6)

*) Der Index n weist hier von der Oberfläche des Zylinders in den freien Raum, da die Streustrahlung von der Zylinderoberfläche ausgeht.

**) Den Faktor $i \omega \mu \mu_0 a$ kann man auch in der Form $i k a Z_0$ schreiben.

bedeutet I_{φ_1} die Stromverteilung, wenn eine ebene Welle unter dem Winkel φ_1 einfällt; $I_{\varphi_1+\pi}$ bedeutet sinngemäß die Stromverteilung, die durch eine ebene Welle hervorgerufen wird, die unter der der Richtung φ_1 entgegengesetzten Einfallsrichtung auf den Zylinder trifft.

Der exakte Weg zur Berechnung von $\sigma_{||}$ führt über die Lösung der Integralgleichung (3.13) für I_{φ_1}. Damit ist auch $I_{\varphi_1+\pi}$ bekannt und man besitzt eine Integraldarstellung für $\sigma_{||}$.

4.2. Die Methode der stationären Darstellung nach SCHWINGER.

Die Darstellungen für $\sigma_{||}$ in Gl. (4.4) und (4.6) ermöglichen es jedoch, auf elegante Weise eine Näherungslösung für $\sigma_{||}$ zu gewinnen, indem wir $\sigma_{||}$ in eine bestimmte eigentümliche Form bringen. Diese eigentümliche Formulierung von $\sigma_{||}$ ist identisch mit dem Begriff der SCHWINGERschen Anwendung der „Methode der stationären Darstellung".

Kurz ausgedrückt suchen wir für $\sigma_{||}$ eine Darstellung, die *„stationär im bezug auf den Strombelag $I(a, \varphi)$"* auf der Zylinderoberfläche ist. Genauer erläutert heißt dies folgendes: Nehmen wir an, wir hätten die Integralgleichung (3.13) für $I(a, \varphi)$ streng gelöst. Wenn wir diese Lösung I_{φ_1} bzw. $I_{\varphi_1+\pi}$ in Gl. (4.6) einsetzen und die Integration mit der als bekannt vorausgesetzten GREENschen Funktion G ausführen, erhalten wir den exakten Wert für $\sigma_{||}$. Wir denken uns nun die exakte Lösung $I(a, \varphi)$ ein wenig „variiert" und setzen anstelle von $I(a, \varphi)$ eine etwas abgeänderte Funktion $I(a,\varphi) + \delta I(a,\varphi)$ ein (Fig. 4.1). Dann erhalten wir im allgemeinen ein um $\delta\sigma_{||}$ von $\sigma_{||}$ abweichendes Resultat, wobei $\delta\sigma_{||}$ von der speziellen Wahl der „Variationsfunktion" $\delta I(a, \varphi)$ abhängen wird.

Wir trachten nun danach, $\sigma_{|}$ in eine solche Form zu bringen, daß für kleine Variationen $\delta I(a, \varphi)$ *in der Nachbarschaft* von $I(a, \varphi)$ die zugehörige Variation $\delta\sigma_{||}$ von $\sigma_{||}$ in erster Näherung verschwindet, oder in anderen Worten, daß sich $\sigma_{||}$ nur in zweiter Ordnung ändert, wenn die Änderungen in I klein von erster Ordnung sind. Eine solche Darstellung von $\sigma_{||}$ bezeichnet man als *„stationär im bezug auf die Stromverteilung $I(a, \varphi)$"*. Wählt man δI nur genügend klein, so kann man $\sigma_{||}$ als in erster Annäherung „unempfindlich" gegenüber kleinen Abweichungen von der strengen Lösungsfunktion I ansehen*).

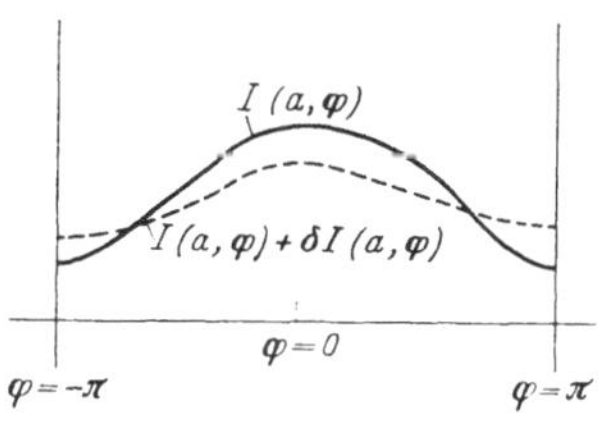

Fig. 4.1. Variation der willkürlich angenommenen Stromverteilung $I(\alpha, \varphi)$ um eine kleine Funktion $\delta I(\alpha, \varphi)$.

*) Man kann die Variation von I beispielsweise durch einen kleinen Parameter ε beschreiben, indem man die variierte Funktion durch $I(a, \varphi) + \varepsilon g(\varphi)$ darstellt; $g(\varphi)$ bedeutet dabei eine in φ entsprechend reguläre, aber sonst willkürliche Funktion. Damit wird σ eine Funktion von ε und die erste Variation $\delta\sigma = (\partial\sigma/\partial\varepsilon)_{\varepsilon=0} \cdot \varepsilon$. σ ist stationär bezüglich $I(a, \varphi)$, wenn $(\partial\sigma/\partial\varepsilon)_{\varepsilon=0}$ verschwindet. $I(a, \varphi)$ heißt in diesem Fall eine *Extremale*.

Der Grundgedanke des „Prinzips der stationären Darstellung" ist nun der, daß man versucht, die interessierende „abhängige" physikalische Größe – hier $\sigma_{||}$ – in eine solche mathematische Form zu bringen, daß sie „stationär" in bezug auf eine andere „unabhängige" physikalische Größe – hier I_{φ_1} bzw. $I_{\varphi_1+\pi}$ – wird. Die unabhängige Größe ist ihrem Verlauf nach zwar nicht bekannt; ihre exakte Lösung folgt aus einer Integralgleichung, deren Auflösung man gerade umgehen möchte. Häufig ist man jedoch auf Grund physikalischer Überlegungen in der Lage, sich ein Bild über den ungefähren Verlauf der unabhängigen Größe zu verschaffen. Man setzt also in den Ausdruck für die gesuchte abhängige Größe „Näherungsfunktionen" ein, die physikalisch plausibel erscheinen. Trifft man eine Näherungsfunktion, die von der tatsächlichen Lösung nicht allzuweit entfernt liegt, so wird die stationäre Darstellungsform eine brauchbare Annäherung für die gesuchte Größe liefern, da letztere, wie bemerkt, relativ „unempfindlich" gegen kleine Abweichungen von der exakten Funktion ist.

Eine Näherung für die unabhängige Größe läßt sich oft auch in Form eines Funktionensystems mit unbestimmten Koeffizienten ansetzen, zu deren Bestimmung man sich den stationären Charakter der abhängigen Größe zunutze macht. Man begnügt sich dabei der rechnerischen Schwierigkeiten wegen meist mit den allerersten Termen.

Es hat sich auf Grund mannigfacher Anwendungen dieser Methode herausgestellt, daß man schon mit relativ groben Näherungsfunktionen zu Darstellungen kommt, die einer experimentellen Nachprüfung erstaunlich gut standhalten. Vom mathematischen Standpunkt aus sollten die Abweichungen von der exakten Funktion nicht allzu erheblich sein, wenn man eine vernünftige Annäherung verlangt. In vielen Fällen kann man durch Iterationsprozesse stetig zu immer besseren Annäherungen gelangen, die gegen den wahren Wert der gesuchten Größe konvergieren. In gewissen Fällen, deren einige wir behandeln werden, ist es sogar möglich, verschiedene stationäre Darstellungen für die gesuchte Größe zu formulieren, die jene von *beiden* Seiten her eingrenzen, so daß man im Prinzip durch sukzessive Approximation den exakten Wert zwischen beliebig nahe beieinanderliegenden oberen und unteren Grenzen einschließen kann. In anderen Fällen, wie z. B. im vorliegenden Fall, ist dies nicht möglich; man weiß nicht, ob man mit der Annäherung über oder unter dem wahren Wert der gesuchten Größe liegt und wie nahe überhaupt.

Hat man die gesuchte Größe mit Hilfe plausibler Versuchsfunktionen analytisch, soweit als man die Annäherung zu treiben wünscht oder als man sie praktisch treiben kann, gefunden, so ist man im allgemeinen, von besonders günstigen Fällen abgesehen, nicht sicher, wie weit diese Näherung nun tatsächlich brauchbar ist; erst der Vergleich mit experimentellen Daten ist entscheidend. Dies aber liegt in der Natur der Sache und muß in Kauf genommen werden.

Andererseits hat sich die Anwendung des Verfahrens in so vielen Fällen so vorzüglich bewährt, daß es müßig wäre, seine praktische Brauchbarkeit zu diskutieren. Man muß sich nur der Tatsache bewußt bleiben, daß häufig erst der experimentelle Befund die aufgestellten Näherungsformeln endgültig sanktioniert. Der Umstand, daß man in Fällen, die sich einer strengen Behandlung entziehen, überhaupt analytische Ausdrücke formulieren kann, die in guter Annäherung über das Verhalten der gesuchten Größe Aufschluß geben, macht die Methode der stationären Darstellung zu einem außerordentlich wertvollen mathematischen Rüstzeug.

4.3. Konstruktion einer stationären Darstellung für den Streuquerschnitt.

Nach diesen allgemeinen Bemerkungen zum Variationsprinzip kehren wir wieder zu unserem Problem zurück und zeigen, wie sich $\sigma_{||}$ in eine „stationäre“ Form bringen läßt. Die Regeln, nach denen die Variation eines Ausdrucks gebildet wird, entsprechen wesentlich denjenigen der Bildung gewöhnlicher Differentiale*). Wir betrachten das folgende Integral in Gl. (4.6):

$$\mathsf{J} = i\omega\mu\mu_0 a \int_0^{2\pi}\int_0^{2\pi} I_{\varphi_1}(a,\varphi)\, G(a,\varphi;a,\varphi')\, I_{\varphi_1+\pi}(a,\varphi')\, d\varphi\, d\varphi' , \tag{4.7}$$

dessen negativer Realteil σ/aZ_0 liefert. Die Variation von J im bezug auf die Stromverteilung I folgt in vereinfachter Schreibweise zu

$$\begin{aligned}\delta\mathsf{J} &= i\omega\mu\mu_0 a \int_0^{2\pi}\int_0^{2\pi} \delta I_{\varphi_1} G I_{\varphi_1+\pi} d\varphi\, d\varphi' \\ &\quad + i\omega\mu\mu_0 a \int_0^{2\pi}\int_0^{2\pi} I_{\varphi_1} G\,\delta I_{\varphi_1+\pi}\, d\varphi\, d\varphi'.\end{aligned} \tag{4.8}$$

Offensichtlich ist $\delta\mathsf{J}$ in dieser Form nicht „stationär“, da $\delta\mathsf{J}$ von der Wahl der Variationsfunktionen $\delta I_{\varphi_1}(a,\varphi)$ bzw. $\delta I_{\varphi_1+\pi}(a,\varphi)$ abhängt. Die Form der Beziehung (4.8) legt es jedoch nahe, zu versuchen, die Faktoren von δI in einer Weise zu ergänzen, die $\delta\mathsf{J}$ zu Null werden läßt. Wenn uns das gelingt, wird $\delta\mathsf{J}$ unabhängig von der Wahl der Variationen δI. Gl. (4.8) läßt sich in folgender Form anschreiben:

$$\begin{aligned}\delta\mathsf{J} &= \int_0^{2\pi} \delta I_{\varphi_1}\, d\varphi \cdot \left\{ i\omega\mu\mu_0 a \int_0^{2\pi} G\, I_{\varphi_1+\pi}\, d\varphi' \right\} \\ &\quad + \int_0^{2\pi} \delta I_{\varphi_1+\pi}\, d\varphi' \cdot \left\{ i\omega\mu\mu_0 a \int_0^{2\pi} G\, I_{\varphi_1}\, d\varphi \right\}.\end{aligned} \tag{4.9}$$

*) Wir verweisen den Leser auf die zahlreichen Darstellungen zur Variationsrechnung; s. dazu S. 45 u. 46.

Die Integralgleichung (3.13) für I_{φ_1} lautet bei Vertauschung von φ mit φ'

$$i\omega\mu\mu_0 a \int_0^{2\pi} I_{\varphi_1} G\, d\varphi + e^{ika\cos(\varphi'-\varphi_1)} = 0\,. \tag{4.10}$$

Hieraus folgt unmittelbar mit $\varphi_1 \to \varphi_1 + \pi$ und $\varphi' \to \varphi$

$$i\omega\mu\mu_0 a \int_0^{2\pi} I_{\varphi_1+\pi} G\, d\varphi' + e^{-ika\cos(\varphi-\varphi_1)} = 0\,. \tag{4.11}$$

Wenn wir daher auf beiden Seiten von Gl. (4.7) die Integrale

$$\int_0^{2\pi} I_{\varphi_1} e^{\;ika\cos(\varphi-\varphi_1)}\, d\varphi + \int_0^{2\pi} I_{\varphi_1+\pi}\, e^{ika\cos(\varphi'-\varphi_1)}\, d\varphi'$$

addieren, bringen wir in die geschweiften Klammern von Gl. (4.9) die Ausdrücke (4.10) bzw. (4.11) und erreichen das gewünschte Ziel.

Betrachten wir zunächst die linke Seite des derart veränderten Ausdrucks von J, den wir mit J_s (s für stationär) bezeichnen wollen:

$$J_s = J + \int_0^{2\pi} I_{\varphi_1} e^{-ika\cos(\varphi-\varphi_1)}\, d\varphi + \int_0^{2\pi} I_{\varphi_1+\pi}\, e^{ika\cos(\varphi'-\varphi_1)}\, d\varphi'\,. \tag{4.12}$$

Führen wir in Gl. (4.12) die Integralgleichungen (4.10) bzw. (4.11) ein, so erhalten wir auch

$$\begin{aligned} J_s = J &- \int_0^{2\pi} I_{\varphi_1}\, d\varphi \cdot i\omega\mu\mu_0 a \int_0^{2\pi} G\, I_{\varphi_1+\pi}\, d\varphi' \\ &- \int_0^{2\pi} I_{\varphi_1+\pi}\, d\varphi' \cdot i\omega\mu\mu_0 a \int_0^{2\pi} G\, I_{\varphi_1}\, d\varphi\,, \end{aligned} \tag{4.13}$$

oder anders geschrieben

$$J_s = J - i\omega\mu\mu_0 a \int_0^{2\pi}\!\!\int_0^{2\pi} I_{\varphi_1} G I_{\varphi_1+\pi}\, d\varphi\, d\varphi' - i\omega\mu\mu_0 a \int_0^{2\pi}\!\!\int_0^{2\pi} I_{\varphi_1} G\, I_{\varphi_1+\pi} d\varphi\, d\varphi'$$

oder

$$J_s = J - 2\,i\omega\mu\mu_0 a \int_0^{2\pi}\!\!\int_0^{2\pi} I_{\varphi_1} G\, I_{\varphi_1+\pi}\, d\varphi\, d\varphi'\,. \tag{4.14}$$

Der Vergleich mit Gl. (4.7) lehrt, daß der Integralterm in Gl. (4.14) gleich -2 J ist; somit folgt die linke Seite von J_s zu

$$J_s = J - 2J = -J\,. \tag{4.15}$$

Wir betrachten nunmehr die „rechte Seite“ von J_s, die aus der Addition der beiden obigen Integrale zu Gl. (4.7) hervorgeht, wobei wir gleich zur variierten Funktion δJ_s übergehen. Mit Gl. (4.12) folgt

$$\delta J_s = \delta J + \int_0^{2\pi} \delta I_{\varphi_1}\, e^{-ika\cos(\varphi-\varphi_1)}\, d\varphi + \int_0^{2\pi} \delta I_{\varphi_1+\pi}\, e^{-ika\cos(\varphi'-\varphi_1)}\, d\varphi'$$

und mit Einführung von $\delta \mathrm{J}$ nach Gl. (4.9)

$$\begin{aligned} \delta \mathrm{J}_s = & \int_0^{2\pi} \delta I_{\varphi_1} d\varphi \left\{ i\omega\mu\mu_0 a \int_0^{2\pi} G\, I_{\varphi_1+\pi}\, d\varphi' + e^{i k a \cos(\varphi-\varphi_1)} \right\} \\ & + \int_0^{2\pi} \delta I_{\varphi_1+\pi} d\varphi' \left\{ i\omega\mu\mu_0 a \int_0^{2\pi} G\, I_{\varphi_1}\, d\varphi + e^{i k a \cos(\varphi'-\varphi_1)} \right\}. \end{aligned} \tag{4.16}$$

Zufolge des Bestehens der Integralgleichungen (4.10) und (4.11) verschwinden die Faktoren in den geschweiften Klammern und damit folgt auf der „rechten Seite" von J_s das Ergebnis, daß $\delta \mathrm{J}_s$ bei beliebiger Wahl der Variationen δI stets in erster Annäherung verschwindet, d. h. daß J_s in Gl. (4.12) *stationär* im bezug auf δI ist. Nachdem J_s zufolge Gl. (4.15) mit $-\mathrm{J}$ identisch ist, haben wir daher unsere Aufgabe, eine stationäre Darstellung für J selbst zu finden, gelöst; diese Darstellung lautet mit Gl. (4.7), (4.12) und (4.15)

$$\begin{aligned} -\mathrm{J} = & \; i\omega\mu\mu_0 a \int_0^{2\pi}\int_0^{2\pi} I_{\varphi_1} G I_{\varphi_1+\pi}\, d\varphi\, d\varphi' + \int_0^{2\pi} I_{\varphi_1} e^{-i k a \cos(\varphi-\varphi_1)}\, d\varphi \\ & + \int_0^{2\pi} I_{\varphi_1+\pi}\, e^{i k a \cos(\varphi'-\varphi_1)}\, d\varphi'. \end{aligned} \tag{4.17}$$

Wir wollen nochmals den Gedankengang unseres Schrittes, der zur stationären Darstellung des Integrals J in (4.7) führte, festhalten: Die Variation des ursprünglichen Integrals (4.7) ist von Null verschieden. Durch Addition der beiden zusätzlichen Integrale in (4.17) zu dem Integral (4.7) erhalten wir einen Ausdruck, der mit $-\mathrm{J}$ identisch ist und dessen Variation nach I_{φ_1} und $I_{\varphi_1+\pi}$ zufolge des Bestehens der Integralgleichung (3.13) für I identisch verschwindet.

Wir gehen noch einen Schritt in der Umformung des Integrals J weiter. Der Zweck der stationären Darstellung war, wie wir oben ausführten, der, daß wir in eine solche Darstellung Versuchsfunktionen I einführen, die zufolge der relativen „Unempfindlichkeit" von J gegenüber kleinen Abweichungen δI vom korrekten Wert für I eine gute Annäherung an den korrekten Wert von J erwarten lassen. Bei der Wahl der Versuchsfunktionen haben wir zwei Punkte zu berücksichtigen:

a) die „*Form*" der Abhängigkeit der Versuchsfunktion von φ beim Umschreiten des Zylindermantels und

b) die „*Größe*" der Versuchsfunktion, in die wir auch eine konstante Phase einbeziehen.

Wenn wir die einfallende Feldamplitude zu Eins normieren, wissen wir zunächst nicht, ob der Strom an irgendeiner Bezugsstelle des Zylindermantels die „Größe" 0,1 oder 1 oder etwa 10 haben mag. Von dieser Ungewißheit können wir uns jedoch durch eine weitere

Umformung des Ausdrucks (4.17) für J befreien, indem wir eine Darstellung formen, die von der „Größe" des Stroms I unabhängig ist und nur noch von der „Form" von I, d. h. von der φ-Abhängigkeit von $I(a, \varphi)$ abhängt. Diese Darstellung erweist sich als *homogen* in I, d. h. sie ist unabhängig von einem multiplikativen Faktor von I oder, in anderen Worten, unabhängig von der Wahl der Einheit, in der man sich I gemessen denkt.

4.4. Eine homogene stationäre Darstellung des Streuquerschnittes.

Wir setzen vorübergehend mI für I, wobei wir nun I als reine „Formfunktion" und m als die „Größe" von I anschauen. Die Konstante m kann im allgemeinen komplex sein und wird auch von ka abhängen; sie ist jedoch unabhängig von φ und φ_1. Über die „Größe" m gibt uns die Integralgleichung (3.13) für I Aufschluß, die ja die einfallende Wellenamplitude mit I verknüpft. Ersetzen wir I in Gl. (3.13) durch mI, so erhalten wir

$$-e^{ika\cos(\varphi-\varphi_1)} = i\omega\mu\mu_0 a m \int_0^{2\pi} I_{\varphi_1}(a, \varphi')\, G(a, \varphi; a, \varphi')\, d\varphi' . \tag{4.18}$$

Es erweist sich als zweckmäßig, diese Beziehung durch Multiplikation mit $I_{\varphi_1+\pi}(a, \varphi)$ und nachfolgender Integration auf folgende Form zu bringen:

$$-\int_0^{2\pi} e^{ika\cos(\varphi-\varphi_1)}\, I_{\varphi_1+\pi}(a, \varphi)\, d\varphi$$
$$= i\omega\mu\mu_0 a m \int_0^{2\pi}\int_0^{2\pi} I_{\varphi_1}(a, \varphi')\, G(a, \varphi; a, \varphi')\, I_{\varphi_1+\pi}(a, \varphi)\, d\varphi\, d\varphi' ,$$

woraus wir in abgekürzter Schreibweise die Konstante m erhalten zu

$$m = \frac{-\int_0^{2\pi} e^{ika\cos(\varphi-\varphi_1)}\, I_{\varphi_1+\pi}\, d\varphi}{i\omega\mu\mu_0 a \int_0^{2\pi}\int_0^{2\pi} I_{\varphi_1} G I_{\varphi_1+\pi}\, d\varphi\, d\varphi'} . \tag{4.19}$$

Nunmehr ersetzen wir auch in Gl. (4.17) I durch mI und erhalten

$$\begin{aligned} -\mathrm{J} = {} & i\omega\mu\mu_0 a m^2 \int_0^{2\pi}\int_0^{2\pi} I_{\varphi_1} G I_{\varphi_1+\pi}\, d\varphi\, d\varphi' + m\int_0^{2\pi} I_{\varphi_1} e^{-ika\cos(\varphi-\varphi_1)}\, d\varphi \\ & + m\int_0^{2\pi} I_{\varphi_1+\pi}\, e^{ika\cos(\varphi'-\varphi_1)}\, d\varphi' . \end{aligned} \tag{4.20}$$

Führen wir in Gl. (4.20) m aus Gl. (4.19) ein, so ergibt sich nach einer kurzen Zwischenrechnung unter Berücksichtigung der Beziehung

$$\int_0^{2\pi} e^{ika\cos(\varphi'-\varphi_1)}\, I_{\varphi_1+\pi}(a, \varphi')\, d\varphi' = \int_0^{2\pi} e^{-ika\cos(\varphi-\varphi_1)}\, I_{\varphi_1}(a, \varphi)\, d\varphi , \tag{4.21}$$

die unmittelbar aus der Transformation $\varphi_1 + \pi \to \varphi_1$ und $\varphi' \to \varphi$ folgt, der gesuchte Ausdruck für J zu

$$\mathsf{J} = \frac{\int\limits_0^{2\pi} e^{-ika\cos(\varphi-\varphi_1)} I_{\varphi_1} \, d\varphi \int\limits_0^{2\pi} e^{ika\cos(\varphi'-\varphi_1)} I_{\varphi_1+\pi} \, d\varphi'}{i\omega\mu\mu_0 a \int\limits_0^{2\pi}\int\limits_0^{2\pi} I_{\varphi_1} G I_{\varphi_1+\pi} \, d\varphi \, d\varphi'} . \tag{4.22}$$

Im Zähler haben wir eine in I_{φ_1} und $I_{\varphi_1+\pi}$ symmetrische Form gewählt, die sich nach Belieben mittels Gl. (4.21) umschreiben läßt. Die Darstellung (4.22) für J ist *homogen* in I: Wenn wir darin I mit einem Faktor m multiplizieren, fällt derselbe in Zähler und Nenner heraus. J in der Darstellung (4.22) hängt also, wie angestrebt, nur noch von der „Form" von I, d. h. von der φ-Abhängigkeit von $I(a, \varphi)$ ab und nicht mehr von der „Größe" von I. Dies vereinfacht, wie man sofort einsieht, den Ansatz für eine Versuchsfunktion wesentlich, da man sich nicht mehr um deren „Größe" fortan zu kümmern braucht.

Da J in Gl. (4.22) aus der stationären Darstellung (4.17) durch eine bloße „Maßstabsänderung" von I hervorgegangen ist, leuchtet ein, daß der stationäre Charakter von J auch in der neuen Darstellung (4.22) erhalten geblieben ist. In der Tat kann man leicht nachrechnen, daß die Darstellung (4.22) für J ebenfalls stationär in bezug auf I ist. Man multipliziert dazu mit dem Nenner der rechten Seite von Gl. (4.22) beiderseits durch und bildet die Variation $\delta\mathsf{J}$ für eine Variation von I um δI. Man findet unter Berücksichtigung der Gl. (4.10) und (4.11) den stationären Charakter von J bestätigt.

Wir gehen nun zu unserem Ausdruck (4.6) für den Streuquerschnitt $\sigma_{||}$ zurück und ersetzen den Ausdruck hinter dem Re-Zeichen, den wir in Gl. (4.7) mit J bezeichnet hatten, durch den äquivalenten, aber stationären Ausdruck für J nach Gl. (4.22). Berücksichtigen wir noch, daß zufolge Gl. (4.1) und der Beziehung $k = \omega\sqrt{\varepsilon\varepsilon_0\mu\mu_0}$ der Ausdruck $aZ_0 \operatorname{Re}\{X/i\omega\mu\mu_0 a\}$ identisch mit $(1/k) \cdot \operatorname{Im}(X)$ ist, wenn $X = \alpha + i\beta$ eine komplexe Größe bedeutet, so folgt schließlich die homogene, stationäre Darstellung für den Streuquerschnitt $\sigma_{||}$ zu

$$\sigma_{||} = -\frac{1}{k}\operatorname{Im} \times$$
$$\times \frac{\int\limits_0^{2\pi} e^{-ika\cos(\varphi-\varphi_1)} I_{\varphi_1}(a,\varphi) \, d\varphi \int\limits_0^{2\pi} e^{ika\cos(\varphi'-\varphi_1)} I_{\varphi_1+\pi}(a,\varphi') \, d\varphi'}{\int\limits_0^{2\pi}\int\limits_0^{2\pi} I_{\varphi_1}(a,\varphi)\, G(a,\varphi;a,\varphi')\, I_{\varphi_1+\pi}(a,\varphi') \, d\varphi \, d\varphi'} . \tag{4.23}$$

Damit sind wir zu dem Punkt gelangt, wo wir nun geeignete, physikalisch plausible Näherungsfunktionen für die Stromverteilung $I(a, \varphi)$

auf dem Zylinder einzusetzen haben, nachdem die Aufgabe einer stationären Darstellung für $\sigma_{||}$ gelöst ist. Die Darstellung (4.23) ist nicht nur stationär, sondern überdies homogen in I.

4.5. Generelle Betrachtungen zur Formulierung einer stationären Darstellung.

In diesem erstbehandelten Beispiel haben wir uns bemüht, den Weg zur stationären Darstellung ausführlich und in allen Schritten deutlich erkennbar darzustellen. In folgenden Beispielen werden wir uns nun in dieser Hinsicht kürzer fassen können, nachdem das zugrunde liegende Prinzip sich gleichbleibt. Wir wollen zum Abschluß dieses Kapitels nochmals eine generelle Betrachtung, losgelöst von dem speziellen Beispiel, formulieren:

a) Vorgegeben sei eine Integralgleichung der Form

$$u(\boldsymbol{r}) = \oint_A K(\boldsymbol{r}, \boldsymbol{r}')\, \psi(\boldsymbol{r}')\, dA' \,, \tag{4.24}$$

worin $u(\boldsymbol{r})$ und der Kern $K(\boldsymbol{r}, \boldsymbol{r}')$ bekannt sind; $\boldsymbol{r}$ und $\boldsymbol{r}'$ beziehen sich dabei auf die Fläche A, über die sich die Integration erstreckt.

b) Gesucht sei eine physikalische Größe X, die folgende Form aufweist:

$$X = \oint_A u(\boldsymbol{r})\, \psi(\boldsymbol{r})\, dA \,, \tag{4.25}$$

oder mit Einführung von Gl. (4.24)

$$X = \oint_A \oint_A \psi(\boldsymbol{r})\, K(\boldsymbol{r}, \boldsymbol{r}')\, \psi(\boldsymbol{r}')\, dA\, dA' \,. \tag{4.26}$$

c) Zufolge der Integralgleichung (4.24) kann X nach Gl. (4.26) in die stationäre und homogene Form

$$X = \frac{\left[\oint_A u(\boldsymbol{r})\, \psi(\boldsymbol{r})\, dA\right]^2}{\oint_A \oint_A \psi(\boldsymbol{r})\, K(\boldsymbol{r}, \boldsymbol{r}')\, \psi(\boldsymbol{r}')\, dA\, dA'} \tag{4.27}$$

gebracht werden, welche zur approximativen Berechnung von X unter Einsetzen von geeigneten Näherungsfunktionen ψ verwendet wird. Die Identität von X in den Gl. (4.26) und (4.27) ersieht man sofort aus den Gl. (4.25) und (4.26): Der Zähler von Gl. (4.27) ist gleich X^2 nach Gl. (4.25), der Nenner gleich X nach Gl. (4.26). Die Stationarität von X in bezug auf ψ beweist man leicht: Aus Gl. (4.27) ergibt sich

$$X \cdot \oint_A \oint_A \psi(\boldsymbol{r})\, K(\boldsymbol{r}, \boldsymbol{r}')\, \psi(\boldsymbol{r}')\, dA\, dA' = \left[\oint_A u(\boldsymbol{r})\, \psi(\boldsymbol{r})\, dA\right]^2 .$$

Die Variation ergibt

$$\delta X \cdot \oint_A \oint_A \psi(\boldsymbol{r})\, K(\boldsymbol{r}, \boldsymbol{r}')\, \psi(\boldsymbol{r}')\, dA\, dA' + X \cdot \oint_A \oint_A \delta\psi(\boldsymbol{r})\, K(\boldsymbol{r}, \boldsymbol{r}')\, \psi(\boldsymbol{r}')\, dA\, dA'$$

$$+ X \cdot \oint_A \oint_A \psi(\boldsymbol{r})\, K(\boldsymbol{r}, \boldsymbol{r}')\, \delta\psi(\boldsymbol{r}')\, dA\, dA' = 2 \oint_A u(\boldsymbol{r})\, \psi(\boldsymbol{r})\, dA \cdot \oint_A u(\boldsymbol{r})\, \delta\psi(\boldsymbol{r})\, dA\,.$$

Für symmetrische Kerne gilt: $K(\boldsymbol{r}, \boldsymbol{r}') = K(\boldsymbol{r}', \boldsymbol{r})$, und die beiden mit X multiplizierten Integrale auf der linken Seite werden einander gleich, da $\boldsymbol{r}$ und $\boldsymbol{r}'$ untereinander vertauschbar sind. Mit den Gl. (4.24) und (4.25) folgt daher

$$\delta X \cdot \oint_A \oint_A \psi(\boldsymbol{r})\, K(\boldsymbol{r}, \boldsymbol{r}')\, \psi(\boldsymbol{r}')\, dA\, dA'$$

$$= \oint_A \delta\psi(\boldsymbol{r})\, dA \cdot \left| 2X \oint_A K(\boldsymbol{r}, \boldsymbol{r}')\, \psi(\boldsymbol{r}')\, dA' - 2X \oint_A K(\boldsymbol{r}, \boldsymbol{r}')\, \psi(\boldsymbol{r}')\, dA' \right| = 0$$

oder $\delta X = 0$; X ist daher bei Bestehen der Integralgleichung (4.24) stationär in bezug auf ψ. Umgekehrt führt die Forderung der Stationarität von X in Gl. (4.27) bezüglich der ersten Variation von ψ zur Integralgleichung (4.24) für ψ.

In der obigen Formulierung haben wir in der Darstellung (4.26) für X angenommen, daß unter dem Integral die Funktion ψ in symmetrischer Weise auftritt. Dies ist, wie kommende Beispiele zeigen, der Fall in Problemen geführter Wellen in Hohlleitern. Im vorausgehenden Beispiel, bei dem es sich um ein Strahlungsproblem im freien Raum handelte, erschien in der Integraldarstellung (4.6) für $\sigma_{||}$ der Strom nicht symmetrisch, sondern als I_{φ_1} und $I_{\varphi_1+\pi}$. Dieser Umstand hing damit zusammen, daß σ nach Gl. (4.4) die zu u^i konjugiert komplexe Größe u^{i*} enthielt, was seinerseits zur Einführung von $I_{\varphi_1+\pi}$ Anlaß gab. Daraus resultiert der im Prinzip unbedeutende Unterschied zwischen den Darstellungen (4.22) für σ und (4.27) für X.

Bevor wir zur Einführung einer Approximationsfunktion für I in Gl. (4.23) für $\sigma_{||}$ gehen, formulieren wir noch eine stationäre Darstellung für den Streuquerschnitt $\sigma_{\perp}$ für den komplementären Fall, daß das einfallende elektrische Feld $\boldsymbol{E}^i$ nicht parallel, sondern *senkrecht* zur Achse des beugenden Zylinders gerichtet ist. Wir fügen an dieser Stelle eine Auswahl aus dem umfangreichen Schrifttum zur Variationsrechnung an:

Bolza, O.: Vorlesungen über Variationsrechnung. Leipzig u. Berlin 1909; Lectures on the calculus of variations. New York 1946.

Bliss, G. A.: Lectures on the calculus of variations. Chicago 1946.

Courant, R., u. D. Hilbert: Methoden der mathematischen Physik. Berlin 1931; Methods of mathematical physics, New York 1953. Bd. I.

Fox, Ch.: An introduction to the calculus of variations. Oxford University Press New York 1950.

FRANK, PH., u. R. VON MISES: Die Differential- und Integralgleichungen der Mechanik und Physik, Bd. I. Braunschweig 1935.
WEINSTOCK, R.: Calculus of variations with applications to physics and engineering. New York 1952.

5. Der Streuquerschnitt bei der Beugung am metallischen Kreiszylinder für eine ebene Welle, deren elektrisches Feld senkrecht zur Zylinderachse liegt.

5.1. Problemstellung.

Das elektrische Feld der einfallenden ebenen Welle sei in der y-Richtung polarisiert (Fig. 5.1). Zufolge der Symmetrie des Problems existieren nur die Feldkomponenten E_x, E_y und H_z; der Oberflächenstrom auf dem Zylindermantel mit dem Radius a besitzt daher die zirkulare Komponente I_φ.

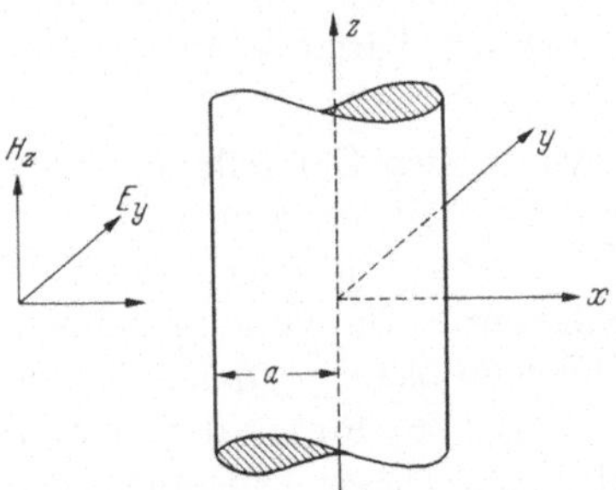

Fig. 5.1. Ebene Welle mit dem elektrischen Feldvektor E_y fällt auf einen längs der z-Achse unendlich ausgedehnten metallischen Zylinder.

Mit Einführung von Polarkoordinaten (Fig. 3.2) und Berücksichtigung des Umstandes, daß nur die Feldkomponenten E_ϱ, E_φ und H_z vorhanden sind, liefern die MAXWELLschen Gleichungen (1.1) und (1.2) die folgenden Beziehungen:

$$\frac{1}{\varrho}\frac{\partial H_z}{\partial \varphi} = -i\omega\varepsilon\varepsilon_0 E_\varrho, \tag{5.1}$$

$$\frac{\partial H_z}{\partial \varrho} = i\omega\varepsilon\varepsilon_0 E_\varphi, \tag{5.2}$$

$$i\omega\mu\mu_0 H_z = \frac{1}{\varrho}\frac{\partial}{\partial\varrho}(\varrho E_\varphi) - \frac{1}{\varrho}\frac{\partial E_\varrho}{\partial\varphi}. \tag{5.3}$$

Die Randbedingung auf dem Zylindermantel verlangt das Verschwinden des tangentialen elektrischen Feldes E_φ oder nach Gl. (5.2)

$$\left(\frac{\partial H_z}{\partial\varrho}\right)_{\varrho=a} = 0. \tag{5.4}$$

Die Feldkomponente H_z genügt der Wellengleichung; wir führen sie als skalare Wellenfunktion ein und zerlegen sie, analog zu Gl. (3.4), in einen einfallenden und einen gestreuten Anteil:

$$H_z(\varrho) = u(\varrho) = u^i(\varrho) + u^s(\varrho). \tag{5.5}$$

Es gilt, wie auch in Gl. (3.5),

$$(\nabla^2 + k^2)\, u(\varrho) = 0. \tag{5.6}$$

Die einfallende Welle normieren wir auf die Amplitude Eins für das *magnetische* Feld und setzen daher

$$H_z^i(\varrho, \varphi) = u^i(\varrho, \varphi) = e^{i k \varrho \cos(\varphi - \varphi_1)} \tag{5.7}$$

für eine in der Richtung $\varphi = \varphi_1$ einfallende Welle.

5.2. Die Integralgleichung für den Strombelag.

Wir folgen nun dem nämlichen Rechnungsgang, wie wir ihn im Kapitel 3 für ein einfallendes elektrisches Feld E_z^i durchführten. Dabei ist jedoch zu beachten, daß nun mit Gl. (5.4) auf dem Zylindermantel ($\varrho = a$) die Randbedingung $\partial u/\partial n = 0$ gilt, während wir es im Kapitel 3 mit der Randbedingung $u = 0$ zu tun hatten. Mit dieser Abänderung folgt aus den Gl. (3.7) und (3.8) in Analogie zu Gl. (3.9):

$$u(\varrho) = u^i(\varrho) - \oint\limits_{A_1} u(\varrho') \frac{\partial}{\partial n'} G(\varrho, \varrho')\, dA', \tag{5.8}$$

oder in Zylinderkoordinaten mit $u(\varrho') = H_z(\varrho') = -I_\varphi(\varrho')$

$$u(\varrho, \varphi) = u^i(\varrho, \varphi) - a \int\limits_0^{2\pi} I_\varphi(a, \varphi') \left[\frac{\partial}{\partial \varrho'} G(\varrho, \varphi; \varrho', \varphi')\right]_{\varrho' = a} d\varphi'\,. \tag{5.9}$$

Zur Aufstellung der Integralgleichung für I_φ benutzen wir wieder die Randbedingung auf dem Zylinder nach Gl. (5.4):

$$\left[\frac{\partial u(\varrho, \varphi)}{\partial \varrho}\right]_{\varrho = a} = 0\,. \tag{5.10}$$

Damit erhalten wir aus Gl. (5.9) und mit Gl. (5.7), indem wir $\varrho \to a$ gehen lassen, die Integralgleichung

$$ik \cos(\varphi - \varphi_1)\, e^{i k a \cos(\varphi - \varphi_1)} = a \int\limits_0^{2\pi} I_{\varphi_1}(a, \varphi')\, g(a, \varphi; a, \varphi')\, d\varphi'\,, \tag{5.11}$$

wobei wir zur Abkürzung

$$g(a, \varphi; a, \varphi') = \left[\frac{\partial^2 G(\varrho, \varphi; \varrho', \varphi')}{\partial \varrho\, \partial \varrho'}\right]_{\varrho = \varrho' = a} \tag{5.12}$$

einführen.

5.3. Der Streuquerschnitt und seine stationäre Darstellung.

Der Streuquerschnitt σ, den wir zur Unterscheidung zum vorigen Fall mit $\sigma_\perp$ bezeichnen, folgt nach der Definitionsgleichung (3.14) und einem analogen Rechnungsgang, wie unter Abschnitt 4.1 zu

$$\sigma_\perp = \frac{1}{Z_0} \operatorname{Re} \oint\limits_{A_1} E_\varphi^s \cdot H_z^{s*}\, dA\,. \tag{5.13}$$

Mit Gl. (5.2) gilt auf dem Zylindermantel

$$E_\varphi^s(a,\varphi) = \frac{1}{i\omega\varepsilon\varepsilon_0}\left(\frac{\partial}{\partial\varrho}H_z^s\right)_{\varrho=a} = -\frac{1}{i\omega\varepsilon\varepsilon_0}\left(\frac{\partial}{\partial\varrho}H_z^i\right)_{\varrho=a},$$

da mit Gl. (5.4) und (5.5)

$$\left(\frac{\partial H_z^i}{\partial\varrho} + \frac{\partial H_z^s}{\partial\varrho}\right)_{\varrho=a} = 0 \tag{5.14}$$

ist.

Somit folgt für

$$E_\varphi^s \cdot H_z^{s*} = -\frac{1}{i\omega\varepsilon\varepsilon_0}\left(\frac{\partial H_z^i}{\partial\varrho}\right)_a \cdot (H_z^* - H_z^{i*}) \tag{5.15}$$

und mit $H_z = -I_\varphi$

$$\oint_{A_1} E_\varphi^s \cdot H_z^{i*}\,dA = \frac{1}{i\omega\varepsilon\varepsilon_0}\oint_{A_1}\left(\frac{\partial H_z^i}{\partial\varrho}\right)_a I_\varphi^*\,dA$$

oder mit Bildung des Realteils

$$\mathrm{Re}\oint_{A_1} E_\varphi^s \cdot H_z^{i*}\,dA = -\mathrm{Re}\left\{\frac{a}{i\omega\varepsilon\varepsilon_0}\int_0^{2\pi}\left(\frac{\partial H_z^{i*}}{\partial\varrho}\right)_a I_\varphi(a,\varphi)\,d\varphi\right\}, \tag{5.16}$$

nachdem die einfallende Welle keinen Beitrag zum Integral liefert und wir im Realteil ohne Änderung zu den konjugiert komplexen Größen übergehen können. Mit Gl. (5.7) und (5.13) erhalten wir unter Verwendung von Gl. (4.1)

$$\sigma_\perp = a\,\mathrm{Re}\left\{\int_0^{2\pi}\cos(\varphi-\varphi_1)\,e^{-ika\cos(\varphi-\varphi_1)}\,I_{\varphi_1}(a,\varphi)\,d\varphi\right\} \tag{5.17}$$

und mit Benutzung der Integralgleichung (5.11)

$$\sigma_\perp = -a\,\mathrm{Re}\left\{\frac{a}{ik}\int_0^{2\pi}\int_0^{2\pi} I_{\varphi_1}(a,\varphi)\,g(a,\varphi;a,\varphi')\,I_{\varphi_1+\pi}(a,\varphi')\,d\varphi\,d\varphi'\right\}. \tag{5.18}$$

In Analogie zu dem vorgangs behandelten Beispiel für $\sigma_{||}$ können wir nun unmittelbar den stationären Ausdruck für $\sigma_\perp$ mit Hilfe der beiden Darstellungen (5.17) und (5.18) anschreiben. Wenn wir wieder eine symmetrische Form des Zählers, wie in Gl. (4.23), wählen, erhalten wir unter Rückgriff auf die komplexe Darstellung (5.16) und anschließender Bildung des Realteils

$$\sigma_\perp = a\,\mathrm{Re}\times$$

$$\frac{\int_0^{2\pi}\cos(\varphi-\varphi_1)\,e^{-ika\cos(\varphi-\varphi_1)}\,I_{\varphi_1}(a,\varphi)\,d\varphi\int_0^{2\pi}\cos(\varphi'-\varphi_1)\,e^{ika\cos(\varphi'-\varphi_1)}\,I_{\varphi_1+\pi}(a,\varphi')\,d\varphi'}{\frac{a}{ik}\int_0^{2\pi}\int_0^{2\pi} I_{\varphi_1}(a,\varphi)\,g(a,\varphi;a,\varphi')\,I_{\varphi_1+\pi}(a,\varphi')\,d\varphi\,d\varphi'}$$

oder

$$\sigma_{\perp} = -k \,\mathrm{Im} \times \tag{5.19}$$
$$\frac{\int\limits_0^{2\pi} \cos(\varphi-\varphi_1)\, e^{-ika\cos(\varphi-\varphi_1)}\, I_{\varphi_1}(a,\varphi)\, d\varphi \int\limits_0^{2\pi} \cos(\varphi'-\varphi_1)\, e^{ika\cos(\varphi'-\varphi_1)}\, I_{\varphi_1+\pi}(a,\varphi')\, d\varphi'}{\int\limits_0^{2\pi}\int\limits_0^{2\pi} I_{\varphi_1}(a,\varphi)\, g(a,\varphi;a,\varphi')\, I_{\varphi_1+\pi}(a,\varphi')\, d\varphi\, d\varphi'}$$

Der wesentliche Unterschied in den Darstellungen (4.23) und (5.19) für $\sigma_{||}$ und $\sigma_{\perp}$ liegt in dem Auftreten von g anstelle von G, d. h. der zweiten Ableitung der GREENschen Funktion G nach ϱ anstelle von G selbst. Dieser Unterschied rührt von den unterschiedlichen Grenzbedingungen am Zylinder her: Bei $\sigma_{||}$ verschwindet die Wellenfunktion selbst auf dem Zylinder, bei $\sigma_{\perp}$ deren Ableitung $\partial u/\partial n$. Es sei bemerkt, daß der Fall $\sigma_{\perp}$ gleichzeitig das akustische Problem einschließt, bei dem eine ebene Schallwelle auf einen starren Kreiszylinder trifft.

6. Eine stationäre Darstellung für das Fernfeld bei der Beugung einer ebenen Welle am Kreiszylinder.

6.1. Zwei Integraldarstellungen des Fernfeldes.

Die vorausgehenden Ergebnisse setzen uns in die Lage, auch unmittelbar eine stationäre Darstellung für die Feldverteilung des Streufeldes um den Zylinder in der *Fernzone* zu erhalten. Wir betrachten den Fall, daß das elektrische Feld *parallel* zum Zylinder polarisiert ist. Das Streufeld entnehmen wir aus Gl. (3.11):

$$E_z^s(\varrho,\varphi) = i\omega\mu\mu_0 a \int\limits_0^{2\pi} I_{\varphi_1}(a,\varphi')\, G(\varrho,\varphi;a,\varphi')\, d\varphi' \,. \tag{6.1}$$

Der Index φ_1 weist auf die Einfallsrichtung der ebenen Welle hin. Die GREENsche Funktion für das Zylinderproblem ist in Gl. (2.19) angegeben:

$$G(\varrho,\varrho') = \frac{i}{4} H_0^{(1)}(k|\varrho-\varrho'|) \,. \tag{6.2}$$

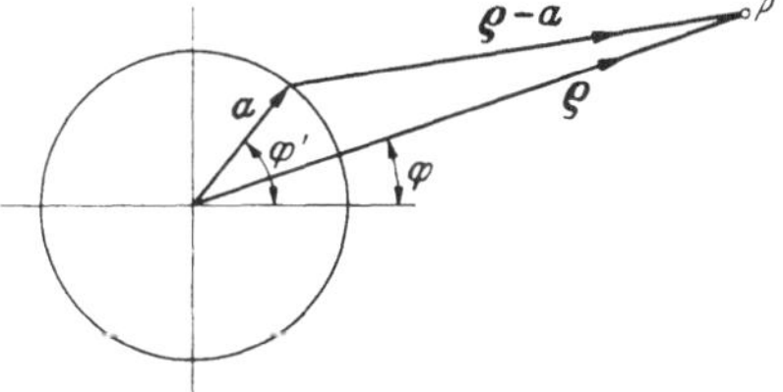

Fig. 6.1. Zur Berechnung des Fernfeldes im Punkt $P(\varrho,\varphi)$.

Wir interessieren uns für das Fernfeld in großem Abstand vom streuenden Zylinder und machen von der asymptotischen Darstellung der HANKELschen Funktion $H_0^{(1)}$ für große Argumente Gebrauch. Für große Werte von $k|\varrho-\varrho'|$ lautet das ausschlaggebende Glied der asymptotischen Entwicklung

$$G(\varrho,\varrho') = \frac{i}{4}\left(\frac{2}{\pi k|\varrho-\varrho'|}\right)^{1/2} e^{ik|\varrho-\varrho'|}\, e^{-i\frac{\pi}{4}} \,. \qquad (k|\varrho-\varrho'| \gg 1) \tag{6.3}$$

In unserem Falle gilt, mit $a/\varrho \ll 1$, und nach Fig. 6.1

$$|\varrho - \varrho'|^2 = |\varrho - a|^2 = \varrho^2 + a^2 - 2\,\varrho a \cos(\varphi - \varphi') \tag{6.4}$$

oder

$$|\varrho - \varrho'| = \varrho\left[1 - \frac{a}{\varrho}\cos(\varphi - \varphi')\right]. \quad (a/\varrho \ll 1) \tag{6.4a}$$

Mit den Beziehungen (6.1), (6.3) und (6.4a) folgt für das Fernfeld (durch den Index F gekennzeichnet)

$${}^{F}E_z^s(\varrho,\varphi,\varphi_1) = -\frac{\omega\mu\mu_0 a}{4}\left(\frac{2}{i\pi k\varrho}\right)^{1/2} e^{ik\varrho}\int_0^{2\pi} e^{-ika\cos(\varphi'-\varphi)} I_{\varphi_1}(a,\varphi')\,d\varphi'. \tag{6.5}$$

Aus der Integralgleichung (3.13) ergibt sich

$$e^{ika\cos(\varphi'-\varphi)} = -i\omega\mu\mu_0 a\int_0^{2\pi} I_\varphi(a,\varphi'')\,G(a,\varphi';a,\varphi'')\,d\varphi'', \tag{6.6}$$

oder, wenn wir φ durch $\varphi + \pi$ ersetzen,

$$e^{-ika\cos(\varphi'-\varphi)} = -i\omega\mu\mu_0 a\int_0^{2\pi} I_{\varphi+\pi}(a,\varphi'')\,G(a,\varphi';a,\varphi'')\,d\varphi''. \tag{6.7}$$

Damit erhält man aus Gl. (6.5)

$${}^{F}E_z^s(\varrho,\varphi,\varphi_1) \tag{6.8}$$

$$= \frac{i(\omega\mu\mu_0 a)^2}{4}\left(\frac{2}{i\pi k\varrho}\right)^{1/2} e^{ik\varrho}\int_0^{2\pi}\int_0^{2\pi} I_{\varphi_1}(a,\varphi')\,G(a,\varphi';a,\varphi'')\,I_{\varphi+\pi}(a,\varphi'')\,d\varphi'\,d\varphi''.$$

6.2. Eine Beziehung zwischen Fernfeld und Streuquerschnitt.

I_{φ_1} bedeutet die Stromverteilung für eine in Richtung φ_1 einfallende Welle. Sinngemäß bedeutet $I_{\varphi+\pi}$ die Stromverteilung für eine in der Richtung $\varphi + \pi$ einfallende Welle, wobei φ die Richtung nach dem Ort der Beobachtung des Feldes ${}^{F}E_z^s$ kennzeichnet. Unter dem Integral in Gl. (6.8) hat man also zwei Stromverteilungen zu kombinieren: diejenige, welche der unter φ_1 einfallenden Welle entspricht und eine zweite, die einer Welle zugeordnet ist, deren Einfall nach einem zum Aufpunkt P des Fernfeldes spiegelbildlichen Punkt P' erfolgt (Fig. 6.2). Wenn sich der Aufpunkt P in der φ-Richtung bewegt, folgt diese zweite Stromverteilung der Drehung bei festgehaltener Stromverteilung der φ_1-Wellė. Für den speziellen Fall $\varphi = \varphi_1$ wird das Integral in Gl. (6.8) identisch mit demjenigen,

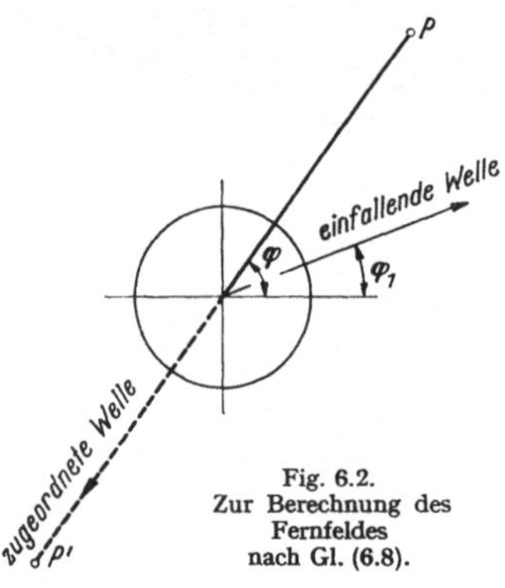

Fig. 6.2. Zur Berechnung des Fernfeldes nach Gl. (6.8).

das in Gl. (4.6) bei der Berechnung des Streuquerschnitts auftrat. Letzterer läßt sich daher mit dem Streufeld in einem fernen Aufpunkt in Verbindung bringen, der hinter dem Zylinder auf dem Strahl der Einfallsrichtung $\varphi = \varphi_1$ liegt.

Schreibt man das Streufeld nach Gl. (6.8) in der Form

$$^{F}E_z^s(\varrho,\varphi) = \frac{i}{4}\left(\frac{2}{i\pi k\varrho}\right)^{1/2} e^{ik\varrho}\, B(\varphi,\varphi_1)\,, \tag{6.9}$$

so ist $B(\varphi, \varphi_1)$ gegeben durch

$$B(\varphi,\varphi_1) = (\omega\mu\mu_0 a)^2 \int_0^{2\pi}\int_0^{2\pi} I_{\varphi_1}(a,\varphi')\, G(a,\varphi';a,\varphi'')\, I_{\varphi+\pi}(a,\varphi'')\, d\varphi'\, d\varphi''. \tag{6.10}$$

Die Größe B gibt die Winkelverteilung des Streufelds auf einem Zylinder mit großem Radius ϱ an. Der nur von ϱ abhängige Faktor von B bringt zum Ausdruck, daß das Streufeld in großer Entfernung vom beugenden Zylinder den Charakter einer auslaufenden Zylinderwelle besitzt. Die Größe $B(\varphi,\varphi_1)$ wird oft kurzerhand als „*Fernfeldamplitude*" bezeichnet*); in der Tat ist man im wesentlichen an der Winkelverteilung des Streufelds interessiert. Im Argument weisen dabei φ auf die Richtung zum Aufpunkt auf der Zylinderfläche mit großem Radius ϱ und φ_1 auf die Richtung der einfallenden Welle hin.

Für $\varphi = \varphi_1$, d. h. für einen Aufpunkt auf dem durch die Zylinderachse gehenden und zur Einfallsrichtung der primären Welle parallelen Strahl hinter dem beugenden Zylinder besteht folgender Zusammenhang zwischen dem Streuquerschnitt $\sigma_{||}$ und $B(\varphi, \varphi_1)$, wie man aus Gl. (4.6) und (6.10) abliest:

$$\mathrm{Re}\left\{\frac{1}{i}\,B(\varphi_1,\varphi_1)\right\} = \omega\mu\mu_0\,\frac{\sigma_{||}}{Z_0}\,, \tag{6.11}$$

oder mit Z_0 nach Gl. (4.1) und $k = \omega\sqrt{\varepsilon\varepsilon_0\mu\mu_0}$

$$\sigma_{||} = \frac{1}{k}\,\mathrm{Re}\left\{\frac{1}{i}\,B(\varphi_1,\varphi_1)\right\} = \frac{1}{k}\,\mathrm{Im}\left\{B(\varphi_1,\varphi_1)\right\}. \tag{6.12}$$

Auf diese Weise sind somit Streuquerschnitt und Fernfeldamplitude hinter dem Zylinder in der Einfallsrichtung miteinander verknüpft. Die Beziehung (6.12) läßt einen Zusammenhang sehr allgemeiner Art ersichtlich werden, der bei den verschiedensten Streuproblemen Geltung besitzt**).

6.3. Eine stationäre Darstellung des Fernfeldes.

Mit den Beziehungen (6.5) und (6.8) läßt sich nun wieder in Analogie zu den Betrachtungen in Kapitel 4 eine stationäre Darstellung für

*) Wir lehnen uns mit dieser Bezeichnung an den gebräuchlichen englischen Ausdruck *far field amplitude* an; es handelt sich dabei um eine im allgemeinen komplexe Größe.

**) Siehe hierzu auch Anhang B.

das Fernfeld ${}^F E_z^s$ formulieren. In den Zähler setzen wir das Quadrat von ${}^F E_z^s$ nach der Darstellung (6.5), in den Nenner ${}^F E_z^s$ nach Gl. (6.8) und erhalten damit

$$
{}^F E_z^s(\varrho, \varphi) = \frac{1}{4i}\left(\frac{2}{i\pi k\varrho}\right)^{1/2} e^{ik\varrho} \frac{\left[\int\limits_0^{2\pi} e^{-ika\cos(\varphi'-\varphi)}\, I_{\varphi_1}(a, \varphi')\, d\varphi'\right]^2}{\int\limits_0^{2\pi}\int\limits_0^{2\pi} I_{\varphi_1}(a, \varphi')\, G(a, \varphi'; a, \varphi'')\, I_{\varphi+\pi}(a, \varphi'')\, d\varphi'\, d\varphi''} . \quad (k\varrho \to \infty) \qquad (6.13)
$$

Diese Darstellung ist stationär und homogen bezüglich I, wie sich leicht unter Verwendung der Betrachtungen in Abschnitt 4.5 nachrechnen läßt. Im wesentlichen interessiert die Winkelverteilung der in Gl. (6.10) definierten Fernfeldamplitude B, deren stationäre Darstellung mit Beachtung von Gl. (6.9) und (6.13) folgendermaßen lautet*):

$$
B(\varphi, \varphi_1) = - \frac{\left[\int\limits_0^{2\pi} e^{-ika\cos(\varphi'-\varphi)}\, I_{\varphi_1}(a, \varphi')\, d\varphi'\right]^2}{\int\limits_0^{2\pi}\int\limits_0^{2\pi} I_{\varphi_1}(a, \varphi')\, G(a, \varphi'; a, \varphi'')\, I_{\varphi+\pi}(a, \varphi'')\, d\varphi'\, d\varphi''} . \quad (k\varrho \to \infty) \qquad (6.14)
$$

Es sei angemerkt, daß das Fernfeld in Gl. (6.5) mit Benutzung des ersten Gliedes der asymptotischen Entwicklung von $H_0^{(1)}$ gewonnen wurde und somit $B(\varphi_1, \varphi_1)$ in Gl. (6.14) ein Näherungsausdruck für große Werte von $k\varrho$ ist. Dagegen ist der Ausdruck für $\sigma_{||}$ in Gl. (4.6) oder (6.12) sowie in der stationären Darstellung (4.23) exakt.

Die Beziehungen (6.14) und (4.23) sind naturgemäß durch den Zusammenhang (6.12) miteinander verknüpft, wobei noch Gl. (4.21) zu berücksichtigen ist.

Die Gleichungen (6.8) bzw. (6.10) für das Fernfeld beinhalten ein sehr allgemeines *Reziprozitätsgesetz*, das aussagt, daß Einfalls- und Beobachtungsrichtung vertauschbar sind. Um dessen Gültigkeit im vorliegenden Fall des Kreiszylinders aufzuzeigen, genügt es den Integralausdruck in Gl. (6.10) zu betrachten. Zufolge des Bestehens der Integralgleichung (3.13) folgt aus Gl. (6.10)

$$
B(\varphi, \varphi_1) \sim \int\limits_0^{2\pi} I_{\varphi+\pi}(a, \varphi'')\, e^{ika\cos(\varphi''-\varphi_1)}\, d\varphi'' = - \int\limits_0^{2\pi} I_{\varphi+\pi}(a, \varphi'')\, e^{-ika\cos(\varphi''-\varphi_1-\pi)}\, d\varphi''
$$

und daraus

$$
B(\varphi_1 - \pi, \varphi - \pi) = B(-\varphi_1, -\varphi) \sim - \int\limits_0^{2\pi} I_{\varphi_1}(a, \varphi'')\, e^{-ika\cos(\varphi''-\varphi)}\, d\varphi''.
$$

*) Vgl. C. H. Papas: J. Appl. Phys. **21**, 318 (1950), wo das vorliegende Beugungsproblem für $\sigma_{||}$ nach der Methode der stationären Darstellung behandelt wird.

Wie Gl. (6.5) zeigt, ist das letztere Integral proportional zu $B(\varphi, \varphi_1)$. Daher gilt die Beziehung

$$B(\varphi, \varphi_1) = B(-\varphi_1, -\varphi)\,, \qquad (6.15)$$

welche das Reziprozitätsgesetz zum Ausdruck bringt. Es besagt, daß die Fernfeldamplitude in einem in der Richtung φ gelegenen Aufpunkt, die von einer in der Richtung φ_1 einfallenden Welle herrührt, gleich der Fernfeldamplitude in einem in der negativen φ_1-Richtung gelegenen Aufpunkt ist, wenn die Welle nun in der negativen φ-Richtung einfällt. Dieses Resultat ist für den Kreiszylinder aus Symmetriegründen selbstverständlich; es gilt jedoch ganz allgemein bei den meisten Streuproblemen*).

7. Wahl einer Näherungsfunktion für den Strombelag am Kreiszylinder.

7.1. Niederfrequente Streuung.

Der nächste Schritt nach der Formulierung eines stationären Ausdrucks ist die Auswahl einer geeigneten Näherungsfunktion. In unserem Beispiel der Beugung am Kreiszylinder haben wir eine Näherungsfunktion für die Stromverteilung $I(a, \varphi)$ auf dem Zylindermantel zu wählen, die physikalisch plausibel ist. Wir unterscheiden zwei Fälle, die wir durch

a) niederfrequente Streuung,

b) hochfrequente Streuung

kennzeichnen wollen.

Bei niederfrequenter Streuung wird die Wellenlänge λ der einfallenden Welle als sehr groß im Vergleich zum Zylinderradius angenommen. Fig. 7.1 zeigt die Phasenflächen der einfallenden Welle, deren Einfallsrichtung wir zu $\varphi_1 = 0$ wählen. Im Fall $\lambda \gg a$ ändert sich die Phase der einfallenden Welle zu einem festen Zeitpunkt nur ganz wenig über den Zylinderquerschnitt. In erster Annäherung können wir daher die Phase von E_z^i über den ganzen Zylindermantel als konstant betrachten. Das Streufeld E_z^s kompensiert zufolge der Randbedingung auf dem Zylinder gerade das einfallende Feld längs des Zylindermantels; in einfachster Näherung kann man daher den Oberflächenstrom als konstant annehmen. Da unsere vorgangs aufgestellten stationären Ausdrücke auch homogen in I sind, kommt es auf den

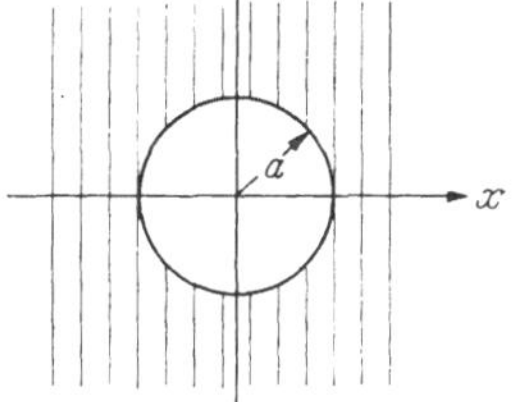

Fig. 7.1. Phasenflächen einer in der x-Richtung auf den Kreiszylinder fallenden ebenen Welle.

*) Vgl. dazu R. Glauber u. V. Schomaker: Phys. Rev. **89**, 667 (1953), Gl. (6); R. D. Kodis: J. Soc. Industr. Appl. Math. **2**, 89 (1954), Gl. (26).

Maßstab von I bei unserer Wahl nicht an: wir wählen als erste Näherung mit $\varphi_1 = 0$

$$I_{\varphi_1=0}(a, \varphi) = I_{\varphi_1+\pi}(a, \varphi) = I_\pi(a, \varphi) = 1 \tag{7.1}$$

über den ganzen Zylindermantel.

Falls man die Näherung weiter treiben will, kann man eine trigonometrische Reihe für I ansetzen in der Form

$$I_0(\varphi) = \sum_{m=0}^{N} A_m \cos m\varphi \tag{7.2}$$

$$I_\pi(\varphi) = \sum_{m=0}^{N} A_m \cos m(\varphi - \pi) = \sum_{m=0}^{N} (-1)^m A_m \cos m\varphi\,. \tag{7.3}$$

Die Wahl nach Gl. (7.1) kommt daher der Verwendung des ersten Gliedes $m = 0$ der FOURIER-Entwicklung gleich; man vergleiche dazu auch Gl. (3.27), in der die Koeffizienten A_m bereits explizit erscheinen.

Dem stationären Charakter der Integraldarstellungen für σ bzw. ${}^F E_z^s$ Rechnung tragend, wird man nach Einsetzen der Ausdrücke (7.2) und (7.3) und Ausführung der Integration die so erhaltene Summe nach den A_m differenzieren und das Resultat gleich Null setzen. Die derart erhaltenen Beziehungen liefern sodann ein Gleichungssystem zur Bestimmung der A_m*).

7.2. Hochfrequente Streuung.

Hier gilt $\lambda \ll a$, und die Phase der einfallenden Welle ändert sich periodisch und sehr schnell über den Zylindermantel. Das Streufeld wird daher ebenfalls seine Phase sehr schnell periodisch längs des Zylindermantels ändern und eine ebensolche Stromverteilung hervorrufen. Für sehr kurze Wellen liegt es nahe, geometrisch-optisch zu denken. Man erwartet nach einer solchen Vorstellung, daß der Zylinder auf der der einfallenden Welle zugekehrten Seite „beleuchtet" ist und auf der abgekehrten Seite im „Schatten" liegt. Die beleuchtete Hälfte wirkt für die einfallende Welle wie ein vollkommener Spiegel, dessen Krümmung in der Grenze $\lambda \to 0$ vernachlässigbar klein wird. In erster Näherung liegt es daher nahe, für das magnetische Feld bzw. die Stromdichte auf der beleuchteten Hälfte einen Wert wie bei vollkommener Reflexion einer ebenen Welle an einem ebenen Spiegel anzunehmen, der den Zylinder längs der Erzeugenden an der betrachteten Stelle des Umfangs tangiert. Auf der unbeleuchteten Seite dagegen setzt man die Stromdichte in dieser Näherung gleich Null.

*) Vgl. dazu Abschnitt 12.14. Die so bestimmten A_m stellen sich als identisch mit den entsprechenden Koeffizienten in Gl. (3.27) heraus; die Methode der stationären Darstellung liefert bei Verwendung des Ansatzes (7.3) nur eine andere Methode zur Bestimmung der A_m.

In Wirklichkeit weicht die Stromverteilung von dieser geometrisch-optisch idealisierten Verteilung besonders in der Umgebung der Schattengrenze ab und für genauere Aussagen über das Streufeld spielt die „Halbschattenzone" eine wesentliche Rolle*). Wir begnügen uns hier damit, die stationäre Darstellung des Streuquerschnitts nur für die einfache geometrisch-optische Näherung der Stromverteilung auszuwerten, woraus der prinzipielle Rechnungsgang erkenntlich wird.

Die Einfallsrichtung φ_1 können wir beliebig wählen. Aus Gründen der mathematischen Behandlung der auftretenden Integrale ist es zweckmäßig, $\varphi_1 = \pi/2$ zu setzen. Damit erhalten wir in der geometrisch-optischen Näherung auf der Lichtseite

$$I_{\frac{\pi}{2}}(a,\varphi)=2[H_\varphi^i(a,\varphi)]_{\varphi_1=\frac{\pi}{2}} = \text{const}\cdot\left[\frac{\partial}{\partial\varrho}E_z^i(\varrho,\varphi)\right]_{\varrho=a}$$

und mit Gl. (3.2)

$$I_{\frac{\pi}{2}}(a,\varphi) = \text{const}\cdot\cos\left(\varphi-\frac{\pi}{2}\right)e^{ika\cos\left(\varphi-\frac{\pi}{2}\right)}$$

oder

$$I_{\frac{\pi}{2}}(a,\varphi) = \text{const}\cdot\sin\varphi\; e^{ika\sin\varphi}, \qquad \text{für } \pi \leqq \varphi \leqq 2\pi \tag{7.4}$$

und auf der Schattenseite

$$I_{\frac{\pi}{2}}(a,\varphi) = 0 \qquad \text{für } 0 \leqq \varphi \leqq \pi. \tag{7.5}$$

Ebenso folgt

$$I_{\frac{3\pi}{2}}(a,\varphi) = -\text{const}\cdot\sin\varphi\; e^{-ika\sin\varphi} \qquad \text{für } 0 \leqq \varphi \leqq \pi, \tag{7.6}$$

$$I_{\frac{3\pi}{2}}(a,\varphi) = 0 \qquad \text{für } \pi \leqq \varphi \leqq 2\pi. \tag{7.7}$$

Man sieht, wie die Phase des angenommenen Strombelags zufolge des Faktors $e^{ika\sin\varphi}$ bei großem ka sehr schnell periodisch auf der beleuchteten Seite wechselt. Seine Amplitude folgt dem langsam veränderlichen Faktor $\sin\varphi$ d. h. die Amplitude ist ein Maximum in der Einfallsrichtung $\varphi_1 = \frac{\pi}{2}$ bzw. $\frac{3\pi}{2}$ und nimmt stetig nach dem „Rand", der streifend getroffen wird, ab. An den „Rändern" ist der Belag Null und schließt sich (mit unstetiger Tangente) dem Wert Null auf der Schattenseite an.

*) Franz, W., u. K. Deppermann: Ann. Physik **10**, 361 (1952); **14**, 253 (1954). — Franz, W.: Z. Naturforsch. **9**a, 705 (1954). — Siehe auch V. Fock: J. Physics USSR **10**, 130, 399 (1946), wo die Stromverteilung auf einem von einer ebenen Welle angestrahlten leitenden konvexen Körper untersucht wird.

Mit den angegebenen Näherungsfunktionen können nun die stationären Ausdrücke für σ oder ${}^F E_z^s$ ausgewertet werden. Da die Durchführung der Integrationen eine wesentlich mathematische Angelegenheit ist und das Hauptgewicht unserer Betrachtungen auf der methodischen Seite der Lösung der betrachteten Randwertprobleme liegt, begnügen wir uns hier wie auch sonst damit, im wesentlichen nur die Resultate von Integrationen anzugeben und zu diskutieren. Für die Einzelheiten der Durchführung der Integrationen selbst verweisen wir auf die Originalarbeiten.

8. Berechnung der Streuquerschnitte bei der Beugung am Kreiszylinder.

8.1. Streuquerschnitt für achsenparalleles elektrisches Feld.

Wir betrachten zunächst den Fall $\sigma_{||}$, wobei das einfallende elektrische Feld der Zylinderachse parallel gerichtet ist.

a) $\sigma_{||}$ *bei niederfrequenter Streuung* $(ka \ll 1)$.

Unter Verwendung der Näherungsfunktion (7.1) für den Strombelag erhalten wir aus der Darstellung (4.23) für $\sigma_{||}$

$$\sigma_{||} = -\frac{1}{k}\,\mathrm{Im}\,\frac{\left[\int\limits_0^{2\pi} e^{ika\cos\varphi}\,d\varphi\right]^2}{\int\limits_0^{2\pi}\int\limits_0^{2\pi} G(a,\varphi;\,a,\varphi')\,d\varphi\,d\varphi'}\,. \tag{8.1}$$

Es ist mit Beachtung von Gl. (3.22)

$$\int\limits_0^{2\pi} e^{ika\cos\varphi}\,d\varphi = 2\pi\,J_0(ka)\,, \tag{8.2}$$

wobei $J_0(x)$ die Bessel-Funktion vom Parameter Null bedeutet.

Weiterhin ist mit Verwendung von Gl. (2.19)

$$\int\limits_0^{2\pi}\int\limits_0^{2\pi} G(a,\varphi;\,a,\varphi')\,d\varphi\,d\varphi' = \frac{i}{4}\int\limits_0^{2\pi}\int\limits_0^{2\pi} H_0^{(1)}(k|\varrho - \varrho'|)\,d\varphi\,d\varphi'\,.$$

Unter Verwendung von Gl. (3.21) erhalten wir

$$\begin{aligned}\frac{i}{4}\int\limits_0^{2\pi}\int\limits_0^{2\pi} & H_0^{(1)}(k|\varrho-\varrho'|)\,d\varphi\,d\varphi' \\ &= \frac{i}{4}\int\limits_0^{2\pi}\int\limits_0^{2\pi}\sum_{n=0}^{\infty}\varepsilon_n\,J_n(ka)\,H_n^{(1)}(ka)\cos n(\varphi-\varphi')\,d\varphi\,d\varphi' \qquad (8.3)\\ &= i\pi^2 J_0(ka)\,H_0^{(1)}(ka)\,,\end{aligned}$$

und somit mit Verwendung von $H_0^{(1)}(x) = J_0(x) + iN_0(x)$, wobei $N_0(x)$ die NEUMANNsche Funktion bezeichnet,

$$\sigma_{||} = -\frac{1}{k}\,\mathrm{Im}\,\frac{4\,J_0(ka)}{i\,H_0^{(1)}(ka)} = -\frac{4}{k}\,\mathrm{Im}\,\frac{J_0(ka)}{i\,(J_0(ka) + i\,N_0(ka))}$$

oder mit Bildung des Imaginärteils

$$\sigma_{||} = \frac{4}{k}\,\frac{J_0^2(ka)}{J_0^2(ka) + N_0^2(ka)}\,. \tag{8.4}$$

Die Verwendung der allgemeinen Entwicklungen (7.2) und (7.3) für den Strombelag mit $N = \infty$ führt zu dem korrekten Resultat*):

$$\sigma_{||} = \frac{4}{k}\sum_{n=0}^{\infty}\frac{\varepsilon_n\,J_n^2(ka)}{J_n^2(ka) + N_n^2(ka)}\,. \tag{8.5}$$

Für $ka \ll 1$ führt Gl. (8.5) auf Gl. (8.4), da nur der erste Term in Gl. (8.5) einen wesentlichen Beitrag liefert. Die simple Annahme eines konstanten Stroms nach Gl. (7.1) auf dem Zylindermantel führt daher für kleine Werte von ka bereits zu einer guten Approximation für $\sigma_{||}$.

b) $\sigma_{||}$ bei hochfrequenter Streuung ($ka \gg 1$).

Mit Einsetzen der geometrisch-optischen Näherungsfunktionen (7.4) bis (7.7) für den Strombelag in die Darstellung (4.23) für $\sigma_{||}$ erhalten wir bei der Wahl $\varphi_1 = \pi/2$

$$\sigma_{||} = \frac{1}{k}\,\mathrm{Im}\,\frac{\left[\int\limits_0^{\pi}\sin\varphi\,d\varphi\right]^2}{\int\limits_0^{\pi} d\varphi'\,\sin\varphi'\,e^{-ika\sin\varphi'}\int\limits_{\pi}^{2\pi} d\varphi\,\sin\varphi\,e^{ika\sin\varphi}\,G(a,\varphi;a,\varphi')}$$

und mit Einsetzen der GREENschen Funktion nach Gl. (2.19), wobei auf dem Zylindermantel ($\varrho = a$) für $|\varrho - \varrho'|$ der Wert $2a\left|\sin\frac{1}{2}(\varphi - \varphi')\right|$ gesetzt wird [vgl. Gl. (6.4)],

$$\sigma_{||} = \frac{1}{k}\,\mathrm{Im}\,\frac{1}{\frac{i}{16}\int\limits_0^{\pi} d\varphi'\int\limits_{\pi}^{2\pi} d\varphi\,\sin\varphi'\,\sin\varphi\,e^{-ika(\sin\varphi'-\sin\varphi)}\,H_0^{(1)}\left(2ka\left|\sin\frac{1}{2}(\varphi-\varphi')\right|\right)}\,. \tag{8.6}$$

Die Durchrechnung unter der Voraussetzung $ka \gg 1$ führt nach PAPAS zu folgendem Resultat*):

$$\sigma_{||} \approx \frac{4a}{\sqrt{1-\left(\frac{4}{ka}\right)^2}} \approx 4a\left(1 + \frac{8}{(ka)^2}\right). \quad (ka \gg 1) \tag{8.7}$$

*) PAPAS, C. H.: J. Appl. Phys. 21, 318 (1950).

8.2. Grenzwert des Streuquerschnitts im geometrisch-optischen Fall.

Für $ka \to \infty$ ergibt sich für den Streuquerschnitt $\sigma \to 4a$, d. h. der Streuquerschnitt nähert sich der *doppelten* Fläche, die ein Zylinderstück der Länge Eins der einfallenden Welle in der Projektion darbietet. $ka \to \infty$ entspricht dem geometrisch-optischen Grenzfall ($\lambda \to 0$). Der Umstand, daß der Streuquerschnitt bei Annäherung an diesen Grenzfall sich der *zwei*fachen der einfallenden Welle dargebotenen Projektionsfläche nähert, hängt mit der in Gl. (3.14) gegebenen Definition zusammen. Diese verknüpft σ mit dem Streufeld, dessen Überlagerung mit der ungestörten einfallenden Welle erst zum tatsächlich vorhandenen Feld führt.

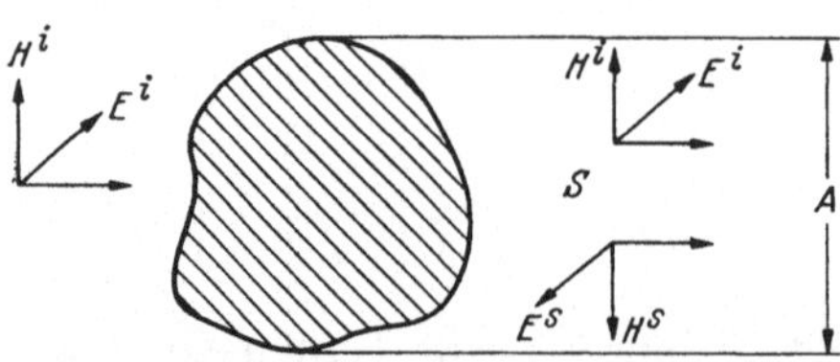

Fig. 8.1. Zur Bestimmung des Streuquerschnitts im geometrisch-optischen Grenzfall. $\boldsymbol{E}^i$ und $\boldsymbol{H}^i$ beziehen sich auf die Feldstärken der einfallenden, $\boldsymbol{E}^s$ und $\boldsymbol{H}^s$ auf die Feldstärken der gestreuten Welle. A bezeichnet die zum POYNTINGschen Vektor der einfallenden Welle senkrechte Projektionsfläche.

Eine einfache Betrachtung mag zum Verständnis beitragen. In Fig. 8.1 falle eine ebene Welle auf ein metallisches Hindernis. Im geometrisch-optischen Grenzfall werden alle auf der Vorderseite auftreffenden Strahlen gestreut; in dem Ausdruck (3.14) für σ erscheint daher zunächst einmal die gesamte auf das Hindernis auftreffende Energie $(\boldsymbol{E}^i \times \boldsymbol{H}^{i*})_n A$. Außerdem hat man aber im Schattengebiet S zu der dort fiktiv vorausgesetzten einfallenden Welle $\boldsymbol{E}^i$, $\boldsymbol{H}^i$ ein Streufeld $\boldsymbol{E}^s = -\boldsymbol{E}^i$, $\boldsymbol{H}^s = -\boldsymbol{H}^i$ hinzuzuaddieren, um den tatsächlichen Feldzustand Null im geometrischen Schattengebiet herzustellen.

Damit geht in den Ausdruck für σ nochmals der Betrag $(\boldsymbol{E}^i \times \boldsymbol{H}^{i*})_n A$ ein, so daß insgesamt für $ka \to \infty$ der Wert

$$\sigma = \mathrm{Re}\, \frac{2\,(\boldsymbol{E}^i \times \boldsymbol{H}^{i*})_n A}{(\boldsymbol{E}^i \times \boldsymbol{H}^{i*})_n} = 2A \tag{8.8}$$

resultiert. Dem Ergebnis (8.8) kommt daher im Grenzfall $ka \to \infty$ allgemeine Bedeutung zu. Für die Beugung an einer Kugel vom Radius a gilt $\sigma \to 2\pi a^2$ für $ka \to \infty$; diesem Problem hat L. BRILLOUIN*) eine eingehende Diskussion gewidmet, in der ebenfalls die Gründe für das Auftreten des Faktors 2 untersucht werden.

Für das Beispiel des Kreiszylinders läßt sich die Beziehung (8.8) leicht herleiten. Wir wählen als geometrisch-optische Stromverteilung

*) BRILLOUIN, L.: J. Appl. Phys. **20**, 1110 (1949). — Siehe auch H. WERGELAND: Avh. Norske Vidensk. Akad., Math.-Naturwiss. Kl., Nr. 9. Oslo 1945.

auf der beleuchteten Seite

$$\begin{aligned} I_{\varphi_1}(a,\varphi) &= 2H_\varphi^i(a,\varphi) = \frac{2i}{\omega\mu\mu_0}\left[\frac{\partial}{\partial\varrho}E_z^i(\varrho,\varphi)\right]_{\varrho=a} \\ &= -\frac{2}{Z_0}\cos(\varphi-\varphi_1)\,e^{ika\cos(\varphi-\varphi_1)}, \end{aligned} \tag{8.9}$$

wie sie bei der Reflexion an einer den Zylinder an der Stelle a, φ tangierenden Spiegelebene vorhanden wäre, und auf der Schattenseite

$$I_{\varphi_1}(a,\varphi) = 0\,. \tag{8.10}$$

Wählen wir $\varphi_1 = 0$ als Einfallsrichtung, so erhalten wir mit Gl. (3.2) aus der Darstellung (4.4) für den Streuquerschnitt

$$\sigma_{||} = -2a\,\mathrm{Re}\int\limits_{\pi/2}^{3\pi/2}\cos\varphi\,d\varphi = 4a\,, \tag{8.11}$$

d. h. die doppelte Projektionsfläche der Längeneinheit des Zylinders.

Die einfache, nicht stationäre Darstellung (4.4) für den Streuquerschnitt liefert also unter Annahme der geometrisch-optischen Stromverteilung in der Tat den richtigen Grenzwert. Die Heranziehung einer stationären Darstellung für σ erlaubt im Prinzip darüber hinaus die Angabe von Korrekturgliedern für große Werte von ka. Wie gut solche Korrekturterme sind, wird davon abhängen, wie weit die angenommene Näherung für die Stromverteilung der wahren Verteilung für große Werte von ka tatsächlich nahekommt*).

8.3. Streuquerschnitt für achsensenkrechtes elektrisches Feld.

Wir gehen nun zu dem Fall über, daß das einfallende elektrische Feld senkrecht zur Zylinderachse polarisiert ist.

a) $\sigma_\perp$ *bei niederfrequenter Streuung* ($ka \ll 1$).

Aus der Darstellung (5.19) für $\sigma_\perp$ erhalten wir mit der Stromverteilung (7.1) und $\varphi_1 = 0$

$$\sigma_\perp = -k\,\mathrm{Im}\frac{\left[\int\limits_0^{2\pi}\cos\varphi\,e^{ika\cos\varphi}\,d\varphi\right]^2}{\int\limits_0^{2\pi}\int\limits_0^{2\pi} g(a,\varphi;a,\varphi')\,d\varphi\,d\varphi'}, \tag{8.12}$$

wobei nach Gl. (5.12) und Gl. (2.19)

$$g(a,\varphi;a,\varphi') = \frac{i}{4}\frac{\partial^2}{\partial\varrho\,d\varrho'}\left[H_0^{(1)}(k|\varrho-\varrho'|)\right]_{\varrho=\varrho'=a}. \tag{8.13}$$

*) Neuere Untersuchungen haben einen Korrekturterm der Form $(ka)^{-2/3}$ für $\sigma/4a$ ergeben. Dieser Beitrag rührt von dem Gebiet des streifenden Einfalls an der Schattengrenze her und wird durch den angenommenen einfachen geometrisch-optischen Strombelag offenbar nicht erfaßt. Es bedarf dazu einer speziellen Formulierung eines stationären Ausdrucks für σ, auf die wir hier nicht eingehen.

Die Auswertung der Integrale in Gl. (8.12) führt zu dem Ausdruck

$$\sigma_\perp = k \operatorname{Im} \frac{4\, i\, J_0'(k a)}{k^2 H_0^{(1)}(k a)} = \frac{4}{k} \frac{\{J_0'(k a)\}^2}{\{J_0'(k a)\}^2 + \{N_0'(k a)\}^2}. \qquad (8.14)$$

(Die Striche bedeuten Ableitungen nach dem Argument.)

Die weitere Annäherung mit Benutzung der Stromverteilungen (7.2) und (7.3) und $N = \infty$ liefert das korrekte Ergebnis

$$\sigma_\perp = \frac{4}{k} \sum_{n=0}^{\infty} \frac{\varepsilon_n \{J_n'(k a)\}^2}{\{J_n'(k a)\}^2 + \{N_n'(k a)\}^2}. \qquad (8.15)$$

Wenn nur der Term $n = 0$ beibehalten wird, gelangt man wieder zu Gl. (8.14). Aus den Beziehungen (8.4) für $\sigma_{||}$ und (8.14) für $\sigma_\perp$ findet man für $ka \ll 1$ das Verhältnis der beiden Streuquerschnitte zu

$$\frac{\sigma_\perp}{\sigma_{||}} = \left[\frac{1}{2} (ka)^2 \log k a\right]^2. \quad (ka \ll 1) \qquad (8.16)$$

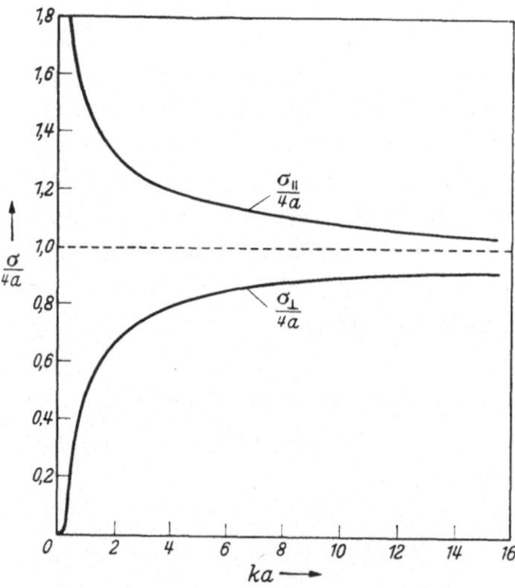

Fig. 8.2.
Die Streuquerschnitte $\sigma_{||}$ bzw. $\sigma_\perp$ beim Einfall einer ebenen Welle auf einen metallischen Kreiszylinder, deren elektrisches Feld parallel bzw. senkrecht zur Achse des streuenden Zylinders polarisiert ist. $\sigma/4a$ als Funktion von $ka = 2\pi a/\lambda$ (λ = Wellenlänge, a = Zylinderradius).

b) $\sigma_\perp$ bei hochfrequenter Streuung ($ka \gg 1$).

Mit den Stromverteilungen (7.4) bis (7.7) wird für $\sigma_\perp$ nach Gl. (5.19) und mit Auswertung der Integrale das folgende Ergebnis angegeben*):

$$\sigma_\perp \approx \frac{4a}{\sqrt{1 - \left(\frac{5}{ka}\right)^2}} \qquad (8.17)$$

$$\approx 4a\left(1 + \frac{1}{2}\left(\frac{5}{ka}\right)^2\right), \quad (ka \gg 1)$$

und damit $\sigma_\perp \to 4a$ für $ka \to \infty$; daher gilt

$$\sigma_\perp / \sigma_{||} \to 1 \text{ für } ka \to \infty. \qquad (8.18)$$

Die Darstellungen (8.5) und (8.15), die aus dem FOURIER-Ansatz (7.2) bzw. (7.3) mit $N = \infty$ folgen, gelten für beliebige Werte von ka. Für numerische Berechnungen eignen sie sich jedoch nur im Bereich nicht

*) TAKAHASHI, I., T. WATANABE u. K. TANIMOTO (Physical Institute, Faculty of Science, Kyoto University, Japan): Vorgetragen an der Jahresversammlung der Physical Society of Japan, 2. November 1950. — Auch hier wird ein dominanter Korrekturterm der Ordnung $(ka)^{-2/3}$ für $\sigma/4a$ durch den angenommenen Strombelag nicht erfaßt.

zu großer ka-Werte; für große Werte von ka macht die langsame Konvergenz ihre numerische Auswertung praktisch unmöglich.

Die Resultate für $\sigma_{\|}$ und $\sigma_{\perp}$ als Funktionen von ka wurden mit Hilfe der Reihenentwicklungen (8.5) und (8.15) numerisch ausgewertet und sind in Fig. 8.2 aufgetragen.

9. Der Streuquerschnitt bei der Beugung einer ebenen Welle an einem unendlich langen metallischen Streifen und am unendlich langen Spalt.

9.1. Formulierung einer Integralgleichung für den Strombelag.

Ein dem vorangehenden Beispiel der Beugung am Kreiszylinder verwandtes Problem ist die Beugung an einem metallischen unendlich ausgedehnten Streifen. Wir wollen für den senkrechten Einfall einer ebenen Welle auf einen solchen Streifen eine stationäre Darstellung für $\sigma_{\|}$ formulieren, d. h. für den Fall, daß der elektrische Feldvektor parallel zur Streifenachse polarisiert ist. Das zugrunde gelegte Koordinatensystem zeigt Fig. 9.1. Die ebene Welle falle in der positiven x-Richtung ein; der Streifen von der Breite $2a$ liege in der y, z-Ebene an der Stelle $x = 0$. Das elektrische Feld E_y der einfallenden Welle sei gegeben durch

$$E_y^i = e^{ikx}\,, \tag{9.1}$$

d. h. wir normieren die Amplitude von E^i zu Eins. Das zugehörige magnetische Feld ist gegeben durch

$$H_z^i = \frac{1}{Z_0}\,e^{ikx}\,. \tag{9.2}$$

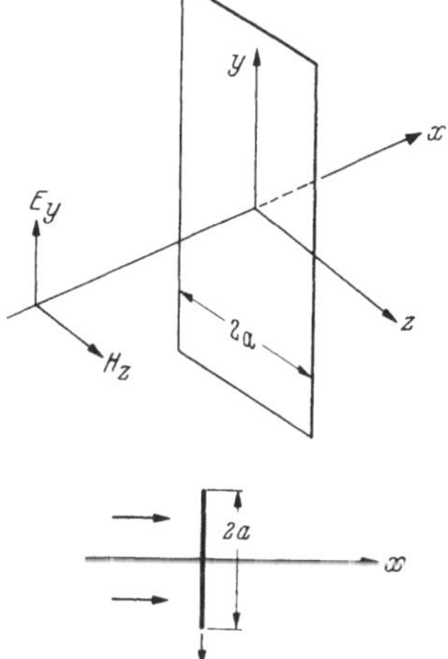

Fig. 9.1. Beugung einer ebenen Welle am unendlich langen ebenen Streifen bei senkrechtem Auffall.

Aus der Zylindersymmetrie des Problems schließt man, daß das gestreute Feld ebenfalls nur eine y-Komponente des elektrischen Feldes aufweisen wird. Wir haben es daher mit einem zweidimensionalen Problem in der x, z-Ebene zu tun und schreiben für das totale elektrische Feld

$$E_y(x, z) = E_y^i(x) + E_y^s(x, z)\,. \tag{9.3}$$

Als skalare Funktion unseres Problems wählen wir E_y und setzen

$$E_y(x, z) = u(x, z)\,. \tag{9.4}$$

Die Randbedingung auf dem als unendlich dünn angesehenen Streifen verlangt

$$E_y(0, z) = u(0, z) = 0 \qquad \text{für } |z| \leqq a\,. \tag{9.5}$$

$u(x, z)$ genügt als Feldkomponente der zweidimensionalen Wellengleichung

$$(\nabla^2 + k^2)\, u(x, z) = 0\,. \tag{9.6}$$

Mit Anwendung der Beziehung (3.9) läßt sich u darstellen als

$$u(\varrho) = u^i(\varrho) + \int\limits_{A_1} G(\varrho, \varrho') \frac{\partial}{\partial n'} u(\varrho')\, dA', \tag{9.7}$$

wobei $G(\varrho, \varrho')$ der Differentialgleichung (3.6) sowie der Ausstrahlungsbedingung für $\varrho \to \infty$ genügen muß. $G(\varrho, \varrho')$ ist daher durch Gl. (2.19) gegeben:

$$G(\varrho, \varrho') = \frac{i}{4} H_0^{(1)}(k|\varrho - \varrho'|)\,. \tag{9.8}$$

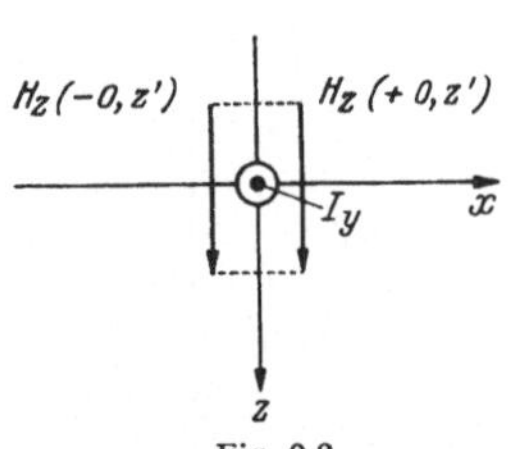

Fig. 9.2. Verknüpfung des Strombelages I_y auf dem Streifen mit den tangentiellen Feldkomponenten H_z zu beiden Seiten des Streifens: $\oint H_s\, ds = I_y = H_z(-0,z') - H_z(+0,z')$

Da das Problem unabhängig von der y-Koordinate ist, können wir uns auf die Ebene $y = 0$ beziehen und setzen

$$|\varrho - \varrho'| = \sqrt{(x - x')^2 + (z - z')^2}\,. \tag{9.9}$$

Die Oberfläche A_1 ist durch die beiden Seiten des Streifens gegeben, die wir durch die Schreibweise $x = +0$ und $x = -0$ unterscheiden. Die Richtung der äußeren Normalen von A_1 für das „Ringgebiet" zwischen A_1 und A_2 ($\varrho \to \infty$) ist die negative x-Achse für die Seite $x = +0$, die positive x-Achse für die Seite $x = -0$ (vgl. Fig. 3.3 für den Kreiszylinder, der hier auf den Streifen zusammengezogen ist). Aus Gl. (9.7) folgt daher, analog zu Gl. (3.11),

$$\begin{aligned} u(x,z) = u^i(x) + \lim_{x' \to +0} \int\limits_{-a}^{+a} \frac{i}{4} H_0^{(1)}\left(k\sqrt{(x-x')^2 + (z-z')^2}\right) \cdot \left(-\frac{\partial}{\partial x'}\right) u(x',z')\, dz' \\ + \lim_{x' \to -0} \int\limits_{-a}^{+a} \frac{i}{4} H_0^{(1)}\left(k\sqrt{(x-x')^2 + (z-z')^2}\right) \cdot \frac{\partial}{\partial x'} u(x',z')\, dz'\,. \end{aligned} \tag{9.10}$$

Nach den Maxwellschen Gleichungen folgt mit Gl. (1.2)

$$\mathrm{rot}_z\, \boldsymbol{E} = \frac{\partial}{\partial x'} E_y = \frac{\partial}{\partial x'} u(x', z') = i\omega\mu\mu_0\, H_z(x', z')\,. \tag{9.11}$$

Mit Einführung des Strombelages I auf dem Streifen (s. Fig. 9.2)

$$I_y(z') = H_z(-0, z') - H_z(+0, z') \tag{9.12}$$

erhalten wir aus Gl. (9.10), (9.11) und (9.1) die Darstellung des Feldes $E_y = u$ zu

$$u(x, z) = e^{ikx} - \frac{\omega\mu\mu_0}{4} \int_{-a}^{+a} H_0^{(1)}\left(k\sqrt{x^2 + (z - z')^2}\right) I_y(z')\, dz' . \tag{9.13}$$

Für $x \to 0$ und bei Beachtung der Randbedingung (9.5) erhalten wir daraus die Integralgleichung für den Strombelag I_y:

$$1 = \frac{\omega\mu\mu_0}{4} \int_{-a}^{+a} H_0^{(1)}(k|z - z'|)\, I_y(z')\, dz' . \quad (|z| \leqq a) \tag{9.14}$$

9.2. Eine stationäre Darstellung für den Streuquerschnitt.

Der Streuquerschnitt $\sigma_{||}$ folgt nach der Definition (3.14) und mit Benutzung von Gl. (4.2) zu

$$\sigma = Z_0 \operatorname{Re} \oint_A (\boldsymbol{E}^s \times \boldsymbol{H}^{s*})_n\, dA ,$$

oder, nach analogen Betrachtungen wie in Abschnitt 4.1 und Gl. (4.4), zu

$$\sigma_{||} = -Z_0 \operatorname{Re} \oint_{A_1} (E_y^{i*} \cdot H_z)\, dA . \tag{9.15}$$

Das Integral in Gl. (9.15) ergibt

$$\oint_{A_1} (E_y^{i*} \cdot H_z)\, dA = \int_{-a}^{+a} (E_y^{i*})_{x=0} \{H_z(+0, z) - H_z(-0, z)\}\, dz;$$

zufolge Gl. (9.1) und (9.12) folgt die rechte Seite zu $-\int_{-a}^{+a} I_y(z)\, dz$. Damit erhalten wir aus Gl. (9.15)

$$\sigma_{||} = Z_0 \operatorname{Re} \int_{-a}^{+a} I_y(z)\, dz . \tag{9.16}$$

Wir betrachten nun das Integral

$$\mathsf{J} = \int_{-a}^{+a} I_y(z)\, dz . \tag{9.17}$$

Multiplikation der Integralgleichung (9.14) mit $I_y(z)$ und Integration über z von $-a$ bis $+a$ ergibt mit Gl. (9.17) die Darstellung

$$\mathsf{J} = \frac{\omega\mu\mu_0}{4} \int_{-a}^{+a}\int_{-a}^{+a} I_y(z) \cdot H_0^{(1)}(k|z - z'|) \cdot I_y(z')\, dz\, dz' , \tag{9.18}$$

woraus wir in Analogie zu den Betrachtungen in Abschnitt 4.5 eine stationäre Darstellung für J gewinnen. Sie lautet, indem wir $[\mathsf{J}]^2$ nach

Gl. (9.17) durch J nach Gl. (9.18) dividieren,

$$\mathrm{J} = \frac{\left[\int\limits_{-a}^{+a} I_y(z)\, dz\right]^2}{\frac{\omega\mu\mu_0}{4}\int\limits_{-a}^{+a}\int\limits_{-a}^{+a} I_y(z)\cdot H_0^{(1)}(k\,|z-z'|)\cdot I_y(z')\, dz\, dz'}. \tag{9.19}$$

Hieraus folgt die stationäre Darstellung für $\sigma_{||}$ nach Gl. (9.16) unter Verwendung von Gl. (4.1) zu

$$\sigma_{||} = \frac{4}{k}\,\mathrm{Re}\,\frac{\left[\int\limits_{-a}^{+a} I_y(z)\, dz\right]^2}{\int\limits_{-a}^{+a}\int\limits_{-a}^{+a} I_y(z)\, H_0^{(1)}(k|z-z'|)\, I_y(z')\, dz\, dz'}. \tag{9.20}$$

Damit ist das wesentliche Ziel dieses Abschnittes, den methodischen Weg zur Formulierung einer stationären Darstellung von $\sigma_{||}$ für das Streifenproblem aufzuzeigen, erreicht. In analoger Weise läßt sich auch der Fall $\sigma_{\perp}$, d. h. der Polarisation des einfallenden elektrischen Feldes senkrecht zur Streifenachse erledigen; ebenso das Problem des schiefen Einfalls der ebenen Welle.

9.3. Hochfrequente Streuung am Streifen.

Wir begnügen uns mit der Auswertung der Darstellung von $\sigma_{||}$ in Gl. (9.20) für hochfrequente Streuung ($ka \gg 1$). Für hohe Frequenzen, d. h. bei Annäherung an den geometrisch-optischen Grenzfall, erwarten wir Schatten ($H_z^{(+)} = 0$) auf der Rückseite des Streifens und Reflexion ($H_z^{(-)} = 2\, H_z^{i(-)}$) auf der Vorderseite. Setzen wir den Strom proportional der Intensität der einfallenden Welle, analog der Wahl in Gl. (7.4) bis (7.7) beim vorangehenden Zylinderproblem, so erhalten wir als Näherungsfunktion mit Rücksicht auf die Beziehung (9.1) für $x = 0$

$$I_y(z) = \text{const}\,, \tag{9.21}$$

wobei wir zufolge der Homogenität von Gl. (9.20) bezüglich I_y die Konstante zu Eins wählen können*).

---

*) Diese Wahl der Näherungsfunktion wird durch Ergebnisse einer Arbeit von E. B. MOULLIN u. F. M. PHILLIPS: Proc. Inst. Electr. Eng. IV, **99**, 137 (1952), gestützt, in welcher die Stromverteilung auf einem solchen Streifen beim Auftreffen einer ebenen Welle untersucht wird. Für hohe Frequenzen finden die Autoren, daß der Realteil von I_y sich für $ka \to \infty$ einer Konstanten über den Streifen nähert. Der Imaginärteil von I_y verschwindet über den Streifen mit Ausnahme einer schmalen Randzone, wo er wie $1/\sqrt{a^2 - z^2}$ gegen Unendlich geht [vgl. dazu C. J. BOUWKAMP: Physica **12**, 467 (1946)]. Der Imaginärteil von I_y wird hier vernachlässigt.

Mit der Wahl von Gl. (9.21) für I_y erhalten wir aus Gl. (9.20) für $ka \to \infty$

$$\sigma_{||} = \frac{4}{k} \operatorname{Re} \frac{4\,a^2}{\int\limits_{-a}^{+a}\int\limits_{-a}^{+a} H_0^{(1)}(k\,|z-z'|)\,dz\,dz'} . \tag{9.22}$$

Die Auswertung des Integrals ergibt*)

$$\int\limits_{-a}^{+a}\int\limits_{-a}^{+a} H_0^{(1)}(k\,|z-z'|)\,dz\,dz' = \frac{4\,a}{k}\left\{\int\limits_0^{2ka} H_0^{(1)}(\alpha)\,d\alpha - H_1^{(1)}(2\,ka) + \frac{1}{i\pi ka}\right\} . \tag{9.23}$$

Durch Einsetzen von Gl. (9.23) in Gl. (9.22) erhält man schließlich

$$\sigma_{||} = 4a \times \tag{9.24}$$

$$\times \frac{\int\limits_0^{2ka} J_0(\alpha)\,d\alpha - J_1(2\,ka)}{\left\{\int\limits_0^{2ka} J_0(\alpha)\,d\alpha - J_1(2\,ka)\right\}^2 + \left\{\int\limits_0^{2ka} N_0(\alpha)\,d\alpha - N_1(2\,ka) - \frac{1}{\pi ka}\right\}^2} \cdot (ka \gg 1)$$

Die Integrale über $J_0(\alpha)$ und $N_0(\alpha)$ sind tabelliert**).

Für $ka \to \infty$ gilt $\int\limits_0^{2ka} J_0(\alpha)\,d\alpha \to 1$ und $\int\limits_0^{2ka} N_0(\alpha)\,d\alpha \to 0$; weiterhin $J_1(2\,ka) \to 0$ und $N_1(2\,ka) \to 0$. Damit erhalten wir wiederum für den Streuquerschnitt bei Annäherung an den geometrisch-optischen Fall $\sigma_{||} \to 4a$, d.h. der Streuquerschnitt nähert sich asymptotisch der doppelten Spaltbreite für einen Streifenabschnitt der Höhe Eins. Fig. 9.3 zeigt den Verlauf von $\sigma_{||}$ nach Gl. (9.24) für den gesamten Wertebereich von ka. Unser Näherungsausdruck (9.21) für den Strom I_y auf dem Streifen beansprucht nur Gültigkeit für *große* Werte von ka.

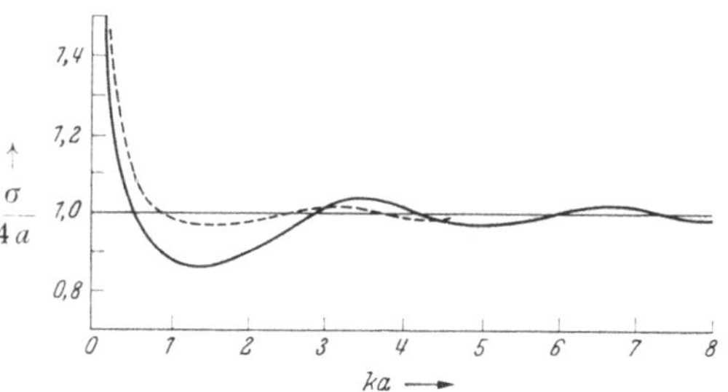

Fig. 9.3. Streuquerschnitt für senkrechten Einfall einer ebenen Welle auf einen unendlich langen leitenden ebenen Streifen der Breite $2a$ ($ka = 2\,\pi a/\lambda$). Die gestrichelte Kurve zeigt die von P. M. MORSE und P. J. RUBINSTEIN (Phys. Rev. **54**, 895 (1938)) berechneten Werte.

Immerhin stellt der Verlauf der Kurve in Fig. 9.3 das Verhalten von $\sigma_{||}$ selbst bei kleineren Werten von ka wenigstens qualitativ richtig dar, wie ein Vergleich mit Ergebnissen anderer Autoren zeigt***).

*) Über die Auswertung des Integrals vgl. die Behandlung ähnlicher Integrale bei C. H. PAPAS: J. Appl. Phys. **21**, 318 (1950).

**) Siehe z. B. G. N. WATSON: BESSEL functions, S. 752. Cambridge 1945.

***) Siehe dazu A. ERDÉLYI u. C. H. PAPAS: Proc. Nat. Acad. Sci. USA **40**, 128 (1954).

9.4. Streuung am unendlich langen Spalt.

Mit der Lösung des Streifenproblems sind wir gleichzeitig in der Lage, die Lösung für das komplementäre Problem des unendlich ausgedehnten Spaltes in einer metallischen Schirmebene anzugeben. Wir erinnern an die Betrachtungen in Abschnitt 1.5 über komplementäre Schirmsysteme. Das zu dem vorgangs behandelten Streifenproblem komplementäre Problem wird aus Fig. 9.4 deutlich. An Stelle der Polarisation der einfallenden Welle, wie sie in Fig. 9.1 skizziert ist, tritt die Polarisation nach Fig. 9.4. Das elektrische Feld ist hier senkrecht zum Spalt polarisiert.

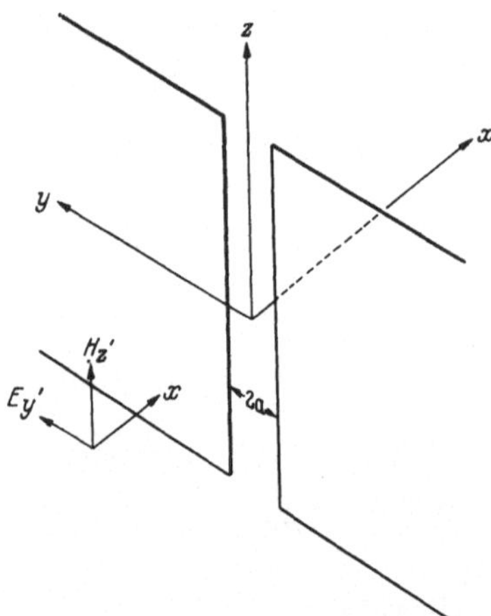

Fig. 9.4. Beugung einer ebenen Welle am unendlich langen Spalt bei senkrechtem Auffall.

Der Streuquerschnitt $\sigma_{||}$ im Streifenproblem war definitionsgemäß gegeben durch

$$\sigma_{||} = \frac{\mathrm{Re} \oint_A (\boldsymbol{E}^s \times \boldsymbol{H}^{s*})_n \, dA}{\mathrm{Re}\, (\boldsymbol{E}^i \times \boldsymbol{H}^{i*})_n}. \tag{9.25}$$

Gemäß den Beziehungen (1.19) erhalten wir aus den Feldern $\boldsymbol{E}^s$ und $\boldsymbol{H}^s$ des Streifenproblems die komplementären Felder $\boldsymbol{E}'^s$ und $\boldsymbol{H}'^s$ für das Spaltproblem zu

$$\boldsymbol{E}'^s = \mp \sqrt{\frac{\mu\mu_0}{\varepsilon\varepsilon_0}}\, \boldsymbol{H}'^s \quad \text{und} \quad \boldsymbol{H}'^s = \pm \sqrt{\frac{\varepsilon\varepsilon_0}{\mu\mu_0}}\, \boldsymbol{E}'^s. \tag{9.26}$$

Entsprechend transformiert sich auch die Polarisationsrichtung der äquivalenten ebenen einfallenden Welle beim Spaltproblem. Bei letzterem ist es meist üblich, den *Transmissions*faktor t anzugeben, der pro Längeneinheit des Spaltes das Verhältnis der durch den Spalt *hindurchtretenden* Strahlung zu der auf den Spalt auftreffenden Strahlung der ungestörten einfallenden Welle angibt.

Der Transmissionsfaktor, den wir mit Rücksicht auf die zum Spalt senkrechte Polarisation des einfallenden Feldes E_y^i durch $t_\perp$ kennzeichnen, ist somit definiert durch

$$t_\perp = \frac{\mathrm{Re} \oint_A (\boldsymbol{E}'^s \times \boldsymbol{H}'^{s*})_n \, dA}{2\, a \,\mathrm{Re}\, (\boldsymbol{E}'^i \times \boldsymbol{H}'^{i*})_n}. \tag{9.27}$$

Der Halbkreis am Integral symbolisiert den Umstand, daß nur über die rückwärtige Schirmhälfte integriert wird. Das Streufeld definieren wir gemäß den Betrachtungen in Abschnitt 1.5 so, daß wir in die einfallende ebene Welle eine an der leitenden Schirmebene reflektierte ebene Welle einbeziehen, womit E_y^i in der Schirmebene verschwindet. Zum Energiefluß durch den Spalt trägt daher nur das Streufeld im Spalt bei.

Zufolge den in Abschnitt 1.5 auseinandergesetzten Symmetrieverhältnissen am ebenen Schirm ist das Streufeld symmetrisch zur Schirmebene; unter Verwendung von Gl. (9.26) ergibt sich der Transmissionsfaktor $t_\perp$ für das Spaltproblem mit Einführung der auf das Streifenproblem bezogenen Felder $\boldsymbol{E}^s$, $\boldsymbol{H}^s$ zu

$$t_\perp = \frac{1/2 \operatorname{Re} \oint\limits_A (\boldsymbol{E}^s \times \boldsymbol{H}^{s*})_n \, dA}{2\,a \operatorname{Re} (\boldsymbol{E}^i \times \boldsymbol{H}^{i*})_n} \,. \tag{9.28}$$

Der Vergleich mit Gl. (9.25) zeigt den folgenden Zusammenhang zwischen $t_\perp$ für den Spalt und $\sigma_\parallel$ für den Streifen:

$$t_\perp = \frac{\sigma_\parallel}{4\,a} \,. \tag{9.29}$$

Die Darstellung in Fig. 9.3 für $\sigma_\parallel/4a$ liefert damit gleichzeitig den Transmissionskoeffizienten $t_\perp$ für das komplementäre Spaltproblem. Löst man das Streifenproblem für eine um 90° gedrehte Polarisationsrichtung, so erhält man in analoger Weise zugleich die Werte von $\sigma_\perp/4a$ und $t_\parallel$.

10. Die offen abstrahlende koaxiale Leitung mit Schirm.

10.1. Problemstellung und allgemeine Betrachtungen zur Lösung.

Wir betrachten eine verlustlose koaxiale Leitung, die in der Ebene $z = 0$ offen endet und sich in der negativen z-Richtung ins Unendliche erstreckt (Fig. 10.1). In der Ebene $z = 0$ setze sich der äußere Leiter in einen unendlich ausgedehnten ebenen metallischen Schirm fort. Die Leitung denken wir uns bei $z = -\infty$ (praktisch in einer Entfernung vom offenen Ende, die genügt, um die durch das Ende hervorgerufene Störung als abgeklungen betrachten zu können) mit einer Frequenz erregt, die unterhalb der Grenzfrequenz der höheren Schwingungstypen der koaxialen Leitung liegt. Dies bedeutet, daß wir als fortschreitende Welle nur den „LECHER-Typ" (TEM-Typ) anregen,

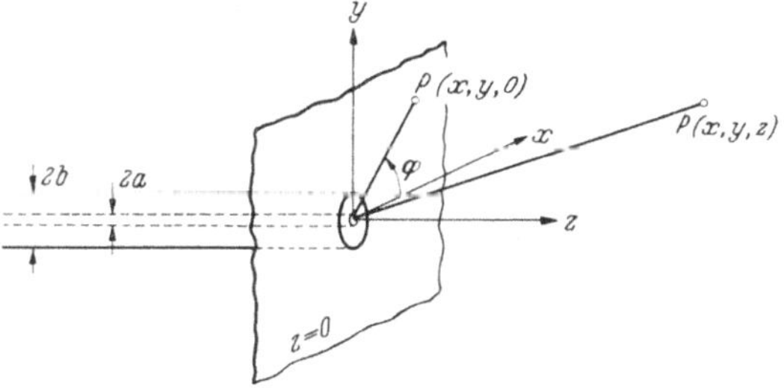

Fig. 10.1. Offene und am Ende eben abgeschirmte koaxiale Leitung.

d. h. eine nach dem offenen Leitungsende laufende Welle, deren elektrische und magnetische Feldkomponenten in einer Ebene senkrecht zur Leiterachse liegen und deren Größe gegeben sei durch

$$E_{0\varrho} = \sqrt{\frac{\mu\mu_0}{\varepsilon\varepsilon_0}}\,\frac{e^{ikz}}{\varrho}\,;\; H_{0\varphi} = \frac{e^{ikz}}{\varrho}\,. \tag{10.1}$$

Das magnetische Feld ist rein zirkular und sei in der durch Gl. (10.1) angegebenen Weise normiert. Das elektrische Feld ist rein radial*).

Der Betrag von $E_{0\varrho}/H_{0\varphi}$ ist gleich dem „*Feldwellenwiderstand*" $Z_0 = \sqrt{\mu\mu_0/\varepsilon\varepsilon_0} = 377\sqrt{\mu/\varepsilon}$ Ohm. ϱ und φ sind Polarkoordinaten in einer Querschnittsebene der Leitung.

Die durch Gl. (10.1) dargestellte Welle trifft auf das offene Leitungsende und erfährt dort eine teilweise Reflexion; der Rest wird in den Halbraum $z > 0$ abgestrahlt. In der Umgebung des Endes wird durch diesen Vorgang eine komplizierte Feldverteilung angeregt, die Phase und Betrag der nach $z = -\infty$ zurücklaufenden reflektierten Welle sowie die Abstrahlung in den Halbraum $z > 0$ bestimmt. Die „Störzone" dieser Feldverteilung klingt in der Leitung exponentiell nach $z = -\infty$ zu ab, so daß man in genügender Entfernung vom offenen Ende praktisch wieder eine Welle vom Charakter der Beziehung (10.1) hat, jedoch mit dem Faktor e^{-ikz} anstelle von e^{ikz}. Die rücklaufende Welle ist mit einem komplexen Reflexionsfaktor β multipliziert, der Größe und Phasenlage der reflektierten Welle im bezug auf die auftreffende Welle nach Gl. (10.1) charakterisiert. Wir stellen uns die Aufgabe, diesen komplexen Reflexionsfaktor β bzw. einen damit verknüpften Ausdruck zu bestimmen. Die Methode der stationären Darstellung erweist sich auch hier wieder als ein sehr brauchbares Werkzeug; sie liefert analytische Ausdrücke, die in guter Übereinstimmung mit experimentellen Ergebnissen stehen.

Wir wollen zunächst den Weg skizzieren, der uns zu einer stationären Darstellung für die Größe β führt.

Die von $z = -\infty$ her einfallende Welle mit den Komponenten $E_{0\varrho}$ und $H_{0\varphi}$ nach Gl. (10.1) ist rotationssymmetrisch, d. h. unabhängig von Azimut φ um die Zylinderachse. Zufolge der Symmetrie der ganzen Anordnung nach Fig. 10.1 in bezug auf φ bleibt diese Symmetrie auch für das durch das offene Leitungsende bedingte Störfeld im koaxialen Leiter und für das Strahlungsfeld im Außenraum erhalten. Wir können

*) Für den Schwingungstyp längs eines sich gerade erstreckenden Leitersystems, dessen Feldkomponenten ausschließlich in Ebenen senkrecht zu den Leiterachsen liegen, ist im deutschen Sprachgebrauch die Bezeichnung „Lecher-Typ", für das Leitersystem der Name „Lecher-Leitungen" gebräuchlich [E. Lecher: Ann. Physik. **41**, 850 (1890)]. Im Englischen wird dieser Schwingungstyp meist als TEM-Typ (transversal elektrisch-magnetischer Typ) bezeichnet.

daher $\partial/\partial\varphi = 0$ voraussetzen. Das *elektrische* Feld wird in der Umgebung des offenen Endes und im Strahlungsfeld nicht mehr rein radial verlaufen; es wird sich zu beiden Seiten der Öffnung ausbuchten und daher eine Komponente E_z enthalten.

Zufolge der Symmetrie in φ können wir annehmen, daß das *magnetische* Feld überall rein azimutal verbleibt, d. h. daß die einzige magnetische Feldkomponente durch H_φ gegeben ist. In der Tat wird sich zeigen, daß alle Grenzbedingungen durch die Annahme eines Feldtripels E_ϱ, E_z und H_φ befriedigt werden können, d. h. daß eine eindeutige Lösung aus dieser Annahme resultiert.

Da sich E_ϱ und E_z mit den MAXWELLschen Gleichungen durch reine Differentiation aus H_φ herleiten lassen, wählen wir H_φ als skalare Wellenfunktion:

$$H_\varphi(\varrho, z) = u(\varrho, z) \,. \tag{10.2}$$

Für das gesamte Feldgebiet ergibt sich eine natürliche Zweiteilung:

a) das Gebiet im Innern der koaxialen Leitung ($z \leqq 0$) und

b) das Gebiet des Strahlungsfeldes ($z \geqq 0$).

In beiden Gebieten werden sich verschiedene Darstellungen für die Felder ergeben. Der Wellenskalar u läßt sich überall durch eine passende GREENsche Funktion nach Gl. (2.16) beschreiben; dieselbe muß den Ausstrahlungsbedingungen im Unendlichen ($z = \pm\infty$) genügen und passende Randbedingungen auf den Leiteroberflächen erfüllen. Wir werden $u(\varrho, z)$ durch ein Integral über das elektrische Radialfeld $E_\varrho(\varrho, 0)$ in der Ebene des Leitungsendes darstellen. Für die beiden Gebiete $z \gtreqless 0$ wird die GREENsche Funktion verschieden aussehen; es wird unsere Aufgabe sein, sie für beide Bereiche zu konstruieren.

Wenn die Darstellungen von $u(\varrho, z)$ für $z \leqq 0$ und $z \geqq 0$ gefunden sind, machen wir davon Gebrauch, daß H_φ bzw. u in der Ebene $z = 0$ stetig vom Gebiet $z < 0$ in das Gebiet $z > 0$ übergehen muß, d. h. wir setzen die beiden Darstellungen von u in der Ebene $z = 0$ einander gleich und erhalten damit eine Integralgleichung für das radiale elektrische Feld $E_\varrho(\varrho, 0)$ in der Öffnung. Damit ist dann der erste Schritt zur stationären Darstellung des Reflexionskoeffizienten β geleistet.

10.2. Der Ersatzleitwert für die Unstetigkeit am offenen Ende.

Mit Hilfe der vorerwähnten Integralgleichung für $E_\varrho(\varrho, 0)$ gewinnt man in Anwendung der in den vorangehenden Abschnitten erläuterten Methode eine stationäre Darstellung zwar nicht direkt für β, wohl aber für die Größe $(1+\beta)/(1-\beta)$. Hieraus kann β selbst leicht bestimmt werden. Der genannte Ausdruck in β stellt jedoch eine physikalische Größe dar, die direkt gemessen werden kann, weshalb es zweckmäßig ist, diesen Ausdruck zu berechnen. Wir bezeichnen ihn mit $Y_0 = G_0 - iB_0$ und zeigen, daß er mit einem komplexen fiktiven Abschlußleitwert identisch ist, der, am Leitungsende $z = 0$ angebracht, gerade einen Reflexionskoeffizienten β ergäbe. Anstelle der Anordnung nach Fig. 10.1 kann man sich daher eine idealisierte Anordnung nach Fig. 10.2 denken, die ein Ersatzschema für die tatsächliche Anordnung darstellt.

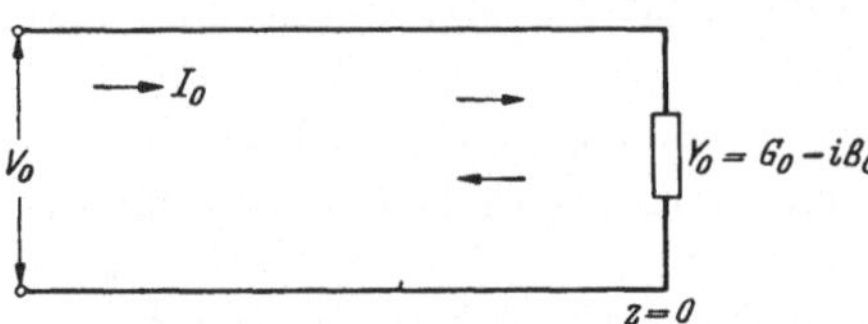

Fig. 10.2. Ersatzschema der Anordnung nach Fig. 10.1 mit komplexem Abschlußleitwert Y_0 in der Ebene $z = 0$. Die Pfeile deuten die einfallende und reflektierte Welle auf der Leitung an.

Strom und Spannung der aus $z = -\infty$ einfallenden LECHER-Welle folgen mit Gl. (10.1) und Beachtung des bekannten Umstandes, daß die rückläufigen Wellen für E_ϱ und H_φ einander entgegengesetzte Vorzeichen besitzen, zu

$$I_0(z) = \int_0^{2\pi} H_\varphi \, \varrho \, d\varphi = \int_0^{2\pi} (e^{ikz} + \beta e^{-ikz}) \, d\varphi \,, \tag{10.3}$$

$$V_0(z) = \int_a^b E_\varrho \, d\varrho = \sqrt{\frac{\mu\mu_0}{\varepsilon\varepsilon_0}} \, (e^{ikz} - \beta e^{-ikz}) \int_a^b \frac{d\varrho}{\varrho} \,. \tag{10.4}$$

In der Ebene $z = 0$ ergibt sich damit ein Abschluß-Leitwert für die LECHER-Welle

$$Y_0 = G_0 - iB_0 = \frac{I_0(0)}{V_0(0)} = \frac{2\pi}{\log b/a} \sqrt{\frac{\varepsilon\varepsilon_0}{\mu\mu_0}} \, \frac{1+\beta}{1-\beta}$$

und daraus

$$\frac{1+\beta}{1-\beta} = \frac{1}{2\pi} \sqrt{\frac{\mu\mu_0}{\varepsilon\varepsilon_0}} \left(\log \frac{b}{a}\right) Y_0 = Z_L \, Y_0 \tag{10.5}$$

mit dem *Wellenwiderstand* der koaxialen Leitung

$$Z_L = \frac{1}{2\pi} \sqrt{\frac{\mu\mu_0}{\varepsilon\varepsilon_0}} \log \frac{b}{a} = 60 \sqrt{\frac{\mu}{\varepsilon}} \log \frac{b}{a} \, (\text{Ohm}) \,. \tag{10.6}$$

Aus dem Leitwert Y_0 kann mit Gl. (10.5) der äquivalente Reflexionskoeffizient β der LECHER-Welle am offenen Leitungsende sofort gewonnen werden. In großer Entfernung vom Leitungsende ist praktisch nur noch die LECHER-Welle vorhanden; ihre relative Amplitude und damit der Reflexionskoeffizient β kann nach den üblichen Methoden, z. B. durch Abtasten des Feldverlaufes, experimentell bestimmt werden.

10.3. Eine Integraldarstellung für das magnetische Feld in der Leitung.

Nach dieser Übersicht über den einzuschlagenden Weg beginnen wir mit der Darstellung des zirkularen magnetischen Feldes $H_\varphi(\varrho, z)$ im koaxialen Leiter. Die benötigte GREENsche Funktion könnten wir uns im Prinzip mit Hilfe der Eigenfunktionen der koaxialen Leitung aus der Entwicklung (2.31) verschaffen. Wir schlagen jedoch einen anderen Weg ein, der uns dieselbe auf bedeutend einfachere Weise liefert. Im nachfolgenden Kapitel werden wir Gelegenheit nehmen, die GREENsche Funktion im koaxialen Leiter explizit aus der Differentialgleichung für G zu konstruieren.

Die Wellengleichung (1.18) für unsere skalare Funktion $u = H_\varphi(\varrho, z)$ lautet in Polarkoordinaten

$$\left(\frac{\partial^2}{\partial\varrho^2} + \frac{1}{\varrho}\frac{\partial}{\partial\varrho} + \frac{\partial^2}{\partial z^2} - \frac{1}{\varrho^2} + k^2\right) H_\varphi(\varrho, z) = 0\,. \tag{10.7}$$

Die elektrischen Feldkomponenten E_ϱ und E_z folgen mit den MAXWELLschen Gleichungen (1.1) und (1.2) zu

$$i\omega\varepsilon\varepsilon_0\, E_\varrho(\varrho, z) = \frac{\partial}{\partial z} H_\varphi(\varrho, z) \tag{10.8}$$

$$-i\omega\varepsilon\varepsilon_0\, E_z(\varrho, z) = \left(\frac{\partial}{\partial\varrho} + \frac{1}{\varrho}\right) H_\varphi(\varrho, z)\,. \tag{10.9}$$

Die Randbedingungen $E_z = 0$ auf den Leiteroberflächen $\varrho = a, b$ liefern

$$\left(\frac{\partial}{\partial\varrho} + \frac{1}{\varrho}\right) H_\varphi(\varrho, z) = 0 \qquad \text{für } \varrho = a, b \tag{10.10}$$

im Bereich $a \leqq \varrho \leqq b$ und $z \leqq 0$ für H_φ.

Die Differentialgleichung (10.7) für H_φ erlaubt den folgenden Lösungsansatz für $H_\varphi^{(-)}$, wobei wir mit dem Index $(-)$ auf die Lösung innerhalb der koaxialen Leitung, d. h. im Bereich $z < 0$ hinweisen:

$$H_\varphi^{(-)}(\varrho, z) = \frac{1}{\varrho}\left(e^{ikz} + \beta\, e^{-ikz}\right) + \sum_{n=1}^{\infty} A_n\, R_n(\varrho)\, e^{\sqrt{\lambda_n^2 - k^2}\, z}\,. \tag{10.11}$$

Die beiden ersten Terme stellen im Einklang mit Gl. (10.1) die einfallende und reflektierte Welle des LECHER-Types (TEM-Typs) dar. Die radialen Eigenfunktionen $R_n(\varrho)$ und deren Eigenwerte λ_n sind wie man durch Einsetzen des Ansatzes (10.11) in die Differentialgleichung (10.7) feststellt, definiert durch

$$\left(\frac{\partial^2}{\partial\varrho^2} + \frac{1}{\varrho}\frac{\partial}{\partial\varrho} - \frac{1}{\varrho^2} + \lambda_n^2\right) R_n(\varrho) = 0\,. \tag{10.12}$$

Die Lösungen für $R_n(\varrho)$ sind bekanntlich Zylinderfunktionen erster und zweiter Art, und zwar geeigneterweise die BESSEL-Funktionen $J_1(\lambda_n\varrho)$ und NEUMANN-Funktionen $N_1(\lambda_n\varrho)$. Die Randbedingung (10.10) liefert die Eigenwerte λ_n aus der Bedingung

$$\left(\frac{\partial}{\partial\varrho} + \frac{1}{\varrho}\right) R_n(\varrho) = 0 \qquad \text{für } \varrho = a, b\,, \tag{10.13}$$

welche zur transzendenten Gleichung

$$J_0(\lambda_n a)\, N_0(\lambda_n b) = N_0(\lambda_n a)\, J_0(\lambda_n b) \tag{10.14}$$

führt, aus der sich die λ_n bestimmen*).

Für die Eigenwerte λ_n gilt $\lambda_{n+1} > \lambda_n$; $k = \omega\sqrt{\varepsilon\varepsilon_0\mu\mu_0}$ ist so zu wählen, daß $k < \lambda_1$. Damit ist $\sqrt{\lambda_n^2 - k^2}$ reell und positiv für alle λ_n und alle Eigenfunktionen unter dem Summenzeichen in Gl. (10.11) sind exponentiell gedämpft mit wachsendem *negativen* z. Für $z \to -\infty$ bleibt dann in Gl. (10.11) nur der LECHER-Typ mit einfallender und reflektierter Welle übrig.

Die Zylinderfunktionen $R_n(\varrho)$ nehmen wir als normiert an. Es gilt dann

$$\int_a^b R_n(\varrho)\, R_m(\varrho)\, \varrho\, d\varrho = \delta_{nm} \tag{10.15}$$

und außerdem, da die $R_n(\varrho)$ unter der Randbedingung (10.13) auch zu $1/\varrho$ orthogonal sind,

$$\int_a^b R_n(\varrho)\, d\varrho = 0\,. \qquad (n = 1, 2, 3, \ldots) \tag{10.16}$$

Mit Hilfe von Gl. (10.8) und Gl. (10.11) gewinnen wir das radiale elektrische Feld für $a \leqq \varrho \leqq b$ und $z \leqq 0$ zu

$$\begin{aligned} i\omega\varepsilon\varepsilon_0\, E_\varrho^{(-)}(\varrho, z) &= \frac{\partial}{\partial z} H_\varphi^{(-)}(\varrho, z) = \frac{ik}{\varrho}\left[e^{ikz} - \beta\, e^{-ikz}\right] \\ &+ \sum_{n=1}^{\infty} A_n\, R_n(\varrho) \sqrt{\lambda_n^2 - k^2}\; e^{\sqrt{\lambda_n^2 - k^2}\, z}\,. \end{aligned} \tag{10.17}$$

Die Konstanten A_n lassen sich mit Hilfe des elektrischen Feldes $E_\varrho(0, \varrho)$ in der Öffnung am Leitungsende ($z = 0$) ausdrücken. Wir multiplizieren zu diesem Zweck Gl. (10.17) mit $\varrho \cdot R_m(\varrho)$, integrieren über ϱ von $\varrho = a$ bis $\varrho = b$ und setzen $z = 0$. Zufolge der Orthogonalitätsrelationen (10.15) und (10.16) erhalten wir

$$A_n = \frac{i\omega\varepsilon\varepsilon_0}{\sqrt{\lambda_n^2 - k^2}} \int_a^b E_\varrho(\varrho, 0)\, R_n(\varrho)\, \varrho\, d\varrho\,. \tag{10.18}$$

Zur Abkürzung führen wir die Bezeichnung

$$\mathsf{E}(\varrho) = E_\varrho(\varrho, 0) \tag{10.19}$$

*) Vgl. z. B. F. BORGNIS: Z. Hochfrequenztechnik u. Elektroakustik **56**, 47 (1940). — MARCUVITZ, N.: Waveguide Handbook. Radiation Laboratories Series, Vol. **10**, S. 72ff. New York, Toronto u. London 1951.

für das radiale Feld in der Öffnung am Leitungsende ein und erhalten mit Gl. (10.11), (10.18) und (10.19) die folgende Darstellung für $H_\varphi^{(-)}(\varrho, z)$:

$$H_\varphi^{(-)}(\varrho, z) = \frac{1}{\varrho}\left(e^{ikz} + \beta\, e^{-ikz}\right) + i\omega\varepsilon\varepsilon_0 \int_a^b \mathsf{E}(\varrho')\,\varrho'\,d\varrho' \cdot \sum_{n=1}^{\infty} \frac{R_n(\varrho)\,R_n(\varrho')}{\sqrt{\lambda_n^2 - k^2}}\, e^{\sqrt{\lambda_n^2-k^2}\,z}. \quad (z \leq 0) \tag{10.20}$$

Damit haben wir $H_\varphi^{(-)}(\varrho, z)$ für alle Punkte in der Leitung durch eine Integraldarstellung über $\mathsf{E}(\varrho)$, das radiale elektrische Feld in der Öffnung, dargestellt. Daß eine solche Darstellung im Prinzip möglich sein muß, ergibt sich aus dem Umstand, daß das elektromagnetische Feld innerhalb der koaxialen Leitung durch das tangentiale elektrische Feld längs der Berandung eindeutig bestimmt ist. Der erste Term in Gl. (10.20) rührt von der tangentialen Feldstärke E_ϱ über dem Querschnitt bei $z = -\infty$, der Integralterm von der Verteilung von E_ϱ über dem Querschnitt bei $z = 0$ her; die Oberflächen der als unendlich gut leitend vorausgesetzten Leitung, die den Rest der Berandung bilden, liefern keinen Beitrag, da das tangentiale elektrische Feld dort verschwindet.

Der Summenfaktor stellt die GREENsche Funktion $G(\varrho, z;\, \varrho', 0)$ des koaxialen Leiters für den mit z exponentiell abklingenden Feldanteil in der Ebene $z' = 0$ dar*). Die hier gewählte Herleitung liefert die GREENsche Funktion auf elegantere Weise als etwa die Herleitung aus der Differentialgleichung für G, für die wir im Kapitel 2 bereits ein Beispiel gaben oder als die Herleitung aus der Darstellung durch Eigenfunktionen nach Gl. (2.31) bei der der Grenzübergang zum unendlich ausgedehnten Bereich in der z-Richtung durchgeführt werden muß. Wie bereits bemerkt, werden wir im folgenden Kapitel die GREENsche Funktion für den koaxialen Leiter direkt konstruieren, was einen aufschlußreichen Vergleich mit der hier gewählten Methode ermöglicht.

10.4. Konstruktion der GREENschen Funktion im Strahlungshalbraum.

Als nächstes müssen wir eine passende GREENsche Funktion $G^{(+)}$ im Außenraum $z \geq 0$ konstruieren, welche eine Darstellung von $H_\varphi^{(+)}$ in diesem Halbraum ermöglicht. $G^{(+)}$ möge der folgenden Differentialgleichung genügen**):

$$\left(\frac{\partial^2}{\partial\varrho^2} + \frac{1}{\varrho}\frac{\partial}{\partial\varrho} + \frac{\partial^2}{\partial z^2} - \frac{1}{\varrho^2} + k^2\right) G^{(+)}(\varrho, z; \varrho', z') = -\,\delta(z - z')\,\frac{\delta(\varrho - \varrho')}{\varrho}. \tag{10.21}$$

*) Vgl. Gl. (11.17).

**) Der Grund hierfür zeigt sich im folgenden Abschnitt 10.5.

Wir wählen fernerhin für G die homogene Randbedingung in der Ebene $z = 0$

$$\left[\frac{\partial G^{(+)}(\varrho, z; \varrho', z')}{\partial z}\right]_{z=0} = 0\,, \tag{10.22}$$

die wir dadurch befriedigen, daß wir G zu einer *geraden* Funktion in z im bezug auf die Ebene $z = 0$ machen. Zu diesem Zweck machen wir den Ansatz

$$G^{(+)}(\varrho, z; \varrho', z') = G(\varrho, \varrho', z - z') + G(\varrho, \varrho', z + z')\,. \quad (z \geqq 0) \tag{10.23}$$

$G(\varrho, \varrho', z \mp z')$ genüge im Unendlichen der Ausstrahlungsbedingung und zudem für $-\infty \leqq z \leqq +\infty$ der Differentialgleichung

$$\left(\frac{\partial^2}{\partial \varrho^2} + \frac{1}{\varrho}\frac{\partial}{\partial \varrho} + \frac{\partial^2}{\partial z^2} - \frac{1}{\varrho^2} + k^2\right) G(\varrho, \varrho', z \mp z') = -\delta(z \mp z')\,\frac{\delta(\varrho - \varrho')}{\varrho}\,. \tag{10.24}$$

Die beiden Vorzeichen von z' entsprechen je einer Quelle bei $z = +z'$, $\varrho = \varrho'$ und $z = -z'$, $\varrho = \varrho'$; die beiden Anteile G in Gl. (10.23) gehören also zu spiegelbildlich zur Ebene $z = 0$ gelegenen Quellpunkten. Die Funktion $G^{(+)}$ in Gl. (10.23) ist damit in der Tat eine gerade Funktion in z' bezüglich $z' = 0$: Eine Vertauschung von z' mit $-z'$ ändert, wie man sieht, $G^{(+)}$ nicht. Nachdem auf Grund analoger Betrachtungen wie in Abschnitt 2.3 eine GREENsche Funktion, die der Ausstrahlungsbedingung genügt, symmetrisch in $\boldsymbol{r}$ und $\boldsymbol{r}'$ ist, folgt, daß $G^{(+)}$ auch symmetrisch in z im Bezug auf die Ebene $z = 0$ sein muß. $G^{(+)}$ ist daher eine gerade Funktion in z und z' und genügt damit der Randbedingung (10.22).

Um die Funktionen $G(\varrho, \varrho', z \mp z')$ in Gl. (10.24) zu gewinnen, versuchen wir, G als Produkt zweier Funktionen darzustellen, deren eine nur von z und deren andere nur von ϱ abhängt. Da wir es mit einem nach $z = \infty$ auslaufenden Strahlungsfeld im Halbraum $z \geqq 0$ zu tun haben, werden wir für die z-Abhängigkeit einen Ansatz mit Exponentialfunktionen der Form $e^{i\xi(z \mp z')}$ machen; im Gegensatz zu einem im Endlichen begrenzten Gebiet – wie z. B. im Innern der koaxialen Leitung –, wo nur diskrete Eigenwerte ξ_i auftreten [vgl. Gl. (10.17)], werden wir für den ins Unendliche sich erstreckenden Halbraum ein kontinuierliches Spektrum in ξ erwarten. Wir machen für $G(\varrho, \varrho', z - z')$ daher den folgenden Ansatz:

$$G(\varrho, \varrho', z - z') = \int_{-\infty}^{+\infty} e^{i\xi(z - z')}\, g(\varrho, \varrho', \xi)\, d\xi\,. \tag{10.25}$$

Das Integral erstreckt sich über die reelle ξ-Achse.

Mit Hilfe der FOURIER-Transformation folgt daraus umgekehrt

$$g(\varrho, \varrho', \xi) = \frac{1}{2\pi} \int_{-\infty}^{+\infty} e^{-i\xi(z-z')} G(\varrho, \varrho', z - z')\, dz. \tag{10.26}$$

Mit dem Ansatz (10.25) für G gehen wir in der Differentialgleichung (10.24) ein. Auf der linken Seite erhalten wir unmittelbar

$$\int_{-\infty}^{+\infty} e^{i\xi(z-z')} \left[\frac{\partial^2}{\partial\varrho^2} + \frac{1}{\varrho}\frac{\partial}{\partial\varrho} - \frac{1}{\varrho^2} - \xi^2 + k^2\right] g(\varrho, \varrho', \xi)\, d\xi\,.$$

Auf der rechten Seite ersetzen wir $\delta(z - z')$ durch $\frac{1}{2\pi}\int_{-\infty}^{+\infty} e^{i\xi(z-z')}\, d\xi$.

Letztere Beziehung ergibt sich aus einer formalen FOURIER-Darstellung der δ-Funktion:

$$\delta(z - z') = \int_{-\infty}^{+\infty} e^{i\xi z} \cdot A(\xi)\, d\xi\,,$$

mit

$$A(\xi) = \frac{1}{2\pi} \int_{-\infty}^{+\infty} \delta(z - z')\, e^{-i\xi z}\, dz\,.$$

Nach Gl. (2.2) folgt daraus $A(\xi) = \frac{1}{2\pi} e^{-i\xi z'}$ und damit die erwähnte Darstellung

$$\delta(z - z') = \frac{1}{2\pi} \int_{-\infty}^{+\infty} e^{i\xi(z-z')}\, d\xi\,. \tag{10.27}$$

Gl. (10.24) nimmt hiermit folgende Gestalt an:

$$\int_{-\infty}^{+\infty} e^{i\xi(z-z')} \left\{\left[\frac{\partial^2}{\partial\varrho^2} + \frac{1}{\varrho}\frac{\partial}{\partial\varrho} - \frac{1}{\varrho^2} - \xi^2 + k^2\right] g(\varrho, \varrho', \xi) + \frac{1}{2\pi\varrho}\delta(\varrho - \varrho')\right\} d\xi = 0.$$

Diese Beziehung befriedigen wir dadurch, daß wir den Ausdruck in der geschweiften Klammer gleich Null setzen, womit wir eine Differentialgleichung für die unbekannte Funktion $g(\varrho, \varrho', \xi)$ in dem Ansatz (10.25) gewinnen:

$$\left[\frac{\partial^2}{\partial\varrho^2} + \frac{1}{\varrho}\frac{\partial}{\partial\varrho} - \frac{1}{\varrho^2} + k^2 - \xi^2\right] g(\varrho, \varrho', \xi) = -\frac{1}{2\pi\varrho}\delta(\varrho - \varrho')\,. \tag{10.28}$$

Die linke Seite der Differentialgleichung (10.28) entspricht einer BESSELschen Differentialgleichung mit der Lösung $Z_1\left(\sqrt{k^2 - \xi^2}\,\varrho\right)$, wobei Z_1 eine Zylinderfunktion mit dem Parameter 1 bedeutet. Es sei z. B. $\varrho > \varrho'$. Um für $\varrho \to \infty$ eine auslaufende Zylinderwelle zu erhalten, wählen wir Z_1 zu $H_1^{(1)}\left(\sqrt{k^2-\xi^2}\,\varrho\right)$. Da $g(\varrho, \varrho', \xi)$ in gleicher Weise auch von ϱ' abhängig sein muß, für $\varrho' \to 0$ jedoch endlich bleiben soll, wählen wir die Zylinderfunktion für ϱ' zu $J_1\left(\sqrt{k^2-\xi^2}\,\varrho'\right)$. Für g machen wir daher im Fall $\varrho > \varrho'$ den Ansatz

$$g(\varrho, \varrho', \xi) = A\,H_1^{(1)}\left(\sqrt{k^2-\xi^2}\,\varrho\right) J_1\left(\sqrt{k^2-\xi^2}\,\varrho'\right). \quad [\varrho > \varrho'] \tag{10.29}$$

Umgekehrt, wenn $\varrho < \varrho'$, sei

$$g(\varrho, \varrho', \xi) = A\,H_1^{(1)}\left(\sqrt{k^2-\xi^2}\,\varrho'\right) J_1\left(\sqrt{k^2-\xi^2}\,\varrho\right). \quad [\varrho < \varrho'] \tag{10.30}$$

Beide Gleichungen lassen sich symbolisch in der Schreibweise

$$g(\varrho, \varrho', \xi) = A\,H_1^{(1)}\left(\sqrt{k^2-\xi^2}\,\varrho_>\right) J_1\left(\sqrt{k^2-\xi^2}\,\varrho_<\right) \tag{10.31}$$

zusammenfassen*). Die Konstante A bestimmt man durch Einsetzen des Ansatzes (10.31) in die Differentialgleichung (10.28) und Integration über ϱ von $\varrho' - \varepsilon$ bis $\varrho' + \varepsilon$ mit $\varepsilon \to 0$. Man erhält auf diese Weise die folgende Lösung für $g(\varrho, \varrho', \xi)$:

$$g(\varrho, \varrho', \xi) = \frac{i}{4} H_1^{(1)}\left(\sqrt{k^2-\xi^2}\,\varrho_>\right) J_1\left(\sqrt{k^2-\xi^2}\,\varrho_<\right). \tag{10.32}$$

Für $|\xi| < k$ ist die Wurzel im Argument reell, für $|\xi| > k$ rein imaginär. Um für $\varrho \to \infty$ auslaufende Wellen zu erhalten, wählen wir beidemal das positive Vorzeichen für die Wurzel.

Die Lösung (10.32) für g liefert uns mit der Darstellung (10.25) unmittelbar die Lösung für $G(\varrho, \varrho', z-z')$:

$$G(\varrho, \varrho', z-z') = \frac{i}{4} \int\limits_{-\infty}^{+\infty} e^{i\xi(z-z')} H_1^{(1)}\left(\sqrt{k^2-\xi^2}\,\varrho_>\right) J_1\left(\sqrt{k^2-\xi^2}\,\varrho_<\right) d\xi. \tag{10.33}$$

Die Integration über ξ erstreckt sich längs der reellen ξ-Achse. Singuläre Punkte sind zufolge des Verhaltens von $H_1^{(1)}$ im Nullpunkt die Stellen $\xi = \pm k$. Es sei $\xi = \xi_1 + i\xi_2$. Um für $\varrho \to \infty$ Konvergenz zu erhalten, hat man, wie man sich leicht überlegt, in der Umgebung von $\xi = +k$ einen negativen, in der Umgebung von $\xi = -k$ einen positiven Imaginärteil ξ_2 von ξ zu wählen. Der Integrationsweg ist daher, wie in Fig. 10.3 gezeigt, zu führen.

Fig. 10.3. Integrationsweg für das Integral in Gl. (10.33) in der komplexen ξ-Ebene.

Das Integral in der Darstellung (10.33) für $G(\varrho, \varrho', z-z')$ in der komplexen ξ-Ebene läßt sich in ein Integral über die reelle Veränderliche φ in Zylinderkoordinaten ϱ, φ, z bzw. ϱ', φ', z' umformen. Wir

*) Vgl. den Ausdruck (3.21) und die zugehörige Fußnote auf S. 33.

verweisen dazu auf die Originalarbeit*) und begnügen uns, das Ergebnis anzugeben:

Aus Gl. (10.33) folgt

$$G(\varrho, \varrho', z - z') = \frac{1}{4\pi} \int\limits_0^{2\pi} d\varphi \cos\varphi \frac{e^{ik\sqrt{\varrho^2 + \varrho'^2 - 2\varrho\varrho'\cos\varphi + (z-z')^2}}}{\sqrt{\varrho^2 + \varrho'^2 - 2\varrho\varrho'\cos\varphi + (z-z')^2}}. \quad (10.34)$$

In gleicher Weise erhält man

$$G(\varrho, \varrho', z + z') = \frac{1}{4\pi} \int\limits_0^{2\pi} d\varphi \cos\varphi \frac{e^{ik\sqrt{\varrho^2 + \varrho'^2 - 2\varrho\varrho'\cos\varphi + (z+z')^2}}}{\sqrt{\varrho^2 + \varrho'^2 - 2\varrho\varrho'\cos\varphi + (z+z')^2}}. \quad (10.35)$$

Damit gelangen wir schließlich zur Darstellung der GREENschen Funktion $G^{(+)}$ nach Gl. (10.23) im positiven z-Halbraum; sie lautet

$$G^{(+)}(\varrho, z; \varrho', z') = \frac{1}{4\pi} \int\limits_0^{2\pi} d\varphi \cos\varphi \left[\frac{e^{ik\sqrt{\varrho^2 + \varrho'^2 - 2\varrho\varrho'\cos\varphi + (z-z')^2}}}{\sqrt{\varrho^2 + \varrho'^2 - 2\varrho\varrho'\cos\varphi + (z-z')^2}} + \right.$$
$$\left. + \frac{e^{ik\sqrt{\varrho^2 + \varrho'^2 - 2\varrho\varrho'\cos\varphi + (z+z')^2}}}{\sqrt{\varrho^2 + \varrho'^2 - 2\varrho\varrho'\cos\varphi + (z+z')^2}} \right]. \quad (10.36)$$

Man erkennt, daß $G^{(+)}$ eine gerade Funktion in z und z' ist und damit der Bedingung (10.22) genügt.

10.5. Eine Integraldarstellung für das magnetische Feld im Strahlungshalbraum.

Nunmehr sind wir in der Lage, das magnetische Feld $H_\varphi^{(+)}$, das wir nach Gl. (10.2) als Skalar u der Wellengleichung einführten, mit Hilfe der in Gl. (10.36) aufgestellten GREENschen Funktion $G^{(+)}$ im

---

*) LEVINE, H., u. C. H. PAPAS: J. Appl. Phys. **22**, 29 (1951), Appendix A, Gl. (6). Zur Umformung wird die allgemeine Form der GREENschen Funktion nach Gl. (10.33) unter Einschluß der φ-Abhängigkeit herangezogen; diese lautet bei gleichem Integrationsweg wie in Fig. (10.3)

$$G(\varrho, \varrho'; \varphi - \varphi'; z - z')$$
$$= \frac{i}{8\pi} \int\limits_{-\infty}^{\infty} e^{i\xi(z-z')} d\xi \sum_{m=-\infty}^{\infty} e^{im(\varphi-\varphi')} H_m^{(1)}(\sqrt{k^2 - \xi^2}\varrho_>) J_m(\sqrt{k^2 - \xi^2}\varrho_<).$$

Diese Darstellung ist äquivalent zum Ausdruck (2.20) für G, wenn dort $|\boldsymbol{r} - \boldsymbol{r}'| = \sqrt{\varrho^2 + \varrho'^2 - 2\varrho\varrho'\cos(\varphi - \varphi') + (z-z')^2}$ gesetzt wird. Setzt man beide Darstellungen einander gleich und $\varphi' = 0$, so folgt nach beidseitiger Multiplikation mit $\cos\varphi$ und Integration über φ zwischen den Grenzen 0 und 2π das gewünschte Ergebnis.

positiven z-Halbraum auszudrücken. Auch hier gelangen wir wiederum zu einer Darstellung des Feldes im Halbraum $z \geqq 0$ durch die tangentiale Komponente des elektrischen Feldes auf dem Rand des Gebietes; nachdem letztere über der leitenden Schirmebene sowie der unendlich fernen, von der ausgehenden Strahlung durchsetzten Fläche verschwindet, verbleibt eine Integraldarstellung für H_φ über E_ϱ, die sich nurmehr über das offene Leitungsende in der Ebene $z = 0$ erstreckt. Wir verwenden den GREENschen Satz nach Gl. (2.10) und addieren und subtrahieren auf der linken Seite derselben Gleichung den Term $(-(1/\varrho)^2 + k^2)uv$; weiterhin identifizieren wir u mit $H_\varphi^{(+)}$ und v mit $G^{(+)}$, wobei wir noch von der Beziehung $\partial G^{(+)}/\partial z = -\partial G^{(+)}/\partial n = 0$ für $z = 0$ gemäß Gl. (10.22) Gebrauch machen. Man erhält mit Vertauschung der gestrichenen und ungestrichenen Größen, die zufolge der Symmetrie von $G^{(+)}$ in diesen Größen erlaubt ist*),

$$\int\limits_V \left\{H_\varphi^{(+)}(\varrho' z') \cdot \left[\nabla'^2 - \frac{1}{\varrho'^2} + k^2\right] G^{(+)}(\varrho, z; \varrho', z') - G^{(+)}(\varrho, z; \varrho', z') \times \right.$$
$$\left. \times \left[\nabla'^2 - \frac{1}{\varrho'^2} + k^2\right] H_\varphi^{(+)}(\varrho', z')\right\} dV' \tag{10.37}$$
$$= -\oint\limits_{A_0 + A_\infty} \left\{H_\varphi^{(+)}(\varrho', z') \frac{\partial}{\partial z'} G^{(+)}(\varrho, z; \varrho', z') - \right.$$
$$\left. - G^{(+)}(\varrho, z; \varrho', z') \frac{\partial}{\partial z'} H_\varphi^{(+)}(\varrho', z')\right\} dA'.$$

Die linke Seite reduziert sich zufolge des Bestehens der Differentialgleichung (10.7) für $H_\varphi^{(+)}$ und der Differentialgleichung (10.21) für $G^{(+)}$ auf

$$-\int\limits_0^\infty \int\limits_0^\infty H_\varphi^{(+)}(\varrho', z')\, \delta(z' - z) \frac{\delta(\varrho' - \varrho)}{\varrho'} \cdot 2\pi\, \varrho'\, d\varrho'\, dz' = -2\pi\, H_\varphi^{(+)}(\varrho, z)\,.$$

Das Oberflächenintegral auf der rechten Seite im Unendlichen, das durch A_∞ angedeutet ist, verschwindet, weil $H_\varphi^{(+)}$ und $G^{(+)}$ dort in gleicher Weise der Ausstrahlungsbedingung genügen. Es bleibt das Oberflächenintegral A_0 über die Ebene $z' = 0$. Da hier $\partial G^{(+)}/\partial z'$ nach Gl. (10.22) verschwindet, reduziert sich die rechte Seite auf

$$\int\limits_0^\infty G^{(+)}(\varrho, z; \varrho', 0) \left[\frac{\partial}{\partial z'} H_\varphi^{(+)}(\varrho', z')\right]_{z'=0} 2\pi\, \varrho'\, d\varrho'$$

und mit Gl. (10.8) und $E_\varrho(\varrho', 0) \neq 0$ nur für $b > \varrho > a$ auf

$$\int\limits_a^b G^{(+)}(\varrho, z, \varrho', 0) \cdot i\omega\varepsilon\varepsilon_0\, E_\varrho(\varrho', 0) \cdot 2\pi\, \varrho'\, d\varrho'\,.$$

*) Durch die Bezeichnung ∇'^2 wird angedeutet, daß der Operator ∇'^2 auf die *gestrichenen* Variablen ϱ', z' und nicht auf die Variablen ϱ und z einwirkt.

Damit folgt schließlich mit Gl. (10.36) und $z' = 0$ *)

$$H_\varphi^{(+)}(\varrho, z) = \tag{10.38}$$

$$= -\frac{i\omega\varepsilon\varepsilon_0}{2\pi}\int\limits_a^b \mathsf{E}(\varrho')\,\varrho'\,d\varrho' \int\limits_0^{2\pi} d\varphi\,\cos\varphi\,\frac{e^{ik\sqrt{\varrho^2+\varrho'^2-2\varrho\varrho'\cos\varphi+z^2}}}{\sqrt{\varrho^2+\varrho'^2-2\varrho\varrho'\cos\varphi+z^2}}\,. \quad (z \geqq 0)$$

10.6. Eine Integralgleichung für das elektrische Radialfeld am offenen Ende.

Mit den Gl. (10.20) und (10.38) haben wir das magnetische Feld $H_\varphi^{(-)}(\varrho, z)$ im Gebiet $z \leqq 0$ der koaxialen Leitung und $H_\varphi^{(+)}(\varrho, z)$ im Strahlungshalbraum $z \geqq 0$ durch eine Integraldarstellung über das elektrische Feld $\mathsf{E}(\varrho)$ in der Grenzebene $z = 0$ ausgedrückt. In dieser Ebene $z = 0$ müssen die beiden Darstellungen für H_φ stetig ineinander übergehen; diese Bedingung liefert uns eine Integralgleichung für $\mathsf{E}(\varrho)$. Wir setzen also in den Gl. (10.20) und (10.38) $z = 0$ und erhalten durch Gleichsetzung von $H_\varphi^{(-)}$ und $H_\varphi^{(+)}$ die folgende strenge Integralgleichung:

$$\frac{1+\beta}{\varrho} + i\omega\varepsilon\varepsilon_0\int\limits_a^b \mathsf{E}(\varrho')\,\varrho'\,d\varrho' \cdot \sum_{n=1}^{\infty}\frac{R_n(\varrho)\,R_n(\varrho')}{\sqrt{\lambda_n^2-k^2}} \tag{10.39}$$

$$= -\frac{i\omega\varepsilon\varepsilon_0}{2\pi}\int\limits_a^b \mathsf{E}(\varrho')\,\varrho'\,d\varrho' \int\limits_0^{2\pi} d\varphi\,\cos\varphi\,\frac{e^{ik\sqrt{\varrho^2+\varrho'^2-2\varrho\varrho'\cos\varphi}}}{\sqrt{\varrho^2+\varrho'^2-2\varrho\varrho'\cos\varphi}}\,. \quad (a \leqq \varrho \leqq b)$$

10.7. Eine stationäre Darstellung für den äquivalenten Abschlußleitwert am offenen Ende.

Mittels dieser Integralgleichung sind wir nach der bereits geläufigen Methode, wie sie z. B. in den Gl. (4.24) bis (4.27) formuliert wurde, in der Lage, eine stationäre Darstellung für den gesuchten Reflexionskoeffizienten β bzw. für den Ausdruck (10.5) in β zu formulieren. Wir multiplizieren dazu den ersten Term in Gl. (10.39) mit $2\pi\,\varrho\,\mathsf{E}(\varrho)$ und integrieren über ϱ zwischen den Grenzen a und b; wir erhalten $2\pi(1+\beta)\int\limits_a^b \mathsf{E}(\varrho)\,d\varrho$. Aus Gl. (10.17) erhalten wir $\mathsf{E}(\varrho)$, indem wir dort

*) Das gleiche Resultat läßt sich auch ohne Zuhilfenahme der GREENschen Funktion aus der Darstellung von H_φ mit Hilfe des Vektorpotentials gewinnen. Siehe dazu E. O. HARTIG: An experimental and theoretical discussion of the circular diffraction antenna (July 5, 1950). Technical Report No. 109 Cruft Laboratory, Harvard University.

$z = 0$ setzen. Machen wir außerdem von Gl. (10.16) Gebrauch, so folgt

$$2\pi(1+\beta)\int\limits_a^b \mathsf{E}(\varrho)\,d\varrho = \frac{2\pi k}{\omega\varepsilon\varepsilon_0}(1+\beta)(1-\beta)\log\frac{b}{a}. \qquad (10.40)$$

Dieser Ausdruck entspricht der Größe X in Gl. (4.25), wenn wir $\mathsf{E}(\varrho)$ mit ψ und $(1+\beta)/\varrho$ mit u identifizieren. Eine zweite Darstellung von X nach Gl. (4.26) mit Hilfe der Integralgleichung (10.39) ergibt sich durch Multiplikation der letzteren mit $\varrho\,\mathsf{E}(\varrho)$ und Integration über ϱ zwischen den Grenzen a und b. Gemäß Gl. (4.27) erhalten wir sodann eine stationäre Darstellung für die Größe $1/X$ in folgender Form:

$$\frac{\omega\varepsilon\varepsilon_0}{2\pi k(1+\beta)(1-\beta)\log\frac{b}{a}} = \frac{-i\omega\varepsilon\varepsilon_0}{4\pi^2(1+\beta)^2\left[\int\limits_a^b \mathsf{E}(\varrho)\,d\varrho\right]^2} \times$$

$$\times\left\{2\pi\int\limits_a^b \mathsf{E}(\varrho)\,\varrho\,d\varrho\int\limits_a^b \mathsf{E}(\varrho')\,\varrho'\,d\varrho'\sum_{n=1}^{\infty}\frac{R_n(\varrho)\,R_n(\varrho')}{\sqrt{\lambda_n^2-k^2}} + \right. \qquad (10.41)$$

$$\left. + \int\limits_a^b \mathsf{E}(\varrho)\,\varrho\,d\varrho\int\limits_a^b \mathsf{E}(\varrho')\,\varrho'\,d\varrho'\int\limits_0^{2\pi} d\varphi\cos\varphi\,\frac{e^{ik\sqrt{\varrho^2+\varrho'^2-2\varrho\varrho'\cos\varphi}}}{\sqrt{\varrho^2+\varrho'^2-2\varrho\varrho'\cos\varphi}}\right\}.$$

Mit Einführung des auf die Ebene $z = 0$ bezogenen Leitwertes Y_0 der koaxialen Leitung nach Gl. (10.5) ergibt sich schließlich die folgende stationäre Darstellung für Y_0*):

$$Z_L Y_0 = \frac{-ik\log\frac{b}{a}}{\left[\int\limits_a^b \mathsf{E}(\varrho)\,d\varrho\right]^2}\left\{\sum_{n=1}^{\infty}\frac{1}{\sqrt{\lambda_n^2-k^2}}\left[\int\limits_a^b \mathsf{E}(\varrho)\,R_n(\varrho)\,\varrho\,d\varrho\right]^2 + \right. \qquad (10.42)$$

$$\left. + \frac{1}{2\pi}\int\limits_a^b \varrho\,d\varrho\int\limits_a^b \varrho'\,d\varrho'\int\limits_0^{2\pi} d\varphi\cos\varphi\,\mathsf{E}(\varrho)\,\mathsf{E}(\varrho')\,\frac{e^{ik\sqrt{\varrho^2+\varrho'^2-2\varrho\varrho'\cos\varphi}}}{\sqrt{\varrho^2+\varrho'^2-2\varrho\varrho'\cos\varphi}}\right\}.$$

Der Ausdruck (10.42) drückt den in der Ebene $z = 0$ erscheinenden Leitwert $Y_0 = G_0 - iB_0$ der koaxialen Leitung durch die Verteilung des radialen elektrischen Feldes $E_\varrho(\varrho, 0) = \mathsf{E}(\varrho)$ über das offene Leitungsende in der Abschlußebene aus. Y_0 ist homogen in $\mathsf{E}(\varrho)$ und stationär in bezug auf eine erste Variation von $\mathsf{E}(\varrho)$ in der Nachbarschaft des korrekten Wertes von $\mathsf{E}(\varrho)$, der durch die Integralgleichung (10.39) bestimmt ist.

*) Die Darstellung (10.42) kann auch direkt aus der Integralgleichung (10.39) gewonnen werden, indem man letztere mit $\mathsf{E}(\varrho)\,\varrho\,d\varrho$ multipliziert, sodann über ϱ zwischen den Grenzen a und b integriert und die so erhaltene Gleichung durch $\left[\int\limits_a^b \mathsf{E}(\varrho)\,d\varrho\right]^2$ dividiert.

Es sei bemerkt, daß sich auch eine stationäre Darstellung für Y_0 formulieren läßt, in welcher Y_0 durch die Verteilung des zirkularen *magnetischen* Feldes $H_\varphi(\varrho, 0)$ über die Abschlußebene $z = 0$ ausgedrückt ist. Der Vorgang ist analog dem obigen mit dem Unterschied, daß man nun das radiale *elektrische* Feld $E_\varrho^{(-)}(\varrho, z)$ und $E_\varrho^{(+)}(\varrho, z)$ zu beiden Seiten der Ebene $z = 0$ mittels geeigneter GREENscher Funktionen darstellt und die Stetigkeit von $E_\varrho(\varrho, z)$ in der Ebene $z = 0$ zur Gewinnung einer Integralgleichung für $H_\varphi(\varrho, 0)$ heranzieht. Die Konstruktion der GREENschen Funktionen für $z \leqq 0$ und $z \geqq 0$ vollzieht sich ebenfalls nach dem gleichen Schema wie oben. $G^{(+)}(\varrho, z; \varrho', z')$ genügt jedoch im Gegensatz zu Gl. (10.22) zweckmäßig der Randbedingung $G = 0$ für $z = 0$ und ist daher als eine *ungerade* Funktion in z bzw. z' anzusetzen: $G^{(+)}(\varrho, z; \varrho', z') = G(\varrho, \varrho', z - z') - G(\varrho, \varrho', z + z')$, wobei die Funktionen G mit den in Gl. (10.34)und (10.35) bestimmten Funktionen identisch sind*).

10.8. Berechnung des äquivalenten Abschlußleitwertes.

Wir gehen nunmehr dazu über, die Beziehung (10.42) zur Bestimmung von $Y_0(ka, kb)$ auszuwerten, indem wir eine geeignete Näherungsfunktion für $\mathsf{E}(\varrho)$ einsetzen. In allgemeinster Weise können wir $\mathsf{E}(\varrho)$ nach den radialen Eigenfunktionen $R_n(\varrho)$ der koaxialen Leitung entwickeln:

$$\mathsf{E}(\varrho) = \frac{a_0}{\varrho} + \sum_{n=1}^{\infty} a_n R_n(\varrho) . \tag{10.43}$$

Mit Einsetzen von Gl. (10.43) in Gl. (10.42) und Ausführung der Integrationen erhalten wir Y_0 als einen Summenausdruck über die a_n. Mit Rücksicht auf den stationären Charakter von Y_0 lassen sich die a_n aus $\partial Y_0/\partial a_n = 0$ gewinnen. Dies liefert ein System von unendlich vielen simultanen Gleichungen, aus denen sich die a_n und damit dann Y_0 selbst sukzessive bestimmen lassen. Die einfachste Annäherung besteht darin, nur das erste Glied der Entwicklung (10.43) zu verwenden, d. h. für $\mathsf{E}(\varrho)$ die „ungestörte“ Abhängigkeit a_0/ϱ in der koaxialen Leitung anzusetzen, wie sie fern vom offenen Leitungsende vorhanden ist. Wir werden von dieser Näherung Gebrauch machen, und es wird sich herausstellen, daß die so berechneten Werte von Y_0 in guter Übereinstimmung mit dem Experiment stehen. In der Tat beruht der Vorteil der Methode der stationären Darstellung ja gerade darauf, daß man schon mit sehr einfachen Näherungsfunktionen zu praktisch brauchbaren Ergebnissen gelangt.

Wir identifizieren also $\mathsf{E}(\varrho)$ mit der „Grundwelle“ der Entwicklung nach den radialen Eigenfunktionen der konzentrischen Leitung und

*) Siehe darüber H. LEVINE u. C. H. PAPAS: l. c. (s. Fußnote S. 77).

setzen für $\mathsf{E}(\varrho)$ in Gl. (10.42) den Ausdruck a_0/ϱ *). Zufolge der Orthogonalitätsbeziehung (10.16) verschwindet damit das Summenglied auf der rechten Seite von Gl. (10.42) und es verbleibt

$$Z_L Y_0 = -\frac{ik}{\log b/a}\cdot\frac{1}{2\pi}\int_a^b d\varrho\int_a^b d\varrho'\int_0^{2\pi} d\varphi\cos\varphi\,\frac{e^{ik\sqrt{\varrho^2+\varrho'^2-2\varrho\varrho'\cos\varphi}}}{\sqrt{\varrho^2+\varrho'^2-2\varrho\varrho'\cos\varphi}}. \tag{10.44}$$

Das Integral über φ läßt sich in eine zweckmäßige Form bringen. Es gilt **)

$$\frac{1}{2\pi}\int_0^{2\pi} d\varphi\cos\varphi\,\frac{e^{ik\sqrt{\varrho^2+\varrho'^2-2\varrho\varrho'\cos\varphi}}}{\sqrt{\varrho^2+\varrho'^2-2\varrho\varrho'\cos\varphi}} = \int_0^\infty \frac{\xi\,d\xi}{\sqrt{\xi^2-k^2}}\,J_1(\xi\varrho)\,J_1(\xi\varrho'). \tag{10.45}$$

Somit folgt für Gl. (10.44)

$$Z_L Y_0 = -\frac{ik}{\log b/a}\int_0^\infty \frac{\xi\,d\xi}{\sqrt{\xi^2-k^2}}\left[\int_a^b J_1(\xi\varrho)\,d\varrho\right]^2,$$

und mit Ausführung der Integration nach ϱ

$$Z_L Y_0 = -\frac{ik}{\log b/a}\int_0^\infty \frac{d\xi}{\xi\sqrt{\xi^2-k^2}}\,[J_0(\xi a)-J_0(\xi b)]^2. \tag{10.46}$$

Der Integrationsweg längs der positiven reellen ξ-Achse umgeht den singulären Punkt $\xi = k$ in der in Fig. 10.3 angegebenen Weise. Das Integral läßt sich noch weiter umformen und führt nach Zerlegung in seinen reellen und imaginären Teil zum Wirk- und Blindleitwert G_0 bzw. B_0 von $Y_0 = G_0 - iB_0$ ***). Man erhält

$$Z_L G_0 = \frac{1}{\log b/a}\int_0^{\pi/2}\frac{d\vartheta}{\sin\vartheta}\,[J_0(ka\sin\vartheta)-J_0(kb\sin\vartheta)]^2 \tag{10.47}$$

$$\begin{aligned} Z_L B_0 = \frac{1}{\pi\log b/a}\Big[&2\int_0^\pi \mathrm{Si}\,\{k\sqrt{a^2+b^2-2ab\cos\psi}\}\,d\psi \\ &-\int_0^\pi \mathrm{Si}\,(2ka\sin\psi/2)\,d\psi-\int_0^{2\pi}\mathrm{Si}\,(2kb\sin\psi/2)\,d\psi\Big], \end{aligned} \tag{10.48}$$

*) Physikalisch läuft der Ansatz $\mathsf{E}(\varrho) = a_0/\varrho$ darauf hinaus, daß man die Wechselwirkung der höheren Wellentypen in der koaxialen Leitung mit dem Strahlungsfeld im Halbraum $z > 0$ vernachlässigt. Die gute Übereinstimmung mit dem Experiment (Fig. 10.4) mag daher darauf zurückzuführen sein, daß bei den untersuchten Abmessungen diese Wechselwirkung relativ klein ist.

**) Levine, H., u. C. H. Papas: l. c., Appendix A, Gl. (15) (s. Fußnote S. 77).

***) Levine, H., u. C. H. Papas: l. c., Abschnitt VI und Appendix C.

wobei Si für den Integral-Sinus steht und Z_L durch Gl. (10.6) gegeben ist. In Fig. 10.4 sind die Ergebnisse der numerischen Auswertung von $Z_L G_0$ bzw. $Z_L B_0$ als Funktion von ka mit dem Parameter $\tau = b/a$ aufgetragen*). Die eingetragenen Punkte wurden von E. O. HARTIG

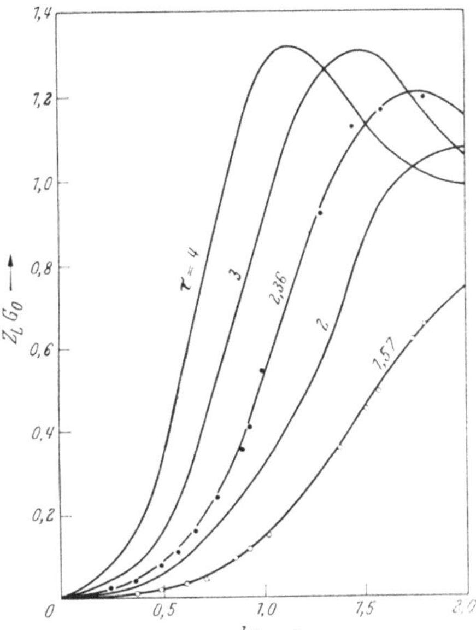

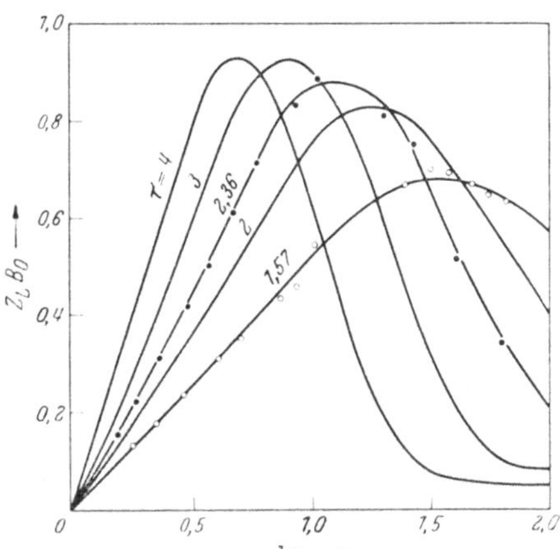

Fig. 10.4. Wirk- und Blindleitwert G_0 und B_0 am offenen Ende der strahlenden konzentrischen LECHER-Leitung als Funktion von $ka = 2\pi a/\lambda$ mit $\tau = b/a$ als Parameter. Z_L bedeutet den Wellenwiderstand der koaxialen Leitung. Die eingetragenen Punkte sind gemessen. (E. O. HARTIG, s. Fußnote S. 79.)

gemessen**) und zeigen augenscheinlich die praktische Brauchbarkeit der verwendeten Berechnungsmethode im Bereich der gewählten Werte des Parameters τ.

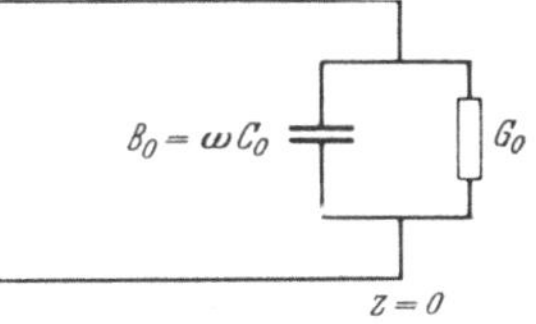

Fig. 10.5. Ersatzschaltbild für den äquivalenten Abschlußleitwert $Y_0 = G_0 - iB_0$ der am offenen Ende abstrahlenden koaxialen Leitung.

Zu den Kurven ist zu bemerken, daß das theoretische Ergebnis unter der Voraussetzung abgeleitet wurde, daß die erregende Frequenz unterhalb der Grenzfrequenz der Leitung liegt. Dies verlangt überschlagsmäßig, daß die erregende Wellenlänge größer als der Umfang $2\pi b$ des Außenleiters ist, oder $kb = \tau \cdot ka < 1$. Die Kurvenwerte gehen über diese Grenze hinaus. Dies läßt sich aber theoretisch und experimentell rechtfertigen. Theoretisch überzeugt man sich leicht, daß die Beziehung (10.44) auch gilt, wenn wir von der Voraussetzung $k < \lambda_1$ absehen***)

*) LEVINE, H., u. C. H. PAPAS: l.c. Siehe auch "Waveguide Handbook", herausgegeben von M. MARCUVITZ, S. 213—216, Radiation Laboratory Series. New York, Toronto u. London 1951.

**) HARTIG, E. O.: l. c. (s. Fußnote S. 79).

***) Vgl. S. 72; λ_1 ist die kleinste Wurzel der Eigenwertgleichung (10.14).

– solange wir als Näherung für $\mathsf{E}(\varrho)$ die Funktion $1/\varrho$ einführen, welche das Summenglied in Gl. (10.42) zum Wegfall bringt. Experimentell muß darauf geachtet werden, daß wirklich nur der Abschlußleitwert Y_0 der LECHER-Welle gemessen wird. Bei den Messungen wurde die Feldverteilung längs eines achsenparallelen Schlitzes abgetastet und es wird angegeben, daß die Störungen der sinusförmigen Verteilung der LECHER-Welle in dem gemessenen Bereich vernachlässigbar klein waren.

Der komplexe Leitwert $Y_0 = G_0 - i B_0$ entspricht einem Ersatzbild nach Fig. 10.5 mit $B = \omega C_0$.

Die Tatsache des kapazitiven Verhaltens von Y_0 kann man sich plausibel machen, wenn man bedenkt, daß die in der ungestörten Leitung rein radial verlaufenden Feldlinien in der Umgebung des offenen Endes zusätzlich eine Komponente E_z erhalten, während die azimutale Symmetrie in H_φ ungeändert bleibt. Die Veränderung der elektrischen Feldkonfiguration und die Feldkonzentration an der Kante in der Öffnungsebene führt zu einem erhöhten Verhältnis von elektrischer zu magnetischer Feldenergie und damit zu einem kapazitiven Leitwertanteil.

10.9. Das Strahlungsdiagramm im Fernfeld.

Mit den vorgangs erhaltenen Beziehungen kann auch die Frage nach dem räumlichen Strahlungsdiagramm der offenen konzentrischen Leitung in Kürze beantwortet werden. In großer Entfernung vom Leitungsende $z = 0$ geht die Strahlung asymptotisch in eine Kugelwelle über.

Wir verwenden die Darstellung (10.38) von $H_\varphi^{(+)}(\varrho, z)$ im Halbraum $z \geqq 0$ und setzen darin

$$R^2 = \varrho^2 + \varrho'^2 - 2\varrho\varrho' \cos\varphi + z^2 \tag{10.49}$$

und

$$r^2 = \varrho^2 + z^2 . \tag{10.50}$$

Damit erhalten wir

$$H_\varphi^{(+)}(\varrho, z) = -\frac{i\omega\varepsilon\varepsilon_0}{2\pi} \int\limits_a^b \mathsf{E}(\varrho')\,\varrho'\,d\varrho' \int\limits_0^{2\pi} d\varphi \cos\varphi \frac{e^{ikR}}{R} . \tag{10.51}$$

Den Ausdruck e^{ikR}/R entwickeln wir in der üblichen Weise für große Werte von r und setzen für $r \gg \varrho'$ näherungsweise

$$R \approx r\left(1 - \frac{\varrho\varrho'}{r^2}\cos\varphi\right). \tag{10.52}$$

r ist der Abstand eines Aufpunktes $P(\varrho, z)$ vom Punkt $P(0, 0)$ und $\varrho/r = \sin\vartheta$, wobei nun r und ϑ die *sphärischen* Koordinaten des Aufpunktes sind. Damit gilt nach Gl. (10.51)

$$H^{(+)}(r,\vartheta) = -\frac{i\omega\varepsilon\varepsilon_0}{2\pi}\frac{e^{ikr}}{r} \int\limits_a^b \mathsf{E}(\varrho)\,\varrho\,d\varrho \int\limits_0^{2\pi} d\varphi \cos\varphi\, e^{-ik\varrho\sin\vartheta\cos\varphi}. \qquad (r\to\infty) \tag{10.53}$$

Mit Verwendung der bekannten Beziehung

$$\int_0^{2\pi} d\varphi \cos\varphi \, e^{-ikx\cos\varphi} = -2\pi i J_1(kx) \tag{10.54}$$

erhalten wir im Fernfeld

$$H^{(+)}(r,\vartheta) = -\omega\varepsilon\varepsilon_0 \frac{e^{ikr}}{r} \int_a^b \mathsf{E}(\varrho)\, J_1(k\varrho\sin\vartheta)\,\varrho\, d\varrho\,. \quad (r\to\infty) \tag{10.55}$$

Die Verteilung des elektrischen Feldes $\mathsf{E}(\varrho)$ über die Öffnung ist nun nicht bekannt. Um zu einer Näherung zu gelangen, machen wir von

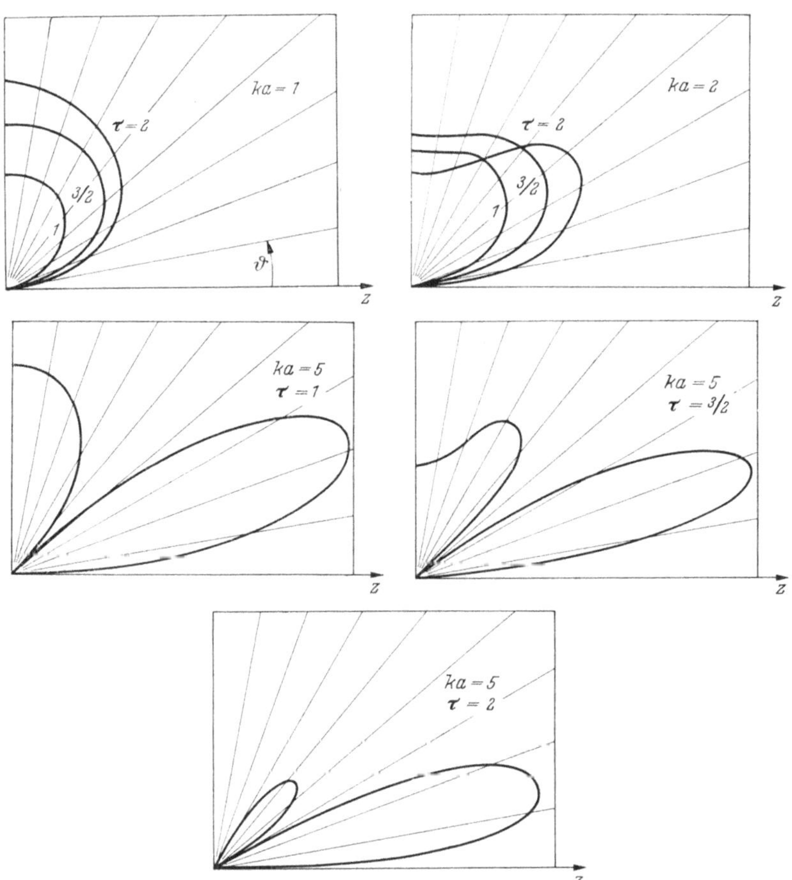

Fig. 10.6. Polardiagramm der Strahlung im Fernfeld der offenen konzentrischen LECHER-Leitung (TEM-Typ) nach PAPAS. Aufgetragen ist die Funktion $\left|\frac{J_0(ka\sin\vartheta) - J_0(kb\sin\vartheta)}{\log\tau\cdot\sin\vartheta}\right|$ für $ka = 1;\,2;\,5$ und $\tau = b/a = 1;\,3/2;\,2$ in passenden Einheiten.

der schon oben verwendeten Annahme Gebrauch, daß $\mathsf{E}(\varrho)$ gleich dem Feld E_ϱ der *einfallenden* LECHER-Welle in der Öffnungsebene sei; dies entspricht der Annahme, die man bei Anwendung der KIRCHHOFFschen Beugungstheorie zugrunde legt. Wir setzen also

$$\mathsf{E}(\varrho) = \frac{V_0}{\log b/a} \frac{1}{\varrho}, \qquad (10.56)$$

wobei V_0 den Maximalwert der Spannung zwischen Innen- und Außenleiter in der Ebene $z = 0$ bedeutet.

Damit erhalten wir aus Gl. (10.53) mit Ausführung der Integration nach ϱ und mit $k = \omega\sqrt{\varepsilon\varepsilon_0\mu\mu_0}$ die asymptotische Darstellung für das Fernfeld $H_\varphi^{(+)}(\varrho, z)$ bzw. $H_\varphi^{(+)}(r, \vartheta)$ für $r \to \infty$ zu*)

$$H_\varphi^{(+)}(r, \vartheta) = \sqrt{\frac{\varepsilon\varepsilon_0}{\mu\mu_0}}\, V_0 \frac{e^{ikr}}{r} \frac{J_0(ka\sin\vartheta) - J_0(kb\sin\vartheta)}{(\log b/a)\cdot\sin\vartheta}. \quad (r \to \infty) \qquad (10.57)$$

Fig. 10.6 zeigt die Winkelabhängigkeit des Fernfeldes für verschiedene Werte von ka sowie des Parameters τ.

Für $a \to b$, d. h. $\tau \to 1$ ergibt sich in der Grenze aus Gl. (10.57)

$$\sqrt{\frac{\mu\mu_0}{\varepsilon\varepsilon_0}}\, H_\varphi^{(+)}(r, \vartheta) = E_\vartheta^{(+)}(r, \vartheta) \approx V_0 \frac{e^{ikr}}{r} ka\, J_1(ka\sin\vartheta). \qquad (10.58)$$

Dieser Ausdruck wurde von A. A. PISTOLKORS unter der Annahme eines *konstanten* elektrischen Radialfeldes am offenen Ende der koaxialen Leitung abgeleitet**).

10.10. Strahlungsleistung und Ersatzleitwert.

Mit der Kenntnis des Fernfeldes $H_\varphi^{(+)}(r, \vartheta)$ gemäß Gl. (10.57) folgt die gesamte *Strahlungsleistung* im Zeitmittel zu

$$\overline{S} = \mathrm{Re}\,\frac{1}{2}\oint_A E_\vartheta H_\varphi^*\, dA = \frac{1}{2}\sqrt{\frac{\mu\mu_0}{\varepsilon\varepsilon_0}} \int_0^{\pi/2} H_\varphi H_\varphi^* \cdot 2\pi r^2 \sin\vartheta\, d\vartheta. \qquad (10.59)$$

Mit Gl. (10.57) erhalten wir

$$\overline{S} = \sqrt{\frac{\varepsilon\varepsilon_0}{\mu\mu_0}} \frac{\pi V_0^2}{(\log b/a)^2} \int_0^{\pi/2} \frac{[J_0(ka\sin\vartheta) - J_0(kb\sin\vartheta)]^2}{\sin\vartheta}\, d\vartheta. \qquad (10.60)$$

Der äquivalente Wirkleitwert G_0 ist mit $\overline{S}$ verknüpft durch

$$G_0 = \frac{2\overline{S}}{V_0^2}. \qquad (10.61)$$

Mit Einführung von Z_L nach Gl. (10.6) erhalten wir damit

$$Z_L G_0 = \frac{1}{\log b/a} \int_0^{\pi/2} \frac{d\vartheta}{\sin\vartheta} [J_0(ka\sin\vartheta) - J_0(kb\sin\vartheta)]^2. \qquad (10.62)$$

---

*) Vgl. C. H. PAPAS: Techn. Report Nr. 76 (25. April 1949), Cruft Laboratory, Harvard University.

) PISTOLKORS, A. A.: Proc. Inst. Radio Engrs. **36, 56 (1948).

Dieses Ergebnis ist identisch mit unserem früheren Ausdruck für $Z_L G_0$ in Gl. (10.47), den wir mit der Methode der stationären Darstellung gefunden hatten. Der *Blind*leitwert B_0 kann jedoch nicht aus dem Fernfeld gewonnen werden. Man kann ihn indessen unter Verwendung des *komplexen* POYNTINGschen Vektors erhalten, wenn man dabei die Integration über die Öffnungsebene $z = 0$ der koaxialen Leitung erstreckt. Man findet leicht, daß der Ausdruck Y_0 in Gl. (10.44) mit dem Wert von Y_0 in Übereinstimmung steht, den man aus der Beziehung

$$Y_0^* = \frac{\int\limits_a^b \mathsf{E}(\varrho)\, H_\varphi^{(+)*}(\varrho, 0)\, 2\pi\varrho\, d\varrho}{V_0 V_0^*} \tag{10.63}$$

gewinnt, wenn man darin $\mathsf{E}(\varrho)$ nach Gl. (10.56) und $H_\varphi^{(+)}(\varrho, 0)$ aus Gl. (10.38) einführt. Gl. (10.63) kann man auch in der Form

$$Y_0 = \frac{\int\limits_a^b \mathsf{E}^*(\varrho)\, H_\varphi^{(+)}(\varrho, 0)\, 2\pi\varrho\, d\varrho}{\int\limits_a^b \mathsf{E}(\varrho)\, d\varrho \int\limits_a^b \mathsf{E}^*(\varrho)\, d\varrho} \tag{10.64}$$

schreiben, die überdies homogen in $\mathsf{E}(\varrho)$ ist.

Im Gegensatz zu dem Ausdruck Y_0 in Gl. (10.42), den wir mittels der Methode der stationären Darstellung gefunden hatten, ist aber Y_0 nach Gl. (10.64) *keineswegs stationär* im bezug auf die erste Variation von $\mathsf{E}(\varrho)$; man kann daher Gl. (10.64) nicht zur sukzessiven Approximation an verbesserte Werte von Y_0 heranziehen.

11. Unstetiger Übergang zwischen zwei koaxialen kreiszylindrischen Leitungen.

11.1. Problemstellung.

Wir betrachten ein Problem, das mit demjenigen des vorangehenden Kapitels verwandt ist. Zwei nach beiden Seiten ins Unendliche verlaufende koaxiale Leitungen von kreisförmigem Querschnitt mit demselben Innenleiter, jedoch mit verschiedenen Durchmessern der Außenleiter stoßen unstetig in der Ebene $z = 0$ zusammen (Fig. 11.1).

Die Leitung (1) werde bei $z = -\infty$ erregt mit einer Frequenz, die unterhalb der Grenzfrequenz *beider* Leitungen liege, so daß sich bei $z \to \pm\infty$ nur der LECHER-Typ (TEM-Typ) ausbilden kann. Die nach $z = 0$ einfallende Welle erfährt dort eine teilweise Reflexion und setzt sich zum anderen Teil in der Leitung (2) nach $+\infty$ fort. Gesucht ist der Reflexionskoeffizient β an der Stoßstelle bzw. die Eingangsimpedanz der Leitung (1) bei $z = -\infty$. Der Unterschied gegenüber dem vorgangs behandelten Problem besteht darin, daß anstelle der Abstrahlung in den freien Raum bei $z = 0$ hier die Abstrahlung in die Leitung (2) tritt.

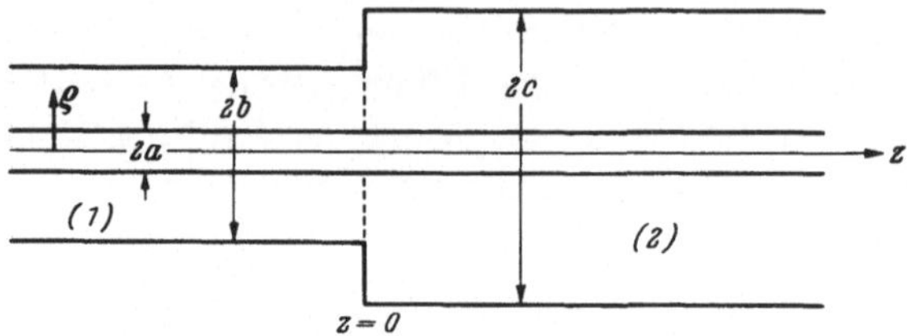

Fig. 11.1. Unstetiger Übergang zweier koaxialer kreiszylindrischer Leiter (1) und (2) mit gleichem Innendurchmesser $2a$ und verschiedenen Außendurchmessern $2b$ und $2c$ und der Stoßstelle in der Ebene $z = 0$.

Wir kommen daher hier mit der GREENschen Funktion im Leitungsinnern einer koaxialen kreiszylindrischen Leitung allein aus, die wir bereits in Gl. (10.20) gewonnen hatten.

11.2. Konstruktion der GREENschen Funktion der koaxialen Leitung.

Es ist jedoch lehrreich, diese GREENsche Funktion auf einem von dem früheren verschiedenen Wege nochmals herzuleiten, und zwar direkt aus der Differentialgleichung für $G(\varrho, z; \varrho', z')$ in Zylinderkoordinaten, wie wir sie bereits in Gl. (10.21) angegeben finden:

$$\left(\frac{\partial^2}{\partial \varrho^2} + \frac{1}{\varrho}\frac{\partial}{\partial \varrho} + \frac{\partial^2}{\partial z^2} - \frac{1}{\varrho^2} + k^2\right) G(\varrho, z; \varrho', z') = -\delta(z - z')\,\frac{\delta(\varrho - \varrho')}{\varrho}. \qquad (11.1)$$

Wir betrachten die Leitung (1), die sich von $z = 0$ nach $z = -\infty$ erstreckt und wenden den GREENschen Satz in der Form (2.10) an. Als skalare Funktion u, die wir bestimmen wollen, wählen wir wieder die zirkulare magnetische Feldstärke $H_\varphi(\varrho, z)$, die der Differentialgleichung (10.7) genügt:

$$\left(\frac{\partial^2}{\partial \varrho^2} + \frac{1}{\varrho}\frac{\partial}{\partial \varrho} + \frac{\partial^2}{\partial z^2} - \frac{1}{\varrho^2} + k^2\right) H_\varphi(\varrho, z) = 0\,. \qquad (11.2)$$

In Gl. (2.10) identifizieren wir u mit H_φ und v mit G; ferner addieren und subtrahieren wir auf der linken Seite der Gl. (2.10) den Ausdruck $(-(1/\varrho)^2 + k^2)\,uv$ und vertauschen noch unter den Integralen die gestrichenen mit den ungestrichenen Variablen. Damit erhalten wir nach dem gleichen Vorgang wie in Gl. (10.37)

$$-2\pi\, H_\varphi(\varrho, z)$$
$$= \int\limits_A \left\{H_\varphi(\varrho', z')\,\frac{\partial}{\partial n'} G(\varrho, z; \varrho', z') - G(\varrho, z; \varrho', z')\,\frac{\partial}{\partial n'} H_\varphi(\varrho', z')\right\} dA'. \qquad (11.3)$$

Die Oberfläche A, über die wir auf der rechten Seite zu integrieren haben, setzt sich aus verschiedenen Stücken zusammen, die wir durch $A = A_0 + A_{-\infty} + A_a + A_b$ andeuten und in Fig. 11.2 kenntlich machen.

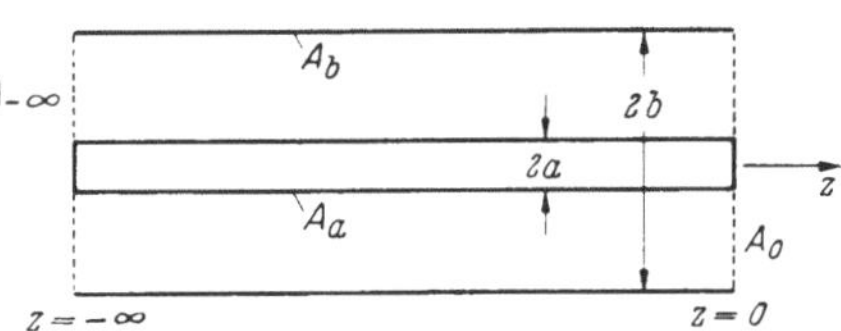

Fig. 11.2. Begrenzende Oberflächen der Leitung (1), die den felderfüllten Raum eingrenzen: A_0 und $A_{-\infty}$ Abschlußebenen bei $z = 0$ und $z = -\infty$, A_a, A_b Oberflächen von Innen- und Außenleiter.

Wie im vorangehenden Problem, ist es auch hier unsere Absicht, eine Integralgleichung für das elektrische Radialfeld $\mathsf{E}(\varrho)$ in der Ebene $z = 0$ aufzustellen. Wir wünschen daher $H_\varphi(\varrho, z)$ in der Leitung durch $\mathsf{E}(\varrho)$ auszudrücken; $\mathsf{E}(\varrho)$ ist nach Gl. (10.8) mit $(\partial/\partial z)\, H_\varphi(\varrho, 0) = \pm (\partial/\partial n)\, H_\varphi(\varrho, 0)$ verknüpft. Unser Ziel ist daher eine Beziehung der Form

$$2\pi\, H_\varphi(\varrho, z) = \int\limits_{A_0} G(\varrho, z; \varrho', 0) \left[\frac{\partial}{\partial z'}\, H_\varphi(\varrho, z')\right]_{z=0} 2\pi\, \varrho'\, d\varrho' \tag{11.4}$$

zu gewinnen. Gl. (11.4) folgt aus Gl. (11.3), falls

$$\text{a)}\quad \int\limits_{A} \left\{H_\varphi \frac{\partial G}{\partial n'} - G\, \frac{\partial H_\varphi}{\partial n'}\right\} dA' = 0 \quad \text{auf } A_{-\infty}, A_a, A_b \tag{11.5}$$

und

$$\text{b)}\quad \int\limits_{A_0} H_\varphi \frac{\partial G}{\partial n'}\, dA' = 0 \text{ oder } \frac{\partial G}{\partial n} = 0 \quad \text{auf } A_0\,. \tag{11.6}$$

a) und b) sind daher die Bedingungen, denen die gesuchte GREENsche Funktion zu unterwerfen ist.

Wir betrachten zunächst die Leiteroberflächen A_a und A_b; längs diesen verschwindet $[E_z(\varrho', z')]_{\varrho'=a,b}$. Zufolge Gl. (10.9) gilt daher dort

$$\left[\frac{\partial H_\varphi(\varrho', z')}{\partial \varrho'} = -\frac{H_\varphi(\varrho', z')}{\varrho'}\right]_{\varrho'=a,b}. \tag{11.7}$$

Die Integrale über A_a und A_b in Gl. (11.5) verschwinden somit, falls wir $G(\varrho', z')$ den folgenden Randbedingungen für $\varrho' = a, b$ unterwerfen:

$$\left[\frac{\partial G(\varrho', z')}{\partial \varrho'} = -\frac{G(\varrho', z')}{\varrho'}\right]_{\varrho'=a,b}. \tag{11.8}$$

Als nächste betrachten wir die Fläche $A_{-\infty}$ bei $z' = -\infty$. Das magnetische Feld H_φ zerlegen wir dort in zwei Anteile:

$$H_\varphi(\varrho, z) = H^i_\varphi(\varrho, z) + H^s_\varphi(\varrho, z)\,, \tag{11.9}$$

wobei wir die bei $z' = -\infty$ eingeprägte Erregung als das einfallende Feld H^i_φ und die reflektierte H_φ-Welle als das gestreute Feld H^s_φ betrachten. Wir sind lediglich daran interessiert, das „gestreute" Feld H^s_φ

durch eine Beziehung der Form (11.4) darzustellen, wobei das einfallende Feld H_φ^i als vorgegeben zu betrachten ist. Das gestreute Feld verhält sich aber bei $z' \to -\infty$ wie $e^{-ik(-z')}$ oder $e^{ik|z'|}$, da alle „Störfelder" dort exponentiell abgeklungen sind. Nachdem G symmetrisch in z und z' ist, läßt sich die Bedingung (11.5) auf $A_{-\infty}$ durch folgende Forderung befriedigen:

$$[G(\varrho, z; \varrho', z') \to F(\varrho, \varrho')\, e^{ik|z \pm z'|}]_{z' \to -\infty}\,. \tag{11.10}$$

Diese Beziehung stellt die „Ausstrahlungsbedingung" für G am fernen Ende der Leitung (1) dar.

Als dritte Randbedingung für G tritt zur Befriedigung von Gl. (11.6) hinzu:

$$\left[\frac{\partial G(\varrho', z')}{\partial z'} = 0\right]_{z'=0}\,. \tag{11. 11}$$

Eine GREENsche Funktion G, die simultan die Randbedingungen (11.8), (11.10) und (11.11) befriedigt, führt also zu der angestrebten Darstellung von H_φ nach Gl. (11.4).

Wir machen den folgenden Ansatz für G*):

$$G(\varrho, z; \varrho', z') = \sum_{n=0}^{\infty} R_n(\varrho)\, R_n(\varrho') \cdot f_n(z, z')\,. \tag{11.12}$$

R_n kennzeichnet die radialen Eigenfunktionen der koaxialen Leitung, die wir bereits im vorigen Problem eingeführt haben und die der Differentialgleichung (10.12)

$$\left(\frac{\partial^2}{\partial \varrho^2} + \frac{1}{\varrho}\frac{\partial}{\partial \varrho} - \frac{1}{\varrho^2} + \lambda_n^2\right) R_n(\varrho) = 0 \tag{11.13}$$

genügen; f_n steht für eine noch zu bestimmende Funktion in (z, z'). Die Funktionen $R_n(\varrho)$ bzw. $R_n(\varrho')$ befriedigen die Bedingung (10.13), wenn die Eigenwerte λ_n aus der Gl. (10.14) bestimmt werden. Damit befriedigt aber G in dem Ansatz (11.12) bereits die Randbedingung (11.8), wie man sofort einsieht.

Wir setzen jetzt den Ansatz (11.12) für G in die Differentialgleichung (11.1) ein und erhalten:

$$\sum_{n=0}^{\infty}\left(-\lambda_n^2 + k^2 + \frac{\partial^2}{\partial z^2}\right) R_n(\varrho)\, R_n(\varrho')\, f_n(z,z') = -\,\delta(z - z')\,\frac{\delta(\varrho - \varrho')}{\varrho}\,. \tag{11.14}$$

Beidseitige Multiplikation mit $R_m(\varrho) \cdot \varrho$ und Integration über ϱ zwischen den Grenzen a und b ergibt zufolge der Orthogonalitätsbeziehungen (10.15) und (10.16) für $R_n(\varrho)$

$$\left(-\lambda_n^2 + k^2 + \frac{\partial^2}{\partial z^2}\right) f_n(z, z') = -\,\delta(z - z')\,. \tag{11.15}$$

*) Vgl. Gl. (2.34) und die Betrachtungen in Abschnitt 2.6.

Die Lösung dieser Gleichung kennen wir bereits aus Gl. (2.22) bzw. Gl. (2.18). Sie lautet

$$f_n(z, z') = \frac{i}{2\sqrt{k^2 - \lambda_n^2}} e^{i\sqrt{k^2-\lambda_n^2}\,|z-z'|}. \tag{11.16}$$

Um der Randbedingung (11.11) Genüge zu tun, benutzen wir die Spiegelungsmethode und machen damit G zu einer geraden Funktion in z und z' im bezug auf die Ebene $z = 0$. Mit Gl. (11.12) und (11.16) setzen wir

$$G(\varrho, z; \varrho', z') = \sum_{n=0}^{\infty} i \frac{R_n(\varrho)\, R_n(\varrho')}{2\sqrt{k^2 - \lambda_n^2}} \left[e^{i\sqrt{k^2-\lambda_n^2}\,|z-z'|} + e^{i\sqrt{k^2-\lambda_n^2}\,|z+z'|} \right]. \tag{11.17}$$

Die Addition des „spiegelbildlichen" Terms in G mit einem Quellpunkt bei $z = -z'$ läßt sich durch die Überlegung motivieren, daß die Gültigkeit der Differentialgleichung (11.1) unberührt bleibt,, da $\delta(z - z')$ nur für einen Quellpunkt $z = z'$ einen Beitrag liefert. Für alle übrigen z-Werte ist der Differentialoperator auf der linken Seite von Gl. (11.1) Null, wenn für G der Ausdruck (11.17) eingesetzt wird*). Der Ausdruck (11.17) genügt fernerhin der „Ausstrahlungsbedingung" (11.10) für $|z| = \infty$. Der Eigenwert λ_0 der LECHER-Welle ist bekanntlich Null und G verhält sich für $|z| \to \infty$ im bezug auf die LECHER-Welle wie $e^{ik|z\pm z'|}$ in Übereinstimmung mit der in Gl. (11.10) formulierten Forderung. Nach der Voraussetzung, daß die erregende Frequenz unterhalb der Grenzfrequenz der koaxialen Leitung liegen soll, gilt $k < \lambda_{1,2\ldots n}$. Für alle höheren Eigenfunktionen ($n \geqq 1$) wird der Exponent in Gl. (11,17) zu $-\sqrt{\lambda_n^2 - k^2}\,|z \pm z'|$; dieselben klingen daher mit $|z| \to \infty$ exponentiell auf Null ab, womit dort nur die Grundwelle in Form einer auslaufenden Welle verbleibt.

Die GREENsche Funktion in Gl. (11.17) genügt somit allen an sie gestellten Anforderungen, nämlich der Differentialgleichung (11.1), den Randbedingungen (11.8) und (11.11) und der Ausstrahlungsbedingung (11.10) für $|z| = \infty$.

11.3. Integraldarstellung des zirkularen Magnetfelds.

Mit Verwendung der GREENschen Funktion nach Gl. (11.17) gilt die Darstellung (11.4), und wir erhalten, indem wir z' in Gl. (11.17)

*) Die Darstellung (11.17) gilt auch in der Grenze für $z' = 0$, was sich durch Einsetzen in die Diff.Gl. (11.1) mit $z' = 0$ nachprüfen läßt. Man kann diesen Grenzübergang auch so verstehen, daß man sich der Ebene $z = 0$ von einer Seite her stetig mit $z' \to 0$ annähert und die Darstellung (11.17) mit $z' = 0$ als den Grenzwert ansieht, den man bei einer solchen Annäherung erhält.

gegen Null gehen lassen, für den „gestreuten“ Feldanteil von H_φ

$$H_\varphi^s(\varrho,z)=\int\limits_a^b\left[\frac{\partial H_\varphi^s(\varrho',z')}{\partial z'}\right]_{z'=0}\sum_{n=0}^{\infty} i\,\frac{R_n(\varrho)\,R_n(\varrho')}{\sqrt{k^2-\lambda_n^2}}\,e^{i\sqrt{k^2-\lambda_n^2}\,|z|}\,\varrho'\,d\varrho'. \qquad (11.18)$$

Das *gesamte* Feld $H_\varphi(\varrho, z)$ ergibt sich nach Gl. (11.9) durch Addition des einfallenden Feldes $H_\varphi^i(\varrho, z) = e^{ikz}/\varrho$ auf beiden Seiten von Gl. (11.18). Unter Einführung des elektrischen Radialfeldes $\mathsf{E}(\varrho')$ in der Ebene $z=0$ mittels der Gl. (10.8) folgt

$$H_\varphi(\varrho,z)=\frac{e^{ikz}}{\varrho}+i\omega\varepsilon\varepsilon_0\int\limits_a^b \mathsf{E}^s(\varrho')\,\varrho'\,d\varrho'\sum_{n=0}^{\infty} i\,\frac{R_n(\varrho)\,R_n(\varrho')}{\sqrt{k^2-\lambda_n^2}}\,e^{i\sqrt{k^2-\lambda_n^2}\,|z|}. \qquad (11.19)$$

Die Bezeichnung $\mathsf{E}^s(\varrho')$ weist daraufhin, daß wir es mit demjenigen Anteil des Feldes $\mathsf{E}(\varrho')$ zu tun haben, welches dem gestreuten Feldanteil H_φ^s zugeordnet ist, d. h. welches noch nicht den Anteil des einfallenden Feldes mitenthält. Um den Anschluß an unsere frühere Darstellung (10.20) für H_φ herzustellen, nehmen wir aus der Summe in Gl. (11.19) den Term mit $n=0$ heraus. Der Eigenwert $\lambda_0=0$, und die Eigenfunktion $R_0(\varrho)$, welche der Normierungsbedingung (10.15) angepaßt ist, lautet

$$R_0(\varrho)=\frac{1}{\sqrt{\log\frac{b}{a}}}\,\frac{1}{\varrho}. \qquad (11.20)$$

Wir erhalten, wenn wir im Bereich $z\leqq 0$ für $|z|$ den äquivalenten Wert $-z$ einsetzen,

$$H_\varphi^{(-)}(\varrho,z)=\frac{e^{ikz}}{\varrho}-\frac{e^{-ikz}}{\varrho}\,\frac{\omega\,\varepsilon\,\varepsilon_0}{k\log\frac{b}{a}}\int\limits_a^b \mathsf{E}^s(\varrho')\,d\varrho'+ \qquad (11.21)$$

$$+\,i\omega\varepsilon\varepsilon_0\int\limits_a^b \mathsf{E}^s(\varrho')\,\varrho'\,d\varrho'\sum_{n=1}^{\infty}\frac{R_n(\varrho)\,R_n(\varrho')}{\sqrt{\lambda_n^2-k^2}}\,e^{\sqrt{\lambda_n^2-k^2}\,z}. \qquad (z\leqq 0)$$

Das totale Feld $\mathsf{E}(\varrho')$ unterscheidet sich von dem gestreuten Feld $\mathsf{E}^s(\varrho')$ um das Feld der einfallenden Welle in der Ebene $z=0$, welches vom Charakter e^{ikz}/ϱ ist. Da jedoch mit Gl. (10.16) die Funktion $1/\varrho$ orthogonal zu allen $R_n(\varrho)$ mit $n\geqq 1$ ist, können wir unter dem zweiten Integralzeichen ohne weiteres zu $\mathsf{E}^s(\varrho')$ einen Term der Form e^{ikz}/ϱ' hinzuaddieren, ohne an dem Wert des Integrals etwas zu verändern. Oder mit anderen Worten: Wir können dort $\mathsf{E}^s(\varrho')$ durch das *gesamte* Feld $\mathsf{E}(\varrho')$ ersetzen. Damit kommen wir mit dem Ausdruck (11.21) zurück zu unserer früheren Darstellung (10.20); es bleibt nur noch zu zeigen, daß der Faktor des Gliedes e^{-ikz}/ϱ mit dem früher eingeführten Reflexionskoeffizienten β identisch wird. Wir integrieren zu diesem Zweck die Beziehung (10.17) nach ϱ' und erhalten für $z=0$ unter Beachtung von Gl. (10.16)

$$i\omega\varepsilon\varepsilon_0\int\limits_a^b \mathsf{E}(\varrho')\,d\varrho' = ik(1-\beta)\log\frac{b}{a}. \tag{11.22}$$

Nun gilt $\mathsf{E}(\varrho') = \mathsf{E}^i(\varrho') + \mathsf{E}^s(\varrho')$; $\mathsf{E}^i(\varrho')$ folgt aus $H^i_\varphi(\varrho', z') = e^{ikz'}/\varrho'$ unter Verwendung von Gl. (10.8) zu

$$\mathsf{E}^i(\varrho') = \frac{k}{\omega\varepsilon\varepsilon_0}\frac{1}{\varrho'}. \tag{11.23}$$

Damit folgt unter Beachtung von Gl. (11.22)

$$\int\limits_a^b [\mathsf{E}^i(\varrho') + \mathsf{E}^s(\varrho')]\,d\varrho' = \int\limits_a^b \mathsf{E}^s(\varrho')\,d\varrho' + \frac{k}{\omega\varepsilon\varepsilon_0}\log\frac{b}{a} = \left(\frac{k}{\omega\varepsilon\varepsilon_0}\log\frac{b}{a}\right)(1-\beta)$$

oder

$$\beta = -\frac{\omega\varepsilon\varepsilon_0}{k\log\dfrac{b}{a}}\int\limits_a^b \mathsf{E}^s(\varrho')\,d\varrho'. \tag{11.24}$$

Somit finden wir schließlich mit Gl. (11.21) und (11.24) im Bereich $z \leqq 0$ für das Feld $H^{(-)}_\varphi(\varrho, z)$

$$\begin{aligned} H^{(-)}_\varphi(\varrho,z) &= \frac{1}{\varrho}(e^{ikz} + \beta e^{-ikz}) + \\ &+ i\omega\varepsilon\varepsilon_0\int\limits_a^b \mathsf{E}(\varrho')\,\varrho'\,d\varrho' \sum_{n=0}^{\infty}\frac{R_n(\varrho)\,R_n(\varrho')}{\sqrt{\lambda_n^2-k^2}}\,e^{\sqrt{\lambda_n^2-k^2}\,z}, \quad (z\leqq 0) \end{aligned} \tag{11.25}$$

in Übereinstimmung mit unserem früheren Resultat (10.20). Der Vergleich der beiden Herleitungen für $H^{(-)}_\varphi(\varrho, z)$ läßt den Vorteil des im vorigen Abschnitt eingeschlagenen Weges augenscheinlich werden und vermittelt gleichzeitig einen lehrreichen Einblick in die Konstruktion der GREENschen Funktion für die koaxiale Leitung. Im Gebiet $z \geqq 0$ folgt analog zur Darstellung (11.25) der allgemeine Ausdruck für $H^{(+)}_\varphi(\varrho, z)$ zu*)

$$\begin{aligned} H^{(+)}_\varphi(\varrho,z) &= \frac{1}{\varrho}(\gamma e^{ikz} + \delta e^{-ikz}) - \\ &- i\omega\varepsilon\varepsilon_0\int\limits_a^c \mathsf{E}(\varrho')\,\varrho'\,d\varrho' \sum_{n=0}^{\infty}\frac{Q_n(\varrho)\,Q_n(\varrho')}{\sqrt{\mu_n^2-k^2}}\,e^{-\sqrt{\mu_n^2-k^2}\,z}. \quad (z\geqq 0) \end{aligned} \tag{11.26}$$

*) Das negative Vorzeichen des Integralterms folgt aus der Umkehr der äußeren Normalenrichtung für das Gebiet $z \geqq 0$; siehe Gl. (11.18), wo nun $-\partial/\partial z'$ anstelle von $\partial/\partial z'$ zu treten hat. In der Leitung (2), d. h. für $z \geqq 0$, fügen wir aus Gründen, die im folgenden Abschnitt ersichtlich werden, formal eine nach links laufende Welle δe^{-ikx} hinzu.

γ und δ sind die Amplituden der rechts- und linkslaufenden LECHER-Welle in der Leitung (2). Da die Dimensionen der Leitung (2) von denen der Leitung (1) verschieden sind, ergeben sich dort andere Eigenfunktionen und Eigenwerte als in Leitung (1). Wir bezeichnen sie zur Unterscheidung mit $Q_n(\varrho)$ bzw. μ_n anstelle von $R_n(\varrho)$ und λ_n, die für die Leitung (1) Geltung haben.

11.4. Das äquivalente Ersatzschaltbild für die Stoßstelle.

Wir vereinfachen nun das Problem durch spezielle Wahl der Konstanten γ und δ. Durch den unstetigen Übergang bei $z = 0$ wird, wie beim vorangehenden Problem, dem „ungestörten" Feld E_ϱ in der koaxialen Leitung zu beiden Seiten von $z = 0$ eine axiale Komponente E_z zur Seite treten, die exponentiell nach beiden Seiten zu abklingt, während das magnetische Feld aus Symmetriegründen rein azimutal bleibt. An der Kante, an der die Leitungen zusammenstoßen, wird sich das elektrische Feld zusammendrängen. Wir erwarten daher, daß der unstetige Übergang einen kapazitiven Leitwert bei $z = 0$ hervorruft, und es liegt auf der Hand, die Konfiguration in Fig. 11.1 durch ein äquivalentes Ersatzbild nach Fig. 11.3 zu beschreiben. Die Größe, die uns im wesentlichen interessiert, ist die äquivalente Kapazität C_0 in Fig. 11.3, die durch den sprunghaften Übergang zwischen beiden Leitungen hervorgerufen wird.

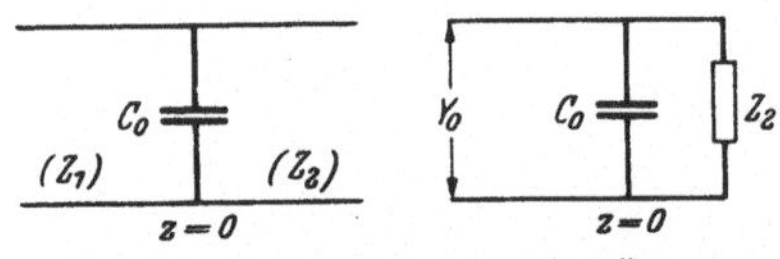

Fig. 11.3. Ersatzbild des unstetigen Übergangs zweier koaxialer Leitungen mit den Wellenwiderständen Z_1 und Z_2.

Um C_0 zu finden, denken wir uns nun in der Leitung (2) in einem Abstand $z = (2n + 1)\lambda/4$ einen Kurzschluß angebracht; n sei dabei groß genug gewählt, um die Störung durch die Unstetigkeit bei $z = 0$ als genügend abgeklungen betrachten zu können. Der Kurzschluß bewirkt, daß die reflektierte $H_\varphi^{(+)}$-LECHER-Welle die rechtslaufende LECHER-Welle von $H_\varphi^{(+)}$ bei $z = 0$ gerade auslöscht. Am Ende der Leitung (1) erscheint dann nur die Kapazität C_0, da das anschließende Leitungsstück (2) nun den Eingangsleitwert Null aufweist. Wir setzen demgemäß in Gl. (11.26) $\delta = -\gamma$. Der Kunstgriff der Einführung einer nach links laufenden LECHER-Welle in der Leitung (2) eliminiert die LECHER-Welle in der folgenden Berechnung von β. In der Tat können wir uns damit begnügen, allein den *Streufeld*anteil von β zu berechnen, der durch die Ersatzkapazität C_0 in Fig. 11.3 erfaßt wird. Der totale Reflektionskoeffizient von LECHER-Welle plus Streufeld läßt sich nach Kenntnis von C_0 dann leicht aus dem Ersatzbild in Fig. 11.3 bestimmen. Ein in großer Entfernung von $z = 0$ angebrachter Kurzschluß ist praktisch ohne Einfluß auf das exponentiell abklingende *Streufeld*.

Indem wir die Stetigkeitseigenschaft von $H_\varphi(\varrho, 0)$ in der Ebene $z = 0$ benutzen, erhalten wir die Integralgleichung für $\mathsf{E}(\varrho')$; die Bedingung $H_\varphi^{(-)}(\varrho, 0) = H_\varphi^{(+)}(\varrho, 0)$ liefert mit Gl. (11.25) und (11.26) im Bereich $a \leqq \varrho \leqq b$

$$\begin{aligned} \frac{1+\beta}{\varrho} + i\,\omega\,\varepsilon\,\varepsilon_0 \int\limits_a^b \mathsf{E}(\varrho')\,\varrho'\,d\varrho' \sum_{n=1}^{\infty} \frac{R_n(\varrho)\,R_n(\varrho')}{\sqrt{\lambda_n^2 - k^2}} \\ = -\,i\,\omega\,\varepsilon\,\varepsilon_0 \int\limits_a^c \mathsf{E}(\varrho')\,\varrho'\,d\varrho' \sum_{n=1}^{\infty} \frac{Q_n(\varrho)\,Q_n(\varrho')}{\sqrt{\mu_n^2 - k^2}}\,. \end{aligned} \tag{11.27}$$

Der gleiche Vorgang wie im vorangehenden Abschnitt in Gl. (10.39) bis Gl. (10.42) liefert uns die stationäre Darstellung für $Z_{L_1} Y_C$, wobei wir nun unter $Y_C = -i\omega C_0$ den Abschlußleitwert der Leitung (1) beim Abschluß mit der Ersatzkapazität C_0 verstehen; Z_{L_1} bedeutet den Wellenwiderstand der Leitung (1).

11.5. Eine stationäre Darstellung für den äquivalenten Abschlußleitwert.

Wir multiplizieren Gl. (11.27) mit $\varrho\,\mathsf{E}(\varrho)$ und integrieren über ϱ zwischen den Grenzen a und b. Da $\mathsf{E}(\varrho')$ unter dem Integral auf der rechten Seite von Gl. (11.27) längs der Berandung zwischen $\varrho = b$ und $\varrho = c$ verschwindet, können wir die obere Grenze c durch b ersetzen. Sodann dividieren wir die erhaltene Beziehung durch $\left[\int\limits_a^b \mathsf{E}(\varrho)\,d\varrho\right]^2$ und gewinnen mit Beachtung von Gl. (10.6) die stationäre Darstellung

$$\begin{aligned} Z_{L_1} Y_C = \frac{-\,i\,k \log\frac{b}{a}}{\left[\int\limits_a^b \mathsf{E}(\varrho)\,d\varrho\right]^2} \left\{ \sum_{n=1}^{\infty} \frac{1}{\sqrt{\lambda_n^2 - k^2}} \left[\int\limits_a^b \mathsf{E}(\varrho)\,R_n(\varrho)\,\varrho\,d\varrho\right]^2 + \right. \\ \left. + \sum_{n=1}^{\infty} \frac{1}{\sqrt{\mu_n^2 - k^2}} \left[\int\limits_a^b \mathsf{E}(\varrho)\,Q_n(\varrho)\,\varrho\,d\varrho\right]^2 \right\}. \end{aligned} \tag{11.28}$$

11.6. Eine erste Näherung für den Abschlußleitwert.

Als Näherungsfunktion für $\mathsf{E}(\varrho)$ kann man allgemein wieder einen Ansatz der Form (10.43) wählen:

$$\mathsf{E}(\varrho) = \frac{a_0}{\varrho} + \sum_{n=1}^{\infty} a_n\,R_n(\varrho)\,, \tag{11.29}$$

durch den sich $\mathsf{E}(\varrho)$ über der Öffnung darstellen läßt. Wir begnügen uns wieder mit dem ersten Term und setzen in Gl. (11.28) $\mathsf{E}(\varrho) = 1/\varrho$.

Die Funktion $1/\varrho$ ist orthogonal zu den Eigenfunktionen $R_n(\varrho)$ in der Leitung (1) im Integrationsbereich $a \leqq \varrho \leqq b$ sowie zu den Eigenfunktionen $Q_n(\varrho)$ in der Leitung (2) im Integrationsbereich $a \leqq \varrho \leqq c$. Integrieren wir daher mit Verwendung von Gl. (11.28) über den Bereich $a \leqq \varrho \leqq b$, so liefert nur der zweite Summenausdruck auf der rechten Seite einen Beitrag, und wir erhalten

$$Z_{L_1} Y_C = \frac{-ik}{\log \frac{b}{a}} \sum_{n=1}^{\infty} \frac{\left[\int\limits_a^b Q_n(\varrho)\, d\varrho\right]^2}{\sqrt{\mu_n^2 - k^2}}. \tag{11.30}$$

Die $Q_n(\varrho)$ sind die Eigenfunktionen der Leitung (2); sie gehorchen der nämlichen Differentialgleichung (10.12) wie die Funktionen $R_n(\varrho)$, d. h. sie stellen Zylinderfunktionen mit dem Index 1 dar:

$$Q_n(\varrho) = A J_1(\mu_n \varrho) + B N_1(\mu_n \varrho). \tag{11.31}$$

Die Randbedingung (10.13), die ebenso für die $Q_n(\varrho)$ gilt, verlangt

$$J_0(\mu_n a)\, N_0(\mu_n c) - N_0(\mu_n a)\, J_0(\mu_n c) = 0, \tag{11.32}$$

aus welcher Gleichung die Eigenwerte μ_n folgen*). Die Funktionen $Q_n(\varrho)$ besitzen die Form

$$Q_n(\varrho) = \mathsf{N}_n [J_1(\mu_n \varrho)\, N_0(\mu_n a) - J_0(\mu_n a)\, N_1(\mu_n \varrho)]. \tag{11.33}$$

N_n ist ein Normierungsfaktor, der die $Q_n(\varrho)$ der Beziehung (10.15) genügen läßt. Er ist bestimmt durch

$$\frac{1}{\mathsf{N}_n^2} = \frac{2}{\pi^2 \mu^2} \left[\frac{J_0^2(\mu_n a)}{J_0^2(\mu_n c)} - 1\right]. \tag{11.34}$$

Der Ausdruck (11.30) läßt sich damit integrieren und liefert

$$Z_{L_1} Y_C = \frac{-ik}{\log \frac{b}{a}} \sum_{n=1}^{\infty} \frac{\mathsf{N}_n^2}{\sqrt{\mu_n^2 - k^2}} \left\{J_0(\mu_n a)\, N_0(\mu_n b) - J_0(\mu_n b)\, N_0(\mu_n a)\right\}^2 \tag{11.35}$$

mit $Z_{L_1} = \frac{1}{2\pi} \sqrt{\frac{\mu \mu_0}{\varepsilon \varepsilon_0}} \log \frac{b}{a}$ und $Y_C = -i\omega C_0$.

11.7. Eine zweite stationäre Darstellung für den Abschlußleitwert.

Wie wir bereits im vorangehenden Kapitel andeuteten, kann man eine zweite stationäre Darstellung für Y_C formulieren, indem man eine Integralgleichung für das magnetische Feld $H_\varphi(\varrho, 0) = \mathsf{H}(\varrho)$ aufstellt,

---

*) Die ersten fünf Wurzeln der Eigenwertgleichung (11.32) sind für verschiedene Werte von $\tau = a/c$ tabelliert bei JAHNKE-EMDE: Funktionentafeln, S. 144. Siehe auch H. B. DWIGHT: J. Math. and Phys. **27**, 84 (1948).

anstatt wie oben für das elektrische Feld $\mathsf{E}(\varrho)$. Zu diesem Zweck stellen wir $E_\varrho(\varrho, z)$ in beiden Leitungen durch ein Integral über $\mathsf{H}(\varrho)$ in der Ebene $z = 0$ dar und machen von der Stetigkeitsbedingung von $E_\varrho(\varrho, 0)$ bei $z = 0$ Gebrauch.

Wir multiplizieren die Lösung für $H_\varphi^{(-)}(\varrho, z)$ in der koaxialen Leitung nach Gl. (10.11) mit $\varrho R_m(\varrho)$ und integrieren von $\varrho = a$ bis $\varrho = b$. Zufolge der Orthogonalitätsrelation für die $R_n(\varrho)$ ergibt sich für $z = 0$ mit $\mathsf{H}(\varrho) = H_\varphi^{(-)}(\varrho, 0)$

$$\int_a^b \mathsf{H}(\varrho)\, R_n(\varrho)\, \varrho\, d\varrho = A_n \tag{11.36}$$

und damit

$$\begin{aligned} H_\varphi^{(-)}(\varrho, z) &= \frac{1}{\varrho}\left(e^{ikz} + \beta\, e^{-ikz}\right) + \\ &+ \int_a^b \mathsf{H}(\varrho')\, \varrho'\, d\varrho' \sum_{n=1}^{\infty} R_n(\varrho)\, R_n(\varrho')\, e^{\sqrt{\lambda_n^2 - k^2}\, z}. \quad (z \leqq 0) \end{aligned} \tag{11.37}$$

Gemäß Gl. (10.8) folgt daraus mit Differentiation nach z

$$\begin{aligned} E_\varrho^{(-)}(\varrho, z) &= \sqrt{\frac{\mu\mu_0}{\varepsilon\varepsilon_0}}\, \frac{1}{\varrho}\left(e^{ikz} - \beta\, e^{-ikz}\right) + \\ &+ \frac{1}{i\omega\varepsilon\varepsilon_0} \int_a^b \mathsf{H}(\varrho')\varrho' d\varrho' \sum_{n=1}^{\infty} \sqrt{\lambda_n^2 - k^2}\, R_n(\varrho)\, R_n(\varrho')\, e^{\sqrt{\lambda_n^2 - k^2}\, z}. \\ &\qquad (z \leqq 0;\ a \leqq \varrho \leqq b) \end{aligned} \tag{11.38}$$

In gleicher Weise ergibt sich die Darstellung von $E^{(+)}(\varrho, z)$ zu

$$\begin{aligned} E_\varrho^{(+)}(\varrho, z) &= \sqrt{\frac{\mu\mu_0}{\varepsilon\varepsilon_0}}\, \frac{1}{\varrho}\left(\gamma e^{ikz} - \delta e^{-ikz}\right) - \\ &- \frac{1}{i\omega\varepsilon\varepsilon_0} \int_a^c \mathsf{H}(\varrho')\varrho' d\varrho' \sum_{n=1}^{\infty} \sqrt{\mu_n^2 - k^2}\, Q_n(\varrho)\, Q_n(\varrho')\, e^{-\sqrt{\mu_n^2 - k^2}\, z}. \\ &\qquad (z \geqq 0;\ a \leqq \varrho \leqq c) \end{aligned} \tag{11.39}$$

wenn wir wieder formal eine linkslaufende LECHER-Welle der Amplitude δ hinzufügen.

Im Bereich $a \leqq \varrho \leqq b$ gilt $E_\varrho^{(-)}(\varrho, 0) = E_\varrho^{(+)}(\varrho, 0)$ und somit für $z = 0$

$$\begin{aligned} &\sqrt{\frac{\mu\mu_0}{\varepsilon\varepsilon_0}}\, \frac{1-\beta}{\varrho} + \frac{1}{i\omega\varepsilon\varepsilon_0} \int_a^b \mathsf{H}(\varrho')\, \varrho'\, d\varrho' \sum_{n=1}^{\infty} \sqrt{\lambda_n^2 - k^2}\, R_n(\varrho)\, R_n(\varrho') \\ &= \sqrt{\frac{\mu\mu_0}{\varepsilon\varepsilon_0}}\, \frac{\gamma - \delta}{\varrho} - \frac{1}{i\omega\varepsilon\varepsilon_0} \int_a^c \mathsf{H}(\varrho')\, \varrho'\, d\varrho' \sum_{n=1}^{\infty} \sqrt{\mu_n^2 - k^2}\, Q_n(\varrho)\, Q_n(\varrho'). \\ &\qquad (a \leqq \varrho \leqq b) \end{aligned} \tag{11.40}$$

Im Bereich $b \leqq \varrho \leqq c$ hingegen verschwindet $E_\varrho^{(+)}(\varrho, 0)$ und somit gilt für $z = 0$

$$0 = \sqrt{\frac{\mu\mu_0}{\varepsilon\varepsilon_0}}\,\frac{\gamma-\delta}{\varrho} - \frac{1}{i\omega\varepsilon\varepsilon_0}\int_a^c \mathsf{H}(\varrho')\,\varrho'\,d\varrho' \sum_{n=1}^{\infty}\sqrt{\mu_n^2-k^2}\,Q_n(\varrho)\,Q_n(\varrho')\,. \qquad (b \leqq \varrho \leqq c) \quad (11.41)$$

Ferner erhalten wir durch direkte Integration von $H_\varphi(\varrho, z)$ nach Gl. (10.11) über ϱ zwischen den Grenzen a und b, und mit $z = 0$

$$\int_a^b \mathsf{H}(\varrho)\,d\varrho = (1+\beta)\log\frac{b}{a}\,. \qquad (11.42)$$

Zur Gewinnung einer stationären Darstellung für den auf das Streufeld bezogenen Leitwert Y_C denken wir uns die Leitung (2) diesmal in einer Entfernung $n\lambda/2$ (mit $n \gg 1$) kurzgeschlossen; dadurch bringen wir das *elektrische* Feld $E_\varrho^{(+)}(\varrho, 0)$ der LECHER-Welle an der Stoßstelle $z = 0$ zum Verschwinden, und es wird $\delta = \gamma$. Wir multiplizieren nun die Gl. (11.40) beiderseits mit $\varrho\,\mathsf{H}(\varrho)$ und integrieren über ϱ zwischen den Grenzen a und b. Unter Einführung von Gl. (11.42) erhalten wir

$$\sqrt{\frac{\mu\mu_0}{\varepsilon\varepsilon_0}}\,(1-\beta)(1+\beta)\log\frac{b}{a} + \frac{1}{i\omega\varepsilon\varepsilon_0}\sum_{n=1}^{\infty}\sqrt{\lambda_n^2-k^2}\left[\int_a^b \mathsf{H}(\varrho)\,R_n(\varrho)\,\varrho\,d\varrho\right]^2$$
$$= -\frac{1}{i\omega\varepsilon\varepsilon_0}\int_a^b \mathsf{H}(\varrho)\,\varrho\,d\varrho\int_a^c \mathsf{H}(\varrho')\,\varrho'\,d\varrho' \sum_{n=1}^{\infty}\sqrt{\mu_n^2-k^2}\,Q_n(\varrho)\,Q_n(\varrho')\,. \quad (11.43)$$
$$(a \leqq \varrho \leqq b)$$

Gl. (11.41) sagt aus, daß $\int_a^c \mathsf{H}(\varrho')\,\varrho'\,d\varrho' \sum_{n=1}^{\infty}\sqrt{\mu_n^2-k^2}\,Q_n(\varrho)\,Q_n(\varrho')$ für Werte von ϱ zwischen b und c verschwindet; es macht daher keinen Unterschied, wenn wir auf der rechten Seite von Gl. (11.43) die Integration über ϱ anstelle von a bis b über den Bereich a bis c erstrecken. Indem wir noch durch den Ausdruck $[\int_a^b \mathsf{H}(\varrho)\,d\varrho]^2$ durchdividieren und von den Gl. (10.5) und (11.42) Gebrauch machen, erhalten wir die folgende stationäre Darstellung für Y_C:

$$\frac{1}{Z_{L_1}Y_C} = \frac{i}{k}\,\frac{\log\frac{b}{a}}{\left[\int_a^b \mathsf{H}(\varrho)\,d\varrho\right]^2}\left\{\sum_{n=1}^{\infty}\sqrt{\lambda_n^2-k^2}\left[\int_a^b \mathsf{H}(\varrho)\,R_n(\varrho)\,\varrho\,d\varrho\right]^2 + \right.$$
$$\left. + \sum_{n=1}^{\infty}\sqrt{\mu_n^2-k^2}\left[\int_a^c \mathsf{H}(\varrho)\,Q_n(\varrho)\,\varrho\,d\varrho\right]^2\right\}. \qquad (11.44)$$

11.8. Die Bedeutung der beiden stationären Darstellungen für die Bestimmung des Abschlußleitwertes.

Es ist lehrreich, die beiden stationären Darstellungen für Y_C in Gl. (11.28) und Gl. (11.44) miteinander zu vergleichen. Es ist offensichtlich einfacher, eine Näherungsfunktion für $\mathsf{E}(\varrho)$ in Gl. (11.28) zu finden, als für $\mathsf{H}(\varrho)$ in Gl. (11.44), da man im ersteren Fall sich das Verschwinden von $\mathsf{E}(\varrho)$ zwischen b und c zunutze macht, während man wohl für $\mathsf{H}(\varrho)$ zwischen $\varrho = a$ und $\varrho = b$ als erste Näherung die Funktion $1/\varrho$ wählen mag, für den Verlauf zwischen $\varrho = b$ und $\varrho = c$ jedoch einer gewissen Willkür anheimgegeben ist*). Aus diesem Grunde wird man der Formulierung (11.28), in die das elektrische Feld $\mathsf{E}(\varrho)$ eingeht, den Vorzug geben.

Weiterhin stellt man fest, daß Gl. (11.28) einen Näherungswert für Y_C, Gl. (11.44) hingegen einen solchen für $1/Y_C$ liefert. Wir wissen, daß die beiden Darstellungen in der Nachbarschaft des korrekten Wertes von Y_C bzw. $1/Y_C$ stationär sind, d. h. die korrekten Werte von $\mathsf{E}(\varrho)$ bzw. $\mathsf{H}(\varrho)$ machen Y_C bzw. $1/Y_C$ zu einem Extremum im Vergleich mit allen anderen Werten, die man beim Einsetzen einer von der exakten Feldverteilung abweichenden Verteilung erhält**). Daraus folgt aber, daß man sich bei Einsetzen sukzessiv verbesserter Näherungsfunktionen für $\mathsf{E}(\varrho)$ bzw. $\mathsf{H}(\varrho)$ einerseits mit Y_C, andererseits mit $1/Y_C$ dem jeweils korrekten Wert von oben nach unten (bzw. von unten nach oben im Fall eines Maximums) stetig annähert. Dieser Umstand ist von prinzipieller Bedeutung, denn er ermöglicht es, durch sukzessive Approximation dem wahren Wert von Y_C von zwei Seiten her beliebig nahe zu kommen, d. h. ihn im Prinzip beliebig genau zu bestimmen, indem man zwei stationäre Darstellungen heranzieht, deren eine stationär im bezug auf die elektrische und deren andere stationär im bezug auf die magnetische Feldverteilung über den gleichen Bereich ist. Dieses Verfahren mag im speziellen Fall rechnerisch mühsam sein; es besteht aber im Prinzip die Möglichkeit dazu.

Die erwähnte Extremums- bzw. Minimumseigenschaft ist indessen an eine wesentliche Voraussetzung geknüpft, nämlich daß die darzustellende Größe rein reell oder rein imaginär ist. Für den Fall, daß es sich um eine *komplexe* Größe handelt, liefert die stationäre Darstellung kein Extremum. Beide Darstellungsformen liefern in letzterem Fall den richtigen Wert, wenn die korrekte elektrische bzw. magnetische

---

*) Eine mögliche Wahl wäre z. B. $\mathsf{H}(\varrho) = 1/\varrho$ für $a \leqq \varrho \leqq b$ und $\mathsf{H}(\varrho) = 1/b$ für $b \leqq \varrho \leqq c$.

**) Die positiv definite Form der Ausdrücke für Y_C bzw. $1/Y_C$ in Gl. (11.28) und (11.44) in Verbindung mit deren stationärem Charakter macht den Wert der beiden Darstellungen für die korrekten Feldverteilungen $\mathsf{E}(\varrho)$ bzw. $\mathsf{H}(\varrho)$ zu einem *Minimum*. Vgl. dazu auch Abschnitt 12.10.

Feldverteilung eingesetzt wird. Beim Einsetzen von Annäherungsfunktionen werden beide Darstellungen von dem wahren Wert der gesuchten Größe mit einem Fehler, der in der Größenordnung des

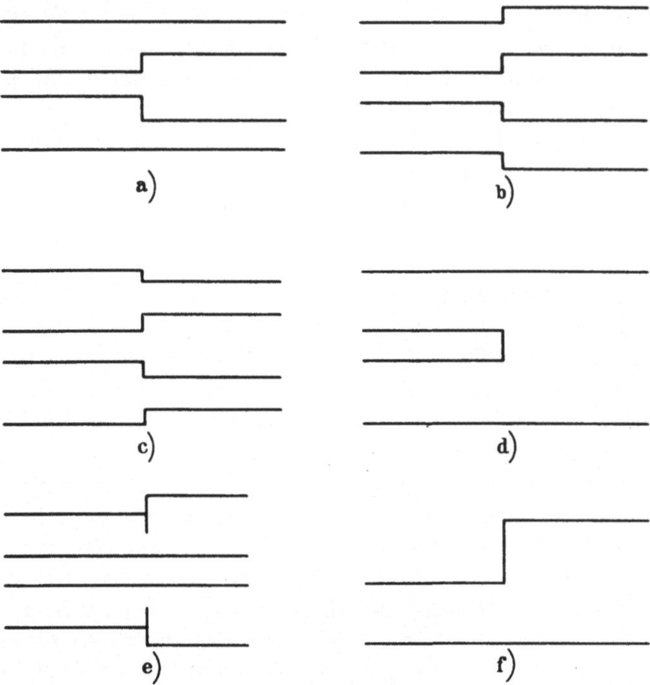

Fig. 11.4. Verwandte Probleme.

mittleren Quadrates der Abweichung von der exakten Verteilung liegt, abweichen. Für eine komplexe Größe läßt sich aber keine obere oder untere Grenze finden, der sich die stationäre Darstellung annähert; die Ergebnisse bewegen sich bestenfalls in der Umgebung eines Sattelpunktes.

Ein Beispiel hierfür bildet die im vorangehenden Abschnitt behandelte Impedanz Y_C der offen abstrahlenden konzentrischen Leitung. Auch dort sind, wie wir erwähnt hatten, zwei stationäre Darstellungen für Y_0 [mit $\mathsf{E}(\varrho)$ als unbekannte Funktion] und für $1/Y_0$ [mit $\mathsf{H}(\varrho)$ als unbekannte Funktion] möglich. Diese können jedoch nicht dazu dienen, Y_0 beliebig genau einzugrenzen; man kann sich dem wahren Wert in zwei Richtungen nähern, die ihn aber nicht zwischen sich „einschließen".

11.9. Verwandte Probleme.

Abschließend deuten wir in Fig. 11.4 eine Anzahl verwandter Probleme an, deren Lösung nach Kenntnis des vorgangs behandelten

Problems nichts prinzipiell Verschiedenes erfordert. Das Verfahren ist in allen Fällen dem oben angegebenen analog.

Die Beispiele (a) bis (c) zeigen die übrigen Varianten zum unstetigen Übergang zwischen zwei konzentrischen Leitungen*), Beispiel (d) den Übergang einer konzentrischen Leitung in einen kreiszylindrischen Hohlleiter. Die Unstetigkeit in Beispiel (e) läßt sich sinngemäß auch auf die Beispiele (a) bis (d) übertragen. Beispiel (f) deutet ein zweidimensionales ebenes Problem an, das senkrecht zur Zeichenebene unendlich ausgedehnt sei. Anstelle der Eigenfunktionen $R_n(\varrho)$ und $Q_n(\varrho)$ des Zylinders treten hier die Eigenfunktionen *sinus* und *cosinus*.

In gleicher Weise lassen sich auch Übergänge zwischen rechteckigen Hohlleitern erledigen; spezielle Beispiele dieser Art werden wir im Folgenden betrachten.

12. Die kapazitive Blende im rechteckigen Hohlleiter**.

12.1. Problemstellung und allgemeine Betrachtungen.

Ein verlustfrei angenommener Hohlleiter mit Rechteckquerschnitt erstrecke sich von $z = -\infty$ nach $z = +\infty$. In der Ebene $z = 0$ sei eine

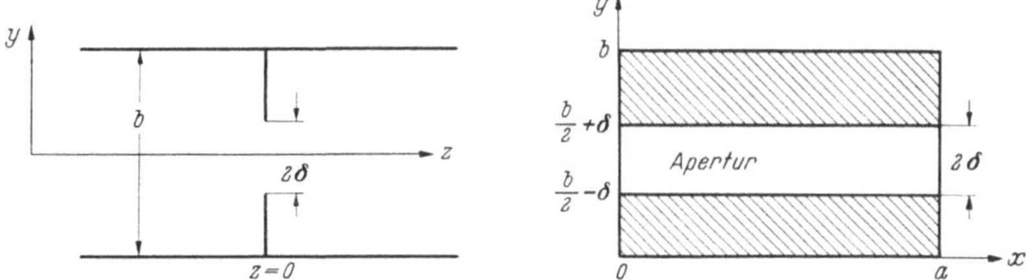

Fig. 12.1. Hohlleiter mit Rechteckquerschnitt a, b und symmetrischer kapazitiver Blende von der Apertur 2δ in der Ebene $z = 0$, deren Querschnitt gezeigt ist.

unendlich dünne metallische Blende symmetrisch in der aus Fig. 12.1 ersichtlichen Weise angebracht. Die Öffnung zwischen den beiden metallischen Blendenhälften bezeichnen wir als *Apertur*.

* Zu den Problemen a) bis c) siehe E. O. HARTIG: A study of coaxial-line discontinuities using a variational method. Techn. Report Nr. 108 (June 30, 1950) Cruft Laboratory, Harvard University. Vgl. auch J. R. WHINNERY, H. W. JAMIESON u. T. E. ROBBINS: Proc. Inst. Radio Engrs. **32**, 11 (1944); W. C. HAHN: J. Appl. Phys. **12**, 62 (1941); J. W. MILES: Proc. Inst. Radio Engrs. **34**, 12 (1947).

**) Die Behandlung der Probleme in den Kapiteln 12 und 13 geht im wesentlichen auf J. SCHWINGER zurück; siehe dazu Informal Report 43—7/7/44 (D. S. SAXON), Notes on lectures by JULIAN SCHWINGER: "Discontinuities in waveguides", Rad. Lab. *Massachusetts Institute of Technology*, Cambridge (USA) Siehe auch "Wave Guide Handbook", herausgegeben von N. MARCUWITZ: Radiation Laboratory Series. New York, Toronto, London 1951. — LEWIN, L.: Advanced theory of waveguides. London 1951.

Wir nehmen an, daß die Grundwelle des magnetischen Typs (H_{10}-Welle) aus $z = -\infty$ her in Richtung der positiven z-Achse einfällt; sie trifft bei $z = 0$ auf die Blende und wird dort gestreut. Ein gewisser Anteil wird mit einem Reflexionskoeffizienten β reflektiert, ein zweiter Anteil tritt mit einem Transmissionskoeffizienten T durch die Blende und schreitet nach $z = +\infty$ fort. Die Absicht ist, die Koeffizienten β bzw. T für die Grundwelle zu bestimmen. Es wird noch vorausgesetzt, daß die Frequenz der H_{10}-Welle derart gewählt sei, daß nur der H_{10}-Typ als fortschreitende Welle existiert, d. h. daß sich keine höheren *fortschreitenden* Wellentypen auf der Leitung ausbilden können. Beim Auftreffen auf die Blende wird ein Störfeld hervorgerufen, das, wie in den vorangehenden Beispielen, zu beiden Seiten der Blende exponentiell abklingt, so daß in großer Entfernung von $z = 0$ praktisch nur noch die H_{10}-Welle vorhanden ist.

Die Felddarstellung der einfallenden H_{10}-Welle ist, wie bekannt, durch die folgenden Komponenten gegeben, wenn wir die Amplitude des einfallenden elektrischen Feldes E_y^i zu Eins normieren*):

$$\begin{aligned} E_y^i &= \sin\frac{\pi x}{a}\, e^{i h_0 z} \\ H_x^i &= -\frac{h_0}{\omega\mu\mu_0}\sin\frac{\pi x}{a}\, e^{i h_0 z} \\ H_z^i &= -\frac{i\pi}{a\omega\mu\mu_0}\cos\frac{\pi x}{a}\, e^{i h_0 z} \end{aligned} \tag{12.1}$$

mit

$$h_0 = \sqrt{k^2 - \left(\frac{\pi}{a}\right)^2} = \frac{2\pi}{\lambda_i} \tag{12.2}$$

und

$$k = \frac{2\pi}{\lambda} = \frac{\omega}{c}\,. \tag{12.3}$$

λ_i und λ bezeichnen die „innere“ und „äußere“ Wellenlänge. Um zu gewährleisten, daß dieser Typ wirklich die Grundwelle darstellt, müssen wir noch, wie in Fig. 12.1 bereits angedeutet, voraussetzen, daß $a > b$ ist; andernfalls wären die Feldkomponenten nach Gl. (12.1) nicht durch die Seitenlänge a, sondern durch b bestimmt.

Die reflektierte, nach $z = -\infty$ fortschreitende Welle sei beispielsweise für E_y gegeben durch

$$E_y^{(-)} = \beta\sin\frac{\pi x}{a}\, e^{-i h_0 z}\,, \qquad (z \leqq 0) \tag{12.4}$$

*) Siehe z. B. W. O. SCHUMANN: Elektrische Wellen. München 1948. — SCHELKUNOFF, S. A.: Electromagnetic waves. Toronto, New York u. London 1943. — SMYTHE, W. R.: Static and dynamic electricity. New York u. London 1939.

die die Blende durchsetzende Welle durch

$$E_y^{(+)} = T \sin \frac{\pi x}{a} e^{i h_0 z}, \qquad (z \geqq 0) \qquad (12.5)$$

wobei β bzw. T den amplitudenmäßigen Reflexions- bzw. Transmissionskoeffizienten des elektrischen Feldes bezeichnen.

Aus Symmetriegründen ist es plausibel, daß das „gestreute" elektrische Feld keine Komponente E_x aufweisen wird. Das elektrische Feld E_y nimmt an den Blendenkanten hohe Werte an; außerdem tritt eine Komponente E_z senkrecht zur Blendenebene auf, die Oberflächenladungen auf der Blende hervorruft; man wird daher eine Erhöhung des Verhältnisses von elektrischer Feldenergie zu magnetischer Feldenergie erwarten. Dies macht es plausibel, daß die Blende durch ein Ersatzbild nach Fig. 12.2 mit der Ersatzkapazität C_0 dargestellt werden kann; sie wird deshalb als „kapazitive" Blende bezeichnet.

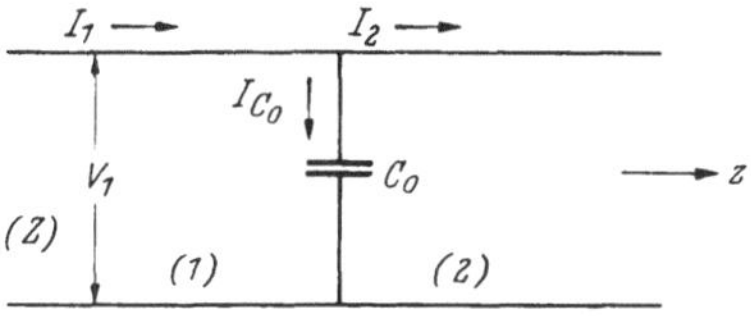

Fig. 12.2. Ersatzschema für die kapazitive Blende im rechteckigen Hohlleiter.

Eine Blende mit parallel zur y-Achse gelegenen Rändern wirkt dagegen als Parallelinduktivität und wird als „induktive" Blende bezeichnet. Wir werden diesen Fall im folgenden Kapitel behandeln. Man bemerkt den Unterschied gegenüber dem vorgangs betrachteten Fall der konzentrischen Leitung mit unstetigem Übergang, in der die Streuung axial-symmetrisch erfolgt. Für den LECHER-Typ wirkt eine axialsymmetrische Störung stets kapazitiv. Im Hohlleiter jedoch können symmetrische Blenden der angegebenen Art je nach ihrer Anordnung kapazitiv oder induktiv wirken; in spezieller „abgestimmter" Kombination als Fenster bilden sie für eine bestimmte Frequenz überhaupt keine Störung.

Wir nehmen Gelegenheit, das vorgelegte Problem auf zwei verschiedene Arten zu behandeln. Einmal werden wir eine Integralgleichung für das elektrische Feld $E_y(x, y, 0)$ in der Blendenebene aufstellen und diese Integralgleichung näherungsweise lösen. Die Lösung liefert uns dann unmittelbar den Transmissionskoeffizienten T der H_{10}-Welle bzw. den Wert der Ersatzkapazität C_0 in Fig. 12.2. Zum anderen werden wir auf einem verschiedenen Weg Integralgleichungen für das magnetische bzw. elektrische Feld in der Blendenebene erstellen und mit deren Hilfe direkt zwei stationäre Darstellungen für den Wert von C_0 gewinnen.

12.2. Aufstellung einer Integralgleichung für das elektrische Aperturfeld.

Zur Aufstellung einer Integralgleichung für das elektrische Feld E_y in der Blendenebene $z = 0$ der Fig. 12.1 beschreiten wir folgenden Weg:

Das elektrische Feld $E^{(+)}$ hinter der Blende im Gebiet $z \geqq 0$ besteht aus der fortschreitenden H_{10}-Welle und dem durch die Blende verursachten Streufeld, welches exponentiell mit z abklingt. Nach Aufstellung der Darstellungen für $E_y^{(+)}$ und $E_z^{(+)}$ durch das transversale Aperturfeld $E_y(x, y, 0)$ läßt sich sofort das transversale magnetische Feld $H_x^{(+)}$ mit Hilfe des Aperturfeldes E_y anschreiben. Sodann machen wir von den im Abschnitt 1.5 behandelten Symmetriebetrachtungen Gebrauch, wonach in der Apertur das *ungestörte* magnetische Transversalfeld H_x^i der einfallenden Welle vorhanden ist. Die Stetigkeitsbedingung von H_x in der Öffnung liefert dann die gesuchte Integralgleichung für $E_y(x, y, 0)$.

Die allgemeine Entwicklung für $E_y^{(+)}(x, y, z)$ im Gebiet $z \geqq 0$ läßt sich leicht angeben. Wir beachten, daß $E_y^{(+)}$ der Wellengleichung $(\nabla^2 + k^2) E_y^{(+)} = 0$ genügen muß. Die x-Abhängigkeit der einfallenden H_{10}-Welle ist nach Gl. (12.1) durch $\sin \frac{\pi x}{a}$ gegeben; es liegt auf der Hand, daß die gestreute Welle, welche die Grenzbedingung an der Blende ($E_y = 0$ auf den metallischen Blendenteilen) zu erfüllen gestattet, ebenfalls eine x-Abhängigkeit der Form $\sin \frac{\pi x}{a}$ aufweisen muß. Die z-Abhängigkeit besitzt in diesem Fall die Form $e^{i h_m z}$ mit

$$h_m^2 = k^2 - \left(\frac{\pi}{a}\right)^2 - \left(\frac{m\pi}{b}\right)^2 = h_0^2 - \left(\frac{m\pi}{b}\right)^2,$$

wobei (12.6)

$$h_0^2 = k^2 - \left(\frac{\pi}{a}\right)^2 .$$

Da nur die Grundwelle (H_{10}-Typ) fortschreiten soll, unterwerfen wir die aufgeprägte Kreisfrequenz ω der Bedingung

$$\frac{\pi^2}{a^2} < k^2 = \frac{\omega^2}{c^2} < \frac{\pi^2}{b^2} . \qquad (b < a) \quad (12.7)$$

Damit wird für $m = 0$ $e^{i h_m z} = e^{i h_0 z}$, und $e^{i h_m z} = e^{-\sqrt{\pi^2/a^2 + m^2\pi^2/b^2 - k^2}\, z}$ für $m = 1, 2, 3 \ldots$ und positive z, d. h. die Störfelder sind exponentiell mit wachsendem z gedämpft. Somit machen wir den Ansatz

$$E_y^{(+)}(x, y, z) = \sum_{m=0}^{\infty} A_m \sin \frac{\pi x}{a} \cos \frac{m\pi y}{b} e^{i h_m z} . \qquad (12.8)$$

Für die durch die Blende hervorgerufene z-Komponente des elektrischen Feldes machen wir den Ansatz*)

$$E_z^{(+)}(x, y, z) = \sum_{m=0}^{\infty} C_m \sin \frac{\pi x}{a} \sin \frac{m\pi y}{b} e^{i h_m z} . \qquad (12.9)$$

Die Grundwelle ($m = 0$) besitzt nach Gl. (12.1) keine Komponente E_z;

*) Die resultierende Feldverteilung, die die Komponenten E_y und E_z, jedoch keine Komponente E_x aufweist, hat den Charakter einer sog. elektrischen „*Längsschnittwelle*".

daher sind alle Summenglieder von $E_z^{(+)}$ exponentiell gedämpft. Die Konstanten A_m und C_m sind durch die Bedingung der Divergenzfreiheit des elektrischen Feldes miteinander verknüpft:

$$\operatorname{div} \boldsymbol{E} = \frac{\partial E_y}{\partial y} + \frac{\partial E_z}{\partial z} = 0 . \tag{12.10}$$

Mit Gl. (12.8) und (12.9) folgt daraus

$$C_m = \frac{m \pi}{i h_m b} A_m . \tag{12.11}$$

In der Blendenebene $z = 0$ erhalten wir mit Gl. (12.8)

$$E_y^{(+)}(x, y, 0) = \sum_{m=0}^{\infty} A_m \sin \frac{\pi x}{a} \cos \frac{m \pi y}{b} = \mathsf{E}(y) \sin \frac{\pi x}{a} , \tag{12.12}$$

wobei wir unter Abspaltung des den Komponenten E_y, E_z und H_x gemeinsamen Faktors $\sin \frac{\pi x}{a}$ das transversale „Aperturfeld“ $\mathsf{E}(y)$ einführen. $\mathsf{E}(y)$ entspricht dem Aperturfeld $E_y(x, y, 0)$ an der Stelle $x = a/2$. Die Randbedingungen in der Blendenebene liefern mit Gl. (12.12)

$$\begin{aligned} \mathsf{E}(y) &= \sum_{m=0}^{\infty} A_m \cos \frac{m \pi y}{b} , \quad \left(\frac{b}{2} - \delta \leqq y \leqq \frac{b}{2} + \delta\right) \\ 0 &= \sum_{m=0}^{\infty} A_m \cos \frac{m \pi y}{b} . \quad \left(0 \leqq y \leqq \frac{b}{2} - \delta \text{ und } \frac{b}{2} + \delta \leqq y \leqq b\right) \end{aligned} \tag{12.13}$$

Daraus ergibt sich

$$A_m = \frac{2 - \delta_{0m}}{b} \int_{ap.} \mathsf{E}(y') \cos \frac{m \pi y'}{b} \, d y' , \tag{12.14}$$

wobei die Bezeichnung *ap.* die Integration über der Apertur (Fig. 12.1) andeutet. δ_{0m} ist Null, ausgenommen $\delta_{00} = 1$. Mit Gl. (12.14) erhalten wir nach Gl. (12.8), (12.9) und (12.11) die Darstellung der Komponenten $E_y^{(+)}$ und $E_z^{(+)}$ als Funktion des Aperturfeldes $\mathsf{E}(y)$:

$$E_y^{(+)}(x, y, z) = \sin \frac{\pi x}{a} \int_{ap.} \mathsf{E}(y') \, d y' \sum_{m=0}^{\infty} \frac{2 - \delta_{0m}}{b} \cos \frac{m \pi y'}{b} \cos \frac{m \pi y}{b} e^{i h_m z} , \tag{12.15}$$

$$E_z^{(+)}(x, y, z) = \sin \frac{\pi x}{a} \int_{ap.} \mathsf{E}(y') \, d y' \sum_{m=0}^{\infty} \frac{m \pi}{i h_m b} \frac{2 - \delta_{0m}}{b} \cos \frac{m \pi y'}{b} \sin \frac{m \pi y}{b} e^{i h_m z} . \tag{12.16}$$

Das magnetische transversale Feld ist auf Grund der MAXWELLschen Gleichung rot $\boldsymbol{E} = i\omega\mu\mu_0\,\boldsymbol{H}$ gegeben durch

$$H_x = \frac{1}{i\omega\mu\mu_0}\left(\frac{\partial E_z}{\partial y} - \frac{\partial E_y}{\partial z}\right). \tag{12.17}$$

Mit Gl. (12.15) und (12.16) folgt daher unter Beachtung von Gl. (12.6)

$$H_x^{(+)}(x,y,z) \tag{12.18}$$
$$= \frac{-1}{\omega\mu\mu_0}\sin\frac{\pi x}{a}\int\limits_{ap.}\mathsf{E}(y')\,dy'\sum_{m=0}^{\infty}\frac{h_0^2}{h_m}\,\frac{2-\delta_{0m}}{b}\cos\frac{m\pi y'}{b}\cos\frac{m\pi y}{b}\,e^{ih_m z}.$$

$H_x^{(+)}$ ist das totale transversale magnetische Feld im Bereich $z \geqq 0$; der Beitrag mit $m = 0$ entspricht der fortschreitenden Grundwelle, die Summenglieder mit $m \geqq 1$ dem „Streufeld". Wir machen uns nun die im Abschnitt 1.5 behandelten Symmetriebedingungen zunutze, die sich in gleicher Weise, wie dort am Schirm, hier auf die Verhältnisse in der Blendenebene anwenden lassen. Es folgt aus den gleichen Überlegungen wie dort, daß das elektrische Streufeld eine *gerade* Funktion in z ist und daher das transversale magnetische Feld in der Blendenöffnung gleich dem ungestörten Feld der einfallenden Welle ist. Für $z = 0$ gilt demnach im Aperturbereich

$$H_x^{(+)}(x, y, 0) = H_x^i(x, y, 0)\,. \tag{12.19}$$

$H_x^i(x, y, 0)$ ist jedoch mit Gl. (12.1) eine bekannte Funktion. Damit erhält man aus der Darstellung (12.18) eine Integralgleichung für $\mathsf{E}(y)$. Es ergibt sich mit Gl. (12.19) für $z = 0$

$$1 = \int\limits_{ap.}\mathsf{E}(y')\,dy'\sum_{m=0}^{\infty}\frac{h_0}{h_m}\,\frac{2-\delta_{0m}}{b}\cos\frac{m\pi y'}{b}\cos\frac{m\pi y}{b}, \tag{12.20}$$

oder mit Abspaltung des Gliedes $m = 0$

$$1 - \frac{1}{b}\int\limits_{ap.}\mathsf{E}(y')\,dy' = \frac{2}{b}\int\limits_{ap.}\mathsf{E}(y')\,dy'\sum_{m=1}^{\infty}\frac{h_0}{h_m}\cos\frac{m\pi y'}{b}\cos\frac{m\pi y}{b}, \tag{12.21}$$

die gesuchte Integralgleichung für $\mathsf{E}(y')$ im Aperturbereich. Ein Blick auf die GREENsche Funktion in Gl. (2.42) läßt deren Beziehung zu den Darstellungen (12.18) und (12.21) erkennen.

12.3. Genäherte Auflösung der Integralgleichung für das elektrische Aperturfeld.

Eine angenäherte Lösung für die exakte Integralgleichung (12.21) läßt sich durch eine Vereinfachung des Ausdrucks für h_m gewinnen.

Nach Gl. (12.6) gilt

$$h_m = i\sqrt{\left(\frac{m\pi}{b}\right)^2 + \left(\frac{\pi}{a}\right)^2 - k^2} = i\,\frac{m\pi}{b}\sqrt{1 - \left(\frac{b\,h_0}{m\pi}\right)^2}\,, \qquad (12.22)$$

wobei k so gewählt ist, daß der Ausdruck unter dem Wurzelzeichen positiv ist. Für $m \geqq 1$ vernachlässigen wir nun $(\pi/a)^2 - k^2$ gegenüber $(m\,\pi/b)^2$. Nach Voraussetzung (12.7) über den Wertebereich von k bewegt sich der Wert von $|h_m|$ zwischen $m\pi/b$ und $\sqrt{m^2 - 1 + (b/a)^2}\;\pi/b$. Für große m-Werte ist die obige Vernachlässigung unbedeutend. Für m-Werte in der Umgebung und einschließlich $m = 1$ aber begeht man einen Fehler, der um so größer wird, je mehr man sich von der Grenzfrequenz der H_{10}-Welle ($k = \pi/a$) entfernt. Die erwähnte Vernachlässigung läßt daher eine Näherung für die Ersatzkapazität C_0 in Fig. 12.2 erwarten, die um so brauchbarer sein wird, je näher die erregende Frequenz der Grenzfrequenz der H_{10}-Welle kommt. Der Grund, warum diese Art der Näherung ins Auge gefaßt wird, ist der Umstand, daß sich mit

$$h_m \approx i\,\frac{m\pi}{b} \qquad (12.23)$$

die Summe in Gl. (12.21) nach einer bekannten Formel aufsummieren läßt*). Es gilt

$$2\sum_{m=1}^{\infty} \frac{\cos m\varphi \cos m\varphi'}{m} = -\log\{2\,|\cos\varphi - \cos\varphi'|\}\,. \qquad (12.24)$$

Mit der Näherung (12.23) und der Beziehung (12.24) erhalten wir aus der korrekten Integralgleichung (12.21) die folgende genäherte, von m freie Integralgleichung:

$$1 - \frac{1}{b}\int\limits_{ap.} \mathsf{E}(y')\,dy' = -\frac{h_0}{i\pi}\int\limits_{ap.} \mathsf{E}(y')\,dy' \log\left\{2\left|\cos\frac{\pi y}{b} - \cos\frac{\pi y'}{b}\right|\right\}. \qquad (12.25)$$

Mit Einführung der Konstanten

$$\alpha = \frac{i\pi}{h_0}\left[1 - \frac{1}{b}\int\limits_{ap.} \mathsf{E}(y')\,dy'\right] \qquad (12.26)$$

folgt mit Ausschreiben der Grenzen für die symmetrische Blende

$$\alpha = -\int\limits_{b/2-\delta}^{b/2+\delta} \mathsf{E}(y') \log\left\{2\left|\cos\frac{\pi y}{b} - \cos\frac{\pi y'}{b}\right|\right\} dy'\,. \qquad (12.27)$$

An der oberen Grenze $y' = \frac{b}{2} + \delta$ wird $\cos\frac{\pi y'}{b} = -\sin\frac{\pi\delta}{b}$, an der

*) Die Näherung, die man unter Verwendung von Gl (12.23) erhält, wird häufig als die „*quasistatische*" Näherung bezeichnet (s. Abschnitt 12.17). Zur Summationsformel vgl. L. B. W. JOLLEY: Summation of series, S. 62. London 1925.

unteren Grenze $y' = \frac{b}{2} - \delta$ folgt $\cos\frac{\pi y'}{b} = \sin\frac{\pi\delta}{b}$. Es liegt daher nahe, für die symmetrische Blende die folgende Koordinatentransformation einzuführen*):

$$\cos\frac{\pi y}{b} = \sin\frac{\pi\delta}{b}\cos\vartheta; \qquad \cos\frac{\pi y'}{b} = \sin\frac{\pi\delta}{b}\cos\vartheta' . \tag{12.28}$$

Damit folgt aus Gl. (12.27)

$$\alpha = \int_0^\pi \mathsf{E}(y')\frac{dy'}{d\vartheta'}\,d\vartheta'\left\{-\log\sin\frac{\pi\delta}{b} - 2\log|\cos\vartheta - \cos\vartheta'|\right\}$$

und, indem wir wieder auf Gl. (12.24) zurückgreifen,

$$\alpha = \int_0^\pi \mathsf{E}(y')\frac{dy'}{d\vartheta'}\,d\vartheta'\left\{-\log\sin\frac{\pi\delta}{b} + 2\sum_{m=1}^{\infty}\frac{\cos m\vartheta\cos m\vartheta'}{m}\right\}. \tag{12.29}$$

Die linke Seite der Integralgleichung (12.29) ist eine Konstante, d. h. unabhängig von ϑ. Wir denken uns nun den Ausdruck

$$f(\vartheta') = \mathsf{E}(y')\frac{dy'}{d\vartheta'} = \sum_{\mu=0}^{\infty} a_\mu\cos\mu\vartheta' \tag{12.30}$$

in eine Fourier-Reihe der angegebenen Art im Bereich $0 \leqq \vartheta' \leqq \pi$ entwickelt**).

Mit der Entwicklung (12.30) erhält man aus Gl. (12.29)

$$\alpha = -a_0\pi\log\sin\frac{\pi\delta}{b} + 2\sum_{m=1}^{\infty}\frac{\cos m\vartheta}{m}\int_0^\pi\sum_{\mu=0}^{\infty} a_\mu\cos\mu\vartheta'\cos m\vartheta'\,d\vartheta'$$

oder

$$\alpha = -a_0\pi\log\sin\frac{\pi\delta}{b} + \pi\sum_{m=1}^{\infty}\frac{a_m}{m}\cos m\vartheta . \tag{12.31}$$

Daraus folgt aber $a_m = 0$ für $m \geqq 1$ und somit nach Gl. (12.30)

$$f(\vartheta') = \mathsf{E}(y')\frac{dy'}{d\vartheta'} = a_0 = \frac{-\alpha}{\pi\log\sin\frac{\pi\delta}{b}} . \tag{12.32}$$

---

*) Für die unsymmetrische Blende, deren Apertur sich von $y = \frac{b}{2} - \delta_1$ bis $y = \frac{b}{2} + \delta_2$ erstreckt, führt man die Transformation

$$\frac{\cos\pi y'}{b} = \frac{1}{2}\left(\sin\frac{\pi\delta_1}{b} - \sin\frac{\pi\delta_2}{b}\right) + \frac{1}{2}\left(\sin\frac{\pi\delta_1}{b} + \sin\frac{\pi\delta_2}{b}\cos\vartheta'\right)$$

ein. Diese transformiert, wie man leicht verifiziert, den Aperturbereich in den Bereich $0 \leqq \vartheta' \leqq \pi$.

**) Die Transformation $\vartheta' = \vartheta - \pi/2$ zeigt, daß man durch die Darstellung (12.30) sowohl die geraden als auch die ungeraden trigonometrischen Funktionen im genannten ϑ'-Bereich erfaßt.

Die Funktion $f(\vartheta') = \text{constans}$ befriedigt also die Integralgleichung (12.29). Integration von Gl. (12.32) ergibt

$$\int_{b/2-\delta}^{b/2+\delta} \mathsf{E}(y')\, dy' = a_0 \int_0^{\pi} d\vartheta' = a_0 \pi . \tag{12.33}$$

Aus den Gl. (12.26), (12.32) und (12.33) findet man

$$a_0 = \frac{i}{h_0} \frac{1}{\frac{i\pi}{b h_0} - \log \sin \frac{\pi\delta}{b}} . \tag{12.34}$$

Die Feldverteilung $\mathsf{E}(y)$ ergibt sich ebenfalls nach einfacher Rechnung aus den Gl. (12.28), (12.32) und (12.34); es folgt

$$\mathsf{E}(y) = \frac{1}{1 + \frac{i b h_0}{\pi} \log \sin \frac{\pi\delta}{b}} \frac{\sin \frac{\pi y}{b}}{\sqrt{\sin^2 \frac{\pi\delta}{b} - \cos^2 \frac{\pi y}{b}}} . \tag{12.35}$$

Die Lösung (12.35) ist exakt für die Grenzfrequenz der H_{10}-Welle, wo zufolge $k = \pi/a$ oder $h_0 = 0$ nach Gl. (12.6) die Beziehung (12.23) genau gültig ist; die multiplikative Konstante im Ausdruck (12.35) für $\mathsf{E}(y)$ wird dabei Eins. Gl. (12.35) gilt näherungsweise in der Umgebung der Grenzfrequenz, solange $(b h_0/m\pi)^2 \ll 1$ ist.

Fig. 12.3 zeigt den Verlauf von $\mathsf{E}(y)$ für die Grenzfrequenz in der Blendenöffnung als Funktion von y/b mit dem Öffnungsverhältnis $p = \delta/b$ als Parameter. An den Blendenkanten $y = b/2 \pm \delta$ wird $\mathsf{E}(y)$ unendlich. Setzt man in der Nachbarschaft der unteren Kante $y = b/2 - \delta + \eta$ mit $\eta/b \ll 1$, so rechnet man aus Gl. (12.35) leicht nach, daß in Kantennähe $\mathsf{E}(y)$ wie $1/\sqrt{\eta}$ gegen Unendlich geht. Dieser Umstand steht im Einklang mit der generellen „Kantenbedingung", nämlich daß in der Umgebung von Kanten bei Beugungsvorgängen die zur Kante normalen Komponenten von $\boldsymbol{E}$ oder $\boldsymbol{H}$ stets wie $R^{-1/2}$ gegen Unendlich

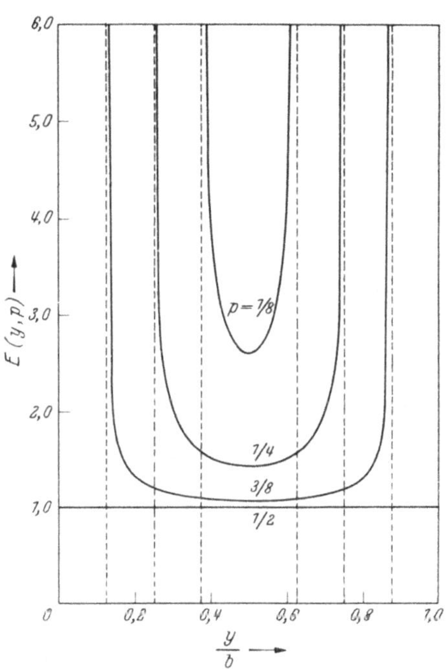

Fig. 12.3. Die elektrische Feldkomponente $\mathsf{E}(y)$ nach Gl. (12.35) im Fall der Grenzfrequenz an der Stelle $x = a/2$ in der Blendenöffnung des Rechteckhohlleiters als Funktion von y/b mit dem Öffnungsverhältnis $p = \delta/b$ als Parameter (vgl. Fig. 12.1).

gehen, wenn R den Abstand von der Kante, längs der Normalen gemessen, bedeutet*).

Auf den metallischen Blendenhälften selbst ist $\mathsf{E}(y) = 0$. Für die Grenzfrequenz ist $\mathsf{E}(y)$ in Phase mit dem einfallenden Feld E_y^i. Das magnetische Transversalfeld H_x über der Blendenöffnung ist, wie bereits angemerkt, mit dem einfallenden ungestörten Feld H_x^i identisch.

Wir zeigen noch, daß die allgemeine Felddarstellung (12.15) für $E_y^{(+)}(x, y, z)$ in der Blendenebene $z = 0$ tatsächlich die erwartete Feldverteilung liefert, nämlich das Blendenfeld $\mathsf{E}(y)$ nach Gl. (12.35) in der Öffnung und das Feld Null außerhalb der Öffnung.

Wir betrachten dazu eine δ-Funktion $\delta(v)$ und entwickeln dieselbe formal in eine FOURIER-Reihe im Bereich $-b \leqq v \leqq b$. Da die δ-Funktion in diesem Fall eine gerade Funktion ist, setzen wir

$$\delta(v) = \sum_{m=0}^{\infty} A_m \cos\frac{m\pi v}{b} \tag{12.36}$$

und finden nach bekannten Regeln

$$A_m = \frac{2 - \delta_{0m}}{2b} \int_{-b}^{b} \delta(v) \cos\frac{m\pi v}{b}\, dv = \frac{2 - \delta_{0m}}{2b}.$$

Somit folgt

$$\delta(v) = \sum_{m=0}^{\infty} \frac{2 - \delta_{0m}}{2b} \cos\frac{m\pi v}{b}. \tag{12.37}$$

Wir setzen nun $v = y \pm y'$ und bilden

$$\delta(y - y') + \delta(y + y') = \sum_{m=0}^{\infty} \frac{2 - \delta_{0m}}{b} \frac{1}{2}\left(\cos\frac{m\pi(y - y')}{b} + \cos\frac{m\pi(y + y')}{b}\right)$$

oder

$$\delta(y - y') + \delta(y + y') = \sum_{m=0}^{\infty} \frac{2 - \delta_{0m}}{b} \cos\frac{m\pi y}{b} \cos\frac{m\pi y'}{b}. \tag{12.38}$$

Nach Gl. (12.15) gilt in der Blendenebene $z = 0$, wenn wir die Summe über m durch Gl. (12.38) ersetzen,

$$E_y^{(+)}(x, y, 0) = \sin\frac{\pi x}{a} \int_{ap.} \mathsf{E}(y')\, dy' \cdot [\delta(y - y') + \delta(y + y')]. \tag{12.39}$$

Die Summe über m in Gl. (12.15) stellt sich also für $z = 0$ als eine spezielle Art einer δ-Funktion heraus; y' erstreckt sich als Integrationsvariable über die Apertur, y selbst von $y = 0$ bis $y = b$. Liegt y nun

*) Siehe dazu C. J. BOUWKAMP: Physica 12, 467 (1946). — MEIXNER, J.: Ann. Physik (6) 6, 2 (1949). Die *Kantenbedingung* bringt zum Ausdruck, daß die Feldstärken über der gesamten Öffnung quadratisch integrierbar sein müssen, womit in jedem Volumenelement eine endliche Feldenergie gewährleistet wird.

innerhalb der Apertur, so liefert die δ-Funktion bei der Integration über y' einen Beitrag an der Stelle $y' = y$, und es folgt nach den Regeln der δ-Funktion

$$E_y^{(+)}(x, y, 0) = \sin\frac{\pi x}{a}\,\mathsf{E}(y)\,, \quad \left(\frac{b}{2} - \delta \leqq y \leqq \frac{b}{2} + \delta\right) \qquad (12.40)$$

d. h. in der Blendenöffnung stellt $\mathsf{E}(y)$ tatsächlich das Feld E_y für $x = a/2$ dar. Liegt jedoch y außerhalb der Blendenöffnung, so liefert die δ-Funktion überall im Integrationsbereich von y' den Wert Null und wir erhalten richtig

$$E_y^{(+)}(x, y, 0) = 0 \quad \left(\frac{b}{2} - \delta \geqq y \geqq \frac{b}{2} + \delta\right) \qquad (12.41)$$

auf den metallischen Blendenhälften.

12.4. Transmissionskoeffizient und äquivalente Ersatzkapazität der kapazitiven Blende.

Nach Lösung der angenäherten Integralgleichung (12.25) sind wir nun in der Lage, den Transmissionskoeffizienten T nach der Definition (12.5) und damit die Ersatzkapazität C_0 in Fig. 12.2 zu berechnen.

Für die durch die Blende durchtretende und in Richtung positiver z fortschreitende Welle gilt mit Gl. (12.15) und $m = 0$

$$[E_y^{(+)}(x, y, z)]_{H_{10}\text{-Welle}} = \sin\frac{\pi x}{a}\,\frac{e^{i h_0 z}}{b}\int\limits_{ap.}\mathsf{E}(y')\,dy'\,. \qquad (12.42)$$

Der Vergleich mit Gl. (12.5) liefert

$$T = \frac{1}{b}\int\limits_{ap.}\mathsf{E}(y')\,dy'\,. \qquad (12.43)$$

Mit Gl. (12.33) und (12.34) erhält man sofort den Transmissionskoeffizienten

$$T = \frac{a_0\,\pi}{b} = \frac{1}{1 + \dfrac{i b h_0}{\pi}\log\sin\dfrac{\pi\delta}{b}}\,. \qquad (12.44)$$

Für die Grenzfrequenz selbst ist $h_0 = 0$ und damit $T = 1$. Hier verschwindet nach Gl. (12.1) und (12.18) H_x; die Phasengeschwindigkeit wird bekanntlich unendlich, und der Zustand entspricht beiderseits der Blende einer stehenden Welle längs der x-Koordinate. Oberhalb der Grenzfrequenz ist $|T| < 1$ und T selbst komplex.

Um die Ersatzkapazität C_0 nach Fig. 12.2 zu finden, betrachten wir eine äquivalente LECHER-Leitung mit dem Wellenwiderstand Z, die an der Stelle $z = 0$ durch eine Parallelkapazität C_0 überbrückt ist. Bezeichnen wir mit $f(kz - \omega t)$ eine rechtslaufende, mit $g(kz + \omega t)$ eine linkslaufende Welle, so gilt bekannterweise in den Teilen (1) für $z \leqq 0$ und (2) für $z \geqq 0$ die Darstellung von Spannung V und Strom I

$$V_1 = f_1 + g_1; \quad V_2 = f_2, \tag{12.45}$$

$$Z I_1 = f_1 - g_1; \quad Z I_2 = f_2. \tag{12.46}$$

Außerdem gilt in der Blendenebene, wo wir uns C_0 befindlich denken,

$$V_1 = V_2 = V$$

und, wenn wir mit q die auf C_0 befindliche Ladung bezeichnen,

$$I_1 = I_2 + I_{C_0} \text{ mit } I_{C_0} = \frac{dq}{dt} = -i\omega q = -i\omega C_0 V. \tag{12.47}$$

Mit Gl. (12.45) und (12.46) folgt

$$f_1 - g_1 = f_2 - i\omega C_0 Z V = f_2\,(1 - i\omega C_0 Z). \tag{12.48}$$

Aus Gl. (12.45) und (12.48) erhält man

$$2 f_1 = f_2 (2 - i\omega C_0 Z). \tag{12.49}$$

Der Transmissionskoeffizient im Ersatzschema der Abb. 12.2 ist mit Rücksicht auf Gl. (12.45) sinngemäß durch

$$T = \frac{f_2}{f_1} \tag{12.50}$$

definiert. Damit ergibt sich nach Gl. (12.49)

$$\omega C_0 Z = \frac{2}{i}\left(1 - \frac{1}{T}\right), \tag{12.51}$$

und schließlich mit Gl. (12.44)*)

$$\omega C_0 Z = -\frac{2 b h_0}{\pi} \log \sin \frac{\pi \delta}{b}. \tag{12.52}$$

Es ist $C_0 Z \geqq 0$ und die Blende daher „kapazitiv". Der äquivalente Wellenwiderstand Z für die H_{10}-Welle läßt sich beliebig normieren; man kann daher $Z = 1$ wählen**). Der Ausdruck (12.52) gilt streng im Falle der Grenzfrequenz ($h_0 = 0$) und nur angenähert in der Umgebung derselben. Die folgende Schreibweise von Gl. (12.52) bringt dies deutlicher zum Ausdruck***):

$$\lim \left(\frac{\omega C_0 Z}{4 b h_0}\right)_{h_0 \to 0} = -\frac{1}{2\pi} \log \sin \frac{\pi \delta}{b}. \tag{12.53}$$

---

*) Das Ergebnis (12.52) wird häufig als „quasistatische" Näherung bezeichnet (s. dazu Abschnitt 12.17). Für eine *unsymmetrische* Blende, deren Apertur von $y = b/2 - \delta_1$ nach $y = b/2 + \delta_2$ reicht, ergibt sich nach analogem Rechnungsgang

$$\omega C_0 Z = -\frac{2 b h_0}{\pi} \log \left\{ \sin \frac{\pi}{2b} (\delta_1 + \delta_2) \cos \frac{\pi}{2b} (\delta_1 - \delta_2) \right\}.$$

) Siehe z. B. F. Borgnis: Arch. elektr. Übertr. **5, 181 (1951).

***) Zur Berechnung der quasistatischen Näherung der kapazitiven Blende vgl. auch K. Fränz: Arch. elektr. Übertr. **2**, 140 (1948).

12.5. Eine zweite Lösungsmethode.

Wir wenden uns nunmehr der bereits angekündigten zweiten Behandlungsart der kapazitiven Blende zu. Wir werden je eine Integralgleichung für das transversale magnetische und elektrische Feld in der Blendenebene aufstellen, wobei wir einen von dem obigen verschiedenen Weg einschlagen. Aus den beiden Integralgleichungen werden wir zwei verschiedene stationäre Darstellungen für den Wert der Ersatzkapazität C nach Fig. 12.2 herleiten, die C_0 zwischen einer unteren und oberen Grenze einschließen. Für die folgenden Betrachtungen entfällt die Beschränkung auf eine zu $y = b/2$ symmetrische Blende.

Zunächst läßt sich das vorliegende dreidimensionale Problem in ein zweidimensionales, d. h. ebenes Problem verwandeln, indem wir uns von der x-Koordinate frei machen. Betrachten wir das elektrische Feld $\boldsymbol{E}$, von dem wir voraussetzen, daß es nur die Komponenten E_y und E_z besitzt. $\boldsymbol{E}$ genügt in allen Komponenten der Wellengleichung

$$\left(\frac{\partial^2}{\partial x^2} + \frac{\partial^2}{\partial y^2} + \frac{\partial^2}{\partial z^2} + k^2\right) \boldsymbol{E}(x, y, z, k) = 0 . \tag{12.54}$$

Da wir als einfallende Welle wieder eine H_{10}-Welle voraussetzen, deren Feldkomponenten durch Gl. (12.1) beschrieben werden, liegt es auf der Hand, daß alle totalen Feldkomponenten von der x-Koordinate in der Form $\sin(\pi x/a)$ abhängen; dies bestätigt auch ein Blick auf Gl. (12.15) und (12.16). Wir führen nun ein „zweidimensionales Feld“ $\boldsymbol{E}'(y, z)$ ein durch den Ansatz

$$\boldsymbol{E}(x, y, z, k) = \boldsymbol{E}'(y, z) \sin\frac{\pi x}{a} \tag{12.55}$$

und erhalten mit Einsetzen von Gl. (12.55) in Gl. (12.54) für $\boldsymbol{E}'$ die Differentialgleichung

$$\left(\frac{\partial^2}{\partial y^2} + \frac{\partial^2}{\partial z^2} + k^2 - \frac{\pi^2}{a^2}\right) \boldsymbol{E}'(y, z) = 0 . \tag{12.56}$$

Diese Gleichung ist von der Form des zweidimensionalen Problems der Fortpflanzung einer Welle zwischen zwei in der x-Richtung unendlich ausgedehnten parallelen Ebenen. Denken wir uns dieses Problem für $\boldsymbol{E}'$ gelöst, wobei $\boldsymbol{E}'(y, z)$ den gleichen Randbedingungen in Hinsicht auf die y, z-Koordinaten genügen soll, wie $\boldsymbol{E}(x, y, z, k)$ im dreidimensionalen Problem (d. h. Verschwinden der Tangentialkomponenten auf den Ebenen $y = 0$, b und längs der in der x-Richtung unendlich ausgedehnten Blende) und wobei $\boldsymbol{E}'$ der Differentialgleichung

$$\left(\frac{\partial^2}{\partial y^2} + \frac{\partial^2}{\partial z^2} + h_0^2\right) \boldsymbol{E}'(y, z) = 0 \quad \text{mit} \quad h_0^2 = k^2 - \frac{\pi^2}{a^2} \tag{12.57}$$

Genüge leistet, so erhalten wir mit Gl. (12.55) aus $\boldsymbol{E}'$ unmittelbar die entsprechende Lösung des ursprünglichen dreidimensionalen Problems.

Den zusätzlichen Randbedingungen für $E(x, y, z, k)$ an den Flächen $x = 0, a$ wird offensichtlich durch den Faktor $\sin(\pi x/a)$ Genüge getan. Das dreidimensionale magnetische Feld $\boldsymbol{H}$ gewinnt man aus der Lösung für $\boldsymbol{E}$ durch reine Differentiationen*). Wir beschränken uns im folgenden auf das zweidimensionale Problem, in dem die x-Koordinate nicht mehr auftritt. Die (y, z)-Ebene können wir uns dabei zweckmäßig in der Ebene $x = a/2$ denken.

12.6. Aufstellung der Integralgleichung für das transversale magnetische Blendenfeld.

Zur Aufstellung einer Integralgleichung für das transversale magnetische Feld führen wir $H_x(y, z)$ als skalare Wellenfunktion $\psi(y, z)$ ein, die analog zu Gl. (12.57) der Differentialgleichung

$$\left(\frac{\partial^2}{\partial y^2} + \frac{\partial^2}{\partial z^2} + h_0^2\right) \psi(y, z) = 0 \tag{12.58}$$

genügt. Die Feldkomponenten der dreidimensionalen elektrischen „Längsschnittwelle" mit den elektrischen Komponenten E_y und E_z lassen sich aus ψ in folgender Weise ableiten, wie man leicht mittels der MAXWELLschen Gleichungen verifiziert**):

$$\begin{aligned} E_x &= 0 \\ E_y &= \frac{i\omega\mu\mu_0}{h_0^2} \frac{\partial\psi}{\partial z} \sin\frac{\pi x}{a} \\ E_z &= -\frac{i\omega\mu\mu_0}{h_0^2} \frac{\partial\psi}{\partial y} \sin\frac{\pi x}{a} \\ H_x &= \psi \sin\frac{\pi x}{a} \\ H_y &= \frac{\pi}{a h_0^2} \frac{\partial\psi}{\partial y} \cos\frac{\pi x}{a} \\ H_z &= \frac{\pi}{a h_0^2} \frac{\partial\psi}{\partial z} \cos\frac{\pi x}{a}. \end{aligned} \tag{12.59}$$

*) Die Reduktion auf ein zweidimensionales Problem wäre nicht möglich, wenn $\boldsymbol{E}$ eine Komponente E_x enthielte; zufolge $\operatorname{div} \boldsymbol{E} = 0$ müßte E_x in x von der Form $\cos(\pi x/a)$ sein, was mit dem Ansatz (12.55) unverträglich wäre.

**) Diese Darstellung kann aus einem HERTZschen Vektor $\Pi = \Pi_x = -\frac{\psi(y,z)}{h_0^2} \sin\frac{\pi x}{a}$ mit $\boldsymbol{E} = i\omega\mu\mu_0 \operatorname{rot} \Pi$ und $\boldsymbol{H} = \operatorname{rot}\operatorname{rot} \Pi$ gewonnen werden; Π_x genügt der Wellengleichung $(\nabla^2 + k^2)\,\Pi_x = 0$ und daher ψ der Gleichung $(\nabla^2 + h_0^2)\,\psi = 0$. Über die Darstellung von $\boldsymbol{E}$ und $\boldsymbol{H}$ durch Π s. z. B. J. A. STRATTON: Electromagnetic theory, S. 351, Gl. (9). New York u. London 1941. — Vgl. auch Gl. (14.13).

Im zweidimensionalen Problem, auf das wir uns nun beschränken können, reduzieren sich die Feldkomponenten, wenn wir $x = a/2$ wählen, auf

$$\begin{aligned} E_y &= \frac{i\omega\mu\mu_0}{h_0^2}\frac{\partial\psi}{\partial z} \\ E_z &= -\frac{i\omega\mu\mu_0}{h_0^2}\frac{\partial\psi}{\partial y} \\ H_x &= \psi \\ E_x &= H_y = H_z = 0\,. \end{aligned} \tag{12.60}$$

Die Randbedingungen für ψ folgen aus den Bedingungen $E_z = 0$ in den Ebenen $y = 0$ und $y = b$ und $E_y = 0$ auf den metallischen Blendenhälften in der Ebene $z = 0$. Aus Gl. (12.60) ergibt sich damit

$$\frac{\partial\psi}{\partial y} = 0 \quad \text{für } y = 0, b$$

und (12.61)

$$\frac{\partial\psi}{\partial z} = 0 \quad \text{für } y \text{ auf der Blende.}$$

Ferner müssen H_x und E_y, d. h. ψ und $\partial\psi/\partial z$ in der Blendenapertur stetig sein.

Nach einem bereits geläufigen Vorgang zerlegen wir $H_x(y, z) = \psi$ in das ungestörte einfallende Feld der H_{10}-Welle $H_x^i = \psi^i$, das für alle z-Werte vor und hinter der Blende ohne deren Anwesenheit vorhanden wäre, und in das durch die Blende verursachte „Streufeld" $H_x^s = \psi^s$. Die y-Abhängigkeit von ψ wählen wir mit Rücksicht auf die Differentialgleichung (12.58) und die Randbedingung (12.61) in der Form $\cos m\pi y/b$, die z-Abhängigkeit zu $e^{ih_m z}$ mit

$$h_m^2 = h_0^2 - \left(\frac{m\pi}{b}\right)^2 = k^2 - \left(\frac{\pi}{a}\right)^2 - \left(\frac{m\pi}{b}\right)^2, \tag{12.62}$$

und machen für $\psi = \psi^i + \psi^s$ den folgenden Ansatz:

$z \leqq 0$:	$z \geqq 0$:
$\psi^{i(-)} = e^{ih_0 z}$	$\psi^{i(+)} = e^{ih_0 z}$
$\psi^{s(-)} = \sum_{m=0}^{\infty} B_m^s \cos\frac{m\pi y}{b}\, e^{-ih_m z}$	$\psi^{s(+)} = \sum_{m=0}^{\infty} A_m^s \cos\frac{m\pi y}{b}\, e^{ih_m z}\,.$

(12.63)

Der obere Index s deutet darauf hin, daß sich A_m^s und B_m^s auf das Streufeld beziehen. Die Frequenz der einfallenden H_{10}-Welle sei wieder durch die Beziehung (12.7) beschränkt.

Wir zerlegen nun ψ in je einen bezüglich der Blendenebene $z = 0$ geraden und ungeraden Anteil ψ_g und ψ_u. Unter Benutzung der Darstellungen (1.26) und (1.27) erhalten wir aus Gl. (12.63) für den Bereich $z \leqq 0$

$$\psi_g^{(-)} = \cos h_0 z + \frac{1}{2} \sum_{m=0}^{\infty} (B_m^s + A_m^s) \cos \frac{m \pi y}{b} e^{-i h_m z}, \quad (12.64)$$

$$\psi_u^{(-)} = i \sin h_0 z + \frac{1}{2} \sum_{m=0}^{\infty} (B_m^s - A_m^s) \cos \frac{m \pi y}{b} e^{-i h_m z}. \quad (12.65)$$

In der Blendenöffnung bei $z = 0$ gilt für den geraden Anteil $\partial \psi_g / \partial z = 0$ und für den ungeraden Anteil $\psi_u = 0$. Verstehen wir unter E_{y_g} das elektrische Transversalfeld, das zum *geraden* Anteil ψ_g des magnetischen Feldes H_x gehört, so gilt $E_{y_g} = 0$ für $z = 0$, da E_y proportional zu $\partial H_x / \partial z$ ist*). Das dem ungeraden Anteil ψ_u entsprechende Feld H_{x_u} verschwindet in der Apertur.

Dem geraden Anteil ψ_g können wir uns also in der Apertur einen vollkommenen elektrischen Leiter ($E_{y_g} = 0$), dem ungeraden Anteil ψ_u einen vollkommenen magnetischen Leiter zugeordnet denken.

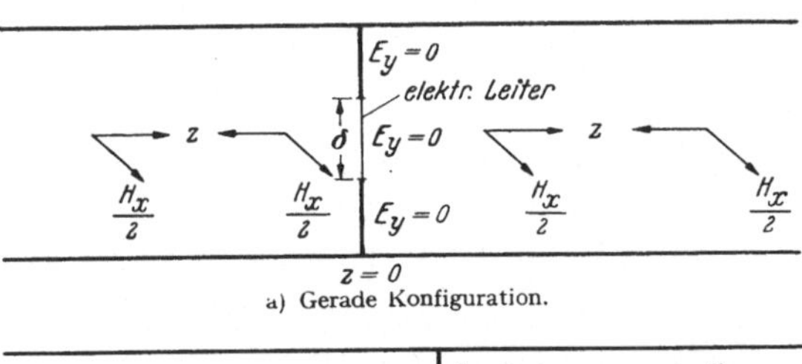

a) Gerade Konfiguration.

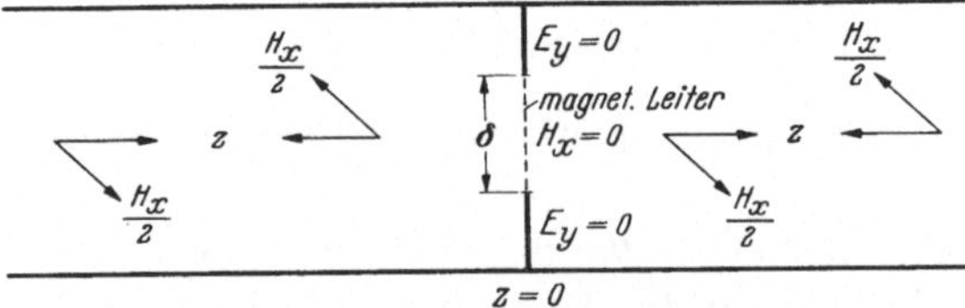

b) Ungerade Konfiguration.

Fig. 12.4. Zerlegung des gesamten transversalen Magnetfeldes H_x in eine bezüglich $z = 0$ (a) gerade und (b) ungerade Feldkonfiguration. Die Blendenapertur kann man sich im Fall a) durch einen elektrischen, im Fall b) durch einen magnetischen Kurzschluß ausgefüllt denken. Die Pfeile in der z-Richtung entsprechen den Fortschreitungsrichtungen des in H_x geraden bzw. ungeraden Wellenanteils.

Die Zerlegung des gesamten magnetischen Feldes H_x in einen bezüglich $z = 0$ geraden und ungeraden Anteil entspricht physikalisch einer Aufspaltung der ursprünglichen Welle in zwei Anteile, deren Feldkomponenten aus Fig. 12.4 ersichtlich sind und deren Superposition zum ursprünglichen Feldzustand zurückführt.

Der gerade Fall (a) ist trivial: E_{y_g} verschwindet über den *ganzen* Bereich von $y = 0$ bis $y = b$, d. h. die Blendenebene stellt sich als vollkommener Kurzschluß dar. H_{x_g} entspricht daher beiderseits der Blendenebene einer stehenden Welle, die durch $H_{x_g} = \cos h_0 z$ gegeben ist (vgl. Fig. 12a). Da E_y zu $\partial H_x / \partial z$ proportional ist und E_{y_g} im ganzen Bereich der Blendenebene $z = 0$ verschwindet, folgt aus Gl. (12.64) mit $(\partial \psi_g^{(-)} / \partial z)_{z=0} = 0$

$$A_m^s = - B_m^s. \quad (12.66)$$

*) Man beachte, daß E_{y_g} selbst eine in z bezüglich $z = 0$ ungerade Funktion ist, da es zu $\partial \psi_g / \partial z$, d. h. zur Ableitung einer geraden Funktion proportional ist.

Dies steht, wie man aus Gl. (12.64) erkennt, im Einklang mit der bereits erwähnten Tatsache, daß das totale Streufeld von H_x bezüglich der Ebene $z = 0$ eine ungerade Funktion ist und daher in der Apertur verschwindet, so daß dort nur der ungestörte (gerade) Anteil des einfallenden Feldes H_x^i vorhanden ist*).

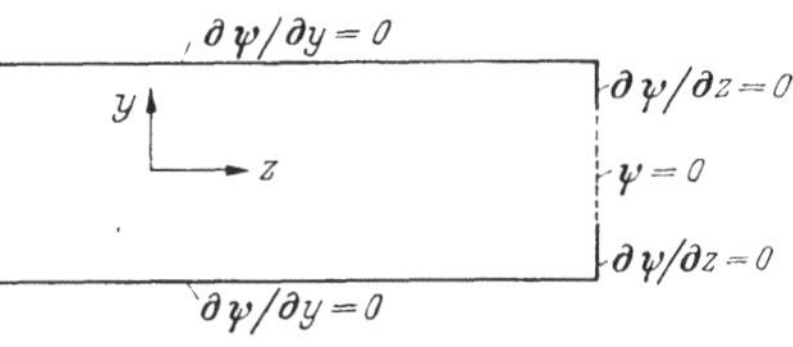

Fig. 12.5.
Äquivalente Formulierung des „ungeraden" Randwertproblems für die kapazitive Blende.

Das „gerade Problem" bedarf keiner weiteren Behandlung; wir haben es am Ende wieder zum „ungeraden Problem" hinzuzufügen, wenn wir das totale Feld H_x zu erhalten wünschen.

Es bleibt das „ungerade Problem" nach Fig. 12.5 zu lösen, bei dem wir uns die Apertur mit einem vollkommenen magnetischen Leiter ausgefüllt zu denken haben. Wir betrachten also das zweidimensionale Problem mit der Randbedingung $H_x = \psi = 0$ in der Apertur und $E_y \approx \partial\psi/\partial z = 0$ auf den Blendenhälften, wobei wir der Einfachheit halber von nun an ψ anstelle von ψ_u schreiben.

Die entsprechende Darstellung für $\psi^{(-)} = \psi_u^{(-)}$ lautet mit Verwendung von Gl. (12.66)

$$\psi^{(-)} = i \sin h_0 z + \sum_{m=0}^{\infty} B_m^s \cos \frac{m \pi y}{b} e^{-i h_m z} . \tag{12.67}$$

In der Blendenebene folgt

$$(\psi)_{z=0}^{(-)} = \sum_{m=0}^{\infty} B_m^s \cos \frac{m \pi y}{b} = \mathsf{H}(y) , \tag{12.68}$$

wenn wir mit $\mathsf{H}(y)$ das transversale magnetische Feld $H_x(y, 0)$ in der Blendenebene bezeichnen. Aus Gl. (12.68) folgen die Koeffizienten B_m^s zu

$$B_m^s = \frac{2-\delta_{0m}}{b} \int_0^b \mathsf{H}(y') \cos \frac{m \pi y'}{b} d y' = \frac{2-\delta_{0m}}{b} \int_{bl.} \mathsf{H}(y') \cos \frac{m \pi y'}{b} d y' , \tag{12.69}$$

weil $\mathsf{H}(y)$ nur auf den Blendenhälften ($bl.$) von Null verschieden ist. Somit bekommt man aus Gl. (12.67)

$$\psi^{(-)} = i \sin h_0 z + \\ + \int_{bl.} \mathsf{H}(y') \, d y' \left[\sum_{m=0}^{\infty} \frac{2-\delta_{0m}}{b} \cos \frac{m \pi y'}{b} \cos \frac{m \pi y}{b} e^{-i h_m z} \right] . \tag{12.70}$$

*) Man beachte, daß wir die einfallende Welle in Gl. (12.64) und (12.65) in einen geraden ($\cos h_0 z$) und ungeraden ($i \sin h_0 z$) Anteil aufgespalten haben.

In der Blendenebene folgt unter Abspaltung des Terms mit $m = 0$ und Beachtung von Gl. (12.6)

$$\left(\frac{\partial \psi^{(-)}}{\partial z}\right)_{z=0} = i h_0 - \frac{i h_0}{b} \int\limits_{bl.} \mathsf{H}(y')\, d y' + \\ + \frac{2}{b} \int\limits_{bl.} \mathsf{H}(y')\, d y' \sum_{m=1}^{\infty} \sqrt{\left(\frac{m\pi}{b}\right)^2 - h_0^2}\, \cos\frac{m\pi y'}{b} \cos\frac{m\pi y}{b}. \tag{12.71}$$

Auf der Blende gilt die Randbedingung $\partial\psi/\partial z = 0$, und damit erhalten wir die gesuchte Integralgleichung des „*ungeraden*" Randwertproblems nach Fig. 12.5 für das transversale magnetische Blendenfeld im Bereich der beiden Blendenhälften zu

$$\frac{ib}{2}\left[-1 + \frac{1}{b} \int\limits_{bl.} \mathsf{H}(y')\, d y'\right] \\ = \frac{1}{h_0} \int\limits_{bl.} \mathsf{H}(y')\, d y' \sum_{m=1}^{\infty} \sqrt{\left(\frac{m\pi}{b}\right)^2 - h_0^2}\, \cos\frac{m\pi y'}{b} \cos\frac{m\pi y}{b}. \tag{12.72}$$

$$\left(\frac{b}{2} - \delta \geqq y \geqq \frac{b}{2} + \delta\right)$$

Die linke Seite ist eine Konstante; sie entspricht, wie man aus Gl. (12.71) erkennt, bis auf einen Faktor dem mit der H_{10}-Welle verknüpften Anteil von $(\partial\psi^{(-)}/\partial z)_{z=0}$, während die Summe in Gl. (12.71) den Störfeldanteil ausdrückt.

12.7. Eine stationäre Darstellung für die Ersatzkapazität der Blende.

Nachdem wir nun die Integralgleichung für $\mathsf{H}(y)$ gefunden haben, können wir nach dem wiederholt angewandten Vorgang einen im bezug auf $\mathsf{H}(y)$ stationären Ausdruck formulieren. Wir multiplizieren die Gl. (12.72) beiderseits mit $\mathsf{H}(y)$ und integrieren über die Blendenebene. Da wir es mit dem ungeraden Problem allein zu tun haben, verschwindet $\mathsf{H}(y)$ in der Apertur, und es bleibt nur die Integration über die Blendenhälften. Sodann dividieren wir beide Seiten durch $[\int_{bl.} \mathsf{H}(y)\, d y]^2$. Wir erhalten

$$\frac{\frac{ib}{2}\left[-1 + \frac{1}{b} \int\limits_{bl} \mathsf{H}(y)\, d y\right]}{\int\limits_{bl.} \mathsf{H}(y)\, d y} = \frac{1}{h_0} \frac{\sum\limits_{m=1}^{\infty} \sqrt{\left(\frac{m\pi}{b}\right)^2 - h_0^2}\left[\int\limits_{bl.} \mathsf{H}(y) \cos\frac{m\pi y}{b}\, d y\right]^2}{\left[\int\limits_{bl.} \mathsf{H}(y)\, d y\right]^2}. \tag{12.73}$$

Der Ausdruck auf der rechten Seite ist homogen in $\mathsf{H}(y)$ und, wie man sich leicht unter Zuhilfenahme der Integralgleichung (12.72) überzeugen kann, stationär im bezug auf $\mathsf{H}(y)$.

Wir müssen nun noch zusehen, wie der Ausdruck auf der linken Seite von Gl. (12.73) mit dem gesuchten Reflektionskoeffizienten β oder Transmissionskoeffizienten T der einfallenden H_{10}-Welle zusammenhängt. Wir wollen uns, wie bei der vorangehenden ersten Betrachtungsweise des Problems, auf die Koeffizienten β bzw. T des *elektrischen* Feldes E_y der H_{10}-Welle beziehen, wie sie in Gl. (12.4) bzw. (12.5) definiert sind. Das Feld E_y ist mit Gl. (12.60) gegeben durch

$$E_y = \frac{i\,\omega\,\mu\,\mu_0}{h_0}\,\frac{\partial\,\psi}{\partial\,z}\,.$$

Da es sich hier um das totale Feld E_y handelt, benötigen wir auf der rechten Seite dieser Beziehung den totalen Ausdruck für $\partial\psi/\partial z$, der der Superposition des geraden und ungeraden Anteils in ψ entspricht; das totale ψ ist durch Gl. (12.63) gegeben, und wir erhalten, wenn wir die der H_{10}-Welle zugeordneten Teile abspalten, für $z \leqq 0$

$$[E_y^{(-)}]_{H_{10}\text{-Welle}} = -\,\omega\,\mu\,\mu_0\,(e^{i\,h_0 z} - B_0^s\,e^{-i\,h_0 z})\,. \tag{12.74}$$

Der Reflexionskoeffizient β, der definitionsgemäß [Gl. (12.4)] gleich dem Amplitudenverhältnis der nach negativen z-Werten laufenden Welle $e^{-i\,h_0 z}$ zu der nach positiven z-Werten laufenden Welle $e^{i\,h_0 z}$ ist, folgt daraus zu

$$\beta = -\,B_0^s = T - 1\,. \tag{12.75}$$

Die Beziehung $\beta = T - 1$ findet man mit Gl. (12.63) bestätigt, wenn man beachtet, daß E_y zu $\partial\psi/\partial z$ proportional ist. Für $z = 0$ gilt $1 - B_0^s = 1 + A_0^s = T$.

B_0^s folgt mit Gl. (12.69), die sich auf das ungerade Problem bezieht, und Gl. (12.75) zu

$$B_0^s = \frac{1}{b}\int\limits_{bl.} \mathsf{H}\,(y')\,d\,y' = 1 - T\,. \tag{12.76}$$

Damit können wir den Ausdruck auf der linken Seite der stationären Darstellung (12.73) folgendermaßen schreiben:

$$\frac{i\,b}{2}\,\frac{-1 + \dfrac{1}{b}\displaystyle\int\limits_{bl.} \mathsf{H}(y)\,d\,y}{\displaystyle\int\limits_{bl.} \mathsf{H}(y)\,d\,y} = \frac{i}{2}\,\frac{1}{1 - \dfrac{1}{T}} = \frac{1}{\omega\,C_0 Z}\,, \tag{12.77}$$

wobei wir noch von Gl. (12.51) Gebrauch machen und die Ersatzkapazität C_0 der Fig. 12.2 einführen.

Gl. (12.73) liefert also eine stationäre Darstellung für die Große $\omega\,C_0 Z$, die wir auf andere Weise bereits durch den Näherungsausdruck (12.52) dargestellt hatten. Mit Gl. (12.73) und (12.77) lautet die stationäre

Darstellung im bezug auf $\mathsf{H}(y)$

$$\frac{1}{\omega C_0 Z} = \frac{1}{h_0} \frac{\sum_{m=0}^{\infty} \sqrt{\left(\frac{m\pi}{b}\right)^2 - h_0^2} \left[\int_{bl.} \mathsf{H}(y) \cos\frac{m\pi y}{b}\, dy\right]^2}{\left[\int_{bl.} \mathsf{H}(y)\, dy\right]^2} . \tag{12.78}$$

Es sei nochmals daran erinnert, daß $\mathsf{H}(y)$ hier das transversale magnetische Blendenfeld des „ungeraden" Randwertproblems bedeutet, dessen Randbedingungen in Fig. 12.5 angegeben sind.

12.8. Ein zweiter Weg zur Aufstellung einer Integralgleichung für das elektrische Aperturfeld.

Zur Aufstellung der Integralgleichung für das tangentiale elektrische Blendenfeld $\mathsf{E}(y)$, die wir auf andere Weise bereits in Gl. (12.21) formuliert haben, benutzen wir nun Gl. (12.60) sowie die Gl. (12.64) und (12.65) und erhalten unter Beachtung von Gl. (12.66)

$$E_{y_g}^{(-)} = \frac{i\omega\mu\mu_0}{h_0^2} \frac{\partial \psi_g^{(-)}}{\partial z} = -\frac{i\omega\mu\mu_0}{h_0} \sin h_0 z , \tag{12.79}$$

$$E_{y_u}^{(-)} = \frac{i\omega\mu\mu_0}{h_0^2} \frac{\partial \psi_u^{(-)}}{\partial z} = -\frac{\omega\mu\mu_0}{h_0} \left\{\cos h_0 z - \sum_{m=0}^{\infty} \frac{h_m}{h_0} B_m^s \cos\frac{m\pi y}{b} e^{-i h_m z}\right\}, \tag{12.80}$$

wobei $E_{y_g}^{(-)}$ und $E_{y_u}^{(-)}$ dem „geraden" bzw. „ungeraden" Randwertproblem nach Fig. 12.4 zugeordnet sind*). Wir wenden uns, wie vorher, dem ungeraden Problem zu; das gerade Problem entspricht einer stehenden Welle, wobei $E_{y_g}^{(-)}$ in der ganzen Ebene $z=0$ verschwindet. Aus Gl. (12.80) folgt für das Feld $E_{y_u}^{(-)}(y, 0) = \mathsf{E}(y)$ in der Blendenebene $z=0$

$$-\frac{h_0}{\omega\mu\mu_0} \mathsf{E}(y) = 1 - B_0^s - \sum_{m=1}^{\infty} \frac{h_m}{h_0} B_m^s \cos\frac{m\pi y}{b} , \tag{12.81}$$

und für die Konstanten B_m^s hieraus

$$\frac{h_m}{h_0} B_m^s = \frac{2}{b} \int_{ap.} \frac{h_0}{\omega\mu\mu_0} \mathsf{E}(y') \cos\frac{m\pi y'}{b}\, dy' \tag{12.82}$$

und

$$B_0^s = 1 + \frac{1}{b} \int_{ap.} \frac{h_0}{\omega\mu\mu_0} \mathsf{E}(y)\, dy . \tag{12.83}$$

*) Wir erinnern nochmals daran, daß E_{yu} das elektrische Transversalfeld bedeutet, das zum *ungeraden* Anteil des *magnetischen* Feldes H_x gehört. E_{yu} ist proportional zu $\partial H_x/\partial z$ und damit selbst eine gerade Funktion.

Die Integration braucht nur über die Apertur erstreckt zu werden, in der sich der fiktive magnetische Leiter befindet. Auf den metallischen Blendenhälften ist $\mathsf{E}(y) = 0$. Das magnetische Feld in der Blendenebene folgt nun mit Gl. (12.68) und mit Verwendung der Beziehungen (12.82) und (12.83) zu

$$(\psi)_{z=0}^{(-)} = H_{x_u}^{(-)}(y,0) = 1 + \frac{1}{b}\int\limits_{ap.} \frac{h_0}{\omega\mu\mu_0}\,\mathsf{E}(y)\,dy + \frac{2}{b}\sum_{m=1}^{\infty}\frac{h_0}{h_m}\int\limits_{ap.}\frac{h_0}{\omega\mu\mu_0}\,\mathsf{E}(y')\,dy'\cos\frac{m\pi y'}{b}\cos\frac{m\pi y}{b}. \tag{12.84}$$

Wir machen nun von der weiteren Randbedingung Gebrauch, daß $(\psi)_{z=0}^{(-)}$ über die Apertur, wo sich der magnetische Leiter befindet, verschwindet, und erhalten damit die folgende Integralgleichung für $\mathsf{E}(y)$:

$$-1 - \frac{1}{b}\int\limits_{ap.}\frac{h_0}{\omega\mu\mu_0}\,\mathsf{E}(y)\,dy = \frac{2}{b}\sum_{m=1}^{\infty}\frac{h_0}{h_m}\int\limits_{ap.}\frac{h_0}{\omega\mu\mu_0}\,\mathsf{E}(y')\,dy'\cos\frac{m\pi y'}{b}\cos\frac{m\pi y}{b}. \tag{12.85}$$

Diese Integralgleichung ist identisch mit der früher erhaltenen Integralgleichung (12.21) für $\mathsf{E}(y)$, wenn wir den Ausdruck $-h_0\,\mathsf{E}(y)/\omega\mu\mu_0$ mit dem früheren Ausdruck $\mathsf{E}(y)$ identifizieren. Dieser Unterschied ist belanglos und rührt nur davon her, daß wir bei der früheren Ableitung das einfallende E_y-Feld zu Eins normiert hatten, während wir bei der obigen Herleitung das einfallende H_x-Feld zu Eins normierten. Für die einfallende Welle aber gilt mit Gl. (12.1) gerade $H_x^i/E_y^i = -h_0/\omega\mu\mu_0$. Der Feldanteil E_{y_g} verschwindet in der ganzen Blendenebene und ist daher ohne Belang.

12.9. Eine zweite stationäre Darstellung für die Ersatzkapazität der Blende.

Aus der Integralgleichung (12.85) leiten wir nun wieder eine stationäre Darstellung her, indem wir beide Seiten mit $h_0\,\mathsf{E}(y)/\omega\mu\mu_0$ multiplizieren, sodann über $\mathsf{E}(y)$ von $y = 0$ bis $y = b$ integrieren und schließlich beiderseits durch den Ausdruck $[(h_0/\omega\mu\mu_0)\int_{ap.}\mathsf{E}(y)\,dy]^2$ durchdividieren. Wir erhalten

$$\frac{-1 - \frac{1}{b}\int\limits_{ap.}\frac{h_0}{\omega\mu\mu_0}\,\mathsf{E}(y)\,dy}{\frac{1}{b}\int\limits_{ap.}\frac{h_0}{\omega\mu\mu_0}\,\mathsf{E}(y)\,dy} = \frac{2\sum\limits_{m=1}^{\infty}\frac{h_0}{h_m}\left[\int\limits_{ap.}\mathsf{E}(y)\cos\frac{m\pi y}{b}\,dy\right]^2}{\left[\int\limits_{ap.}\mathsf{E}(y)\,dy\right]^1}. \tag{12.86}$$

Der Ausdruck auf der rechten Seite ist stationär und homogen in bezug auf die Verteilung des elektrischen Tangentialfeldes $\mathsf{E}(y)$ in der Blendenebene.

Der Ausdruck auf der linken Seite läßt sich wiederum in eine einfache Beziehung zum Reflexionskoeffizienten β des einfallenden elektrischen Feldes E_y^i bzw. zur Ersatzkapazität C_0 der Fig. 12.2 bringen. Wir fanden bereits oben in Gl. (12.75), daß $\beta = T - 1$ mit $-B_0^s$ identisch ist. Man erhält daher mit Gl. (12.83) und (12.51)

$$\frac{-1 - \frac{1}{b}\int\limits_{ap.} \frac{h_0}{\omega\,\mu\,\mu_0}\,\mathsf{E}(y)\,dy}{\frac{1}{b}\int\limits_{ap.} \frac{h_0}{\omega\,\mu\,\mu_0}\,\mathsf{E}(y)\,dy} = \frac{B_0^s}{1 - B_0^s} = \frac{1-T}{T} = -\frac{i}{2}\,\omega\,C_0 Z\,. \tag{12.87}$$

Somit kann Gl. (12.86), wenn wir noch h_m nach Gl. (12.22) einführen, in der folgenden Form geschrieben werden:

$$\omega C_0 Z = 4\,h_0\,\frac{\sum\limits_{m=1}^{\infty} \frac{1}{\sqrt{\left(\frac{m\pi}{b}\right)^2 - h_0^2}} \left[\int\limits_{ap.} \mathsf{E}(y)\cos\frac{m\pi y}{b}\,dy\right]}{\left[\int\limits_{ap.} \mathsf{E}(y)\,dy\right]^2}\,. \tag{12.88}$$

Der Vergleich der beiden Darstellungen (12.78) und (12.88), deren eine stationär in bezug auf $\mathsf{H}(y)$ und deren andere stationär in bezug auf $\mathsf{E}(y)$ ist, demonstriert wiederum die Tatsache, daß man auf solche Weise Ausdrücke für zueinander reziproke Größen ($1/\omega C_0 Z$ und $\omega C_0 Z$) erhält. Unter der Voraussetzung, daß beide stationäre Darstellungen gleichartige Extremaleigenschaften besitzen, d. h. daß bei sukzessiver Verbesserung der eingesetzten Näherungsfunktionen beide einem Minimalwert oder beide einem Maximalwert zustreben, kann man daher die gesuchte Größe ($\omega C_0 Z$) von *beiden* Seiten her durch sukzessive Approximation eingrenzen. Bei dem vorliegenden Problem, in dem die stationären Darstellungen nur reelle Funktionen enthalten und positiv definit sind, kann man relativ leicht deren Minimum-Eigenschaften beweisen.

12.10. Minimum-Eigenschaft der stationären Darstellung.

Anschließend an die Bezeichnungsweise in Abschnitt 4.5 betrachten wir wieder die Integralgleichung

$$u(\boldsymbol{r}) = \int\limits_{A} K(\boldsymbol{r}, \boldsymbol{r}')\,\psi(\boldsymbol{r}')\,dA' \tag{12.89}$$

für die unbekannte Funktion $\psi(\boldsymbol{r}')$. In Wellenleitern läßt sich, wie wir sahen, der Kern $K(\boldsymbol{r}, \boldsymbol{r}')$ in eine Reihe nach den (reellen) Eigenfunktionen des betreffenden Systems entwickeln; wir beschreiben diese Entwicklung durch

$$K(\boldsymbol{r}, \boldsymbol{r}') = \sum_{m=0}^{\infty} \Phi_m(\boldsymbol{r})\,\Phi_m(\boldsymbol{r}')\,. \tag{12.90}$$

Unter Heranziehung der Randbedingungen für $u(\boldsymbol{r})$ bzw. für die Ableitung von $u(\boldsymbol{r})$ und Abspaltung des Summengliedes mit $m=0$ in der Entwicklung (12.90), das sich auf eine Konstante in den vorangehenden Problemen reduzierte, erhält man aus den Gl. (12.89) und (12.90) eine Integralgleichung der Form

$$\Phi_0 = \int_A \psi(\boldsymbol{r}')\, dA' \sum_{m=1}^{\infty} \Phi_m(\boldsymbol{r})\, \Phi_m(\boldsymbol{r}')\,, \tag{12.91}$$

wobei wir die Konstante auf der linken Seite durch Φ_0 bezeichnen*). Aus der Integralgleichung (12.91) gewinnen wir einen stationären Ausdruck durch Multiplikation mit $\psi(\boldsymbol{r})$, Integration über A und Division durch $[\int_A \Phi_0\, \psi(\boldsymbol{r})\, dA]^2$. Bezeichnen wir die derart dargestellte Größe, die stationär und homogen in bezug auf $\psi(\boldsymbol{r})$ ist, mit X, so gilt

$$X = \frac{1}{\int_A \Phi_0\, \psi(\boldsymbol{r})\, dA} = \frac{\sum_{m=1}^{\infty} \left[\int_A \psi(\boldsymbol{r})\, \Phi_m(\boldsymbol{r})\, dA\right]^2}{\left[\int_A \Phi_0\, \psi(\boldsymbol{r})\, dA\right]^2}\,. \tag{12.92}$$

Dies ist in der Tat die Gestalt unserer stationären Ausdrücke in Gl. (12.78) und (12.88), wobei $\psi(\boldsymbol{r})$ das eine Mal mit $\mathsf{H}(y)$, das andere Mal mit $\mathsf{E}(y)$ zu identifizieren ist; Φ_0 können wir zu Eins annehmen.

Zum Beweis der *Minimum-Eigenschaft* der Darstellung (12.92) bilden wir den folgenden Ausdruck:

$$\sum_{m=1}^{\infty} \left\{ \frac{\int_A \psi(\boldsymbol{r})\, \Phi_m(\boldsymbol{r})\, dA}{\int_A \Phi_0\, \psi(\boldsymbol{r})\, dA} - \frac{\int_A \psi_0(\boldsymbol{r})\, \Phi_m(\boldsymbol{r})\, dA}{\int_A \Phi_0\, \psi_0(\boldsymbol{r})\, dA} \right\}^2 \geqq 0\,. \tag{12.93}$$

$\psi(\boldsymbol{r})$ bedeute die in X eingeführte Näherungsfunktion, $\psi_0(\boldsymbol{r})$ die korrekte Funktion, welche die Integralgleichung (12.91) löst und X, wie wir wissen, zu einem Extremum macht. Wenn wir Gl. (12.93) ausquadrieren, erhalten wir die folgende Ungleichung:

$$\sum_{m=1}^{\infty} \left(\frac{\int_A \psi(\boldsymbol{r})\, \Phi_m(\boldsymbol{r})\, dA}{\int_A \Phi_0\, \psi(\boldsymbol{r})\, dA} \right)^2 + \sum_{m=1}^{\infty} \left(\frac{\int_A \psi_0(\boldsymbol{r})\, \Phi_m(\boldsymbol{r})\, dA}{\int_A \Phi_0\, \psi_0(\boldsymbol{r})\, dA} \right)^2 - \\ - \frac{2 \sum_{m=1}^{\infty} \int_A \psi(\boldsymbol{r})\, \Phi_m(\boldsymbol{r})\, dA \int_A \psi_0(\boldsymbol{r})\, \Phi_m(\boldsymbol{r})\, dA}{\int_A \Phi_0\, \psi(\boldsymbol{r})\, dA \int_A \Phi_0\, \psi_0(\boldsymbol{r})\, dA} \geqq 0\,. \tag{12.94}$$

*) Man kann Φ_0, wenn man will, zu Eins normieren, indem man beiderseits durch Φ_0 durchdividiert und Φ_0 auf der rechten Seite von Gl. (12.91) in $\psi(\boldsymbol{r}')$ einbezieht. Da die aus Gl. (12.91) hervorgehende stationäre Darstellung in ψ homogen ist, macht dies für letztere keinen Unterschied.

Der erste Term ist X, der zweite X_0 gemäß Gl. (12.92), wobei X den Näherungswert und X_0 den exakten Wert bedeutet. Aus der Integralgleichung (12.91), die durch $\psi_0(\boldsymbol{r})$ befriedigt wird, erhält man

$$\int_A \Phi_0 \, \psi(\boldsymbol{r}) \, d A = \int_A \psi_0(\boldsymbol{r}') \, d A' \int_A \psi(\boldsymbol{r}) \, d A \sum_{m=1}^{\infty} \Phi(\boldsymbol{r}) \Phi_m(\boldsymbol{r}'), \quad (12.95)$$

womit der Zähler im dritten Term von Gl. (12.94) als $2 \int_A \Phi_0 \, \psi(\boldsymbol{r}) \, d A$ geschrieben werden kann.

Mit der Beziehung für X auf der linken Seite der Gl. (12.92) reduziert sich der dritte Term von Gl. (12.94) auf $-2 X_0$, und es folgt

$$X + X_0 - 2 X_0 \geqq 0$$

oder

$$X \geqq X_0 , \quad (12.96)$$

womit die Minimum-Eigenschaft der Darstellung (12.92) bewiesen ist.

Bei Einsetzen von Näherungsfunktionen in Gl. (12.78) erhält man somit für C_0 einen zu kleinen, aus Gl. (12.88) einen zu großen Wert; beide Darstellungen schließen daher den wahren Wert zwischen sich ein und nähern sich bei sukzessiver Verbesserung der Näherungen für $\mathsf{H}(y)$ bzw. $\mathsf{E}(y)$ stetig dem korrekten Wert von verschiedenen Seiten.

12.11. Eine erste Auswertung der stationären Darstellung für die Ersatzkapazität (H-Näherung).

Wir gehen nun dazu über, geeignete einfache Näherungsfunktionen in die beiden stationären Darstellungen (12.78) bzw. (12.88) einzusetzen und die zugehörigen Werte von $\omega C_0 Z$ zu bestimmen. Zunächst betrachten wir die Darstellung (12.78), in der wir $\mathsf{H}(y)$ bzw. den Strombelag $I_z(y)$ auf den beiden metallischen Blendenhälften zu wählen haben. In der Apertur verschwindet $\mathsf{H}(y)$ des zu betrachtenden ungeraden Randwertproblems, die Näherungsfunktion muß daher aus Stetigkeitsgründen an den Blendenkanten verschwinden. Wir wählen eine zu $y = b/2$ symmetrische Blende der Öffnung 2δ und für $\mathsf{H}(y)$ die in Fig. 12.6 skizzierte Funktion, die

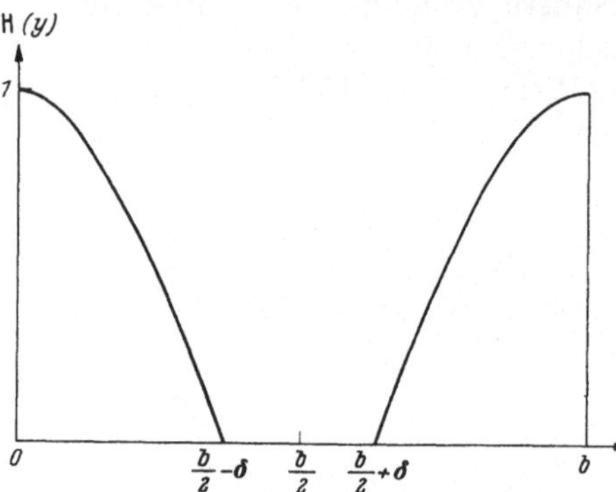

Fig. 12.6. Näherungsfunktion $\mathsf{H}(y)$ in der Blendenebene.

dargestellt sei durch

$$\mathsf{H}(y) = \cos\frac{\pi}{2}\frac{y}{(b/2)-\delta} = \cos\frac{\pi y}{b(1-2p)} \quad \text{für } 0 \leq y \leq \frac{b}{2} - \delta$$

und (12.97)

$$\mathsf{H}(y) = \cos\frac{\pi}{2}\frac{b-y}{(b/2)-\delta} = \cos\frac{\pi(b-y)}{b(1-2p)} \quad \text{für } \frac{b}{2} + \delta \leq y \leq b\,,$$

wobei $p = \delta/b$ bedeutet. Es erweist sich als zweckmäßig, eine Größe

$$q = \frac{1}{1-\frac{2\delta}{b}} = \frac{1}{1-2p} \tag{12.98}$$

einzuführen. Setzt man die Ausdrücke (12.97) für $\mathsf{H}(y)$ in die Beziehung (12.78) ein, so führt eine elementare Rechnung für den Fall der Grenzfrequenz ($h_0 = 0$) zu folgendem Ausdruck, wenn wir noch $m = 2M$ setzen:

$$\lim\left[\frac{4\,h_0 b}{\omega C_0 Z}\right]_{h_0\to 0} = 2\pi q^2 \sum_{M=1}^{\infty} M\left[\frac{2q}{4M^2-q^2}\cos\frac{M\pi}{q}\right]^2. \tag{12.99}$$

Bei der Summation über M ist auf dasjenige Summenglied zu achten, für welches bei spezieller Wahl von q der Ausdruck $4M^2 - q^2$ unter Umständen zu Null wird. Ein solches Glied ist durch seinen Grenzwert

$$M\left[\frac{2q}{4M^2-q^2}\cos\frac{M\pi}{q}\right]^2_{q\to 2M} = \frac{\pi^2}{16M} \tag{12.100}$$

zu ersetzen.

Die Reihe (12.99) konvergiert wie $1/M^3$, d. h. ihre numerische Auswertung ist nicht allzu mühsam.

12.12. Eine zweite Auswertung der stationären Darstellung für die Ersatzkapazität (E-Näherung).

In der stationären Darstellung (12.88) haben wir eine Näherungsfunktion für das elektrische Blendenfeld $\mathsf{E}(y)$ in der Apertur zu wählen. Wir betrachten wiederum eine zu $y = b/2$ symmetrische Blende der Öffnung 2δ. Für den Grenzfall $h_0 = 0$ zeigte Fig. 12.3 den Feldverlauf. Eine einfache Annäherung ist $\mathsf{E}(y) =$ constans über der Apertur; auf den metallischen Blendenhälften ist $\mathsf{E}(y) = 0$, und in der homogenen Darstellung (12.88) können wir $\mathsf{E}(y) = 1$ wählen (Fig. 12.7). Führen wir dies in die stationäre Darstellung (12.88) ein, so erhalten wir nach einer elementaren Rechnung

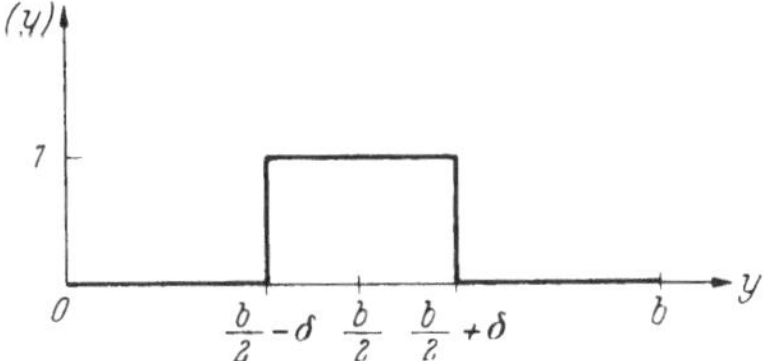

Fig. 12.7. Näherungsfunktion $\mathsf{E}(y)$ in der Blendenebene.

für den Fall der Grenzfrequenz ($h_0 = 0$) den folgenden Ausdruck:

$$\lim \left[\frac{\omega C_0 Z}{4 h_0 b}\right]_{h_0 \to 0} = p \sum_{m=1}^{\infty} \frac{1}{(m \pi p)^3} \sin^2 m \pi p \cos^2 \frac{m \pi}{2}, \quad (12.101)$$

wobei p wiederum δ/b bedeutet. Die Konvergenz mit $1/m^3$ ermöglicht auch hier eine relativ schnelle numerische Auswertung.

12.13. Vergleich der verschiedenen Näherungen für die Ersatzkapazität.

Es ist interessant, die im Grenzfall $h_0 = 0$ erhaltenen Darstellungen (12.100) und (12.101) mit der exakten Lösung zu vergleichen, die wir in Gl. (12.53) erhalten hatten. In Fig. 12.8 ist das Ergebnis der Berechnung aufgetragen, wobei die Bezeichnung

$$X = \lim \left[\frac{\omega C_0 Z}{4 h_0 b}\right]_{h_0 \to 0} \quad (12.102)$$

eingeführt wurde; als Abszisse ist das Öffnungsverhältnis $p = \delta/b$ gewählt.

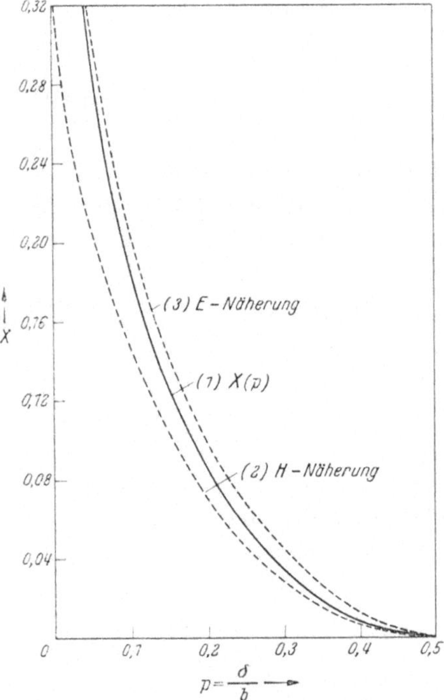

Fig. 12.8. Die Größe X nach der Bezeichnung (12.102) als Funktion des Öffnungsverhältnisses $p = \delta/b$. Kurve 1 stellt den exakten Verlauf von X dar, die Kurven 2 und 3 den Verlauf gemäß den stationären Darstellungen von X nach Gl. (12.78) bzw. Gl. (12.88).

Man erkennt aus Fig. 12.8, daß man mit den gewählten einfachen Annäherungen für $\mathsf{H}(y)$ mit der Kurve (2) bzw. für $\mathsf{E}(y)$ mit der Kurve (3) dem korrekten Verlauf von X nach Kurve (1) bereits recht befriedigend nahekommt. Wie man auf Grund der im Abschnitt 12.10 bewiesenen Minimumeigenschaft der stationären Darstellungen erwartet, liegt die E-Annäherung stets oberhalb, die H-Annäherung stets unterhalb des korrekten Wertes für X.

Die Kurven für X in Fig. 12.8 gelten für den Grenzfall $h_0 = 0$; man kann erwarten, daß sie angenähert auch oberhalb der Grenzfrequenz noch ein brauchbares Bild geben. Die korrekte Lösung für X, die wir in Gl. (12.53) durch direkte Auflösung der Integralgleichung gefunden hatten, gilt streng nur für $h_0 = 0$ und wegen der mit Gl. (12.28) eingeführten Transformation für eine zu $y = b/2$ symmetrisch gelegene Blende. Die stationären Darstellungen hingegen sind nicht an eine solche Voraussetzung geknüpft; sie gelten auch oberhalb der Grenzfrequenz in dem ganzen durch die Bedingung (12.7) definierten Bereich.

In Fig. 12.9 sind einige Kurven für $\omega C_0 Z/4 h_0 b$ bei festem Öffnungsverhältnis p als Funktion von $\alpha = b h_0/\pi$ aufgetragen, die aus der E-Annäherung mit Gl. (12.88) und $\mathsf{E}(y)$ nach Fig. 12.7 berechnet wurden. Man sieht daraus, daß die E-Näherung in Fig. 12.8 auch für $h_0 > 0$ noch recht gut gilt.

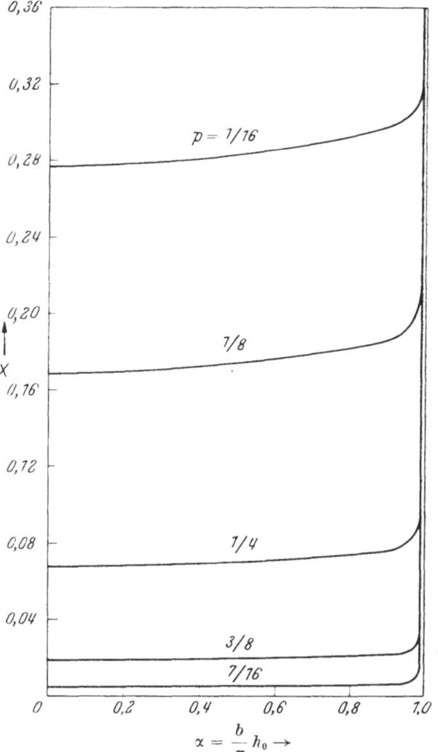

Fig. 12.9. Die Größe $X = \omega C_0 Z/4\, h_0 b$ als Funktion von $\alpha = b\, h_0/\pi$ mit dem Öffnungsverhältnis $p = \delta/b$ als Parameter.

Wünscht man die Annäherung weiter zu treiben, so kann man die Näherungsfunktionen für $\mathsf{H}(y)$ oder $\mathsf{E}(y)$ in Form einer FOURIER-Reihe ansetzen und mit Hilfe der Bedingung der Stationarität ein Gleichungssystem zur Bestimmung der FOURIER-Koeffizienten aufstellen. Wir wollen diesen Vorgang im folgenden Abschnitt kurz betrachten.

12.14. FOURIER-Ansatz in der E-Näherung.

Wir wählen die Darstellung (12.88) und machen für das unbekannte Feld $\mathsf{E}(y)$ in der Blendenöffnung den allgemeinen Ansatz

$$\mathsf{E}(y) = \sum_{n=0}^{\infty} A_n \cos \frac{n\pi}{d} (y - y_0)\,. \qquad (12.103)$$

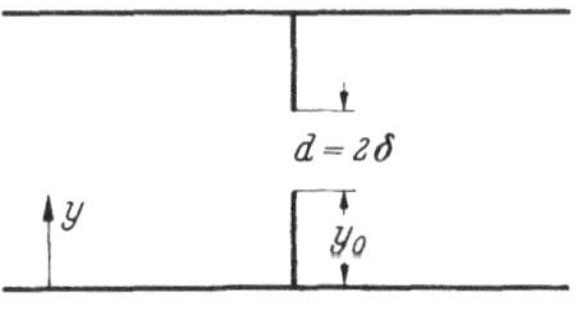

Fig. 12.10. Zur FOURIER-Entwicklung des Blendenfeldes $\mathsf{E}(y)$ nach Gl. (12.103).

Die Bedeutung von d und y_0 ist aus Fig. 12.10 ersichtlich. Der Ansatz (12.103) liefert eine allgemeine FOURIER-Entwicklung im Aperturbereich $y_0 \leqq y \leqq y_0 + d$.

Man erhält aus Gl. (12.103) für das Integral im Nenner von Gl. (12.88)

$$\int_{ap.} \mathsf{E}(y)\,dy = \int_{y_0}^{y_0+d} \mathsf{E}(y)\,dy = A_0 d\,. \tag{12.104}$$

Zur Berechnung des Zählers von Gl. (12.88) führen wir folgende Abkürzung ein:

$$D_{jk} = D_{kj}$$
$$= \sum_{m=1}^{\infty} \frac{1}{\sqrt{\left(\frac{m\pi}{b}\right)^2 - h_0^2}} \int_{y_0}^{y_0+d} \cos\frac{j\pi}{d} \cos\frac{m\pi y}{b}\,dy \int_{y_0}^{y_0+d} \cos\frac{k\pi}{d} \cos\frac{m\pi y}{b}\,dy\,. \tag{12.105}$$

Mit Gl. (12.104) und (12.105) läßt sich der Ausdruck (12.88) folgendermaßen schreiben:

$$\omega C_0 Z = \frac{4\,h_0}{A_0^2\,d^2} \sum_{j,k=0}^{\infty} D_{jk}\,A_j A_k\,. \tag{12.106}$$

Da Gl. (12.88) homogen in $\mathsf{E}(y)$ ist, tritt in Gl. (12.106) das Verhältnis A_j/A_0 bzw. A_k/A_0 auf; ohne Einschränkung können wir daher $A_0 = 1$ setzen. Wir erhalten aus Gl. (12.106) unter Abspaltung des ersten Summengliedes

$$\omega\,C_0\,Z = \frac{4\,h_0}{d^2}\,D_{00} + \frac{4\,h_0}{d^2}\left[2\sum_{k=1}^{\infty} D_{0k}\,A_k + \sum_{j,k=1}^{\infty} D_{jk}\,A_j\,A_k\right]. \tag{12.107}$$

In diesem Ausdruck sind die A_j bzw. A_k unbekannt. Zu ihrer Bestimmung benutzen wir den Umstand, daß $\omega C_0 Z$ stationär in bezug auf $\mathsf{E}(y)$, d. h. in bezug auf die Koeffizienten A_n in Gl. (12.103) ist. Es gilt daher

$$\frac{\partial}{\partial A_n}(\omega\,C_0 Z) = 0 \qquad \text{für } n = 1, 2, 3, \ldots\,. \tag{12.108}$$

Die Ausführung der Differentiation von Gl. (12.107) liefert

$$2D_{0k} + 2\sum_{j=1}^{\infty} D_{jk}\,A_j = 0\,. \tag{12.109}$$

Da die D_{jk} mit der Definition (12.105) bekannt sind, liefert Gl. (12.109) ein unendliches lineares Gleichungssystem zur Bestimmung der Unbekannten A_j. Solche Systeme lassen sich mit Beschränkung auf eine endliche Anzahl von Unbekannten näherungsweise auflösen*). Das System (12.109) ist in gewisser Hinsicht äquivalent zur Integralgleichung für $\mathsf{E}(y)$; seine Auflösung liefert die FOURIER-Koeffizienten von $\mathsf{E}(y)$ und damit eine Darstellung des Aperturfeldes selbst.

*) Siehe dazu ERHARD SCHMIDT: Rc. circolo math. Palermo **25**, **53** (1908). — RIESZ, F.: Les systèmes d'équations linéaires a une infinité d'inconnus. Paris 1913

Zur Bestimmung von $\omega C_0 Z$ multiplizieren wir Gl. (12.109) mit A_k und erhalten mit Summierung über k

$$\sum_{k=1}^{\infty} A_k D_{0k} + \sum_{j,k=1}^{\infty} D_{jk} A_j A_k = 0 . \tag{12.110}$$

Mit Hilfe dieser Beziehung können wir die Doppelsumme in dem Ausdruck (12.107) eliminieren und finden

$$\omega C_0 Z = \frac{4 h_0}{d^2} D_{00} + \frac{4 h_0}{d^2} \sum_{k=1}^{\infty} D_{0k} A_k . \tag{12.111}$$

Wenn die A_k aus Gl. (12.109) bestimmt sind, findet man $\omega C_0 Z$ aus Gl. (12.111). Bei unserer vorgangs behandelten Annäherung hatten wir uns mit der Berechnung von D_{00} und dem ersten Glied in Gl. (12.111) begnügt.

12.15. FOURIER-Ansatz in der H-Näherung.

Das gleiche Verfahren läßt sich in der Darstellung (12.78) anwenden. Wir entwickeln $\mathsf{H}(y)$ über den Blendenhälften in die FOURIER-Reihe

$$\mathsf{H}(y) = \sum_{n=1}^{\infty} A_n \cos \frac{(2n+1)\pi y}{2 y_0} . \tag{12.112}$$

Für $y = y_0$ [Fig. 12.10] verschwindet $\mathsf{H}(y)$, wie verlangt. Da die Verteilung von $\mathsf{H}(y)$ für eine symmetrisch zu $y = b/2$ gelegene Blende auf beiden Blendenhälften dieselbe ist und Gl. (12.78) homogen in $\mathsf{H}(y)$ ist, genügt es, die Integrationen auf *eine* Blendenhälfte zu erstrecken. Wir definieren

$$C_j = \int_0^{y_0} \cos \frac{(2j+1)\pi y}{2 y_0} \, dy$$

und (12.113)

$$D_{jk} = D_{kj} = \sum_{m=1}^{\infty} \sqrt{\left(\frac{m\pi}{b}\right)^2 - h_0^2} \int_0^{y_0} \cos \frac{(2j+1)\pi y}{2 y_0} \cos \frac{m\pi y}{b} \, dy \times$$
$$\times \int_0^{y_0} \cos \frac{(2k+1)\pi y}{2 y_0} \cos \frac{m\pi y}{b} \, dy .$$

Damit schreiben wir mit Gl. (12.78)

$$\frac{1}{\omega C_0 Z} = \frac{1}{h_0} \frac{\sum\limits_{j,k=0}^{\infty} D_{jk} A_j A_k}{\left(\sum\limits_{j=0}^{\infty} A_j C_j\right)^2} \tag{12.114}$$

oder

$$\frac{h_0}{\omega C_0 Z} \left(\sum_{j=0}^{\infty} A_j C_j\right)^2 = \sum_{j,k=0}^{\infty} D_{jk} A_j A_k . \tag{12.115}$$

Zufolge des stationären Charakters von $1/\omega C_0 Z$ verschwinden die Ableitungen von Gl. (12.115) nach den Koeffizienten A_j. Man erhält unter Beachtung, daß $\omega C_0 Z$ stationär ist,

$$\frac{h_0}{\omega C_0 Z}\left(\sum_{j=0}^{\infty} A_j C_j\right) C_j = \sum_{k=0}^{\infty} D_{jk} A_k . \tag{12.116}$$

Der Ausdruck (12.114) und damit auch Gl. (12.115) sind homogen in den Koeffizienten A. Betrachten wir die A_j und C_j je als die Komponenten eines Vektors, so stellt $\sum_{j=0}^{\infty} A_j C_j$ das innere Produkt der Vektoren $\boldsymbol{A}$ und $\boldsymbol{C}$ dar. Zufolge des homogenen Charakters der Gl. (12.116) können wir über die A_j, die nur bis auf einen konstanten gemeinsamen Faktor bestimmt sind, beispielsweise derart verfügen, daß wir das innere Produkt zu

$$\sum_{j=0}^{\infty} A_j C_j = \frac{\omega C_0 Z}{h_0} \tag{12.117}$$

normieren. Damit ergibt sich mit Gl. (12.116) und (12.117)

$$C_j = \sum_{k=0}^{\infty} D_{jk} A_k \tag{12.118}$$

und

$$\omega C_0 Z = h_0 \sum_{j=0}^{\infty} A_j C_j . \tag{12.119}$$

Löst man das Gleichungssystem (12.118) mit den bekannten Größen C_j und D_{jk} gemäß den Definitionen in Gl. (12.113) nach den Koeffizienten A_k auf, so erhält man mit deren Einsetzen in Gl. (12.119) den Wert für $\omega C_0 Z$.

12.16. Äquivalente Probleme.

Im Falle der zu $y = b/2$ *symmetrischen* Blende ist die Ebene $y = b/2$, wie man einsieht, eine Symmetrieebene für das elektrische Feld. Ohne die Feldkonfiguration zu stören, können wir uns diese Symmetrieebene metallisch vorstellen. Die Lösung des Problems der symmetrischen Blende liefert daher auch die Lösung für eine einseitige Blende nach Fig. 12.11b in einem Rechteckhohlleiter, wobei nun aber b durch $2b'$ zu ersetzen ist, wenn man die gleichen Formeln wie oben verwendet; die Apertur hat die Breite δ. Der Feld-Transmissionskoeffizient T ist in den Anordnungen 12.11a und b offenbar der gleiche; es gilt daher für beide Fälle die gleiche Formel (12.52) für die Ersatzkapazität C_0. Macht man beide Hohlleiter bei konstantem Verhältnis δ/b *gleich* hoch ($b' = b$), so wird C_0 nach Gl. (12.52) für die einseitige Blende bei gleicher Aperturbreite zweimal so groß wie für eine symmetrische Blende.

Die Anordnung 12.11c ist offensichtlich äquivalent der Anordnung 12.11b; mit Spiegelung an der unteren Ebene gelangen wir zur Anordnung des symmetrischen Streifens 12.11d, der somit der An-

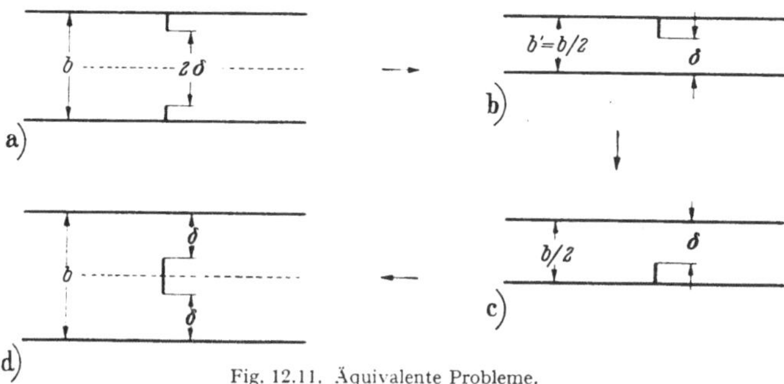

Fig. 12.11. Äquivalente Probleme.

ordnung 12.11a äquivalent ist. Diese Äquivalenzen gelten nur für symmetrische Anordnungen a bzw. d; ein zu $y = b/2$ unsymmetrisch gelegener kapazitiver Streifen bedarf einer besonderen Berechnung.

Die stationären Darstellungen (12.78) bzw. (12.88) enthalten Integrale, die über die Blenden bzw. Aperturbereiche zu erstrecken sind; sie gelten für eine beliebige, von x unabhängige Auskleidung der Blendenebene $z = 0$ mit metallischen Streifen in der x-Richtung. Die Näherungsfunktionen $\mathsf{H}(y)$ bzw. $\mathsf{E}(y)$ sind dementsprechend zu wählen.

12.17. Die statische und quasistatische Lösung.

Das Ergebnis (12.52) für die Ersatzkapazität C_0 der kapazitiven Blende im Fall der Grenzfrequenz kann aus rein elektrostatischen Betrachtungen abgeleitet werden, weshalb man jenes Ergebnis auch als „quasistatisch" bezeichnet.

In der Tat zeigt ein Blick auf die zweidimensionale Wellengleichung (12.56), der das elektrische Feld $\boldsymbol{E}'(y, z)$ in jeder Ebene $x =$ constans des rechteckigen Hohlleiters mit kapazitiver Blende genügt, daß im Fall der Grenzfrequenz, d. h. für $k = \pi/a$ das elektrische Feld $\boldsymbol{E}'$ der LAPLACEschen Gleichung in der Ebene genügt:

$$\left(\frac{\partial^2}{\partial y^2} + \frac{\partial^2}{\partial z^2}\right)\boldsymbol{E}' = \nabla^2 \boldsymbol{E}' = 0\,. \qquad (12.120)$$

Die Feldverteilung von Problemen, die sich auf zwei Dimensionen reduzieren lassen, kann daher *für den Fall der Grenzfrequenz* streng aus potentialtheoretischen Überlegungen bestimmt werden.

Mit der durch die Funktion

$$w = \frac{E b}{\pi} \operatorname{arc\,sin} \left[\frac{\sin \frac{\pi z}{b}}{\sin \frac{\pi \delta}{b}} \right] \tag{12.121}$$

mit den komplexen Variablen $w = i u + v$ und $z = i x + y$ vermittelten konformen Abbildung der w-Ebene auf die z-Ebene gehen äquidistante Streifen $u =$ constans und $v =$ constans in die Feld- und Äquipotential-

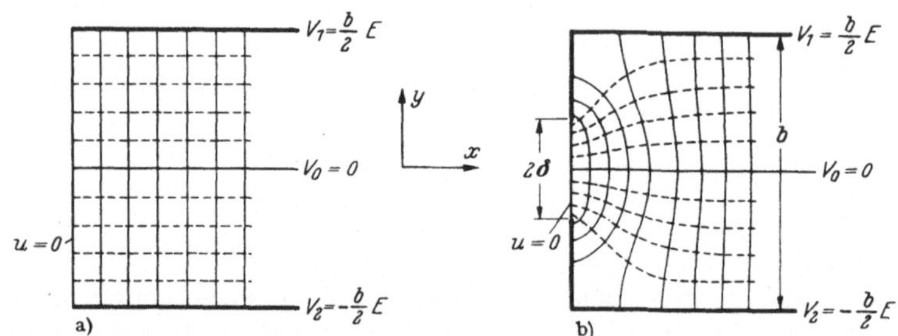

Fig. 12.12. Konforme Abbildung zur symmetrischen kapazitiven Blende.

linien der symmetrischen kapazitiven Blende über (Fig. 12.12)*). E bezeichnet die konstante Feldstärke zwischen den berandenden Äquipotentialflächen v_1 und v_2 im Fall a) der Fig. 12.12 bzw. im Unendlichen im Fall b). Die Feldstärke in jedem Punkt ist durch $|dw/dz|$ gegeben. In der Blendenebene ($x = 0$) erhält man mit Gl. (12.121)

$$\left| \frac{dw}{dz} \right|_{x=0} = \frac{E \cos \frac{\pi y}{b}}{\sqrt{\sin^2 \frac{\pi \delta}{b} - \sin^2 \frac{\pi y}{b}}} \,. \tag{12.122}$$

Das durch die Anwesenheit der Blende hervorgerufene statische Feld erweist sich als identisch mit dem früher gefundenen Feld $\mathbf{E}(y)$ nach Gl. (12.35) für die Grenzfrequenz ($h_0 = 0$), wenn man die verschiedene Lage der verwendeten Koordinatensysteme beachtet; der Koordinate y in Fig. 12.12 entspricht $y - \frac{b}{2}$ in der früheren Bezeichnung. Mit Kenntnis des Feldes in der Apertur läßt sich die Ersatzkapazität C_0 wie in Abschnitt 12.4 bestimmen.

Für die Grenzfrequenz wird die Phasengeschwindigkeit und Wellenlänge im Hohlleiter unendlich. Bei der H_{10}-Welle hat man es mit einer stehenden ebenen Welle zu tun, die zwischen den Seitenflächen $x = 0, a$ des Rechteckquerschnitts schwingt; die Feldkomponenten in großer

*) Smythe, W. R.: Static and dynamic electricity, S. 91 u. 525. New York, Toronto u. London 1950.

Entfernung von der Blende hängen nicht von der axialen Richtung z ab. Das Feld E_y in jeder Längsschnittebene entspricht genau dem elektrischen Feld der Anordnung in Fig. 12.12b.

Die statische Lösung liefert also die Verhältnisse bei der Grenzfrequenz vollständig korrekt; im Gegensatz zum obigen Resultat der stationären Darstellung sagt sie zunächst nichts oberhalb der Grenzfrequenz aus.

Die Lösung der Integralgleichung, wie sie in Abschnitt 12.3 durchgeführt wurde, gestattet ein Vordringen in den Bereich oberhalb der Grenzfrequenz, wenn man h_m in Gl. (12.22) nach Potenzen von $(b h_0/m\pi)^2$ entwickelt und eine Anzahl solcher Glieder in der Integralgleichung beibehält. Auf diese Weise lassen sich höhere Näherungen finden, die zwar zu relativ umständlichen Ausdrücken führen, dafür aber der quasistatischen Lösung merklich überlegen sind*).

Nach J. SCHWINGER kann man auch mit potentialtheoretischen Überlegungen zu besseren Näherungen fortschreiten. Die vorgangs skizzierte Lösung war, wie wir sahen, mit der quasistatischen Lösung der Integralgleichung (12.21) identisch, die mit der Näherung $h_m = i m\pi/b$ folgte. Der genaueren Feldverteilung entspricht eine verbesserte Integralgleichung, die man durch Einbeziehung der oben erwähnten Korrektionsglieder erhält. Jeder solchen verbesserten Integralgleichung läßt sich nun eine äquivalente Potentialverteilung zuordnen, wenn man geeignete Quellen im Unendlichen anbringt. Man kann daher danach trachten, den Unterschied zwischen der quasistatischen und der korrekten dynamischen Feldverteilung durch eine Summe „höherer" statischer Verteilungen darzustellen, wobei jedes Glied dieser Summe einem entsprechenden Term in den Korrektionsgliedern der Integralgleichung entspricht. Die höheren statischen Verteilungen für den ungestörten Hohlleiter, d. h. für das statische Problem zweier paralleler, leitender, unendlich ausgedehnter Platten lassen sich unmittelbar aus der LAPLACEschen Gleichung (12.120) gewinnen; sie sind von der Form z und $\cos\frac{m\pi y}{b}\, e^{\pm m\pi z/b}$. Mit Hilfe der konformen Abbildung (12.121) gewinnt man die statischen Verteilungen für die Blendenkonfiguration, durch die sich das jeweils einem Korrektionsglied der Integralgleichung zugeordnete Potentialfeld darstellen läßt. Mit der verbesserten Potentialverteilung findet man den verbesserten Wert für die Ersatzkapazität C_0.

Die Methode läßt sich im Prinzip auf alle solche Schwingungsprobleme anwenden, die sich auf die Lösung einer skalaren Wellengleichung in zwei Dimensionen zurückführen lassen, vorausgesetzt, daß man das zugehörige Problem der konformen Abbildung lösen kann**).

*) Beispiele dieser Art finden sich bei L. LEWIN: Advanced theory of waveguides. London 1951. Siehe auch Abschnitt 13.8.

**) Siehe darüber "Notes on lectures by JULIAN SCHWINGER", sowie "Waveguide-Handbook" S. 153 ff. (s. Fußnote auf S. 101).

13. Die induktive Blende im rechteckigen Hohlleiter.

13.1. Problemstellung und Ersatzschema der Blende.

Wir betrachten einen verlustlosen Hohlleiter mit Rechteckquerschnitt, der sich von $z = -\infty$ nach $z = +\infty$ erstreckt und in dessen Ebene $z = 0$ sich eine unendlich dünne metallische Blende befinde, deren Konfiguration aus Fig. 13.1 ersichtlich ist. Wir beschränken uns im wesentlichen auf die Behandlung der zur Mittelebene $x = a/2$ symmetrischen „induktiven" Blende. Die von $z = -\infty$ her einfallende Welle sei wie zuvor vom magnetischen Typ (H_{10}-Welle) mit einer

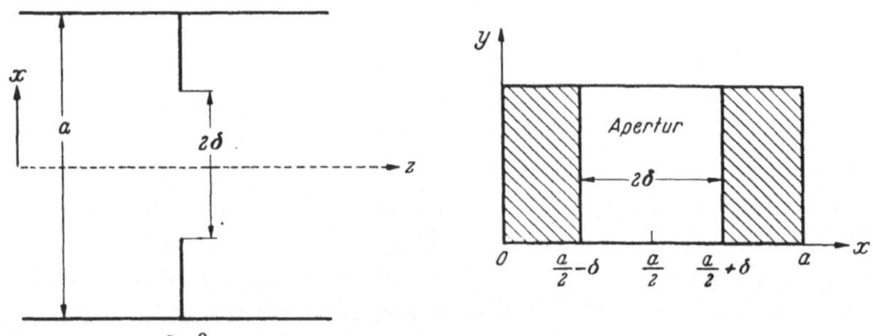

Fig. 13.1. Hohlleiter mit Rechteckquerschnitt und symmetrischer induktiver Blende von der Öffnung 2δ in der Ebene $z = 0$, deren Querschnitt gezeigt ist. Die Höhe der Blende sei kleiner als a.

einzigen elektrischen Feldkomponente E_y. Die Feldkomponenten sind durch die Beziehungen (12.1) bis (12.3) des vorigen Kapitels gegeben, wenn wir das Seitenverhältnis b/a so wählen, daß die Grundwelle durch die Länge von a bestimmt ist. Den Reflexions- und Transmissionskoeffizienten für die elektrische Feldkomponente E_y definieren wir wie in den Gl. (12.4) und (12.5). In der Blendenöffnung, die wieder als Apertur bezeichnet werde, durchsetzt das elektrische Feld E_y die Ebene $z = 0$ und setzt sich im Bereich $z > 0$ fort. Auf den beiden metallischen Blendenhälften einschließlich deren Kanten verschwindet E_y. Man wird bei der symmetrischen Blende erwarten, daß E_y vom Wert Null an den beiden Kanten zu einem Maximum in der Mittellinie $x = a/2$ anwächst. Aus Symmetriegründen leuchtet ein, daß die induktive Blende keine weiteren elektrischen Feldkomponenten auf den Plan ruft, so daß E_y die einzige elektrische Feldkomponente ist. Auf den Blendenhälften treten somit keine freien Ladungen auf. Das magnetische Streufeld schließt sich in den gleichen Ebenen wie das magnetische Feld der einfallenden H_{10}-Welle, so daß das totale magnetische Feld aus den Komponenten H_x und H_z besteht.

Nach einem bereits erwähnten allgemeinen Ergebnis gehen die zu einer Kante normalen Feldkomponenten von $\boldsymbol{E}$ und $\boldsymbol{H}$ bei Beugungsvorgängen dort gegen Unendlich*). Während das elektrische Feld nur eine kantenparallele Komponente besitzt, ist das totale magnetische Feld senkrecht zu der in der y-Richtung verlaufenden Kante orientiert und wird dortselbst unendlich. Auf den Blenden fließt ein Oberflächenstrom I_y, der mit Annäherung an die Kante unendlich wird.

Wie sich zeigt, läßt sich die Wirkung der Blende auf die einfallende Welle durch eine Induktivität L_0 in dem Ersatzschema nach Fig. 13.2 beschreiben. Die Blende erhöht demnach in ihrer Umgebung das Verhältnis von magnetischer zu elektrischer Feldenergie. Den Zusammenhang zwischen der Ersatzinduktivität L_0 und dem Transmissionskoeffizienten T des elektrischen Feldes E_y findet man nach einem analogen Rechnungsgang wie in Gl. (12.45) bis Gl. (12.51); anstelle von Gl. (12.47) treten hier bei $z = 0$ die Beziehungen

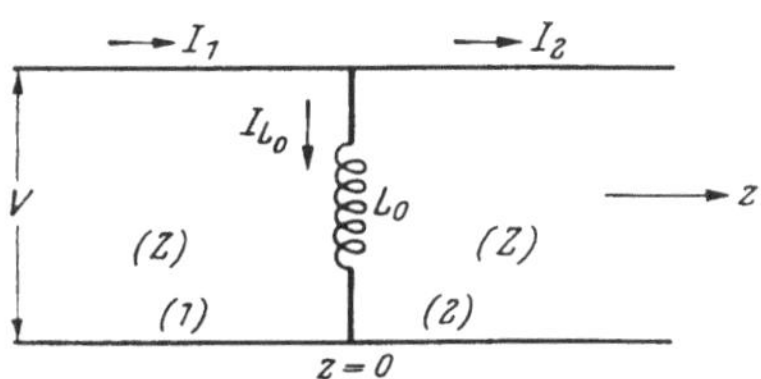

Fig. 13.2. Ersatzschema für die induktive Blende im rechteckigen Hohlleiter.

$$V_1 = V_2 = L_0 \frac{d}{dt} I_{L_0} = -i\omega L_0 I_{L_0} \tag{13.1}$$

und

$$I_1 = I_2 + I_{L_0}\,.$$

Mit der Definition $T = f_2/f_1$ erhält man

$$\frac{\omega L_0}{Z} = \frac{1}{2i} \frac{1}{1 - \frac{1}{T}}\,. \tag{13.2}$$

Unsere Aufgabe ist, den Transmissionskoeffizienten T der Blende zu finden, aus dem sich sodann mit Gl. (13.2) $\omega L_0/Z$ ergibt.

Wir stellen, wie beim Problem der kapazitiven Blende, eine Integralgleichung für das elektrische Blendenfeld $E_y(x, 0) = \mathsf{E}(x)$ auf, die wir in einer ähnlichen Näherung, wie in Abschnitt 12.3, auflösen. Wir entwickeln dazu das elektrische Feld $E_y^{(+)}$ hinter der Blende in eine Reihe nach geeigneten Eigenfunktionen des Hohlleiters und drücken die Koeffizienten der Reihe durch Integraldarstellungen über das Aperturfeld $\mathsf{E}(x)$ aus. Sodann benutzen wir den Umstand, daß das totale magnetische Transversalfeld H_x in der Blendenöffnung gleich dem Feld H_x^i der einfallenden Welle ist; dies liefert die Integralgleichung für $\mathsf{E}(x)$.

13.2. Aufstellung einer Integralgleichung für das elektrische Aperturfeld.

Auf den beiden metallischen Blendenhälften der induktiven Blende nach Fig. 13.1 verschwindet das elektrische Feld. Das aus $z = -\infty$

*) Bouwkamp, C. J.: Physica 12, 467 (1946).

einfallende elektrische Feld E_y^i wird auf den Blendenhälften durch das elektrische Streufeld zu Null kompensiert. Da E_y^i nicht von y abhängt, wird auch die Komponente E_y^s des Streufeldes und somit das totale Feld E_y von y unabhängig sein. Wir machen daher für das totale Feld $E_y(x, z)$ im Bereich $z \geqq 0$ den Ansatz

$$E_y^{(+)}(x,z) = \sum_{m=1}^{\infty} A_m \sin\frac{m\pi x}{a} e^{i h_m z}, \qquad (z \geqq 0) \qquad (13.3)$$

wobei

$$h_m^2 = k^2 - \left(\frac{m\pi}{a}\right)^2. \qquad (13.4)$$

Die Frequenz sei so gewählt, daß $h_1 = \sqrt{k^2 - (\pi/a)^2}$ reell und für alle höheren m-Werte $h_m = i\sqrt{(m\pi/a)^2 - k^2}$ rein imaginär ist. h_1 gehört damit zu der die Blendenebene durchsetzenden H_{10}-Welle mit der Amplitude A_1, die damit gleich dem Transmissionskoeffizienten T des elektrischen Feldes ist. Die Summenglieder mit $m \geqq 2$ in Gl. (13.3) gehören zum Streufeld, das mit wachsendem z exponentiell abklingt*).

Für die zur Mittelebene $x = a/2$ symmetrische Blende ist auch $E_y(x, z)$ offensichtlich symmetrisch zu $x = a/2$. In der FOURIER-Entwicklung (13.3) sind daher nur die Glieder mit ungeradem m von Null verschieden, die allein zu $x = a/2$ symmetrisch sind. Das erste Glied nächst h_1 ist demnach h_3 und der zulässige Frequenzbereich für die symmetrische Blende durch $(\pi/a)^2 \leqq k^2 \leqq (3\pi/a)^2$ gegeben. Für eine unsymmetrisch angeordnete Blende hingegen treten alle Glieder der Entwicklung (13.3) auf, und der Frequenzbereich ist auf $(\pi/a)^2 \leqq k^2 \leqq (2\pi/a)^2$ beschränkt. Dabei bleibt vorausgesetzt, daß das Verhältnis $b/a < 1$ in Fig. 13.1 so gewählt ist, daß die Grundwelle durch die Abmessung von a bestimmt wird.

Die Randbedingung $E_y(x, z) = 0$ auf den Blendenhälften liefert mit Gl. (13.3) für $z = 0$

$$0 = \sum_{m=1}^{\infty} A_m \sin\frac{m\pi x}{a} \quad \text{für} \quad \begin{matrix} 0 \leqq x \leqq \frac{a}{2} - \delta \\ \frac{a}{2} + \delta \leqq x \leqq a \end{matrix}. \qquad (13.5)$$

Wenn wir das Aperturfeld $E(x, 0)$ zwischen den Blenden mit $\mathsf{E}(x)$ bezeichnen, so gilt mit Gl. (13.3) und $z = 0$

$$\mathsf{E}(y) = \sum_{m=1}^{\infty} A_m \sin\frac{m\pi x}{a} \qquad \text{für}\ \frac{a}{2} - \delta \leqq x \leqq \frac{a}{2} + \delta. \qquad (13.6)$$

Die FOURIER-Koeffizienten A_m folgen nach Multiplikation von Gl. (13.5) und Gl. (13.6) mit $\sin\frac{n\pi x}{a}$ und Integration über x von 0 bis a zu

$$A_m = \frac{2}{a} \int_{ap.} \mathsf{E}(x) \sin\frac{m\pi x}{a}\, dx. \qquad (13.7)$$

*) Man beachte, daß h_m in Gl. (13.4) von dem Ausdruck h_m in Gl. (12.6) des vorigen Kapitels verschieden ist.

Setzt man A_m aus Gl. (13.7) in Gl. (13.3) ein, so folgt die Darstellung von E_y durch das Blendenfeld zu

$$E_y^{(+)}(x, z) = \frac{2}{a} \sum_{m=1}^{\infty} \sin \frac{m\pi x}{a} e^{i h_m z} \int_{ap.} \mathsf{E}(x') \sin \frac{m\pi x'}{a} dx' . \quad (13.8)$$

Das elektrische Feld $E_y^{(-)}$ im Bereich $z \leqq 0$ sei für $0 \leqq x \leqq a$ beschrieben durch

$$E_y^{(-)}(x, z) = \sin \frac{\pi x}{a} e^{i h_1 z} + \sum_{m=1}^{\infty} B_m \sin \frac{m\pi x}{a} e^{-i h_m z} . \quad (z \leqq 0) \quad (13.9)$$

Das erste Glied ist das auf die Amplitude Eins normierte einfallende Feld. Das Summenglied für $m = 1$ entspricht der reflektierten H_{10}-Welle mit dem Reflexionskoeffizienten B_1. Das negative Zeichen der Exponentialfunktion läßt die reflektierte Welle der Ausstrahlungsbedingung für $z = -\infty$ genügen; die restlichen Glieder ($m \geqq 2$) des Streufeldes klingen exponentiell nach $z = -\infty$ ab*). Mit $z = 0$ erhalten wir aus Gl. (13.9)

$$E_y(x, 0) = \sin \frac{\pi x}{a} (1 + B_1) + \sum_{m=2}^{\infty} B_m \sin \frac{m\pi x}{a} . \quad (13.10)$$

Zufolge der Randbedingung $E_y = 0$ auf der Blende folgt wie oben in Gl. (13.7)

$$1 + B_1 = \frac{2}{a} \int_{ap.} \mathsf{E}(x) \sin \frac{\pi x}{a} dx , \quad (13.11)$$

$$B_m = \frac{2}{a} \int_{ap.} \mathsf{E}(x) \sin \frac{m\pi x}{a} dx . \quad (m \geqq 2) \quad (13.12)$$

Mit Gl. (13.7) und (13.11) ergibt sich die Beziehung

$$1 + B_1 = A_1 , \quad (13.13)$$

welche den bekannten Zusammenhang zwischen dem Reflexionskoeffizienten B_1 und dem Transmissionskoeffizienten A_1 der H_{10}-Welle zum Ausdruck bringt.

Zur Aufstellung einer Integralgleichung für $\mathsf{E}(x)$ machen wir nun wieder von dem aus den Symmetriebetrachtungen des Abschnittes 1.5 fließenden Umstand Gebrauch, daß in der Apertur das magnetische Transversalfeld $H_x(x, 0)$ gleich dem Transversalfeld $H_x^i(x, 0)$ der ungestörten einfallenden H_{10}-Welle ist. Es gilt daher in der Apertur

$$H_x^{(+)}(x, 0) = H_x^i(x, 0) . \quad (13.14)$$

*) Die mit z exponentiell abklingenden Oberfelder ($m \geqq 2$) besitzen die Feldkomponenten E_y, H_x und H_z und sind daher vom magnetischen Typ. Es überwiegt dabei, wie bekannt, im Zeitmittel der magnetische Energieinhalt den elektrischen, womit das Gebiet in der Umgebung der Blende induktiven Charakter annimmt.

H_x ist auf Grund der MAXWELLschen Gleichung (1.2) proportional zu $\partial E_y/\partial z$; damit folgt aus Gl. (13.14)

$$\left[\frac{\partial}{\partial z} E_y^{(+)}(x,z) = \frac{\partial}{\partial z} E_y^i(x,z)\right]_{z=0} \text{für}\ \frac{a}{2} - \delta \leqq x \leqq \frac{a}{2} + \delta\,. \quad (13.15)$$

Das einfallende Feld ist mit Gl. (13.9) durch

$$E_y^i(x,z) = \sin\frac{\pi x}{a}\, e^{i h_1 z} \quad (13.16)$$

gegeben. Die Bedingung (13.15) liefert mit Gl. (13.8) und (13.16) für $z = 0$ die gesuchte strenge Integralgleichung für $\mathsf{E}(x)$ im Aperturbereich:

$$h_1 \sin\frac{\pi x}{a} = \frac{2}{a} \sum_{m=1}^{\infty} h_m \int\limits_{ap.} \mathsf{E}(x') \sin\frac{m\pi x'}{a} \sin\frac{m\pi x}{a}\, dx'\,. \quad (13.17)$$

$$\left(\frac{a}{2} - \delta \leqq x \leqq \frac{a}{2} + \delta\right)$$

13.3. Genäherte Auflösung der Integralgleichung für das elektrische Aperturfeld.

Für $m \geqq 2$ schreiben wir h_m nach Gl. (13.4) in der Form

$$h_m = \frac{i m \pi}{a} \sqrt{1 - \left(\frac{k a}{m \pi}\right)^2}\,. \quad (13.18)$$

In dem Frequenzbereich $1 \leqq ka/\pi \leqq 2$ variiert $|h_m|$ zwischen den Grenzen $(m\pi/a)\sqrt{1 - (1/m^2)}$ und $(m\pi/a)\sqrt{1 - (2/m)^2}$. Wir ersetzen h_m, ähnlich wie im vorigen Kapitel, zur genäherten Auflösung der Integralgleichung (13.17) durch

$$h_m \approx \frac{i m \pi}{a} \qquad \text{für}\ m \geqq 2\,, \quad (13.19)$$

und vernachlässigen damit Terme der Größenordnung $1/m^2$ gegenüber der Einheit. Für große m-Werte stellt die Beziehung (13.19) eine gute Näherung dar. Für m-Werte in der Nähe von Eins begeht man indessen einen nicht unbeträchtlichen Fehler. Wenn man eine bessere Näherung verlangt, muß man Glieder der Entwicklung von h_m in Gl. (13.18) nach Potenzen von $(ka/m\pi)^2$ hinzunehmen*).

*) Siehe Abschnitt 13.8. Man beachte, daß die Näherung mit h_m nach Gl. (13.19) sich in gewisser Hinsicht von der Näherung mit h_m nach Gl. (12.23) des vorigen Kapitels unterscheidet. Bei der kapazitiven Blende lief die Näherung darauf hinaus, daß man das Problem für den Fall der Grenzfrequenz exakt löst und diese Lösung auch oberhalb der Grenzfrequenz näherungsweise benutzt. Bei der Grenzfrequenz kann man dort mit einer gewissen Berechtigung, wie auseinandergesetzt, von einer quasistatischen Lösung sprechen. Hier hingegen gilt die angenäherte Lösung, die aus Gl. (13.19) resultiert, auch bei der Grenzfrequenz nur näherungsweise. Die Wellengleichung für E_y oder $\boldsymbol{H}$ der induktiven Blende geht bei der Grenzfrequenz nicht in die LAPLACEsche Gleichung über. Trotzdem findet man die aus Gl. (13.19) folgende Näherung als *quasistatische* Näherung für die induktive Blende bezeichnet.

Mit der Näherung (13.19) erhält man aus Gl. (13.17) unter Abspaltung des Summengliedes mit $m=1$ die folgende genäherte Integralgleichung für $\mathsf{E}(x)$, mit deren Auflösung wir uns beschäftigen:

$$h_1 \sin\frac{\pi x}{a}\left[1-\frac{2}{a}\int\limits_{ap.}\mathsf{E}(x')\sin\frac{\pi x'}{a}\,dx'\right] = \frac{2i\pi}{a^2}\sum_{m=2}^{\infty} m\int\limits_{ap.}\mathsf{E}(x')\sin\frac{m\pi x'}{a}\sin\frac{m\pi x}{a}\,dx'. \tag{13.20}$$

Um die Summe auf der rechten Seite zu vervollständigen, addieren wir beiderseits das Summenglied, welches $m=1$ entspricht. Man erhält

$$h_1 \sin\frac{\pi x}{a}\left[1-\left(\frac{2}{a}-\frac{2i\pi}{h_1 a^2}\right)\int\limits_{ap.}\mathsf{E}(x')\sin\frac{\pi x'}{a}\,dx'\right] = \frac{2i\pi}{a^2}\sum_{m=1}^{\infty} m\int\limits_{ap.}\mathsf{E}(x')\sin\frac{m\pi x'}{a}\sin\frac{m\pi x}{a}\,dx',$$

welchen Ausdruck wir folgendermaßen umschreiben:

$$h_1 \sin\frac{\pi x}{a}\left[1-\left(\frac{2}{a}-\frac{2i\pi}{h_1 a^2}\right)\int\limits_{ap.}\mathsf{E}(x')\sin\frac{\pi x'}{a}\,dx'\right] = -\frac{2i}{a}\frac{\partial}{\partial x}\sum_{m=1}^{\infty}\int\limits_{ap.}\mathsf{E}(x')\sin\frac{m\pi x'}{a}\cos\frac{m\pi x}{a}\,dx'. \tag{13.21}$$

Wir benutzen nun eine bekannte Summenformel*):

$$\sum_{m=1}^{\infty}\sin\frac{m\pi x'}{a}\cos\frac{m\pi x}{a} = \frac{1}{2}\,\frac{\sin\frac{\pi x'}{a}}{\cos\frac{\pi x}{a}-\cos\frac{\pi x'}{a}}, \tag{13.22}$$

die wir in Gl. (13.21) einführen. Man erhält

$$K\sin\frac{\pi x}{a} = -\frac{i}{h_1 a}\frac{\partial}{\partial x}\int\limits_{ap.}\mathsf{E}(x')\,\frac{\sin\frac{\pi x'}{a}}{\cos\frac{\pi x}{a}-\cos\frac{\pi x'}{a}}\,dx', \tag{13.23}$$

mit der Konstanten

$$K = 1-\left(\frac{2}{a}-\frac{2i\pi}{h_1 a^2}\right)\int\limits_{ap.}\mathsf{E}(x')\sin\frac{\pi x'}{a}\,dx'. \tag{13.24}$$

Von hier ab beschränken wir uns auf eine zur Mittelebene $x=a/2$ *symmetrische* Blende und führen die Transformation

$$x-\frac{a}{2} = \zeta\;;\; x'=\frac{a}{2}+\zeta' \tag{13.25}$$

*) Diese Summenformel ergibt sich aus der Differentiation von Gl. (12.24) nach φ'.

ein, womit sich die Grenzen des Integrals in Gl. (13.23) auf den Bereich $\zeta' = -\delta$ bis $\zeta' = \delta$ transformieren. Mit Gl. (13.23) gilt dann

$$K \cos\frac{\pi\zeta}{a} = \frac{i}{h_1 a}\frac{\partial}{\partial\zeta}\int_{-\delta}^{+\delta} \mathsf{E}(\zeta')\frac{\cos\frac{\pi\zeta'}{a}}{\sin\frac{\pi\zeta}{a} - \sin\frac{\pi\zeta'}{a}}\,d\zeta'. \tag{13.26}$$

Wir transformieren nun die Variablen ζ bzw. ζ' und setzen

$$\sin\frac{\pi\zeta}{a} = \eta\sin\frac{\pi\delta}{a}\,;\quad \sin\frac{\pi\zeta'}{a} = \eta'\sin\frac{\pi\delta}{a}\,,\qquad (-1 \leqq \eta \leqq 1) \tag{13.27}$$

und somit

$$\cos\frac{\pi\zeta'}{a}\,d\zeta' = \frac{a}{\pi}\sin\frac{\pi\delta}{a}\,d\eta'\,. \tag{13.28}$$

Damit folgt nach kurzer Rechnung aus Gl. (13.26)

$$K\sin\frac{\pi\delta}{a} = \frac{i}{h_1 a}\frac{\partial}{\partial\eta}\int_{-1}^{+1}\frac{\mathsf{E}(\eta')\,d\eta'}{\eta-\eta'}\,. \tag{13.29}$$

Setzen wir noch

$$\mathsf{E}(\eta') = K\frac{h_1 a}{i\pi}\sin\frac{\pi\delta}{a}\,u(\eta')\,, \tag{13.30}$$

so folgt eine Integralgleichung vom Abelschen Typ*)

$$1 = \frac{1}{\pi}\frac{\partial}{\partial\eta}\int_{-1}^{+1}\frac{u(\eta')\,d\eta'}{\eta-\eta'}\,. \tag{13.31}$$

Zur Auflösung setzen wir

$$\eta = \cos\vartheta;\quad \eta' = \cos\vartheta' \tag{13.32}$$

und erhalten

$$\int_{-1}^{+1}\frac{u(\eta')\,d\eta'}{\eta-\eta'} = \int_{0}^{\pi}\frac{u(\vartheta')\sin\vartheta'\,d\vartheta'}{\cos\vartheta-\cos\vartheta'}\,. \tag{13.33}$$

Unter Verwendung der Summenformel (13.22) kann die rechte Seite von Gl. (13.33) in folgender Form geschrieben werden:

$$\int_{0}^{\pi}\frac{u(\vartheta')\sin\vartheta'\,d\vartheta'}{\cos\vartheta-\cos\vartheta'} = 2\sum_{m=1}^{\infty}\cos m\vartheta\int_{0}^{\pi}u(\vartheta')\sin m\vartheta'\,d\vartheta'\,. \tag{13.34}$$

Wir denken uns $u(\vartheta')$ bzw. $\mathsf{E}(\eta')$ gemäß der Substitution (13.30) in eine Fourier-Reihe nach ϑ' im Bereich 0 bis π entwickelt:

$$u(\vartheta') = \sum_{\mu=1}^{\infty} a_\mu \sin\mu\vartheta'\,. \tag{13.35}$$

---

*) Siehe z. B. E. T. Whittaker u. G. N. Watson: A course of modern analysis, S. 229. Cambridge 1935.

Aus Gl. (13.31) folgt sodann mit Rücksicht auf Gl. (13.34) und (13.35) und nach Ausführung der Differentiation nach η bzw. ϑ mit $d\eta = -\sin\vartheta\, d\vartheta$ entsprechend Gl. (13.32)

$$\pi = \frac{\pi}{\sin\vartheta} \sum_{m=1}^{\infty} m\, a_m \sin m\,\vartheta$$

oder

$$1 - a_1 = \frac{1}{\sin\vartheta} \sum_{m=2}^{\infty} m\, a_m \sin m\,\vartheta\,. \tag{13.36}$$

Da die linke Seite von Gl. (13.36) nicht von ϑ abhängt, folgt $a_m = 0$ für $m \geqq 2$ und $a_1 = 1$. Somit finden wir

$$u(\vartheta') = \sin\vartheta' = \sqrt{1 - \eta'^2} \tag{13.37}$$

als Lösung der Integralgleichung (13.31) und mit Gl. (13.30)

$$\mathsf{E}(\eta') = K\,\frac{h_1 a}{i\,\pi} \sin\frac{\pi\,\delta}{a} \sqrt{1 - \eta'^2}\,.$$

Indem wir von der Variablen η' über die Substitutionen (13.25) und (13.27) zu der Variablen x' zurückgehen, erhalten wir nach kurzer Rechnung das elektrische Feld $\mathsf{E}(x)$ in der Apertur zu

$$\mathsf{E}(x) = K\,\frac{h_1 a}{i\,\pi} \sqrt{\sin^2\frac{\pi\,\delta}{a} - \cos^2\frac{\pi\,x}{a}}\,. \tag{13.38}$$

Die Konstante K bestimmt sich aus Gl. (13.24). Mit Einführung von $\mathsf{E}(x)$ aus Gl. (13.38) erhält man

$$K = \frac{1}{1 - 2\left(\frac{i\,h_1}{\pi} + \frac{1}{a}\right) \int\limits_{a/2-\delta}^{a/2+\delta} \sqrt{\sin^2\frac{\pi\,\delta}{a} - \cos^2\frac{\pi\,x}{a}}\, \sin\frac{\pi\,x}{a}\, d\,x}$$

und mit Ausführung einer elementaren Integration

$$K = \frac{1}{\cos^2\frac{\pi\,\delta}{a} - \frac{i\,h_1 a}{\pi} \sin^2\frac{\pi\,\delta}{a}}\,. \tag{13.39}$$

Setzt man den so gefundenen Wert von K in Gl. (13.24) ein, so ergibt sich nach kurzer Rechnung

$$\frac{2}{a} \int\limits_{ap.} \mathsf{E}(x) \sin\frac{\pi\,x}{a}\, d\,x = \frac{1}{1 + \frac{i\,\pi}{h_1 a} \cot^2\frac{\pi\,\delta}{a}}\,. \tag{13.40}$$

13.4. Der Transmissionskoeffizient und die äquivalente Ersatzinduktivität.

Der Transmissionskoeffizient T des elektrischen Feldes E_y ist mit dem Koeffizienten A_1 in der Darstellung (13.3) identisch und nach

Gl. (13.7) gegeben durch

$$T = \frac{2}{a} \int_{ap.} \mathsf{E}(x) \sin \frac{\pi x}{a} \, dx \,. \tag{13.41}$$

T ist daher durch die rechte Seite der Beziehung (13.40) gegeben:

$$T = \frac{1}{1 + \frac{i\pi}{h_1 a} \cot^2 \frac{\pi \delta}{a}} \,. \tag{13.42}$$

Die Ersatzinduktivität L_0 nach Fig. 13.2 folgt somit mit Gl. (13.2) und (13.42) in erster Näherung im Frequenzbereich $1 \leqq ka/\pi \leqq 3$ aus*)

$$\frac{\omega L_0}{Z} = \frac{h_1 a}{2\pi} \tan^2 \frac{\pi \delta}{a} \,. \tag{13.43}$$

Für die *unsymmetrische* Anordnung nach Fig. 13.3 ergibt sich in der gleichen Näherung

$$\frac{\omega L_0}{Z} = \frac{h_1 a}{2\pi} \, \frac{\sin^2 \frac{\pi \delta}{a}}{\cos^2 \frac{\pi \delta}{a} + \cot^2 \frac{\pi x_0}{a}} \,. \tag{13.44}$$

An Stelle der Transformationen (13.25) und (13.27) verwendet man hier die Transformationen $x = x_0 + \zeta$ und

$$\cos \frac{\pi(x_0 + \zeta)}{a} = \frac{1}{2}\left(\cos \frac{\pi(x_0 + \delta)}{a} + \cos \frac{\pi(x_0 - \delta)}{a}\right) + \\ + \frac{\eta}{2}\left(\cos \frac{\pi(x_0 + \delta)}{a} - \cos \frac{\pi(x_0 - \delta)}{a}\right),$$

welche die Integration über die Apertur $(-\delta \leqq \zeta \leqq \delta)$ auf den Bereich $-1 \leqq \eta \leqq 1$ transformieren. Man erhält für η mit einer entsprechend abgeänderten Substitution (13.30) wiederum die Integralgleichung (13.31). Für $x_0 = a/2$ gehen die obigen Transformationen in die Transformationen (13.25) und (13.27) über. Man muß jedoch beachten, daß, wie bereits erwähnt, in der unsymmetrischen Anordnung sowohl die h_m mit geradem m als auch diejenigen mit ungeradem m von Null verschieden sind, während bei der symmetrischen Anordnung allein die h_m mit ungeraden m auftreten. Der zulässige Frequenzbereich für die Beziehung (13.44) erstreckt sich daher auf $1 \leqq ka/\pi \leqq 2$.

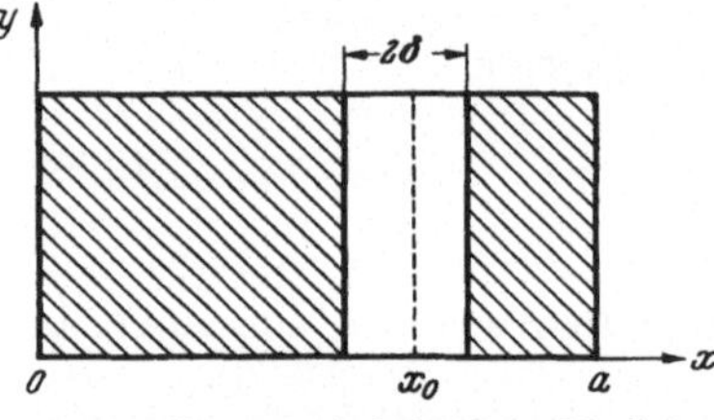

Fig. 13.3. Unsymmetrische induktive Blende im Rechteckhohlleiter.

*) Dieses Ergebnis läßt sich auch mit Hilfe potentialtheoretischer Überlegungen gewinnen; s. W. R. SMYTHE: Static and dynamic electricity, S. 525. New York, Toronto u. London 1950.

13.5. Eine stationäre Darstellung für die Ersatzinduktivität.

Die korrekte Integralgleichung (13.17) erlaubt nach dem nun geläufigen Vorgang die Aufstellung einer stationären Darstellung für $Z/\omega L_0$. Wir spalten den Summenterm mit $m = 1$ auf der rechten Seite von Gl. (13.17) ab, bringen ihn auf die linke Seite, multiplizieren sodann die ganze Gleichung mit $\mathsf{E}(x)$ und integrieren beiderseits über x von $x = 0$ bis $x = a$. Sodann dividieren wir beiderseits durch den Ausdruck $\left[\int\limits_{ap.} \mathsf{E}(x) \sin \frac{\pi x}{a}\, d x\right]^2$ und erhalten

$$\frac{h_1 \int\limits_{ap.} \mathsf{E}(x) \sin \frac{\pi x}{a}\, d x - \frac{2 h_1}{a} \left[\int\limits_{ap.} \mathsf{E}(x) \sin \frac{\pi x}{a}\, d x\right]^2}{\left[\int\limits_{ap.} \mathsf{E}(x) \sin \frac{\pi x}{a}\, d x\right]^2} = \frac{\frac{2}{a} \sum\limits_{m=2}^{\infty} h_m \left[\int\limits_{ap.} \mathsf{E}(x) \sin \frac{m \pi x}{a}\, d x\right]^2}{\left[\int\limits_{ap.} \mathsf{E}(x) \sin \frac{\pi x}{a}\, d x\right]^2}. \tag{13.45}$$

Unter Berücksichtigung von Gl. (13.41) und Gl. (13.2) erhält man

$$\frac{Z}{\omega L_0} = \frac{2}{h_1} \frac{\sum\limits_{m=2}^{\infty} \sqrt{\left(\frac{m \pi}{a}\right)^2 - k^2} \left[\int\limits_{ap.} \mathsf{E}(x) \sin \frac{m \pi x}{a}\, d x\right]^2}{\left[\int\limits_{ap.} \mathsf{E}(x) \sin \frac{\pi x}{a}\, d x\right]^2}, \tag{13.46}$$

eine in bezug auf $\mathsf{E}(x)$ stationäre und homogene Darstellung. Sie gilt für beliebige Blendenanordnungen des induktiven Typs, d. h. von in der z-Richtung unendlich dünnen Streifen parallel der y-Achse in Fig. 13.1.

13.6. Zurückführung des Problems der induktiven Blende auf ein Problem der kapazitiven Blende.

Wir wollen nun das Problem der *induktiven* (symmetrischen) Blende auf einem zweiten Wege behandeln, der es gestattet, den Rechengang des vorigen Kapitels für eine *kapazitive* Blende zu verwenden und von dem so erhaltenen Ergebnis unmittelbar zu dem Resultat für die induktive Blende zu gelangen.

Dazu machen wir von der Existenz komplementärer Lösungssysteme nach Abschnitt 1.4 Gebrauch und zeigen, daß zwischen dem „induktiven“ und „kapazitiven“ Problem eine solche Komplementarität besteht. Fig. 13.4a zeigt schematisch das induktive Problem mit der aus $z = -\infty$

einfallenden H_{10}-Welle, deren Feldkomponenten in Gl. (12.1) gegeben sind. In der Mittelebene $x = a/2$ verschwindet H_z, das proportional zu $\partial E_y/\partial x$ ist, da bei der symmetrischen Blende E_y eine bezüglich $x = a/2$ stetige und gerade Funktion ist und somit $\partial E_y/\partial x$ für $x = a/2$ verschwindet. Die Ebene $x = a/2$ kann man sich folglich als vollkomme-

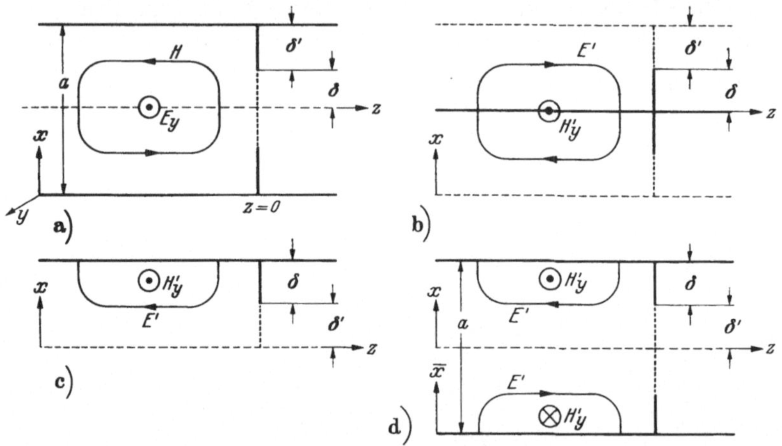

Fig. 13.4. Komplementäre Systeme, die den Übergang vom Problem einer induktiven Blende zum Problem einer kapazitiven Blende vermitteln. Die angedeuteten Feldlinien E, H bzw. E', H' gehören zur Grundwelle ($h_m = h_1$). Die ausgezogenen Ränder deuten elektrische, die gestrichelten Ränder magnetische Leiter an. In der rechten unteren Abbildung muß der untere Pfeil die umgekehrte Richtung (nach links) besitzen.

nen magnetischen Leiter vorstellen. Wir denken uns ferner auch die Apertur mit einem solchen magnetischen Leiter überspannt und werden weiter unten zeigen, wie man von diesem System zum ursprünglichen System mit ungestörter Öffnung zurückgelangt. Da das einfallende Feld und somit auch das Streufeld von der Blendenhöhe y unabhängig sind, genügt es, das zweidimensionale Problem in einer (x, z)-Ebene zu betrachten. Auf diese Konfiguration in Fig. 13.4a wenden wir nun die Transformation (1.19) an, die von dem vorgegebenen System zum komplementären führt, wobei wir noch „elektrische" und „magnetische" Ränder miteinander vertauschen müssen. Dieser Schritt führt zur komplementären Anordnung der Fig. 13.4b. Der Reflexionskoeffizient für diese Anordnung bleibt offenbar derselbe, wenn wir nur das *halbe* Teilgebiet in Fig. 13.4c betrachten; ebenso, wenn wir dieses in der in Fig. 13.4d angegebenen Weise an dem magnetischen Rand spiegeln. Hiermit sind wir nun bei einer kapazitiven Blende angelangt, bei der die Ebene der elektrischen Längsschnittwelle senkrecht zur Blendenkante liegt, während sie beim induktiven Problem derselben parallel läuft.

Mit Rücksicht auf die magnetisch leitende Mittelebene $x = a/2$ verschwinden dort H'_y und E'_x. Beide Komponenten sind also ungerade

Funktionen in x bezüglich $x = a/2$ im Einklang mit der in Fig. 13.4d angedeuteten Richtung der Feldlinien.

Wir überlegen uns nun, wie das komplementäre Feld in Fig. 13.4d anzusetzen ist, wobei zweckmäßigerweise H'_y als Wellenskalar dient. Im ursprünglichen System a) hatten wir uns die Apertur magnetisch leitend gedacht, während das eigentliche Ausgangsproblem eine offene Apertur besitzt. Um diese beiden Systeme zueinander in Beziehung zu bringen, zerlegen wir analog den Betrachtungen des vorigen Kapitels das ursprüngliche Feld in eine einfallende und gestreute Welle und letztere wieder in je einen bezüglich $z = 0$ geraden und ungeraden Anteil. Für die Zerlegung wählen wir das zu H'_y komplementäre Ausgangsfeld E_y, das wir wie folgt ansetzen:

$$\begin{aligned} E_y^{(-)}(x, z) &= e^{i h_1 z} \sin\frac{\pi x}{a} + \sum_{m=1}^{\infty} B_m^s \sin\frac{m \pi x}{a} e^{-i h_m z} \quad (z \leqq 0) \\ E_y^{(+)}(x, z) &= e^{i h_1 z} \sin\frac{\pi x}{a} + \sum_{m=1}^{\infty} A_m^s \sin\frac{m \pi x}{a} e^{i h_m z}, \quad (z \geqq 0) \end{aligned} \tag{13.47}$$

wobei h_m wieder mit Gl. (13.4) gegeben ist. Wir zerlegen $E_y^{(-)}$ in der gleichen Weise wie $H_x^{(-)}$ im Abschnitt 12.6 in einen bezüglich $z = 0$ geraden und ungeraden Anteil. Man erhält mit Gl. (1.26) und (1.27) für $z \leqq 0$

$$E_{y_g}^{(-)} = \cos h_1 z \sin\frac{\pi x}{a} + \frac{1}{2} \sum_{m=1}^{\infty} (B_m^s + A_m^s) \sin\frac{m \pi x}{a} e^{-i h_m z}, \tag{13.48}$$

$$E_{y_u}^{(-)} = i \sin h_1 z \sin\frac{\pi x}{a} + \frac{1}{2} \sum_{m=1}^{\infty} (B_m^s - A_m^s) \sin\frac{m \pi x}{a} e^{-i h_m z}. \tag{13.49}$$

Der gerade Anteil $E_{y_g}^{(-)}$ besitzt in der Apertur eine stetige und verschwindende Ableitung $\partial E_{y_g}^{(-)}/\partial z = 0$, d. h. $H_{x_g}^{(-)} = 0$ in der Apertur; für den ungeraden Anteil gilt dort $E_{y_u}^{(-)} = 0$. Der *gerade* Anteil von $E_y^{(-)}$ entspricht also dem Problem mit magnetisch leitender Apertur, der *ungerade* Anteil einer elektrisch kurzgeschlossenen Apertur. E_{y_u} verschwindet demzufolge in der *ganzen* Blendenebene, d. h. $A_m^s = B_m^s$ nach Gl. (13.49). Somit folgt

$$E_{y_g}^{(-)} = \cos h_1 z \sin\frac{\pi x}{a} + \sum_{m=1}^{\infty} B_m^s \sin\frac{m \pi x}{a} e^{-i h_m z}, \tag{13.50}$$

$$E_y^{(-)} = i \sin h_1 z \sin\frac{\pi x}{a}. \tag{13.51}$$

Da der gerade Anteil $E_{y_g}^{(-)}$ zu der Konfiguration nach Fig. 13.4a mit magnetisch leitender Apertur gehört, verwenden wir Gl. (13.50) als geeigneten Ansatz für $E_y^{(-)}$ im Problem der Fig. 13.4a. Der Reflexionskoeffizient B_1^s für $E_{y_g}^{(-)}$ ist nun genau derjenige, welchen wir für $E_y^{(-)}$ nach Gl. (13.47) für das eigentliche Problem mit ungestörter Apertur zu erhalten wünschen. Für die Berechnung von B_1^s macht es also keinen Unterschied, ob wir die Apertur als magnetisch leitend annehmen und den Ansatz (13.50) verwenden oder die Apertur als ungestört betrachten und von dem Ansatz (13.47) ausgehen. Dies läßt sich auch physikalisch verstehen, weil das transversale elektrische Streufeld eben von vornherein eine bezüglich $z = 0$ gerade Funktion ist.

Der Ausdruck für das komplementäre Feld H_y' in Fig. 13.4d folgt mittels der Transformation (1.19) aus Gl. (13.50). Wir erhalten

$$\sqrt{\frac{\mu\mu_0}{\varepsilon\varepsilon_0}}\, H_y'^{(-)}(x, z) = \cos h_1 z \sin\frac{\pi x}{a} + \sum_{m=1}^{\infty} B_m^s \sin\frac{m\pi x}{a}\, e^{-i h_m z}. \tag{13.52}$$

Unsere Aufgabe besteht darin, mit diesem Feldansatz und den Randbedingungen gemäß Fig. 13.4d den Koeffizienten B_1^s zu finden. Dieser ist dann nach dem oben Gesagten gleichzeitig der gesuchte Reflexionskoeffizient des elektrischen Feldes für die „offene" induktive Blende. Die Darstellung (13.52) entspricht der zweidimensionalen Vereinfachung des kapazitiven Problems. Mit Rücksicht auf die Befriedigung der Randbedingungen der zugehörigen vollständigen elektrischen Feldkomponenten an den Flächen $y = 0$ und $y = b$ hat man sich dieselben noch mit dem Faktor $\sin \pi y/b$ versehen zu denken. Nach den Überlegungen in Abschnitt 12.5 kann man sich indessen auf die Mittelebene $y = b/2$ beschränken.

Wir transformieren das Koordinatensystem x, y der Fig. 13.4a in das System $\bar{x}$, y der Fig. 13.4d, wobei $\bar{x} = x + a/2$. Die Umrechnung des Summengliedes in Gl. (13.52) können wir uns indes ersparen, da wir einen passenden Fourier-Ansatz für $H_y'^{(-)}$ direkt anschreiben können, Mit Rücksicht darauf, daß $H_y'^{(-)}$ ungerade bezüglich $\bar{x} = a/2$ ist, gilt allgemein im Bereich $0 \leq x \leq a$ *)

$$-\sqrt{\frac{\mu\mu_0}{\varepsilon\varepsilon_0}}\, H_y'^{(-)}(\bar{x}, z) = \cos h_1 z \cos\frac{\pi\bar{x}}{a} + \sum_{m=1,3,5,\ldots}^{\infty} \bar{B}_m^s \cos\frac{m\pi\bar{x}}{a}\, e^{-i h_m z}. \tag{13.53}$$

Mit diesem Ansatz ist in der Tat $H_y'^{(-)}\left(\frac{a}{2}, z\right) = 0$. Nunmehr können wir daran gehen, den Koeffizienten $\bar{B}_1^s$ für das komplementäre „kapazitive" System nach Fig. 13.4d zu bestimmen. Man bemerkt nebenbei, daß die komplementären Anordnungen a) und d) der Fig. 13.4 nicht

*) Über die Vollständigkeit der Darstellung (13.53) vgl. z. B. E. T. Whittaker u. G. N. Watson: A course of modern analysis, S. 165, Abschnitt 9.22. Cambridge 1935. — $H_y'^{(-)}(\bar{x}, y, z)$ folgt aus der Multiplikation der rechten Seite von Gl. (13.53) mit $\sin\pi y/b$; $H_x'^{(-)}(\bar{x}, y, z)$ enthält den Faktor $\cos\pi y/b$.

etwa in so einfacher Weise auseinander hervorgehen, wie man es von ebenen Schirmen her unter Anwendung des „BABINETschen Prinzips" mit bloßer Vertauschung von Öffnung und Bedeckung und Drehung der Polarisationsebene um 90° gewohnt ist.

13.7. Lösung des zugeordneten Problems für die kapazitive Blende.

Der Einfachheit halber schreiben wir in Gl. (13.53) wieder x anstelle von $\bar{x}$. Man überzeugt sich weiter leicht, daß mit der Transformation $\bar{x} = x + a/2$ B_1^s in Gl. (13.52) mit $\bar{B}_1^s$ in Gl. (13.53) identisch ist. Mit Gl. (13.53) erhält man dann

$$- \sqrt{\frac{\mu \mu_0}{\varepsilon \varepsilon_0}} H_y'^{(-)}(x, z) = \cos \frac{\pi x}{a} \cos h_1 z + B_1^s \cos \frac{\pi x}{a} e^{-i h_1 z} + \sum_{m=3,5,7,\ldots}^{\infty} \bar{B}_m^s \cos \frac{m \pi x}{a} e^{-i h_m z}. \tag{13.54}$$

Um eine Integralgleichung für das transversale elektrische Feld $\mathsf{E}'(x)$ in der Blendenebene aufzustellen, drücken wir die Konstanten B_1^s und $\bar{B}_m^s$ durch $\mathsf{E}'(x) = E_x'(x, 0)$ aus. Es gilt mit Gl. (1.1)

$$i \omega \varepsilon \varepsilon_0 E_x'(x,z) = \frac{\partial H_y'^{(-)}(x,z)}{\partial z} = - h_1 \cos \frac{\pi x}{a} \sin h_1 z - i h_1 B_1^s \cos \frac{\pi x}{a} e^{-i h_1 z} - i \sum_{m=3,5,7,\ldots}^{\infty} h_m \bar{B}_m^s \cos \frac{m \pi x}{a} e^{-i h_m z}. \tag{13.55}$$

Hieraus folgt in bekannter Weise mit $z = 0$

$$- B_1^s = \frac{2 \omega \varepsilon \varepsilon_0}{a h_1} \int_{ap.} \mathsf{E}'(x') \cos \frac{\pi x'}{a} d x' \tag{13.56}$$

und

$$- \bar{B}_m^s = \frac{2 \omega \varepsilon \varepsilon_0}{a h_m} \int_{ap.} \mathsf{E}'(x') \cos \frac{m \pi x'}{a} d x'. \quad (m \geqq 3) \tag{13.57}$$

Damit gilt für $H_y'^{(-)}$ nach Gl. (13.54)

$$- \sqrt{\frac{\mu \mu_0}{\varepsilon \varepsilon_0}} H_y'^{(-)}(x, z) = \cos \frac{\pi x}{a} \cos h_1 z + B_1^s \cos \frac{\pi x}{a} e^{-i h_1 z} - \frac{2 \omega \varepsilon \varepsilon_0}{a} \int_{ap.} \mathsf{E}'(x') d x' \sum_{m=2}^{\infty} \frac{1}{h_m} \cos \frac{m \pi x'}{a} \cos \frac{m \pi x}{a} e^{-i h_m z}. \tag{13.58}$$

In dem Summenglied haben wir die in m geraden Terme addiert, was keinen Unterschied macht, da $\mathsf{E}'(x)$ eine bezüglich $x = a/2$ ungerade Funktion ist. Bei der Integration über x' liefern diese Terme keinen

Beitrag. Nunmehr setzen wir in der gleichen Näherung, wie zuvor, mit Gl. (13.18)

$$h_m \approx \frac{i\,m\,\pi}{a} \tag{13.59}$$

und erhalten in der Ebene $z = 0$

$$\begin{gathered} -\sqrt{\frac{\mu\,\mu_0}{\varepsilon\,\varepsilon_0}}\, H_y'^{(-)}(x,0) \\ = (1 + B_1^s)\cos\frac{\pi x}{a} - \frac{2\,\omega\,\varepsilon\,\varepsilon_0}{i\,\pi}\int\limits_{ap.} \mathsf{E}'(x')\,d\,x' \sum_{m=2}^{\infty}\frac{1}{m}\cos\frac{m\,\pi\,x'}{a}\cos\frac{m\,\pi\,x}{a}\,. \end{gathered} \tag{13.60}$$

Die Randbedingung in der Blendenebene $z = 0$ verlangt nun $H_y'^{(-)}(x,0) = 0$ über der magnetisch leitenden Apertur. Wenn wir beiderseits noch das Summenglied mit $m = 1$ hinzuaddieren, erhalten wir für den Aperturbereich

$$\begin{aligned} \cos\frac{\pi x}{a}&\left(\frac{i\,\pi}{\omega\,\varepsilon\,\varepsilon_0}(1 + B_1^s) + 2\int\limits_{ap.} \mathsf{E}'(x')\cos\frac{\pi x'}{a}\,d\,x'\right) \\ &= 2\int\limits_{ap.} \mathsf{E}'(x')\,d\,x' \sum_{m=1}^{\infty}\frac{1}{m}\cos\frac{m\,\pi\,x'}{a}\cos\frac{m\,\pi\,x}{a}\,. \end{aligned} \tag{13.61}$$

Zur Abkürzung setzen wir

$$\alpha = \frac{i\,\pi}{\omega\,\varepsilon\,\varepsilon_0}(1 + B_1^s) + 2\int\limits_{ap.} \mathsf{E}'(x')\cos\frac{\pi x'}{a}\,d\,x'\,, \tag{13.62}$$

und erhalten die folgende Integralgleichung für $\mathsf{E}'(x')$:

$$\alpha\cos\frac{\pi x}{a} = 2\int\limits_{ap.} \mathsf{E}'(x')\,d\,x' \sum_{m=1}^{\infty}\frac{1}{m}\cos\frac{m\,\pi\,x'}{a}\cos\frac{m\,\pi\,x}{a}\,. \tag{13.63}$$

Die rechte Seite ist von derselben Art, wie wir sie bei der Behandlung der kapazitiven Blende im vorigen Kapitel angetroffen hatten. Nur die linke Seite ist verschieden, weil wir es hier mit einem anderen Wellentyp zu tun haben als dort. Die Lösung der Integralgleichung (13.63) kann jedoch ganz analog wie früher in Abschnitt 12.3 gewonnen werden. Mit Einführung der neuen Veränderlichen ϑ und ϑ' durch

$$\cos\frac{\pi x}{a} = \sin\frac{\pi\delta'}{a}\cos\vartheta\,;\quad \cos\frac{\pi x'}{a} = \sin\frac{\pi\delta'}{a}\cos\vartheta' \tag{13.64}$$

(die halbe Aperturöffnung ist hier δ' nach Fig. 13.4d) und mit Anwendung der Summenformel (12.24) erhält man nach kurzer Rechnung

$$\alpha\sin\frac{\pi\delta'}{a}\cos\vartheta = \int\limits_0^{\pi} \mathsf{E}'(x')\frac{d\,x'}{d\,\vartheta'}\,d\vartheta'\left\{-\log\sin\frac{\pi\delta'}{a} + 2\sum_{m=1}^{\infty}\frac{\cos m\,\vartheta\,\cos m\,\vartheta'}{m}\right\}. \tag{13.65}$$

Mit dem FOURIER-Ansatz

$$\mathsf{E}'(x')\frac{d x'}{d\vartheta'} = \sum_{\mu=0}^{\infty} a_\mu \cos\mu\vartheta' \tag{13.66}$$

erhalten wir

$$\alpha \sin\frac{\pi\delta'}{a}\cos\vartheta = -a_0\pi\log\sin\frac{\pi\delta'}{a} + \pi a_1\cos\vartheta + \pi\sum_{m=2}^{\infty}\frac{a_m}{m}\cos m\vartheta\,. \tag{13.67}$$

Ein Koeffizientenvergleich der Glieder $\cos m\vartheta$ ergibt

$$a_0 = 0; \qquad a_1 = \frac{\alpha}{\pi}\sin\frac{\pi\delta'}{b}\,; \qquad a_\mu = 0\ (\mu \geqq 2)\,. \tag{13.68}$$

Damit folgt aus Gl. (13.66) mit Gl. (13.64) und (13.68)

$$\int\limits_{ap.} \mathsf{E}'(x')\cos\frac{\pi x'}{a}\,d x' = a_1\sin\frac{\pi\delta'}{a}\int\limits_0^{\pi}\cos^2\vartheta'\,d\vartheta' = \frac{\alpha}{2}\sin^2\frac{\pi\delta'}{a}\,. \tag{13.69}$$

Mit Hilfe dieses Resultats erhalten wir aus Gl. (13.62)

$$\alpha = \frac{i\pi}{\omega\varepsilon\varepsilon_0}(1 + B_1^s) + \alpha\sin^2\frac{\pi\delta}{a}$$

oder

$$\alpha\cos^2\frac{\pi\delta}{a} = \frac{i\pi}{\omega\varepsilon\varepsilon_0}(1 + B_1^s), \tag{13.70}$$

und damit aus Gl. (13.69)

$$\int\limits_{ap.} \mathsf{E}'(x')\cos\frac{\pi x'}{a}\,d x' = \frac{i\pi}{2\omega\varepsilon\varepsilon_0}(1 + B_1^s)\tan^2\frac{\pi\delta'}{a}\,. \tag{13.71}$$

Mit dieser Gleichung gelangen wir schließlich aus Gl. (13.56) zu einer Beziehung für den gesuchten Reflexionskoeffizienten der induktiven Blende:

$$\frac{-B_1^s}{1+B_1^s} = \frac{i\pi}{a h_1}\tan^2\frac{\pi\delta'}{a} = \frac{i\pi}{a h_1}\cot^2\frac{\pi\delta}{a}\,, \tag{13.72}$$

wenn wir unter Beachtung der Fig. 13.4a und 13.4d von der Beziehung $\delta' + \delta = a/2$ Gebrauch machen.

Der Transmissionskoeffizient T des elektrischen Feldes $E_y^{(+)}$ der induktiven Blende ist, wie man aus Gl. (13.47) feststellt, $T = 1 + A_1^s = 1 + B_1^s$. Unter Benutzung der Beziehung (13.2) gilt mit $T = 1 + B_1^s$

$$\frac{-B_1^s}{1+B_1^s} = \frac{1}{T} - 1 = \frac{i}{2}\frac{Z}{\omega L_0}\,; \tag{13.73}$$

damit folgt aus Gl. (13.72) für die Ersatzinduktivität

$$\frac{\omega L_0}{Z} = \frac{h_1 a}{2\pi}\tan^2\frac{\pi\delta}{a}\,, \tag{13.74}$$

in Übereinstimmung mit dem früher gefundenen Wert in Gl. (13.43).

Die auf die induktive Blende auftreffende Welle hatten wir als eine H_{10}-Welle angenommen. Die dem komplementären System der Fig. 13.4d zugeordnete einfallende Welle besitzt eine Longitudinalkomponente E_z und stellt somit eine elektrische Längsschnittwelle vom E_{11}-Typ dar. Wir wollen noch die Beziehung zwischen dem Ersatzleitwert $1/\omega L_0$ des induktiven Problems für die H_{10}-Welle und dem Ersatzleitwert ωC_0 des komplementären kapazitiven Problems der E_{11}-Welle betrachten.

Zu diesem Zweck bestimmen wir den Reflexionskoeffizienten des kapazitiven Problems nach Fig. 13.4d beim Auftreffen der E_{11}-Welle. Gl. (13.58) stellt das magnetische Feld $H_y'^{(-)}$ dieses Problems dar, wobei aber die Grundwelle eine spezielle Form aufweist. Wir berechneten den Koeffizienten B_1^s für den Fall, daß die Apertur mit einem magnetischen Leiter ausgekleidet war. Um den Reflexionsfaktor des gleichen Problems, jedoch mit ungestörter Öffnung zwischen den Blendenhälften zu gewinnen, benutzen wir den im Abschnitt 12.6 erörterten Umstand, daß der Reflexionskoeffizient für das magnetische Feld des ungeraden Problems mit magnetisch leitender Apertur gleich dem Reflexionskoeffizienten für das magnetische Feld der ungestörten Öffnung ist. Der Anteil der einfallenden Welle des ungeraden Problems enthält nach Gl. (12.67) den Faktor $i \cdot \sin hz$. Um Gl. (13.58) in das passende ungerade Problem überzuführen, schreiben wir den Anteil der Grundwelle in folgender Weise um:

$$-\sqrt{\frac{\mu\mu_0}{\varepsilon\varepsilon_0}}\, H_y'^{(-)}(x,z) = \cos\frac{\pi x}{a}\cos h_1 z + B_1^s\cos\frac{\pi x}{a} e^{-ih_1 z} - i\cos\frac{\pi x}{a}\sin h_1 z + \\ + i\cos\frac{\pi x}{a}\sin h_1 z + \cdots \tag{13.75}$$

$$= \cos\frac{\pi x}{a}\left\{i\sin h_1 z + e^{-ih_1 z} + B_1^s e^{-ih_1 z} + \cdots\right\}.$$

Damit haben wir $H_y'^{(-)}$ auf die Form des ungeraden Problems, wie in Gl. (12.67) gebracht, wobei der Reflexionskoeffizient des *magnetischen* Feldes $H_y'^{(-)}$ aber nun, wie man aus Gl. (13.75) ersieht, durch $\beta_m = 1 + B_1$ gegeben ist. Der Reflexionskoeffizient des *elektrischen* Feldes besitzt das umgekehrte Vorzeichen, da E_x proportional zu $\partial H_y/\partial z$ ist, und es ist daher $\beta_e = -1 - B_1^s$. Der „elektrische" Transmissionskoeffizient folgt zu $T_e = 1 + \beta_e = -B_1^s$. Damit sind wir nun in der Lage, die Ersatzkapazität für die Konfiguration in Fig. 13.4d mit ungestörter Apertur nach Gl. (12.51) durch den vorgangs berechneten Koeffizienten B_1^s auszudrücken:

$$\frac{1}{2} i\omega C_0 Z = 1 - \frac{1}{T_e} = 1 + \frac{1}{B_1^s} = \frac{1 + B_1{}^s}{B_1{}^s}. \tag{13.76}$$

Mit Gl. (13.73) finden wir

$$\frac{i\omega C_0 Z}{2} = -\frac{2\omega L_0}{iZ}$$

oder

$$\frac{L_0}{C_0} = \frac{Z^2}{4}. \tag{13.77}$$

Auf diese Weise sind also die Ersatzgrößen L_0 und C_0 der induktiven (ungestörten) Blende beim Auftreffen einer H_{10}-Welle und der (ungestörten) kapazitiven Blende beim Auftreffen einer komplementären E_{11}-Welle miteinander verknüpft.

Die vorstehende Behandlung der symmetrischen induktiven Blende unter Heranziehung eines komplementären Lösungssystems läßt erkennen, daß diese Methode nur bei hochgradiger Symmetrie von Nutzen ist, die es ermöglicht, sich am Ende wieder von den beim wirklichen Ausgangsproblem nicht vorhandenen magnetischen Rändern frei zu machen.

13.8. Eine Näherung höherer Ordnung für die symmetrische induktive Blende.

In den bisherigen Betrachtungen ebener Blenden im Rechteckhohlleiter hatten wir uns auf sog. „quasistatische" Näherungen beschränkt, indem wir h_m in Gl. (12.22) bzw. Gl. (13.18) durch $im\pi/b$ bzw. $im\pi/a$ ersetzten. Nach Gl. (13.18) gilt für $m \geqq 2$

$$h_m = \frac{i\,m\,\pi}{a}\sqrt{1-\left(\frac{k\,a}{m\,\pi}\right)^2} = \frac{i\,m\,\pi}{a}\left[1-\gamma_m\right], \tag{13.78}$$

wobei

$$\gamma_m = 1-\sqrt{1-\left(\frac{k\,a}{m\,\pi}\right)^2}. \tag{13.79}$$

In der vorausgehenden Lösung für die induktive Blende wurden alle γ_m gleich Null gesetzt. Für höhere h_m-Werte ist diese Vernachlässigung, wie bereits besprochen und aus Gl. (13.79) ersichtlich, nicht schwerwiegend; für die niedersten Werte von h_m wird man jedoch durch Berücksichtigung der durch die γ_m bedingten Korrektur ein unter Umständen merklich genaueres Resultat erwarten.

Wir werden für die symmetrische induktive Blende zeigen, wie man die Integralgleichung mit Berücksichtigung des ersten auftretenden Korrektionsgliedes löst und damit zur nächsthöheren Näherung für die Ersatzinduktivität L_0 nach Fig. 13.2 gelangt. Weitere Näherungen gewinnt man sowohl für die induktive als für die kapazitive Blende mit einem analogen Rechengang*).

*) Siehe dazu L. LEWIN: Advanced theory of waveguides. London 1951.

Wir benutzen die Gelegenheit, eine Integralgleichung für die induktive Blende in einer von der Herleitung in Abschnitt 13.2 verschiedenen Weise aufzustellen.

Das elektrische Transversalfeld beiderseits der Blendenebene beschreiben wir im Einklang mit Gl. (13.3) bzw. Gl. (13.47) durch

$$E_y^{(-)}(x, z) = e^{i h_1 z} \sin\frac{\pi x}{a} + \sum_{m=1}^{\infty} B_m \sin\frac{m\pi x}{a} e^{-i h_m z}, \qquad (z \leqq 0) \qquad (13.80)$$

$$E_y^{(+)}(x, z) = \sum_{m=1}^{\infty} A_m \sin\frac{m\pi x}{a} e^{i h_m z}, \qquad (z \geqq 0) \qquad (13.81)$$

mit h_m nach Gl. (13.4).

In der Blendenebene geht E_y im ganzen Bereich $0 \leqq x \leqq a$ stetig von $z = -0$ nach $z = +0$ über, da E_y auf den Blendenhälften verschwindet und die Apertur stetig durchsetzt. Es gilt daher für $z = 0$ mit Gl. (13.80) und (13.81) für $0 \leqq x \leqq a$

$$(1 + B_1)\sin\frac{\pi x}{a} + \sum_{m=2}^{\infty} B_m \sin\frac{m\pi x}{a} = A_1 \sin\frac{\pi x}{a} + \sum_{m=2}^{\infty} A_m \sin\frac{m\pi x}{a}, \qquad (13.82)$$

woraus sofort

$$1 + B_1 = A_1 \qquad (13.83)$$

und

$$B_m = A_m \qquad (m \geqq 2) \qquad (13.84)$$

folgt.

Das magnetische Transversalfeld H_x durchsetzt die *Apertur* stetig (nicht jedoch die Blendenhälften). Da H_x proportional zu $\partial E_y/\partial z$ ist, ist die Ableitung von E_y nach z *in der Apertur* stetig und es gilt dort mit Gl. (13.80) und (13.81) und $z = 0$

$$(1 - B_1)\sin\frac{\pi x}{a} - \sum_{m=2}^{\infty} \frac{h_m}{h_1} B_m \sin\frac{m\pi x}{a} = A_1 \sin\frac{\pi x}{a} + \sum_{m=2}^{\infty} \frac{h_m}{h_1} A_m \sin\frac{m\pi x}{a}. \qquad (13.85)$$

Mit Gl. (13.83) und (13.84) folgt daraus

$$-2 B_1 \sin\frac{\pi x}{a} = 2\sum_{m=2}^{\infty} \frac{h_m}{h_1} B_m \sin\frac{m\pi x}{a}. \qquad \left(\frac{a}{2} - \delta \leqq x \leqq \frac{a}{2} + \delta\right) \qquad (13.86)$$

Den Reflexionskoeffizient B_1 und die Koeffizienten B_m für $m \geqq 2$ kennen wir bereits aus Gl. (13.11) und (13.12). Nach Gl. (13.11) gilt

$$\frac{1}{1 + B_1} \frac{2}{a} \int_{ap.} \mathsf{E}(x') \sin\frac{\pi x'}{a} dx' = 1. \qquad (13.87)$$

Multiplizieren wir Gl. (13.86) auf der linken Seite mit der Einheit nach Gl. (13.87) und berücksichtigen ferner die Beziehung (13.73), so folgt, mit Ersatz von B_m nach Gl. (13.12) auf der rechten Seite, für den Aperturbereich

$$\frac{iZ}{\omega L_0} \sin\frac{\pi x}{a} \int\limits_{ap.} \mathsf{E}(x') \sin\frac{\pi x'}{a}\, d\,x' = 2 \sum_{m=2}^{\infty} \frac{h_m}{h_1} \int\limits_{ap.} \mathsf{E}(x') \sin\frac{m\pi x'}{a} \sin\frac{m\pi x}{a}\, d\,x' . \tag{13.88}$$

Nunmehr machen wir uns den Umstand zunutze, daß das tangentielle elektrische Blendenfeld an den Blendenkanten, d. h. an den Aperturgrenzen, verschwindet. Mit partieller Integration erhalten wir somit

$$\int\limits_{ap.} \mathsf{E}(x') \sin\frac{m\pi x'}{a}\, d\,x' = \frac{a}{m\pi} \int\limits_{ap.} \frac{\partial\,\mathsf{E}(x')}{\partial x'} \cos\frac{m\pi x'}{a}\, d\,x' \tag{13.89}$$

und indem wir die Bezeichnung

$$\mathsf{F}(x) = \frac{\partial\,\mathsf{E}(x)}{\partial\,x} = \frac{\partial\,E_y(x,0)}{\partial\,x} \tag{13.90}$$

einführen, mit Gl. (13.88) die folgende exakte Integralgleichung für $\mathsf{F}(x')$ im Aperturbereich:

$$\frac{iZ}{\omega L_0} \sin\frac{\pi x}{a} \int\limits_{ap.} \mathsf{F}(x') \cos\frac{\pi x'}{a}\, d\,x' = 2 \sum_{m=2}^{\infty} \frac{h_m}{m\,h_1} \int\limits_{ap.} \mathsf{F}(x') \cos\frac{m\pi x'}{a} \sin\frac{m\pi x}{a}\, d\,x' . \tag{13.91}$$

Für die symmetrische Blende ist $\mathsf{E}(x)$ aus Symmetriegründen offensichtlich eine bezüglich $x = a/2$ gerade Funktion und daher $\mathsf{F}(x)$ mit Gl. (13.90) eine ungerade Funktion in bezug auf $x = a/2$. Im Integral auf der rechten Seite von Gl. (13.89) liefern daher nur die cosinus-Glieder mit *ungeradem* m einen Beitrag. Für h_m setzen wir wie zuvor die Näherung $i m\pi/a$ nach Gl. (13.19) ein; bei dem Term h_3 berücksichtigen wir nun jedoch die Korrektion γ_3 nach Gl. (13.79). Höhere Näherungen würden die Korrektionen γ_5, γ_7 usw. zu berücksichtigen haben. Wir begnügen uns mit der ersten Verbesserung durch Hinzunahme von γ_3. Der Rechnungsgang bei Hinzunahme weiterer γ_m-Werte bleibt im Prinzip derselbe, führt jedoch schnell zu sehr umständlichen Ausdrücken. Mit Berücksichtigung von γ_3 nach Gl. (13.79) erhalten wir aus Gl. (13.91)

$$\frac{Z}{\omega L_0} \sin\frac{\pi x}{a} \int\limits_{ap.} \mathsf{F}(x') \cos\frac{\pi x'}{a}\, d\,x' = \frac{2\pi}{a\,h_1} \sum_{m=2}^{\infty} \int\limits_{ap.} \mathsf{F}(x') \cos\frac{m\pi x'}{a} \sin\frac{m\pi x}{a}\, d\,x' - \frac{2\pi}{a\,h_1} \gamma_3 \int\limits_{ap.} \mathsf{F}(x') \cos\frac{3\pi x'}{a} \sin\frac{3\pi x}{a}\, d\,x' . \tag{13.92}$$

Wir transformieren wiederum die Veränderlichen x bzw. x' in neue Veränderliche ϑ bzw. ϑ' mittels

$$\cos\frac{\pi x}{a} = \sin\frac{\pi\delta}{a}\cos\vartheta; \quad \cos\frac{\pi x'}{a} = \sin\frac{\pi\delta}{a}\cos\vartheta', \tag{13.93}$$

wodurch wir den Aperturbereich $\frac{a}{2} - \delta \leqq x \leqq \frac{a}{2} + \delta$ in den Bereich $0 \leqq \vartheta \leqq \pi$ transformieren. Dann gilt, wenn wir die Abkürzung

$$\sin\frac{\pi\delta}{a} = s \tag{13.94}$$

einführen,

$$\begin{aligned}\cos\frac{3\pi x'}{a} &= 4\cos^3\frac{\pi x'}{a} - 3\cos\frac{\pi x'}{a} = 4\,s^3\cos^3\vartheta' - 3\,s\cos\vartheta' \\ &= s^3(\cos 3\vartheta' + 3\cos\vartheta') - 3\,s\cos\vartheta' = s^3\cos 3\vartheta' + 3\,s\,(s^2-1)\cos\vartheta'.\end{aligned} \tag{13.95}$$

Weiter gewinnt man mit Differentiation von Gl. (13.93) und (13.95) nach x die Beziehung

$$\frac{\sin\frac{3\pi x}{a}}{\sin\frac{\pi x}{a}} = \frac{s^2\sin 3\vartheta + (s^2-1)\sin\vartheta}{\sin\vartheta}. \tag{13.96}$$

Setzt man diese Ausdrücke in Gl. (13.92) ein und benutzt die Summenformel (13.22), so erhält man nach einiger Umformung

$$\begin{aligned}&\frac{Z}{\omega L_0}s^2\sin\vartheta\int_0^\pi \mathsf{F}(x')\frac{dx'}{d\vartheta'}d\vartheta'\cos\vartheta' \\ &= \frac{2\pi}{a h_1}\int_0^\pi \mathsf{F}(x')\frac{dx'}{d\vartheta'}d\vartheta'\left[\sum_{m=1}^{\infty}\cos m\vartheta'\sin m\vartheta - s^2\sin\vartheta\cos\vartheta'\right] - \\ &- \frac{2\pi s}{a h_1}\gamma_3\int_0^\pi \mathsf{F}(x')\frac{dx'}{d\vartheta'}d\vartheta'\,[s^2\sin 3\vartheta + (s^2-1)\sin\vartheta]\times \\ &\qquad\times[s^3\cos 3\vartheta' + 3s(s^2-1)\cos\vartheta'].\end{aligned} \tag{13.97}$$

Gehen wir mit dem allgemeinen FOURIER-Ansatz im Bereich $0 \leqq \vartheta' \leqq \pi$

$$\mathsf{F}(x')\frac{dx'}{d\vartheta'} = f(\vartheta') = \sum_0^\infty c_\mu\cos\mu\vartheta' \tag{13.98}$$

in Gl. (13.97) ein, so sieht man sogleich, daß zufolge der Orthogonalitätseigenschaft der Funktionen $\cos\mu\vartheta'$ nur die Koeffizienten c_1 und c_3 von Null verschieden sind, während alle übrigen c_μ verschwinden. Ein Koeffizientenvergleich der Glieder mit $\sin\vartheta$ und $\sin 3\vartheta$ liefert die folgenden Beziehungen:

$$\left\{-\frac{Z}{\omega L_0}s^2\frac{a h_1}{2\pi}+(1-s^2)\right\}c_1-s(s^2-1)\,\gamma_3\{s^3c_3+3\,s(s^2-1)\,c_1\}=0\,, \tag{13.99}$$

$$c_3-s^3\,\gamma_3\,\{s^3\,c_3+3\,s\,(s^2-1)\,c_1\}=0\,. \tag{13.100}$$

Da Gl. (13.97) homogen in $f(\vartheta')$ ist, können wir in der Darstellung (13.98) $c_1=1$ wählen. Mit $c_1=1$ und Elimination von c_3 aus den beiden Gleichungen (13.99) und (13.100) gewinnen wir den gesuchten Wert von $Z/\omega L_0$. Man erhält nach kurzer Rechnung

$$\frac{Z}{\omega L_0}=\frac{2\pi}{a\,h_1}\left\{\frac{1}{s^2}-1-3\,\gamma_3\frac{(1-s^2)^2}{1-\gamma_3 s^6}\right\}, \tag{13.101}$$

und mit Einsetzen von s nach Gl. (13.94) schließlich

$$\frac{Z}{\omega L_0}=\frac{2\pi}{a h_1}\cot^2\frac{\pi\delta}{a}\left[1-\frac{3}{4}\gamma_3\frac{\sin^2\frac{2\pi\delta}{a}}{1-\gamma_3\sin^6\frac{\pi\delta}{a}}\right], \tag{13.102}$$

mit

$$\gamma_3=1-\sqrt{1-\left(\frac{k a}{3\pi}\right)^2}\,. \tag{13.103}$$

Der Faktor vor der Klammer von Gl. (13.102) stimmt mit der früheren Näherung (13.43) bzw. (13.74) überein; die Klammer selbst stellt daher die erste Korrektion dar. Wie bereits bemerkt, lassen sich mit einem analogen Rechnungsgang höhere Korrektionen gewinnen, die außer γ_3 noch γ_5, γ_7 usw. enthalten. Die zugehörigen Ausdrücke werden jedoch ziemlich unhandlich.

Die mit Gl. (12.102) gegenüber der früheren Näherung (13.43) erzielte Verbesserung läßt sich aus Fig. 13.5 erkennen. Wir schreiben Gl. (13.102) in der Form

$$\frac{Z}{\omega L_0}=\frac{2\pi}{a h_1}\cot^2\frac{\pi\delta}{a}\,[1-\Delta]\,, \tag{13.104}$$

wobei Δ aus dem Vergleich mit Gl. (13.102) ersichtlich ist. Fig. 13.5 zeigt den Verlauf der Korrektionsgröße Δ als Funktion von δ/a mit $ka=2\pi\,a/\lambda$ als Parameter. ka liegt nach unseren früheren Voraussetzungen im Bereich $\pi\leqq ka\leqq 3\pi$, wenn b/a genügend klein gewählt wird.

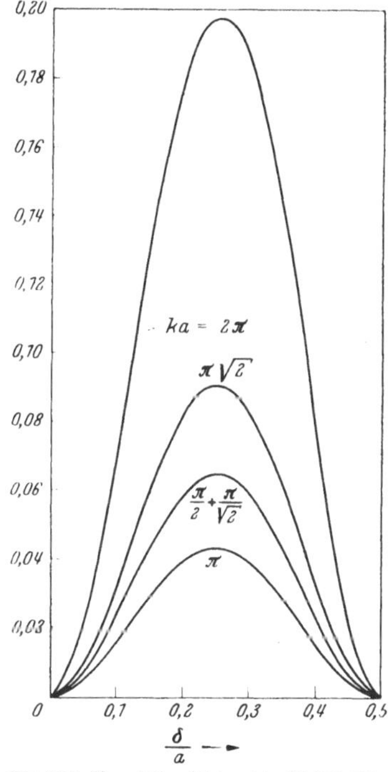

Fig. 13.5. Korrektionsfaktor Δ in Gl. (13.104) für die symmetrische induktive Blende als Funktion von δ/a (s. Fig. 13.1) und mit $ka=2\pi\,a/\lambda$ als Parameter.

13.9. Bemerkungen über Blenden endlicher Dicke.

Bei der Behandlung der kapazitiven und induktiven Blende hatten wir vorausgesetzt, daß dieselben in der z-Richtung unendlich dünn sind.

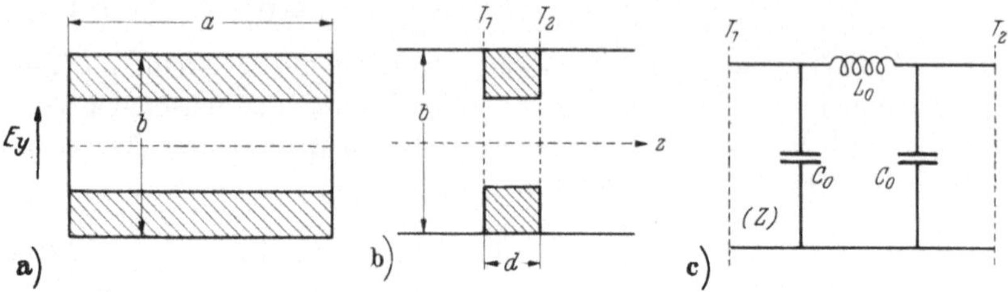

Fig. 13.6. Äquivalente Ersatzschaltung für eine kapazitive Blende endlicher Dicke d im Rechteckhohlleiter für eine einfallende H_{10}-Welle. Z ist der Wellenwiderstand der Ersatzleitung.

Wir fanden, daß unter dieser idealisierten Annahme ihre Rückwirkung auf die einfallende H_{10}-Welle in genügendem Abstand von der Blenden-

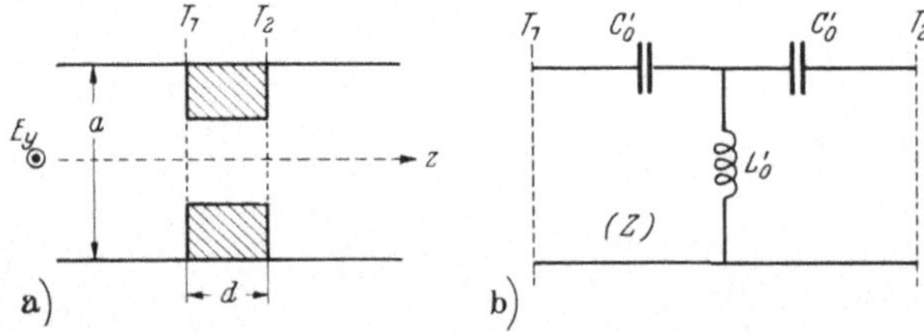

Fig. 13.7. Äquivalente Ersatzschaltung für eine induktive Blende endlicher Dicke d im Rechteckhohlleiter für eine einfallende H_{10}-Welle. Z ist der Wellenwiderstand der Ersatzleitung.

ebene durch eine an der Stelle $z = 0$ angebracht gedachte Kapazität C_0 bzw. Induktivität L_0 beschrieben werden kann. Für Blenden endlicher

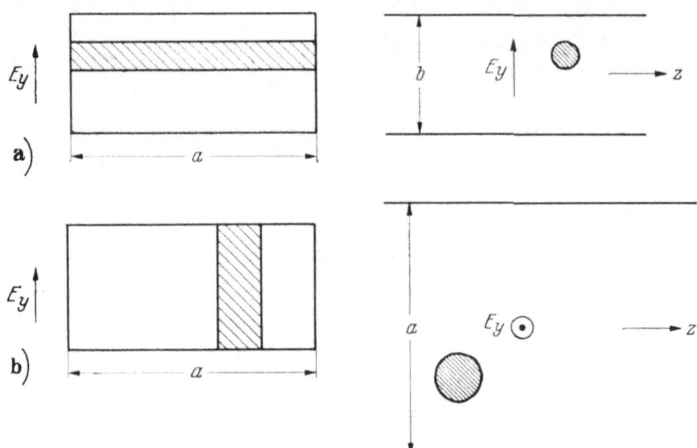

Fig. 13.8. a) Kapazitiver und b) induktiver Pfosten im Rechteckhohlleiter bei einfallender H_{10}-Welle.

Dicke ist dies nicht mehr der Fall; vielmehr zeigt sich, daß man zur Beschreibung der Wirkung solcher Blenden in der äquivalenten Ersatzschaltung ein Π- oder T-Glied benötigt. Für eine *kapazitive* Blende der Dicke d nach Fig. 13.6 findet man das unter c) angegebene Ersatzbild in bezug auf die Ebenen T_1 bzw. T_2. Für eine *induktive* Blende endlicher Dicke ergibt sich das unter Fig. 13.7b angegebene Ersatzbild.

Ersatzschaltbilder der gleichen Art wie in Fig. 13.6 bzw. 13.7 ergeben sich auch für zylindrische metallische Hindernisse von endlichem Radius, die von einer Seite des Rechteckhohlleiters zur gegenüberliegenden Seite reichen. Liegt die Achse eines solchen Zylinders senkrecht zum einfallenden Feld E_y der H_{10}-Welle, so wirkt ein solcher „Pfosten" kapazitiv; liegt seine Achse parallel zu E_y, so erhält man einen „induktiven Pfosten" *).

14. Näherungsweise Bestimmung der Grenzfrequenz von zylindrischen Hohlleitern beliebigen Querschnitts.

14.1. Allgemeine Bemerkungen.

Wir betrachten einen zylindrischen, metallisch begrenzten verlustfreien Hohlleiter nach Fig. 14.1, in dem sich elektromagnetische Wellen längs der Zylinderachse z fortpflanzen. Die Theorie der Wellenausbreitung in solchen Hohlleitern setzen wir in ihren Grundtatsachen als bekannt voraus; wir werden im folgenden Abschnitt die benötigten rechnerischen Beziehungen kurz rekapitulieren **).

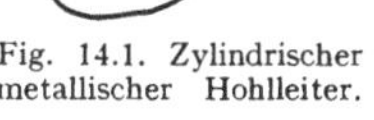

Fig. 14.1. Zylindrischer metallischer Hohlleiter.

Die auftretenden Wellentypen lassen sich in zwei Gruppen einteilen. Man unterscheidet Wellen des *elektrischen* (E-)Typs, die längs der Fortschreitungsrichtung die elektrische Feldkomponente E_z, jedoch keine magnetische Komponente H_z aufweisen, und Wellen des *magnetischen* (H-)Typs, die eine magnetische Feldkomponente H_z, jedoch keine elektrische Komponente E_z besitzen. Das magnetische Feld des E-Typs bzw. das elektrische Feld des H-Typs sind somit rein transversal orientiert, weshalb die Wellen des E-Typs auch als *transversal-magnetische* (TM) bzw. die Wellen des H-Typs als *transversal-elektrische* (TE) Wellen bezeichnet werden. Der allgemeinste elektromagnetische Zustand in zylindrischen Hohlleitern läßt sich stets durch Überlagerung sämtlicher Wellen des E- und H-Typs darstellen ***).

*) Über Formeln für die Ersatzgrößen von Blenden endlicher Dicke s. z. B. Waveguide Handbook, l. c. (Fußnote S. 101), Kapitel **5**, S. 248ff.

**) Siehe z. B. W. O. SCHUMANN: Elektrische Wellen. München 1948. — BROGLIE, L. DE: Problèmes de propagations guidées des ondes électromagnétiques. Paris 1941. — SCHELKUNOFF, S. A.: Electromagnetic waves. Toronto, New York u. London 1943. — SMYTHE, W. R.: Static and dynamic electricity. New York, Toronto u. London 1950. — LAMONT, H. R. L.: Wave guides. London 1950.

***) LEDINEGG, E.: Ann. Physik (V) **41**, 537 (1942).

Jeder Wellentyp besitzt eine charakteristische „Grenzfrequenz" ω_g, bei deren Unterschreitung der betreffende Typ sich nicht mehr wellenmäßig längs des Hohlleiters fortpflanzen kann; die Feldamplituden des betreffenden Typs nehmen exponentiell längs der Hohlleiterachse ab, sobald die erregende Frequenz kleiner als die Grenzfrequenz ist.

Die Gesamtheit der Wellentypen in einem Hohlleiter vorgegebenen Querschnitts läßt sich nach steigenden Grenzfrequenzen ordnen. Als *Grundwelle* bezeichnet man den Wellentyp mit der niedersten Grenzfrequenz; er ist stets ein H-Typ.

Die Kenntnis der Grenzfrequenzen, insbesondere derjenigen für die Grundwelle und die ihr nächstfolgenden Wellentypen, ist von praktischer Wichtigkeit. Falls die metallische Begrenzung des Hohlrohrs mit einer Fläche konstanter Koordinate in einem Koordinatensystem zusammenfällt, das die Separation der Variablen in der Wellengleichung erlaubt, führt die Berechnung der Grenzfrequenz ω_g meist auf bekannte Funktionen. Soweit diese Funktionen tabelliert sind, stößt die numerische Bestimmung von ω_g auf keine prinzipiellen Schwierigkeiten. Wo jedoch tabellierte Funktionen nicht vorliegen oder komplizierte Berandungen betrachtet werden, die keine Separation der Variablen erlauben, ist man auf Näherungsmethoden zur Bestimmung von ω_g angewiesen; eine solche Methode, die auf H. A. SCHWARZ zurückgeht, werden wir im folgenden betrachten.

Wie sich zeigen wird, läßt sich die Grenzfrequenz mit einer stationären Darstellung in Verbindung bringen, welche die elektrische oder magnetische Feldkonfiguration im betrachteten Querschnitt enthält. Man trachtet danach, in die stationäre Darstellung physikalisch plausible Näherungsfunktionen einzuführen, von denen man erwartet, daß sie ungefähr der korrekten Feldkonfiguration entsprechen. Da die stationäre Darstellung relativ „unempfindlich" gegen kleine Abweichungen von der wahren Verteilung ist, erhält man bei geeigneter Wahl der Näherungen recht brauchbare Werte für die gesuchten Grenzfrequenzen.

Weiterhin läßt sich ein sukzessives Verfahren angeben, durch das man die Annäherung an den wahren Wert der Grenzfrequenz schrittweise verbessern kann. Freilich erfordert dieses Verfahren bei jedem Schritt die Auflösung einer partiellen Differentialgleichung der Form $\nabla^2 \Phi + g(x, y) = 0$, wobei Φ die unbekannte, $g(x, y)$ eine bekannte Funktion ist und Φ gewissen homogenen Randbedingungen zu genügen hat. Dies setzt der praktischen Anwendung der sukzessiven Approximation gewisse Grenzen; nichtsdestoweniger erweist es in einer Reihe von Fällen seine Nützlichkeit.

14.2. Übersicht über die Theorie der Wellenfortpflanzung in Hohlleitern.

Wir betrachten längs der positiven z-Achse fortschreitende Wellen. Alle Feldkomponenten besitzen die Form $\varphi(x, y)\, e^{-i\omega t + ihz}$, wenn wir im Querschnitt rechtwinklige Koordinaten x, y einführen. Unter Abspaltung der Abhängigkeit von t und z läßt sich der Verlauf der Feldkomponenten des E-Typs und des H-Typs über den Querschnitt aus je einer einzigen skalaren Ortsfunktion $\varphi(x, y)$ ableiten, wobei φ der Wellengleichung in zwei Dimensionen

$$\nabla^2 \varphi + (k^2 - h^2)\, \varphi = 0\,, \tag{14.1}$$

sowie auf der Querschnittsbegrenzung den homogenen Randbedingungen $\varphi_e = 0$ für den E-Typ und $\partial\varphi_m/\partial n = 0$ für den H-Typ genügt; wir unterscheiden die skalaren Funktionen φ für den elektrischen bzw. magnetischen Typ durch die Indices in φ_e bzw. φ_m. Die Eigenwerte der Gl. (14.1) bezeichnen wir mit γ_μ^2 bzw. $\gamma_{\mu e}^2$ und $\gamma_{\mu m}^2$. Die zugehörigen Eigenfunktionen φ_μ genügen daher den erwähnten Randbedingungen und der Differentialgleichung

$$\nabla^2 \varphi_\mu + \gamma_\mu^2\, \varphi_\mu = 0 \tag{14.2}$$

mit $\gamma_\mu^2 = k^2 - h_\mu^2$. Die Fortpflanzungskonstante h_μ folgt hieraus zu

$$h_\mu = \sqrt{k^2 - \gamma_\mu^2}\,, \tag{14.3}$$

wobei $k = \omega/c = 2\pi/\lambda$ ist. Die zu einem Eigenwert γ_μ^2 gehörige Grenzfrequenz ist durch $h_\mu = 0$ bestimmt; in diesem Fall ist die z-Abhängigkeit der Feldkomponenten durch $e^{i h_\mu z} = 1$ gegeben und man hat es nicht mehr mit einer Wellenfortpflanzung zu tun. Die zum Eigenwert γ_μ^2 gehörige Grenzfrequenz folgt mit Gl. (14.3) und $h_\mu = 0$ aus $k_\mu^2 = \omega_{g\mu}^2/c^2 = \gamma_\mu^2$ oder

$$\omega_{g\mu} = c\,\gamma_\mu = \frac{\gamma_\mu}{\sqrt{\varepsilon\varepsilon_0\,\mu\,\mu_0}}\,. \tag{14.4}$$

Für $\omega < \omega_{g\mu}$ wird $k^2 < \gamma_\mu^2$ und somit h_μ in Gl. (14.3) imaginär. Die Feldkomponenten des μ-ten Schwingungstyps besitzen daher für Frequenzen $\omega < \omega_{g\mu}$ einen exponentiellen Verlauf längs der z-Richtung.

Die Eigenfunktionen φ_μ der Differentialgleichung (14.2) bilden ein vollständiges orthogonales Funktionensystem; es gilt die Orthogonalitätsrelation

$$\int\limits_A \varphi_\mu(x, y)\, \varphi_\nu(x, y)\, dx\, dy = \delta_{\mu\nu}\,, \tag{14.5}$$

wenn man die Eigenfunktionen durch einen passenden Faktor normiert. Die Integration erstreckt sich über die Querschnittsfläche A *).

*) Über die allgemeinen Eigenschaften der Differentialgleichung (14.2) und deren Lösungen s. z. B. R. Courant u. D. Hilbert: l. c. (s. Fußnote S. 25).

Die Eigenwerte γ_μ^2 sind Null oder positiv und bilden ein nach oben unbegrenztes diskretes Spektrum. Für den elektrischen Typ mit der Randbedingung $\varphi_e = 0$ gilt

$$0 < \gamma_{0e}^2 \leqq \gamma_{1e}^2 \leqq \gamma_{2e}^2 \leqq \gamma_{3e}^2 \ldots, \tag{14.6}$$

für den magnetischen Typ mit der Randbedingung $\partial\varphi_m/\partial n = 0$ gilt

$$0 = \gamma_{0m}^2 < \gamma_{1m}^2 \leqq \gamma_{2m}^2 \leqq \gamma_{3m}^2 \ldots. \tag{14.7}$$

Es ist immer $\gamma_{\mu e}^2 \geqq \gamma_{\mu m}^2$, da die Randbedingung $\varphi = 0$ „schärfer" als die Randbedingung $\partial\varphi/\partial n = 0$ ist.

Darüber hinaus gilt (in konvexen Bereichen)

$$\gamma_{\mu e}^2 > \gamma_{\mu+2,m}^2 . \qquad (m = 0, 1, 2 \cdots) \tag{14.8}$$

Der kleinste Eigenwert oder die niederste Grenzfrequenz gehört also stets einem H-Typ an*). Der Eigenwert $\gamma_{0m}^2 = 0$ des magnetischen Typs hat nur formale Bedeutung. Er gehört zur Lösung $\varphi_{0m} =$ constans, die offensichtlich sowohl die Differentialgleichung (14.2) mit $\gamma_{0m}^2 = 0$ als auch die Randbedingung $\partial\varphi_m/\partial n = 0$ erfüllt. Die aus $\varphi_{0m} =$ constans abgeleiteten Feldkomponenten verschwinden identisch.

Aus der Orthogonalitätsrelation (14.5) folgt für den magnetischen Typ unter Verwendung der Eigenfunktion $\varphi_{0m} =$ constans die Beziehung

$$\int_A \varphi_{0m}\,\varphi_{\mu m}\,dx\,dy = \varphi_{0m}\int_A \varphi_{\mu m}\,dx\,dy = 0$$

und daraus

$$\int_A \varphi_{\mu m}\,dx\,dy = 0 . \qquad (\mu = 1, 2, 3, \ldots) \tag{14.9}$$

Bei Bestehen des *Gleichheits*zeichens für l aufeinanderfolgende Eigenwerte in Gl. (14.6) oder (14.7) spricht man von *Entartung* der betreffenden Eigenfunktionen und Eigenwerte. Ein „l-fach entarteter" Eigenwert wird l-fach gezählt. Aus den zugeordneten l entarteten Eigenfunktionen lassen sich stets l Linearkombinationen bilden, die orthogonal zueinander und normiert sind.

Die (x, y)-Abhängigkeit der Feldkomponenten des μ-ten Schwingungstyps leitet sich in folgender Weise aus den Eigenfunktionen φ_μ nach Gl. (14.1) ab**):

Elektrischer Typ:

$$\begin{aligned} E_z &= (k^2 - h_\mu^2)\,\varphi_{\mu e} & H_z &= 0 \\ E_x &= i\,h_\mu \frac{\partial\varphi_{\mu e}}{\partial x} & H_x &= -i\omega\varepsilon\varepsilon_0 \frac{\partial\varphi_{\mu e}}{\partial y} \\ E_y &= i\,h_\mu \frac{\partial\varphi_{\mu e}}{\partial y} & H_y &= i\omega\varepsilon\varepsilon_0 \frac{\partial\varphi_{\mu e}}{\partial x} \end{aligned} \tag{14.10}$$

*) Polya, G.: J. of Math. 31, 55 (1952); Payne, L. E.: J. rat. mech. a. analysis, 4, 517 (1955).

**) Siehe z. B. F. Borgnis: Z. Physik 117, 642 (1941). — Broglie, L. de: S. 13; (s. Fußnote S. 157).

Magnetischer Typ:

$$E_z = 0 \qquad H_z = (k^2 - h_\mu^2)\,\varphi_{\mu m}$$

$$E_x = i\omega\mu\mu_0 \frac{\partial \varphi_{\mu m}}{\partial y} \qquad H_x = i h_\mu \frac{\partial \varphi_{\mu m}}{\partial x} \tag{14.11}$$

$$E_y = -i\omega\mu\mu_0 \frac{\partial \varphi_{\mu m}}{\partial x} \qquad H_y = i h_\mu \frac{\partial \varphi_{\mu m}}{\partial y}\,.$$

Faßt man die (x, y)-Komponenten je in einen *transversalen* Feldvektor $\boldsymbol{E}_t$ bzw. $\boldsymbol{H}_t$ zusammen und dividiert alle Feldkomponenten durch den Faktor $-i\omega\varepsilon\varepsilon_0$ beim elektrischen bzw. $-i\omega\mu\mu_0$ beim magnetischen Typ durch, so lassen sich die obigen Feldkomponenten in folgender Weise darstellen, wenn man einen Einheitsvektor $\boldsymbol{e}_z$ in der z-Richtung, den Feldwellenwiderstand $Z_0 = \sqrt{\mu\mu_0/\varepsilon\varepsilon_0}$ und $\gamma_\mu^2 = k^2 - h_\mu^2$ nach Gl. (14.3) einführt:

Elektrischer Typ:

$$E_z = \frac{iZ_0}{k}\,\gamma_{\mu e}^2\,\varphi_{\mu e} \qquad H_z = 0 \tag{14.12}$$

$$\boldsymbol{E}_t = -\frac{h_\mu}{k} Z_0 \operatorname{grad} \varphi_{\mu e} \qquad \boldsymbol{H}_t = -\boldsymbol{e}_z \times \operatorname{grad} \varphi_{\mu e}\,.$$

Magnetischer Typ:

$$E_z = 0 \qquad H_z = \frac{i}{k Z_0}\,\gamma_{\mu m}^2\,\varphi_{\mu m} \tag{14.13}$$

$$\boldsymbol{E}_t = \boldsymbol{e}_z \times \operatorname{grad} \varphi_{\mu m} \qquad \boldsymbol{H}_t = -\frac{h_\mu}{k Z_0} \operatorname{grad} \varphi_{\mu m}\,.$$

Für den Fall der *Grenzfrequenz*, der uns weiterhin allein interessieren wird, gilt $h_\mu = 0$ und mit Gl. (14.3) wird $k = k_\mu = \gamma_\mu$. Die zugehörigen Feldkomponenten folgen unmittelbar aus Gl. (14.12) und (14.13). Mit Berücksichtigung der Gl. (14.2) für φ_μ ergeben sich alternative Ausdrücke. Man erhält bei der Grenzfrequenz

Elektrischer Typ $(\omega = \omega_{g\mu})$:

$$E_z = iZ_0\,\gamma_{\mu e}\varphi_{\mu e} = -\frac{iZ_0}{\gamma_{\mu e}} \nabla^2 \varphi_{\mu e} \qquad H_z = 0 \tag{14.14}$$

$$\boldsymbol{E}_t = 0 \qquad \boldsymbol{H}_t = -\boldsymbol{e}_z \times \operatorname{grad} \varphi_{\mu e}\,.$$

Magnetischer Typ $(\omega = \omega_{g\mu})$:

$$E_z = 0 \qquad H_z = \frac{i}{Z_0}\,\gamma_{\mu m}\varphi_{\mu m} = -\frac{iZ_0}{\gamma_\mu} \nabla^2 \varphi_{\mu m}$$

$$\boldsymbol{E}_t = \boldsymbol{e}_z \times \operatorname{grad} \varphi_{\mu m} \qquad \boldsymbol{H}_t = 0\,. \tag{14.15}$$

Aus diesen Beziehungen erkennt man, daß bei der Grenzfrequenz stehende Wellen *quer* zur z-Richtung auftreten. Der POYNTINGsche Vektor $\boldsymbol{E} \times \boldsymbol{H} = (\boldsymbol{e}_z E_z + \boldsymbol{E}_t) \times (\boldsymbol{e}_z H_z + \boldsymbol{H}_t)$ besitzt, wie man sich leicht überzeugt, keine z-Komponente, sondern liegt in der Querschnittsebene.

14.3. Stationäre Darstellungen zur Bestimmung der Grenzfrequenz und zugeordnete Variationsprinzipien.

Mit Hilfe der Differentialgleichung (14.2) läßt sich für die Eigenwerte γ_μ, die durch Gl. (14.4) mit der Grenzfrequenz $\omega_{g\mu}$ verknüpft sind, eine bezüglich φ_μ stationäre und homogene Darstellung gewinnen. Wir multiplizieren dazu Gl. (14.2) mit φ_μ und integrieren über den Querschnitt A. Man erhält

$$\int_A (\varphi_\mu \nabla^2 \varphi_\mu + \gamma_\mu^2 \varphi_\mu^2)\, dA = 0 . \tag{14.16}$$

Unter Benutzung der Beziehung

$$\varphi_\mu \nabla^2 \varphi_\mu = \operatorname{div}(\varphi_\mu \operatorname{grad}\varphi_\mu) - \operatorname{grad}\varphi_\mu \operatorname{grad}\varphi_\mu \tag{14.17}$$

folgt

$$\int_A \operatorname{div}(\varphi_\mu \operatorname{grad}\varphi_\mu)\, dA - \int_A (\operatorname{grad}\varphi_\mu)^2\, dA + \gamma_\mu^2 \int_A \varphi_\mu^2\, dA = 0 . \tag{14.18}$$

Das erste Integral läßt sich in ein Randintegral über die Querschnittsbegrenzung überführen:

$$\int_A \operatorname{div}(\varphi_\mu \operatorname{grad}\varphi_\mu)\, dA = \oint_{\text{Rand}} \varphi_\mu \frac{\partial \varphi_\mu}{\partial n}\, ds . \tag{14.19}$$

Da die Funktionen φ_μ entweder den Randbedingungen $\varphi_{\mu e} = 0$ beim elektrischen Typ oder $\partial \varphi_{\mu m}/\partial n = 0$ beim magnetischen Typ gehorchen, verschwindet das Integral in Gl. (14.19) und wir erhalten aus Gl. (14.18)

$$\gamma_\mu^2 = \frac{\int_A (\operatorname{grad} \varphi_\mu)^2\, dx\, dy}{\int_A \varphi_\mu^2\, dx\, dy} = \frac{\int_A \left\{\left(\frac{\partial \varphi_\mu}{\partial x}\right)^2 + \left(\frac{\partial \varphi_\mu}{\partial y}\right)^2\right\} dx\, dy}{\int_A \varphi_\mu^2\, dx\, dy} . \tag{14.20}$$

Damit haben wir den Eigenwert γ_μ^2 durch die Verteilung der Eigenfunktionen φ_μ, d. h. durch die Feldkonfiguration des μ-ten Schwingungstyps über den Querschnitt A dargestellt.

Wir zeigen nun, daß die Darstellung (14.20) stationär in bezug auf die Funktionen φ_μ ist, d. h. daß eine erste Variation $\delta\varphi_\mu$ der Eigenfunktion φ_μ den Wert von γ_μ^2 unberührt läßt. Zu diesem Zweck multiplizieren wir Gl. (14.20) mit dem Nenner der rechten Seite durch und erhalten

$$\gamma_\mu^2 \int_A \varphi_\mu^2\, dx\, dy = \int_A (\operatorname{grad}\varphi_\mu)^2\, dx\, dy . \tag{14.21}$$

Die Variation von Gl. (14.21) ergibt

$$2\,\gamma_\mu\, \delta\,\gamma_\mu \int_A \varphi_\mu^2\, dx\, dy + 2\,\gamma_\mu^2 \int_A \varphi_\mu\, \delta\varphi_\mu\, dx\, dy = 2 \int_A \operatorname{grad}\varphi_\mu \operatorname{grad}\delta\varphi_\mu\, dx\, dy . \tag{14.22}$$

Das Integral auf der rechten Seite schreiben wir unter Benutzung der Beziehung (14.17) und von Gl. (14.19)

$$2 \int_A \operatorname{grad} \varphi_\mu \operatorname{grad} \delta\varphi_\mu \, dx\, dy = 2 \oint_{\text{Rand}} \delta\varphi_\mu \frac{\partial \varphi_\mu}{\partial n} ds - 2 \int_A \delta\varphi_\mu \nabla^2 \varphi_\mu \, dx\, dy . \tag{14.23}$$

Für den magnetischen Typ verschwindet $\partial\varphi_\mu/\partial n = \partial\varphi_{\mu m}/\partial n$ auf dem Rande und damit das Randintegral auf der rechten Seite.

Für den elektrischen Typ stellen wir an die Variation $\delta\varphi_\mu = \delta\varphi_{\mu e}$ die Forderung

$$\delta\varphi_{\mu e} = 0 \text{ am Rand.} \tag{14.24}$$

Mit Rücksicht auf die Randbedingung $\varphi_{\mu e} = 0$ heißt dies auch, daß am Rand $\varphi_{\mu e} + \delta\varphi_{\mu e} = 0$ gelten soll; mit anderen Worten verlangen wir, daß im Fall des elektrischen Typs die variierte Funktion $\varphi_{\mu e} + \delta\varphi_{\mu e}$ denselben Randbedingungen genügt wie die ursprüngliche Funktion.

Mit der Forderung (14.24) für den elektrischen Typ und ohne Einschränkung für die Variation des magnetischen Typs verschwindet also das Randintegral in Gl. (14.23). Mit Einsetzen von Gl. (14.23) in Gl. (14.22) erhalten wir

$$\gamma_\mu \, \delta\gamma_\mu \int_A \varphi_\mu^2 \, dx\, dy = - \int_A \delta\varphi_\mu \{\nabla^2 \varphi_\mu + \gamma_\mu^2 \varphi_\mu\} \, dx\, dy . \tag{14.25}$$

Zufolge der Differentialgleichung (14.2) für φ_μ verschwindet das Integral auf der rechten Seite von Gl. (14.25) und es gilt wegen des positiv definiten Charakters des Faktors von $\delta\gamma_\mu$ auf der linken Seite

$$\delta\gamma_\mu = 0 . \tag{14.26}$$

Damit ist der stationäre Charakter der Darstellung (14.20) nachgewiesen, wobei aber zu beachten ist, daß beim elektrischen Typ die Variation derart vorzunehmen ist, daß auch die variierte Funktion am Rande stets Null bleibt. Beim magnetischen Typ besteht keine Beschränkung bezüglich der Variation $\delta\varphi_{\mu m}$. Die Darstellung (14.20) ist außerdem homogen in φ_μ.

Die Funktionen φ_μ sind reell, es erhebt sich daher die Frage, ob der Ausdruck (14.20) für γ_μ^2 einem Maximum oder Minimum zustrebt, wenn die variierte Funktion $\varphi_\mu + \delta\varphi_\mu$ sich der korrekten Lösung φ_μ der Wellengleichung (14.2) annähert. Die Antwort, für deren Beweis wir auf die zahlreichen Lehrbücher über den Gegenstand verweisen*), lautet folgendermaßen:

*) Zum Beispiel R. COURANT u. D. HILBERT: Bd. I, S. 346ff. der deutschen, S. 399 der englischen Ausgabe, und Bd. II, Kap. 7. — FRANK, PH., u. R. v. MISES: Bd. I, S. 894ff. (s. Fußnote S. 46).

a) Unter *allen* über den Querschnitt A mit Einschluß des Randes stetigen und stückweise glatten Funktionen $\Phi(x, y)$, die wir als *Vergleichsfunktionen* bezeichnen, ist diejenige Funktion, welche den Ausdruck

$$\Gamma^2[\Phi] = \frac{\int\limits_A (\operatorname{grad} \Phi)^2 \, dx \, dy}{\int\limits_A \Phi^2 \, dx \, dy} \tag{14.27}$$

den kleinstmöglichen Wert annehmen läßt, eine Eigenfunktion φ_0 der Differentialgleichung $\nabla^2 \varphi_0 + \gamma_0^2 \varphi_0 = 0$; der kleinstmöglichste Wert von $\Gamma^2[\Phi]$ in Gl. (14.27) ist der zugehörige Eigenwert γ_0^2. Die Funktionen Φ haben im Fall der Betrachtung des elektrischen Typs der Randbedingung $\Phi = 0$ zu genügen; bei der Betrachtung des magnetischen Typs besteht keine solche Einschränkung.

b) Unterwerfen wir die Vergleichsfunktionen Φ der einschränkenden Bedingung

$$\int\limits_A \varphi_0 \Phi \, dx \, dy = 0 , \tag{14.28}$$

d. h. verlangen wir, daß nur solche Funktionen Φ vergleichsweise zugelassen werden, die orthogonal zur Eigenfunktion φ_0 sind, so liefert in Gl. (14.27) diejenige Funktion Φ, welche nun $\Gamma^2[\Phi]$ unter der Nebenbedingung (14.28) so klein als möglich macht, die Eigenfunktion φ_1; der kleinstmögliche Wert von $\Gamma^2[\Phi]$ ist dann der zugehörige Eigenwert γ_1^2.

c) Allgemein gilt, daß man schrittweise die μ-te Eigenfunktion φ_μ und den zugehörigen Eigenwert γ_μ^2 als den kleinstmöglichen Wert des Ausdrucks (14.27) erhält, wenn die Vergleichsfunktionen Φ_μ die Zusatzbedingung erfüllen, daß sie zu *allen* vorausgehenden Eigenfunktionen φ_λ $(\lambda = 0, 1, 2, \ldots, \mu - 1)$ orthogonal sind, d. h. wenn die Bedingungsgleichungen

$$\int\limits_A \varphi_\lambda \Phi_\mu \, dx \, dy = 0 \text{ für alle } \lambda = 0, 1, 2, 3, \ldots, \mu - 1 \tag{14.29}$$

erfüllt sind.

Für die Eigenwerte γ_μ^2 besteht dann die folgende Ungleichung:

$$\gamma_\mu^2 \leqq \frac{\int\limits_A (\operatorname{grad} \Phi_\mu)^2 \, dx \, dy}{\int\limits_A \Phi_\mu^2 \, dx \, dy} , \tag{14.30}$$

falls Φ_μ den oben erwähnten Stetigkeitsbedingungen in A einschließlich des Randes, den Bedingungsgleichungen (14.29) und der Randbedingung $\Phi_\mu = 0$ beim elektrischen Typ genügt.

Für ein Gebiet mit „regulärer" Berandung ist der „kleinstmögliche" Wert von Γ_μ^2 ein *Minimum* unter allen möglichen Werten*). γ_μ^2 in

*) Über die Definition einer „regulären" Berandung siehe z. B. O. D. KELLOG: Foundations of potential theory, Kap. 4, Abschn. 8. Berlin 1929.

Gl. (14.30) ist daher stationär in der Umgebung des korrekten Eigenwertes und außerdem homogen in Φ_μ. Für $\Phi_\mu = \varphi_\mu$, d. h. für die zu γ_μ^2 gehörige Eigenfunktion gilt in (14.30) das Gleichheitszeichen.

Wir betrachten ergänzend den Zusammenhang zwischen der vorgangs behandelten stationären Darstellung für die Eigenwerte γ_μ^2 und dem HAMILTONschen Prinzip in der Elektrodynamik*). Aus letzterem lassen sich zwei Variationsprinzipien für unsere Eigenfunktionen φ_μ aufstellen.

Im vorliegenden Fall, wo die Felder $\boldsymbol{E}$ und $\boldsymbol{H}$ nur von den Querschnittskoordinaten x, y abhängen, besitzt dieses Variationsprinzip die Form

$$\delta \int_A \{\varepsilon\varepsilon_0 \boldsymbol{E}_\mu \cdot \boldsymbol{E}_\mu^* - \mu\mu_0 \boldsymbol{H}_\mu \cdot \boldsymbol{H}_\mu^*\}\, dx\, dy = 0\,. \tag{14.31}$$

$\boldsymbol{E}_\mu$ und $\boldsymbol{H}_\mu$ sind dabei als durch *eine* der beiden MAXWELLschen Gleichungen miteinander verknüpft zu betrachten; die Beziehung (14.31) ersetzt vollwertig dann die andere MAXWELLsche Gleichung. Die Variation hat so zu erfolgen, daß $\boldsymbol{n} \times \delta\boldsymbol{E}_\mu = 0$ am Rande ist; d.h. auch die Tangentialkomponente des *variierten* Feldes muß am Rande stets verschwinden**).

Der Integralausdruck selbst in Gl. (14.31) wird Null, wenn für $\boldsymbol{E}_\mu$ und $\boldsymbol{H}_\mu$ die korrekten MAXWELLschen Felder eingesetzt werden.

Wir führen nun in Gl. (14.31) anstelle der Feldkomponenten die Funktion φ_μ mit Hilfe der Beziehungen (14.14) und (14.15) ein. Aus Gl. (14.14) folgt unter Verwendung der Vektorbeziehung

$$(\boldsymbol{a} \times \boldsymbol{b})^2 = (\boldsymbol{a})^2\,(\boldsymbol{b})^2 - (\boldsymbol{a} \cdot \boldsymbol{b})^2 \tag{14.32}$$

für den *elektrischen* Typ die Gleichung

$$\boldsymbol{H}_\mu \cdot \boldsymbol{H}_\mu^* = |\boldsymbol{H}_\mu|^2 = (\boldsymbol{e}_z \times \operatorname{grad} \varphi_{\mu e})^2 = (\operatorname{grad} \varphi_{\mu e})^2\,, \tag{14.33}$$

da $(\boldsymbol{e}_z)^2 = 1$ und $\boldsymbol{e}_z \cdot \operatorname{grad} \varphi_{\mu e} = 0$ ist, nachdem der Vektor $\operatorname{grad} \varphi_{\mu e}$ nur Komponenten in der Querschnittsebene besitzt.

Analog gilt mit Gl. (14.15) für den *magnetischen* Typ

$$\boldsymbol{E}_\mu \cdot \boldsymbol{E}_\mu^* = |\boldsymbol{E}_\mu|^2 = (\operatorname{grad} \varphi_{\mu m})^2\,. \tag{14.34}$$

Für beide Wellentypen erhält man daher mit Gl. (14.14), (14.15), (14.33) und (14.34) aus den HAMILTONschen Prinzip nach Gl. (14.31)

*) HELMHOLTZ, H. v.: Ann. Physik **47**, 1 (1892). — SCHWARZSCHILD, K.: Nachr. Ges. Wiss. Göttingen, Math.-Phys. Kl. **126** (1903).

**) Unter den genannten Bedingungen läßt sich das Bestehen der Gl. (14.31) leicht beweisen, indem man darin eine der Größen $\boldsymbol{E}$ oder $\boldsymbol{H}$ mit Hilfe einer der MAXWELLschen Gleichungen durch $\boldsymbol{H}$ bzw. $\boldsymbol{E}$ ausdrückt und sodann die Variation durchführt; dieselbe ergibt sich zu Null, wenn das Bestehen der zweiten MAXWELLschen Gleichung und die Randbedingung $\boldsymbol{n} \times \delta\,\boldsymbol{E} = 0$ vorausgesetzt wird.

das folgende erste Variationsprinzip für eine Eigenfunktion φ_μ:

$$\delta \int_A \{(\operatorname{grad} \varphi_\mu)^2 - \gamma_\mu^2 \varphi_\mu^2\}\, dx\, dy = 0\,. \tag{14.35}$$

Dieses Variationsprinzip ist identisch mit dem folgenden „*isoperimetrischen*" Problem: Eine Funktion φ_μ zu finden, für die

$$\delta \int_A (\operatorname{grad} \varphi_\mu)^2\, dx\, dy = 0 \tag{14.36}$$

gilt unter der Nebenbedingung

$$\int_A \varphi_\mu^2\, dx\, dy = \text{constans}, \tag{14.37}$$

wobei γ_μ^2 als LAGRANGEscher Multiplikator erscheint. Die Variation in Gl. (14.35) ergibt mit Verwendung der Beziehung (14.23)

$$\int_A \delta\varphi_\mu \{\nabla^2 \varphi_\mu + \gamma_\mu^2 \varphi_\mu\}\, dx\, dy + \oint_{\text{Rand}} \delta\varphi_\mu \frac{\partial \varphi_\mu}{\partial n}\, dx\, dy = 0\,. \tag{14.38}$$

Das Randintegral verschwindet zufolge der Randbedingungen für φ_μ bzw. $\delta\varphi_\mu$; das Querschnittsintegral verschwindet bei beliebiger Variation $\delta\varphi_\mu$, wenn der LAGRANGEsche Multiplikator γ_μ^2 der Gleichung

$$\nabla^2 \varphi_\mu + \gamma_\mu^2 \varphi_\mu = 0 \tag{14.39}$$

genügt, d. h. der zu φ_μ gehörige Eigenwert der Gl. (14.39) ist.

Ein zweites Variationsprinzip für φ_μ erhält man in analoger Weise, wenn man in der Beziehung (14.31) die Feldstärken $\boldsymbol{E}$ und $\boldsymbol{H}$ durch die alternativen Ausdrücke in den Gl. (14.14) bzw. (14.15) ersetzt. Man findet die alternative Fassung

$$\delta \int_A \{(\nabla^2 \varphi_\mu)^2 - \gamma_\mu^2 (\operatorname{grad} \varphi_\mu)^2\}\, dx\, dy = 0\,, \tag{14.40}$$

mit der Bedingung $\delta(\partial \varphi_{\mu m}/\partial n) = 0$ am Rande; γ_μ^2 muß wiederum der Gl. (14.39) genügen.

Für die korrekten Eigenfunktionen und Eigenwerte besteht mit Gl. (14.35) und Gl. (14.40) und Rücksicht auf das Verschwinden des Integralausdrucks in der Darstellung (14.31) die Beziehung

$$\gamma_\mu^2 = \frac{\int_A (\operatorname{grad} \varphi_\mu)^2\, dx\, dy}{\int_A \varphi_\mu^2\, dx\, dy} = \frac{\int_A (\nabla^2 \varphi_\mu)^2\, dx\, dy}{\int_A (\operatorname{grad} \varphi_\mu)^2\, dx\, dy}\,, \tag{14.41}$$

deren erster Teil uns wieder zum Resultat von Gl. (14.20) zurückführt. Beide Darstellungen sind homogen und stationär in φ_μ. Wenn φ_μ von der korrekten Eigenfunktion verschieden ist, tritt an die Stelle *beider* Gleichheitszeichen das Zeichen $\leqq$, wenn dabei die Bedingungsgleichungen

(14.29) erfüllt werden. Wir werden in der Tat sogleich zeigen, daß zwischen den beiden Integraldarstellungen in Gl. (14.47) eine solche Ungleichheit besteht.

14.4. Beweis einer Reihe von Ungleichungen.

In diesem Abschnitt beweisen wir unter den Randbedingungen $\partial\Phi/\partial n = 0$ bzw. $\Phi = 0$ *und* $\nabla^2\Phi = 0$ das Bestehen der folgenden Ungleichungen:

$$\frac{\int_A \{\operatorname{grad}(\nabla^2\Phi)\}^2\,dx\,dy}{\int_A (\nabla^2\Phi)^2\,dx\,dy} \geqq \frac{\int_A (\nabla^2\Phi)^2\,dx\,dy}{\int_A (\operatorname{grad}\Phi)^2\,dx\,dy} \geqq \frac{\int_A (\operatorname{grad}\Phi)^2\,dx\,dy}{\int_A \Phi^2\,dx\,dy}. \tag{14.42}$$

Diese Ungleichungen werden uns in den Stand setzen, durch ein Iterationsverfahren schrittweise verbesserte Näherungswerte für die Eigenwerte γ_μ^2 zu gewinnen.

Zum Beweis betrachten wir die beiden Integrale

$$I_a = \int_A (\nabla^2\Phi + \Gamma_a^2\Phi)^2\,dx\,dy \geqq 0 \tag{14.43}$$

$$I_b = \int_A \{\operatorname{grad}(\nabla^2\Phi + \Gamma_b^2\Phi)\}^2\,dx\,dy \geqq 0\,. \tag{14.44}$$

Beide Integrale sind semidefinit, d. h. Null oder positiv. Wenn Γ^2 ein Eigenwert der Differentialgleichung $\nabla^2\Phi + \Gamma^2\Phi = 0$ und Φ die zugehörige Eigenfunktion ist, nehmen beide Integrale ihren kleinstmöglichen Wert Null an. Wir bestimmen nun den Wert von Γ^2, der den Integralen ihren kleinsten Wert verleiht, wenn Φ keine Eigenfunktion ist. Dazu bilden wir

$$\frac{\partial}{\partial\Gamma^2} I(\Gamma^2) = 0\,. \tag{14.45}$$

Wir erhalten im ersten Fall mit dem gleichen Rechnungsgang wie in Gl. (14.16) bis (14.20) unter der Bedingung $\Phi = 0$ oder $\partial\Phi/\partial n = 0$ am Rande,

$$\Gamma_a^2[\Phi] = \frac{\int_A (\operatorname{grad}\Phi)^2\,dx\,dy}{\int_A \Phi^2\,dx\,dy}. \tag{14.46}$$

Im zweiten Fall folgt unter Verwendung der aus dem Greenschen Satz folgenden Beziehung

$$\int_A \operatorname{grad}\nabla^2\varphi\cdot\operatorname{grad}\Phi\,dx\,dy = -\int_A (\nabla^2\varphi)^2\,dx\,dy + \int_{\text{Rand}} \nabla^2\Phi\,\frac{\partial\Phi}{\partial n}\,ds \tag{14.47}$$

und den Randbedingungen $\partial\Phi/\partial n = 0$ oder $\nabla^2\Phi = 0$

$$\Gamma_b^2[\Phi] = \frac{\int_A (\nabla^2\Phi)^2\,dx\,dy}{\int_A (\operatorname{grad}\Phi)^2\,dx\,dy}. \tag{14.48}$$

Mit Einsetzen dieser Werte von Γ_a^2 bzw. Γ_b^2 in die Integralausdrücke (14.43) bzw. (14.44) erhält man mit den Bedingungen $\partial\Phi/\partial n = 0$ oder $\Phi = 0$ bzw. $\nabla^2\Phi = 0$ am Rande nach kurzer Rechnung

$$\int_A (\nabla^2 \Phi)^2\, dx\, dy - \frac{\left[\int_A (\operatorname{grad} \Phi)^2\, dx\, dy\right]^2}{\int_A \Phi^2\, dx\, dy} \geqq 0 \tag{14.49}$$

und

$$\int_A \{\operatorname{grad} (\nabla^2\Phi)\}^2\, dx\, dy - \frac{\left[\int_A (\nabla^2 \Phi)^2\, dx\, dy\right]^2}{\int_A (\operatorname{grad} \Phi)^2\, dx\, dy} \geqq 0\,, \tag{14.50}$$

woraus unmittelbar die Ungleichungen (14.42) folgen.

14.5. Ein schrittweises Näherungsverfahren zur Bestimmung der Eigenwerte des Hohlleiterproblems.

Die Verknüpfung der Ungleichungen (14.42) mit der Beziehung (14.30) liefert das folgende System von Ungleichungen:

$$\frac{\int_A \{\operatorname{grad} (\nabla^2 \Phi_\mu)\}^2\, dx\, dy}{\int_A (\nabla^2 \Phi_\mu)^2\, dx\, dy} \geqq \frac{\int_A (\nabla^2 \Phi_\mu)^2\, dx\, dy}{\int_A (\operatorname{grad} \Phi_\mu)^2\, dx\, dy} \geqq \frac{\int_A (\operatorname{grad} \Phi_\mu)^2\, dx\, dy}{\int_A \Phi_\mu^2\, dx\, dy} \geqq \gamma_\mu^2\,, \tag{14.51}$$

falls Φ_μ der oben angeführten Bedingung (14.29) für $\mu > 0$ genügt. Außerdem unterliege Φ_μ den Randbedingungen $\partial\Phi_\mu/\partial n = 0$ bei einem Problem eines magnetischen Wellentyps bzw. $\Phi_\mu = 0$ *und* $\nabla^2\Phi_\mu = 0$ bei einem Problem eines elektrischen Wellentyps.

Bezeichnen wir nun mit $\Phi_\mu^{(0)}$ eine gewählte Vergleichsfunktion, welche die Randbedingung $\Phi_\mu^{(0)} = 0$ oder $\partial\Phi_\mu^{(0)}/\partial n = 0$ erfüllt, und die wir beispielsweise auf Grund physikalisch plausibler Überlegungen dem Problem bestmöglich angepaßt haben. Denken wir uns $\Phi_\mu^{(0)}$ in die Ungleichungen (14.51) eingesetzt, so ergibt sich eine abnehmende Folge von Näherungswerten für γ_μ^2. Wir behaupten nun, daß wir eine „verbesserte" Vergleichsfunktion $\Phi_\mu^{(1)}$ finden, die eine bessere Folge von Näherungswerten für γ_μ^2 liefert, wenn wir $\Phi_\mu^{(1)}$ aus folgender Differentialgleichung bestimmen können:

$$\nabla^2 \Phi_\mu^{(1)} + \Phi_\mu^{(0)} = 0\,. \tag{14.52}$$

Zum Beweis verwenden wir die Beziehungen (14.51). Es gilt danach*)

$$\frac{\int_A \operatorname{grad} \{(\nabla^2 \Phi_\mu^{(1)})\}^2\, dx\, dy}{\int_A (\nabla^2 \Phi_\mu^{(1)})^2\, dx\, dy} \geqq \frac{\int_A (\nabla^2 \Phi_\mu^{(1)})^2\, dx\, dy}{\int_A (\operatorname{grad} \Phi_\mu^{(1)})^2\, dx\, dy} \geqq \frac{\int_A (\operatorname{grad} \Phi_\mu^{(1)})^2\, dx\, dy}{\int_A (\Phi_\mu^{(1)})^2\, dx\, dy} \geqq \gamma_\mu^2\,. \tag{14.53}$$

---

*) Mit Rücksicht auf Gl. (14.52) gilt automatisch $\nabla^2\Phi_\mu^{(1)} = 0$ am Rande, wenn $\Phi_\mu^{(0)} = 0$ am Rande ist.

Wir ersetzen nun $\nabla^2\Phi_\mu^{(1)}$ durch $-\Phi_\mu^{(0)}$ nach Gl. (14.52) und erhalten

$$\frac{\int\limits_A \{\operatorname{grad}\Phi_\mu^{(0)}\}^2\,dx\,dy}{\int\limits_A (\Phi_\mu^{(0)})^2\,dx\,dy} \geqq \frac{\int\limits_A (\Phi_\mu^{(0)})^2\,dx\,dy}{\int\limits_A (\operatorname{grad}\Phi_\mu^{(1)})^2\,dx\,dy} \geqq \frac{\int\limits_A (\operatorname{grad}\Phi_\mu^{(1)})^2\,dx\,dy}{\int\limits_A (\Phi_\mu^{(1)})^2\,dx\,dy} \geqq \gamma_\mu^2 . \tag{14.54}$$

Den ersten Term bezeichnen wir mit $(\Gamma_\mu^{(0)})^2$, den dritten mit $(\Gamma_\mu^{(1)})^2$, den mittleren mit $(\Gamma_\mu^{1/2})^2$.

Wir denken uns nun eine weiterhin „verbesserte“ Vergleichsfunktion $\Phi_\mu^{(2)}$ bestimmt aus

$$\nabla^2\,\Phi_\mu^{(2)} + \Phi_\mu^{(1)} = 0\,, \tag{14.55}$$

wobei $\Phi_\mu^{(1)}$ als bekannt betrachtet wird.

Setzen wir $\Phi_\mu^{(2)}$ in die Ungleichungen (14.51) ein, so folgt

$$\frac{\int\limits_A \{\operatorname{grad}(\nabla^2\,\Phi_\mu^{(2)})\}^2\,dx\,dy}{\int\limits_A (\nabla^2\,\Phi_\mu^{(2)})^2\,dx\,dy} \geqq \frac{\int\limits_A (\nabla^2\,\Phi_\mu^{(2)})^2\,dx\,dy}{\int\limits_A (\operatorname{grad}\Phi_\mu^{(2)})^2\,dx\,dy} \geqq \frac{\int\limits_A (\operatorname{grad}\Phi_\mu^{(2)})^2\,dx\,dy}{\int\limits_A (\Phi_\mu^{(2)})^2\,dx\,dy} \geqq \gamma_\mu^2 , \tag{14.56}$$

und mit Ersatz von $\nabla^2\Phi_\mu^{(2)}$ durch $-\Phi_\mu^{(1)}$ nach Gl. (14.55)

$$\frac{\int\limits_A \{\operatorname{grad}\Phi_\mu^{(1)}\}^2\,dx\,dy}{\int\limits_A (\Phi_\mu^{(1)})^2\,dx\,dy} \geqq \frac{\int\limits_A (\Phi_\mu^{(1)})^2\,dx\,dy}{\int\limits_A (\operatorname{grad}\Phi_\mu^{(2)})^2\,dx\,dy} \geqq \frac{\int\limits_A (\operatorname{grad}\Phi_\mu^{(2)})^2\,dx\,dy}{\int\limits_A (\Phi_\mu^{(2)})^2\,dx\,dy} \geqq \gamma_\mu^2 . \tag{14.57}$$

Der erste Term ist $(\Gamma_\mu^{(1)})^2$, die beiden folgenden Terme bezeichnen wir sinngemäß durch $(\Gamma_\mu^{3/2})^2$ bzw. $(\Gamma_\mu^{(2)})^2$. Aus Gl. (14.54) und (14.57) folgt

$$(\Gamma_\mu^{(0)})^2 \geqq (\Gamma_\mu^{1/2})^2 \geqq (\Gamma_\mu^{(1)})^2 \geqq (\Gamma_\mu^{3/2})^2 \geqq (\Gamma_\mu^{(2)})^2 \geqq \gamma_\mu^2 . \tag{14.58}$$

Wenn wir das Verfahren schrittweise fortsetzen und jeweils eine „verbesserte“ Vergleichsfunktion $\Phi_\mu^{(n)}$ aus der vorangehenden Vergleichsfunktion $\Phi_\mu^{(n-1)}$ mittels

$$\nabla^2\,\Phi_\mu^{(n)} + \Phi_\mu^{(n-1)} = 0 \tag{14.59}$$

bestimmen, so folgt nach analogen Schritten, d. h. durch Einsetzen von $\Phi_\mu^{(n)}$ in die Ungleichungen und Ersatz von $\nabla^2\Phi_\mu^{(n)}$ durch $-\Phi_\mu^{(n-1)}$ nach Gl. (14.59),

$$(\Gamma_\mu^{(n-1)})^2 \geqq (\Gamma_\mu^{(n-1/2)})^2 \geqq (\Gamma_\mu^{(n)})^2 \geqq \gamma_\mu^2 . \tag{14.60}$$

Somit gilt mit Gl. (14.58) und (14.60) bei fortgesetzter Iteration

$$(\Gamma_\mu^{(0)})^2 \geqq (\Gamma_\mu^{(1/2)})^2 \geqq (\Gamma_\mu^{(1)})^2 \geqq \cdots \geqq (\Gamma_\mu^{(n)})^2 \geqq \gamma_\mu^2 . \tag{14.61}$$

Die Bestimmung schrittweise verbesserter Vergleichsfunktionen $\Phi_\mu^{(n)}$ aus der jeweils vorangehenden Vergleichsfunktion $\Phi_\mu^{(n-1)}$ durch Lösung einer Differentialgleichung der Form (14.59), in der $\Phi_\mu^{(n-1)}$ als gegeben anzusehen ist, führt somit zu einer Folge von Vergleichsfunktionen $\Phi_\mu^{(i)}$ und mit Benutzung von Gl. (14.51) bzw. (14.61) zu einer diskreten

Folge von Zahlenwerten $(\Gamma_\mu^{(i)})^2$, die sich von oben her mit wachsendem i dem μ-ten Eigenwert γ_μ^2 schrittweise annähert. Damit ist unsere obige Behauptung, daß die Lösung der Differentialgleichung (14.59) für $\Phi_\mu^{(n)}$ eine gegenüber $\Phi_\mu^{(n-1)}$ „verbesserte" Vergleichsfunktion liefert, bewiesen. Die Funktionenfolge $\Phi_\mu^{(i)}$ nähert sich gleichzeitig schrittweise der korrekten Eigenfunktion φ_μ. Es ist indessen nicht bewiesen, daß man durch fortgesetzte Iteration dem wahren Wert von γ_μ^2 bzw. der wahren Eigenfunktion φ_μ *beliebig* nahekommen kann. Die $(\Gamma_\mu^{(i)})^2$ nähern sich einer unteren Schranke, die nicht notwendigerweise mit γ_μ^2 zusammenfallen muß*).

Meist wird man sich in erster Linie für den Eigenwert der *Grundschwingung* des elektrischen oder des magnetischen Typs interessieren, den wir mit γ_{0e}^2 bzw. γ_{1m}^2 bezeichnet hatten. Bei der *elektrischen* Grundschwingung hat man die erste Vergleichsfunktion $\Phi_0^{(0)}$ der Randbedingung $\Phi_0^{(0)} = 0$ anzupassen. Damit ist allen notwendigen Randbedingungen für die $\Phi_0^{(n)}$ automatisch Rechnung getragen. Bei der *magnetischen* Grundschwingung muß mit Rücksicht auf die Bedingung (14.29) die erste Vergleichsfunktion $\Phi_1^{(0)}$ der Beziehung $\int\limits_A \Phi_1^{(0)}\, dx\, dy = 0$ genügen. Die Anwendung des Iterationsverfahrens verlangt das Bestehen der Randbedingungen $\partial\Phi_1^{(n)}/\partial n = 0$ nur für $n > 0$. Man wird jedoch generell um so schneller zu einer guten Näherung für den Eigenwert gelangen, je besser die erste Vergleichsfunktion von vornherein mit der korrekten Eigenfunktion übereinstimmt, die der Randbedingung $\partial\varphi_m/\partial n = 0$ genügt; es ist daher von Vorteil, wenn bereits $\Phi_1^{(0)}$ der Randbedingung $\partial\Phi_1^{(0)}/\partial n = 0$ genügt.

Von der ersten Vergleichsfunktion ausgehend, versucht man sodann durch Integration der Differentialgleichung (14.59) schrittweise verbesserte Vergleichsfunktionen zu finden. Durch Einsetzen der Funktionen $\Phi_0^{(n)}$ bzw. $\Phi_1^{(n)}$ in die Beziehung (14.30) erhält man die n-te Näherung für den gesuchten Eigenwert γ_{0e}^2 bzw. γ_{1m}^2.

Bei der Durchführung der Integration in der Beziehung (14.30) ist die folgende Umformung mitunter nützlich:

$$(\Gamma_\mu^{(n)})^2 = \frac{\int\limits_A (\operatorname{grad}\Phi_\mu^{(n)})^2\, dx\, dy}{\int\limits_A (\Phi_\mu^{(n)})^2\, dx\, dy} = \frac{\int\limits_{\text{Rand}} \Phi_\mu^{(n)} \frac{\partial\Phi_\mu^{(n)}}{\partial n}\, ds - \int\limits_A \Phi_\mu^{(n)} \nabla^2 \Phi_\mu^{(n)}\, dx\, dy}{\int\limits_A (\Phi_\mu^{(n)})^2\, dx\, dy}.$$

*) Eine ausführliche Betrachtung des Verfahrens, das auf H. A. SCHWARZ zurückgeht, findet man z. B. bei L. COLLATZ: Eigenwertaufgaben mit technischen Anwendungen. Leipzig 1949. — COLLATZ, L.: Z. angew. Math. **19**, 224 u. 297 (1939). — Die Originalarbeit von H. A. SCHWARZ findet sich auf den Seiten 241 bis 265, Bd. I, seiner Gesammelten mathematischen Abhandlungen. Berlin 1890.

Das Randintegral im Zähler verschwindet, wenn $\Phi_\mu^{(n)} = 0$ oder $\partial\Phi_\mu^{(n)}/\partial n = 0$ am Rande ist. Im zweiten Integral können wir $\nabla^2\Phi_\mu^{(n)}$ mit Gl. (14.59) durch $-\Phi_\mu^{(n-1)}$ ersetzen und erhalten

$$(\Gamma_\mu^{(n)})^2 = \frac{\int\limits_A \Phi_\mu^{(n)}\,\Phi_\mu^{(n-1)}\,dx\,dy}{\int\limits_A (\Phi_\mu^{(n)})^2\,dx\,dy}\,. \tag{14.62}$$

Ebenso findet man

$$(\Gamma_\mu^{(n-1/2)})^2 = \frac{\int\limits_A (\Phi_\mu^{(n-1)})^2\,dx\,dy}{\int\limits_A (\operatorname{grad}\Phi_\mu^{(n)})^2\,dx\,dy} = \frac{\int\limits_A (\Phi_\mu^{(n-1)})^2\,dx\,dy}{\int\limits_A \Phi_\mu^{(n)}\,\Phi_\mu^{(n-1)}\,dx\,dy}\,, \tag{14.63}$$

falls $\Phi_\mu^{(n)} = 0$ oder $\partial\Phi_\mu^{(n)}/\partial n = 0$ am Rande ist.

14.6. Bestimmung der Eigenwerte aus genäherten Feldverteilungen.

Anstelle der Vergleichsfunktionen Φ_μ können wir auch zugeordnete *Feld*verteilungen in die stationäre Darstellung für die Eigenwerte γ_μ^2 einführen. Denken wir uns den Funktionen Φ_μ Feldvektoren $\mathbf{E}_\mu$ oder $\mathbf{H}_\mu$ durch eine der Beziehungen (14.14) bzw. (14.15) derart zugeordnet, daß wir anstelle von φ_μ eine Vergleichsfunktion Φ_μ einführen, so gelangen wir zu vergleichsweise zugelassenen Vektorverteilungen $\mathbf{E}_\mu$ bzw. $\mathbf{H}_\mu$, die keine MAXWELLschen Felder darstellen, wohl aber in solche übergehen, wenn Φ_μ in die korrekte Eigenfunktion φ_μ übergeht.

Mit Verwendung der Gl. (14.14) und (14.15) gelten unter Anwendung bekannter Vektoridentitäten die folgenden Beziehungen, wenn man φ_μ durch Vergleichsfunktionen Φ_μ ersetzt:

Elektrischer Typ:

$$\operatorname{div}\mathbf{E}_\mu = \frac{\partial \mathbf{E}_{\mu z}}{\partial z} = i Z_0\,\gamma_{\mu e}\frac{\partial}{\partial z}\,\Phi_\mu(x, y) = 0 \tag{14.64}$$

$$\operatorname{div}\mathbf{H}_\mu = -\operatorname{div}(\mathbf{e}_z \times \operatorname{grad}\Phi_\mu) = -\operatorname{grad}\Phi_\mu\cdot\operatorname{rot}\mathbf{e}_z + \mathbf{e}_z\operatorname{rot}\operatorname{grad}\Phi_\mu = 0.$$

$$|\operatorname{rot}\mathbf{E}_\mu|^2 = Z_0^2\,\gamma_{\mu e}^2\left[\left(\frac{\partial\Phi_\mu}{\partial x}\right)^2 + \left(\frac{\partial\Phi_\mu}{\partial y}\right)^2\right] = Z_0^2\,\gamma_{\mu e}^2\,[\operatorname{grad}\Phi_\mu]^2 \tag{14.65}$$

$$|\operatorname{rot}\mathbf{H}_\mu|^2 = [\operatorname{rot}(\mathbf{e}_z \times \operatorname{grad}\Phi_\mu)]^2 = [\nabla^2\,\Phi_\mu]^2 \tag{14.66}$$

$$|\mathbf{E}_\mu|^2 = |\mathbf{E}_{\mu z}|^2 = Z_0^2\,\gamma_{\mu e}^2\,\Phi_\mu^2 \tag{14.67}$$

$$|\mathbf{H}_\mu|^2 = |\mathbf{H}_{\mu t}|^2 = [\operatorname{grad}\Phi_\mu]^2\,. \tag{14.68}$$

Magnetischer Typ:

$$\begin{aligned} \operatorname{div}\mathbf{H}_\mu &= \frac{\partial \mathbf{H}_{\mu z}}{\partial z} = \frac{i}{Z_0}\,\gamma_{\mu m}\frac{\partial}{\partial z}\,\Phi_\mu(x, y) = 0 \\ \operatorname{div}\mathbf{E}_\mu &= \operatorname{div}(\mathbf{e}_z \times \operatorname{grad}\Phi_\mu) = 0 \end{aligned} \tag{14.69}$$

$$|\mathrm{rot}\,\mathbf{E}_\mu|^2 = [\mathrm{rot}\,(\boldsymbol{e}_z \times \mathrm{grad}\,\Phi_\mu)]^2 = [\nabla^2\Phi_\mu]^2 \tag{14.70}$$

$$|\mathrm{rot}\,\mathbf{H}_\mu|^2 = \frac{\gamma_{\mu m}}{Z_0^2}\,[\mathrm{grad}\,\Phi_\mu]^2 \tag{14.71}$$

$$|\mathbf{E}_\mu|^2 = |\mathbf{E}_{\mu t}|^2 = [\mathrm{grad}\,\Phi_\mu]^2 \tag{14.72}$$

$$|\mathbf{H}_\mu|^2 = |\mathrm{H}_{\mu z}|^2 = \frac{\gamma_{\mu m}^2}{Z_0^2}\,\Phi_\mu^2\,. \tag{14.73}$$

Mit Zuordnung von vergleichsweise zugelassenen Feldverteilungen $\mathbf{E}_\mu$ bzw. $\mathbf{H}_\mu$, die wir zu den Vergleichsfunktionen Φ_μ durch die Gl. (14.64) bis (14.73) in Beziehung setzen, erhält man unter Verwendung der Ungleichungen (14.51) die folgenden Beziehungen:

Elektrischer Typ:

$$\gamma_{\mu e}^2 \leqq \frac{\int\limits_A |\mathrm{rot}\,\mathbf{E}_\mu|^2\,dx\,dy}{\int\limits_A |\mathbf{E}_\mu|^2\,dx\,dy}\,, \tag{14.74a}$$

$$\gamma_{\mu e}^2 \leqq \frac{\int\limits_A |\mathrm{rot}\,\mathbf{H}_\mu|^2\,dx\,dy}{\int\limits_A |\mathbf{H}_\mu|^2\,dx\,dy}\,. \tag{14.74b}$$

Magnetischer Typ:

$$\gamma_{\mu m}^2 \leqq \frac{\int\limits_A |\mathrm{rot}\,\mathbf{H}_\mu|^2\,dx\,dy}{\int\limits_A |\mathbf{H}_\mu|^2\,dx\,dy}\,, \tag{14.75a}$$

$$\gamma_{\mu m}^2 \leqq \frac{\int\limits_A |\mathrm{rot}\,\mathbf{E}_\mu|^2\,dx\,dy}{\int\limits_A |\mathbf{E}_\mu|^2\,dx\,dy}\,. \tag{14.75b}$$

Für die wahren Feldverteilungen $\mathbf{E}_\mu = \boldsymbol{E}_\mu$ bzw. $\mathbf{H}_\mu = \boldsymbol{H}_\mu$ gilt überall das Gleichheitszeichen.

Die Verteilungen $\mathbf{E}_\mu$ bzw. $\mathbf{H}_\mu$ sind nach Gl. (14.64) und (14.69) der Bedingung

$$\mathrm{div}\,\mathbf{E}_\mu = 0 \quad \text{und} \quad \mathrm{div}\,\mathbf{H}_\mu = 0 \tag{14.76}$$

anzupassen.

Beim *elektrischen* Typ war Φ_μ der Randbedingung $\Phi_\mu = 0$ unterworfen. In der Darstellung (14.74a) bedeutet dies mit Rücksicht auf Gl. (14.67) $\mathbf{E}_\mu = \boldsymbol{e}_z\,\mathrm{E}_{\mu z} = 0$ am Rande oder

$$\boldsymbol{n} \times \mathbf{E}_\mu = 0 \qquad \text{auf } C\ (E\text{-Typ}), \tag{14.77}$$

wenn C die Randkurve bedeutet. Für die Darstellung (14.74b) finden wir die Randbedingung für $\mathbf{H}_\mu$ in folgender Weise:

Die Bedingung $\Phi_\mu = 0$ auf dem Rande läßt sich mit Einführung des Einheitsvektors $\boldsymbol{s}$ in der Tangentenrichtung und des Einheitsvektors $\boldsymbol{n}$ in der Normalenrichtung der Randkurve (Fig. 14.2) durch

$$\frac{\partial \Phi_\mu}{\partial s} = \boldsymbol{s} \cdot \operatorname{grad} \Phi_\mu = 0 \qquad \text{auf } C \qquad (14.78)$$

formulieren. Da $\boldsymbol{s} = \boldsymbol{n} \times \boldsymbol{e}_z$ ist, gilt unter Verwendung einer bekannten Vektorbeziehung

$$(\boldsymbol{n} \times \boldsymbol{e}_z) \cdot \operatorname{grad} \Phi_\mu = \boldsymbol{n} \cdot (\boldsymbol{e}_z \times \operatorname{grad} \Phi_\mu) = 0 \quad \text{auf } C\,. \qquad (14.79)$$

Mit Beachtung von Gl. (14.14) gilt daher

$$\boldsymbol{n} \cdot \mathbf{H}_\mu = 0 \qquad \text{auf } C.\ (E\text{-Typ}) \qquad (14.80)$$

Diese Beziehung ist zunächst nur äquivalent zu $\partial \Phi_\mu / \partial s = 0$ oder Φ_μ = constans am Rande. Nun ist $\mathbf{H}_\mu$ mit Φ_μ nach Gl. (14.14) durch $\mathbf{H}_\mu = -\boldsymbol{e}_z \times \operatorname{grad} \Phi_\mu$, d.h. $\operatorname{grad} \Phi_\mu = \boldsymbol{e}_z \times \mathbf{H}_\mu$ verknüpft. Eine additive Konstante in Φ_μ ist ohne Einfluß auf $\mathbf{H}_\mu$. Wenn wir $\mathbf{H}_\mu$ unter Beachtung von Gl. (14.80) gewählt haben, so läßt sich das zugehörige Φ_μ aus der vorangehenden Beziehung durch Integration bestimmen, wobei die Integrationskonstante so gewählt werden kann, daß Φ_μ mindestens in einem Punkte des Randes zu Null wird. Zufolge Gl. (14.80) gilt dann aber $\Phi_\mu = 0$ auf dem ganzen Rande, d. h. die Bedingung (14.80) leistet der Randbedingung $\Phi_\mu = 0$ Genüge.

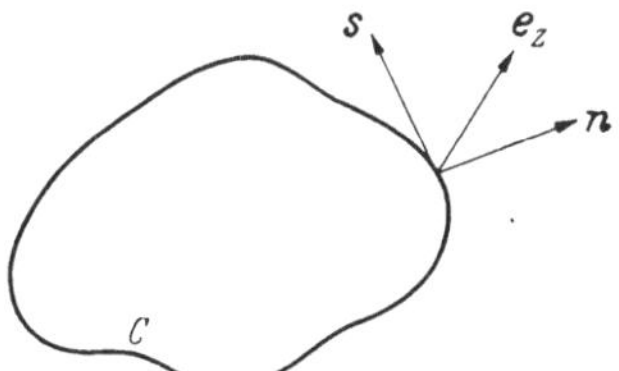

Fig. 14.2. Tangentenvektor $\boldsymbol{s}$ und Normalenvektor $\boldsymbol{n}$ auf der Berandungskurve C. $\boldsymbol{e}_z$ ist der Einheitsvektor in der z-Richtung.

Für den *magnetischen* Typ besteht keine Vorschrift für Φ_μ auf dem Rande und damit nach Gl. (14.73) keine Randvorschrift für $\mathbf{H}_\mu$ in Gl. (14.75a). Die Beziehung (14.75b) ist jedoch mit Rücksicht darauf, daß bei ihrer Herleitung der zweite Ausdruck von links in Gl. (14.51) herangezogen wurde, an die Randbedingung $\partial \Phi_\mu / \partial n = 0$ auf C geknüpft. Dies bedeutet

$$\frac{\partial \Phi_\mu}{\partial n} = \boldsymbol{n} \cdot \operatorname{grad} \Phi_\mu = 0 \qquad \text{auf } C. \qquad (14.81)$$

Multiplizieren wir Gl. (14.81) mit $\boldsymbol{e}_z$, so folgt

$$\boldsymbol{e}_z\,(\boldsymbol{n} \cdot \operatorname{grad} \Phi_\mu) = \boldsymbol{n} \times (\boldsymbol{e}_z \times \operatorname{grad} \Phi_\mu) = 0\,,$$

oder mit Rücksicht auf Gl. (14.15)

$$\boldsymbol{n} \times \mathbf{E}_\mu = 0 \qquad \text{auf } C.\ (H\text{-Typ}) \qquad (14.82)$$

Fassen wir die Randbedingung für die vergleichsweise zugelassenen Feldverteilungen in den Beziehungen (14.74) und (14.75) nochmals zusammen, so gelten mit Ausnahme von Gl. (14.75a) die gleichen Randbedingungen wie für die korrekten Feldverteilungen, nämlich das Verschwinden der tangentiellen elektrischen bzw. der normalen magnetischen Feldkomponente auf der Berandung des Querschnitts. Die Gültigkeit der Beziehung (14.75a) ist an keine Randvorschrift für $\mathbf{H}_\mu$ gebunden; da das *korrekte* Feld jedoch die Bedingung $\boldsymbol{n} \cdot \boldsymbol{H}_t = 0$ erfüllt, wird man zweckmäßig $\mathbf{H}_\mu$ dieser Bedingung von vornherein anpassen. Die gewählten Verteilungen $\mathbf{E}_\mu$ bzw. $\mathbf{H}_\mu$ müssen divergenzfrei sein.

Die zur Approximation heranzuziehenden Feldverteilungen wird man auf physikalische Überlegungen gründen, wobei man mit Vorteil bekannte korrekte Feldverteilungen von einfachen Querschnittsformen zum Vergleich heranzieht, die der zu untersuchenden Querschnittsform geometrisch nahestehen. Man überlegt sich in der Regel relativ leicht, wie eine stetige Deformation des bekannten Querschnitts in den untersuchten Querschnitt die Feldkonfiguration qualitativ modifiziert. Derartige Überlegungen lassen sich im allgemeinen sowohl auf die Grundschwingung als auch auf höhere Schwingungstypen anwenden. Man ist daher gewöhnlich nicht im Zweifel, wie die Verteilung für die μ-te Oberschwingung ungefähr aussehen wird. Dies erspart die praktisch einigermaßen schwierig zu handhabende schrittweise Auffindung von Vergleichsfunktionen Φ_μ, die den Orthogonalitätsbedingungen (14.29) genügen müssen.

In den Beziehungen (14.74a) und (14.75a) sind die Felder $\mathbf{E}_\mu$ bzw. $\mathbf{H}_\mu$ den Vergleichsfunktionen Φ_μ proportional. Es macht also keinen Unterschied, ob man die genannten Beziehungen oder die korrespondierende Beziehung (14.30) verwendet. Ebenso läßt sich wegen der Äquivalenz von Feldfunktion und Vergleichsfunktion Φ_μ das im Abschnitt 14.5 behandelte Iterationsverfahren auf die Feldverteilungen $\mathbf{E}_\mu$ beim elektrischen bzw. $\mathbf{H}_\mu$ beim magnetischen Typ anwenden.

Auf die alternativen Darstellungen (14.74b) und (14.75b) kann indessen das angegebene Iterationsverfahren nicht angewandt werden, da dort $\mathbf{H}_\mu$ bzw. $\mathbf{E}_\mu$ nicht zu Φ_μ proportional sind. Es läßt sich aber die Minimumseigenschaft dieser Darstellungen bei regulärer Berandung zu einer Verbesserung der Eigenwerte γ_μ^2 heranziehen, wie in den folgenden Beispielen gezeigt wird.

14.7. Zwei Beispiele zur näherungsweisen Bestimmung der Grenzfrequenz. (Kreisförmiger und elliptischer Querschnitt.)

A. Kreisquerschnitt. (Elektrische Grundwelle.)

Wir zeigen die Brauchbarkeit des oben behandelten Verfahrens zunächst an einem einfachen Fall, für den wir die exakte Lösung kennen, nämlich für die Grundwelle des *elektrischen* Typs im Hohlleiter mit Kreisquerschnitt. Die Grenzfrequenz bzw. der zu diesem Wellentyp gehörige Eigenwert sind bekanntlich durch die erste Nullstelle der BESSEL-Funktion $J_0(kr)$ bestimmt*).

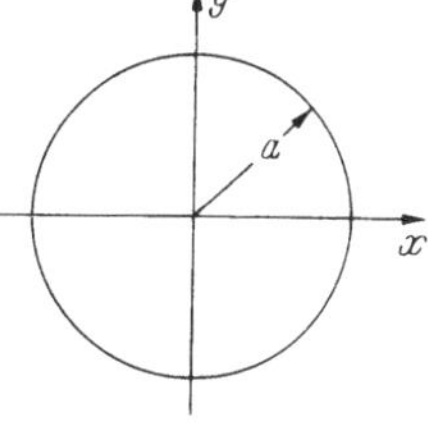

Fig. 14.3. Kreisförmiger Hohlleiterquerschnitt mit dem Radius $r = a$.

Das longitudinale elektrische Feld E_z bei der Grenzfrequenz hängt nur von der radialen Koordinate r ab und ist eine stetige und gerade Funktion in x und y über der ganzen Kreisfläche vom Radius $r = a$ (Fig. 14.3). Als einfachste Näherung wählen wir daher

$$\mathsf{E}_{z0}(r) = A - B(x^2 + y^2) = A - Br^2. \quad (14.83)$$

Für den E_{10}-Typ ist E_{z0} proportional zu Φ_0 in unserer früheren Bezeichnungsweise. Der Ansatz (14.83) erfüllt die Bedingung div $\mathbf{E} = 0$.

Die Randbedingung für Φ_0 lautet $\Phi_0 = 0$ für $r = a$ (bzw. $\mathsf{E}_z = 0$ für $r = a$); wir erfüllen sie durch den folgenden Ansatz für unsere Ausgangsfunktion $\Phi_0^{(0)}$:

$$\Phi_0^{(0)}(r) = a^2 - (x^2 + y^2) = a^2 - r^2 . \quad (14.84)$$

Eine verbesserte Näherung $\Phi_0^{(1)}$ finden wir nach der durch Gl. (14.59) gegebenen Vorschrift aus der Lösung der Differentialgleichung $\nabla^2\Phi_0^{(1)} + \Phi_0^{(0)} = 0$, d. h. aus der Differentialgleichung

$$\frac{1}{r}\frac{\partial}{\partial r}\left(r\frac{\partial}{\partial r}\Phi_0^{(1)}\right) + a^2 - r^2 = 0 . \quad (14.85)$$

Die Randbedingung lautet $\Phi_0^{(1)} = 0$ für $r = a$; außerdem wird verlangt, daß $\Phi_0^{(1)}$ für $r = 0$ endlich bleibt. Gl. (14.85) läßt sich ohne Schwierigkeit nach r integrieren. Mit Berücksichtigung der Rand- und Endlichkeitsbedingung erhält man

$$\Phi_0^{(1)} = \frac{1}{16}(3a^4 - 4a^2r^2 + r^4) . \quad (14.86)$$

In derselben Weise findet man eine weiter verbesserte Funktion $\Phi_0^{(2)}$ durch Lösung der Differentialgleichung

$$\frac{1}{r}\frac{\partial}{\partial r}\left(r\frac{\partial}{\partial r}\Phi_0^{(2)}\right) + \frac{1}{16}(3a^4 - 4a^2r^2 + r^4) = 0 , \quad (14.87)$$

woraus man mit der Randbedingung $\Phi_0^{(2)} = 0$ für $r = a$ und der Bedingung, daß $\Phi_0^{(2)}$ für $r = 0$ endlich bleibt, als Lösung

$$\Phi_0^{(2)} = \frac{1}{64}\left(\frac{19}{9}a^6 - 3a^4r^2 + a^2r^4 - \frac{1}{9}r^6\right) \quad (14.88)$$

gewinnt.

*) Vgl. die Literaturangaben S. 157. Über weitere Anwendungsbeispiele s. a. K. FRÄNZ: Funk u. Ton **1**, 46 (1947). — BORGNIS, F.: Helvet. phys. Acta **23**, 555 (1949).

Mit Kenntnis der Funktionen $\Phi_0^{(0)}, \Phi_0^{(1)}, \Phi_0^{(2)}$ kann man die Werte $\Gamma_0^{(i)}$ aus Gl. (14.54) berechnen. Es ergeben sich

$$\begin{aligned} \Gamma_0^{(0)} a &= \sqrt{6} &&= 2.449 \\ \Gamma_0^{(1/2)} a &= \sqrt{\frac{64}{11}} &&= 2.412 \\ \Gamma_0^{(1)} a &= \sqrt{\frac{110}{19}} &&= 2.406 \\ \Gamma_0^{(3/2)} a &= \sqrt{\frac{2736}{473}} &&= 2.405\,. \end{aligned} \tag{14.89}$$

Mit Bestimmung von $\Phi_0^{(3)}$ findet man weiterhin

$$\Gamma_0^{(2)} a = 2.4048$$
$$\Gamma_0^{(5/2)} a = 2.4048\,.$$

Der wahre Wert von $\gamma_0 a$, welcher der ersten Nullstelle der BESSEL-Funktion $J_0(\gamma_0 a)$ entspricht, ist $\gamma_0 a = 2.4048$; die Werte $\Gamma_0^{(i)} a$ konvergieren also, wie zu erwarten, von oben gegen den korrekten Wert $\gamma_0 a$.

Anstelle der E_{z0}- bzw. Φ_0-Verteilung können wir auch von einer Vergleichsfunktion des *magnetischen* Feldes $\mathbf{H}_0$ in der Querschnittsebene ausgehen und die Beziehung (14.74b) verwenden. $\mathbf{H}_0$ besitzt nur die in r ungerade Komponente $\mathsf{H}_{0\varphi}$, für die wir den Ansatz

$$\mathsf{H}_{0\varphi} = A r - B r^3 \tag{14.90}$$

machen; da Gl. (14.74b) in $\mathbf{H}$ homogen ist, können wir $A = 1$ setzen. Die Randbedingung (14.80) ist automatisch erfüllt, da $\mathbf{H}_0$ nur eine φ-Komponente besitzt; ebenso ist $\operatorname{div} \mathbf{H}_0 = (1/r)\, \partial\, \mathbf{H}_{0\varphi}/\partial \varphi = 0$. Die Konstante B ist noch unbestimmt; wir werden sie durch die Forderung festlegen, daß der gewonnene Näherungsausdruck für γ_0^2 ein Minimum wird.

Aus $\mathsf{H}_{0\varphi} = r - B r^3$ finden wir

$$\operatorname{rot} \mathbf{H}_0 = \frac{\boldsymbol{e}_z}{r} \frac{\partial}{\partial r} (r\, \mathsf{H}_{0\varphi}) = 2 \boldsymbol{e}_z\, (1 - 2 B r^2)\,. \tag{14.91}$$

Mit Gl. (14.74b) erhalten wir

$$\gamma_0^2 \leqq \frac{8\pi \int\limits_0^a (1 - 2 B r^2)^2 r\, dr}{2\pi \int\limits_0^a (r - B r^3)^2\, r\, dr}$$

und nach kurzer Rechnung

$$\gamma_0^2 \leqq \frac{16}{a^2} \frac{3 - 6 B a^2 + 4 B^2 a^4}{6 - 8 B a^2 + 3 B^2 a^4}\,. \tag{14.92}$$

Die Konstante B bestimmen wir nun derart, daß die rechte Seite der Gl. (14.92) ihren kleinsten Wert annimmt. Mit Differentiation nach B und Nullsetzen des so erhaltenen Ausdrucks findet man

$$B a^2 = \frac{15 (\mp) \sqrt{57}}{14} = 0.5322 .$$

Mit Einsetzen dieses Wertes in Gl. (14.92) ergibt sich

$$\gamma_0 a \leqq 2.4085 . \tag{14.93}$$

Der korrekte Wert ist $\gamma_0 a = 2.4048$.

B. Elliptischer Querschnitt. (Magnetische Grundwelle.)

Wir betrachten die *magnetische* Grundwelle (H-Typ) im Hohlleiter mit elliptischem Querschnitt und bestimmen Näherungsausdrücke für die Grenzfrequenz ω_g bzw. den niedersten Eigenwert $\gamma_1^2 = (\omega_{g1}/c)^2$ *).

Ein qualitatives Bild vom Verlauf der Feldverteilung gewinnt man aus dem Vergleich mit der Feldverteilung der magnetischen Grundwelle im Hohlleiter mit Rechteck- und Kreisquerschnitt (Fig. 14.4).

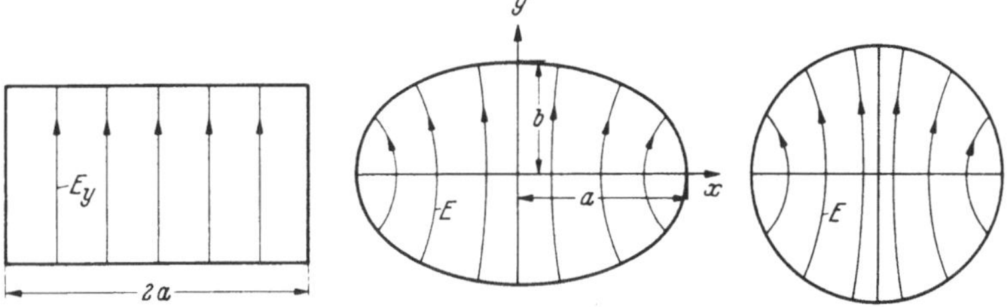

Fig. 14.4. Elektrische Feldlinien der magnetischen Grundwelle im Hohlleiter mit Rechteck-, Ellipsen- und Kreisquerschnitt.

Wir bezeichnen die größere und kleinere Halbachse der Ellipse mit a und b ($a > b$).

Aus dem Feldbild des elliptischen Querschnitts entnimmt man, daß die elektrischen Feldkomponenten folgendermaßen dargestellt werden können, wenn wir durch G_i eine in x und y *gerade* Funktion charakterisieren:

$$\mathsf{E}_{1x} = x y \cdot G_1(x, y) ; \quad \mathsf{E}_{1y} = G_2(x, y) . \tag{14.94}$$

Das magnetische Feld H_z ist symmetrisch bezüglich der x-Achse und antisymmetrisch bezüglich der y-Achse; es gilt daher

$$\mathsf{H}_{1z} = x \cdot G_3(x, y) . \tag{14.95}$$

*) Kihara, T.: J. Phys. Soc. Japan **2**, 65 (1947) u. Theorie elektrischer Wellenleiter, S. 25—40. Tokyo 1948. In japanischer Sprache.

Wir wählen zunächst die Näherungsdarstellung (14.75b), in der γ_1^2 durch eine *elektrische* Feldverteilung ausgedrückt ist und setzen mit Rücksicht auf Gl. (14.94) für $\mathbf{E}_1$ die einfachste Polynomdarstellung für die Komponenten $\mathbf{E}_{1x}$ und $\mathbf{E}_{1y}$ an:

$$\mathbf{E}_{1x} = 2\,xy; \quad \mathbf{E}_{1y} = A + Bx^2 + Cy^2. \tag{14.96}$$

Die Konstanten sind derart zu wählen, daß die Randbedingung $\boldsymbol{n} \times \mathbf{E}_1 = 0$ sowie die Bedingung $\operatorname{div} \mathbf{E}_1 = 0$ erfüllt sind. Diese beiden Bedingungen liefern

$$\frac{\mathbf{E}_{1y}}{\mathbf{E}_{1x}} = \frac{A + Bx^2 + Cy^2}{2\,xy} = \frac{a^2 y}{b^2 x} \quad (x, y \text{ auf der Ellipse}) \tag{14.97}$$

und

$$y\,(1 + C) = 0\,. \qquad (-\,b \leqq y \leqq b)$$

Durch Koeffizientenvergleich in x bzw. y folgen

$$A = 2\,a^2 + b^2; \quad B = -\,\frac{2\,a^2 + b^2}{a^2}; \quad C = -\,1 \tag{14.98}$$

und somit

$$\mathbf{E}_{1x} = 2\,xy; \quad \mathbf{E}_{1y} = (2\,a^2 + b^2)\left(1 - \frac{x^2}{a^2}\right) - y^2\,. \tag{14.99}$$

Man erhält nach kurzer Rechnung mit Ausführung der Integrationen über die Ellipsenfläche mit Gl. (14.75b)

$$\gamma_1^2 \leqq \frac{\int\limits_A \left(\frac{\partial \mathbf{E}_{1y}}{\partial x} - \frac{\partial \mathbf{E}_{1x}}{\partial y}\right)^2 dx\,\partial y}{\int\limits_A (\mathbf{E}_{1x}^2 + \mathbf{E}_{1y}^2)\,dx\,dy} = \frac{6}{a^2}\,\frac{3\,a^2 + b^2}{5\,a^2 + 2\,b^2}$$

oder mit $p = b/a$ den Näherungswert

$$\gamma_1 a = \sqrt{6\,\frac{3 + p^2}{5 + 2\,p^2}}\,. \tag{14.100}$$

Für verschwindend kleine Werte von p erhält man $\gamma_1 a \leqq \sqrt{18/5} = 1{,}897$; der Wert liegt, wie zu erwarten, oberhalb des Wertes $\gamma_1 a = \pi/2 = 1{,}571$ für das umschriebene Rechteck mit der Grundseite $2a$, dessen Fläche größer als die Fläche der einbeschriebenen Ellipse und dessen Eigenwert daher kleiner als derjenige der Ellipse ist. Für $p = 1$ erhält man einen Kreisquerschnitt und $\gamma_1 a \leqq \sqrt{24/7} = 1{,}852$. Der genaue Wert für den Kreis ist durch die erste Nullstelle der ersten Abteilung der Bessel-Funktion $J_1(kr)$ gegeben und beträgt $\gamma_1 a = 1{,}841$.

Will man die Näherung weiter treiben, so kann man den Ansatz für $\mathbf{E}_{1x}$ und $\mathbf{E}_{1y}$ durch Polynomausdrücke höherer Ordnung entsprechend Gl. (14.94) bzw. (14.96) erweitern, wobei multiplikative Konstanten, wie beim vorangehenden Beispiel für den Kreisquerschnitt, wieder durch den Umstand bestimmt werden können, daß sie den Näherungsausdruck für γ_1^2 zu einem Minimum machen.

Wir wenden uns nun zu der Darstellung (14.30) bzw. (14.75a), in der γ_1^2 durch Φ_1 bzw. $\mathbf{H}_1$ ausgedrückt ist. Wie bemerkt, sind wir bei dieser Darstellung an keine Randbedingung gebunden. Wir müssen jedoch die Bedingung (14.29) beachten, nach der für die gewählte Funktion Φ_1

$$\int_A \Phi_1 \, dx \, dy = 0 \tag{14.101}$$

gelten muß. Die Beziehung (14.95) legt als einfachste Funktion $\Phi_1 = A x$ nahe, die als eine in x ungerade Funktion die Bedingung (14.101) erfüllt. Die Konstante A können wir mit Rücksicht auf den homogenen Charakter der Darstellung (14.30) zu Eins wählen. Wir setzen also

$$\Phi_1^{(0)} = x \,. \tag{14.102}$$

Aus Gl. (14.30) erhalten wir

$$\gamma_1^2 \leqq \frac{\int_A dx\, dy}{\int_A x^2\, dx\, dy} = \frac{a b \pi}{(\pi a^3 b/4)} = \frac{4}{a^2}$$

oder

$$\gamma_1 a \leqq 2 \,. \tag{14.103}$$

Eine verbesserte Näherungsfunktion $\Phi_1^{(1)}$ gewinnen wir nun nach Gl. (14.59) aus der Differentialgleichung

$$\frac{\partial^2 \Phi_1^{(1)}}{\partial x^2} + \frac{\partial^2 \Phi_1^{(1)}}{\partial y^2} + x = 0 \,, \tag{14.104}$$

mit der Randbedingung $\partial \Phi_1^{(1)}/\partial n = 0$. Mit Beachtung der Darstellung (14.95) für das magnetische Feld H_{1z}, das zu Φ_1 proportional ist, läßt sich voraussehen, daß die Lösung für $\Phi_1^{(1)}$ die folgende Form aufweisen wird:

$$\Phi_1^{(1)}(x, y) = x(A + B x^2 + C y^2) \,. \tag{14.105}$$

Setzen wir diesen Ausdruck in die Differentialgleichung (14.104) ein, so folgt

$$x(6B + 2C + 1) = 0 \,. \tag{14.106}$$

Die Randbedingung $\partial \Phi_1^{(1)}/\partial n = 0$ liefert auf der Ellipse

$$\frac{\partial \Phi_1^{(1)}}{\partial n} = \boldsymbol{n} \cdot \operatorname{grad} \Phi_1^{(1)} = n_x \frac{\partial \Phi_1^{(1)}}{\partial x} + n_y \frac{\partial \Phi_1^{(1)}}{\partial y} = 0$$

oder

$$\frac{\partial \Phi_1^{(1)}/\partial x}{\partial \Phi_1^{(1)}/\partial y} = \frac{A + 3 B x^2 + C y^2}{2 C x y} = -\frac{a^2 y}{b^2 x} \,. \quad (x, y \text{ auf der Ellipse}) \tag{14.107}$$

Aus den Gl. (14.106) und (14.107) folgen die Konstanten zu

$$A = \frac{a^2(2a^2+b^2)}{2(3a^2+b^2)}\,; \quad B = -\frac{(2a^2+b^2)}{6(3a^2+b^2)}\,; \quad C = -\frac{a^2}{2(3a^2+b^2)}\,,$$

und mit Weglassen eines gemeinsamen Faktors

$$\Phi_1^{(1)} = \frac{x}{a}\left(1 - \frac{x^2}{3a^2} - \frac{y^2}{2a^2+b^2}\right). \tag{14.108}$$

Mit dieser verbesserten Näherungsfunktion findet man

$$\int\limits_A (\operatorname{grad}\Phi_1^{(1)})^2\,dx\,dy = \frac{\pi}{6}\,\frac{b}{a}\,\frac{(5a^2+2b^2)(3a^2+b^2)}{(2a^2+b^2)^2} \tag{14.109}$$

und

$$\int\limits_A (\Phi_1^{(1)})^2\,dx\,dy = \frac{\pi}{6}\,\frac{ab}{24}\,\frac{101a^4+80a^2b^2+17b^4}{(2a^2+b^2)^2}\,, \tag{14.110}$$

und mit Gl. (14.30) schließlich

$$\gamma_1^2\,a^2 \leqq 24\,\frac{(5a^2+2b^2)(3a^2+b^2)}{101a^4+80a^2b^2+17b^4}\,,$$

oder mit $p = b/a$

$$\gamma_1 a \leqq \sqrt{24\,\frac{(5+2p^2)(3+p^2)}{101+80p^2+17p^4}}\,. \tag{14.111}$$

Für $p \to 0$ folgt $\gamma_1 a \leqq \sqrt{360/101} = 1{,}8880$; der korrekte Wert ist $\gamma_1 a = 1{,}8866$*). Für $p = 1$ folgt $\gamma_1 a \leqq \sqrt{672/198} = 1{,}842$, welcher Wert dem korrekten Wert 1.841 für den Kreis bereits auf weniger als 0.1% nahekommt.

Es ist bemerkenswert, daß sich der Wert von $\gamma_1 a$ über den ganzen Bereich $0 \leqq p \leqq 1$ nur relativ wenig ändert; dies bedeutet, daß die Grenzfrequenz bei konstant gehaltener Halbachse a nur wenig vom Verhältnis $p = b/a$ abhängt. Physikalisch kann man sich dies damit erklären, daß die zu den elektrischen Feldlinien nach Fig. 14.4 orthogonale Kurvenschar sehr angenähert aus konfokalen Ellipsen besteht bzw. die Feldlinien sehr nahe der dazu orthogonalen Hyperbelschar liegen.

Nun bleibt die Grenzfrequenz eines bestimmten Schwingungstyps in einem vorgegebenen Querschnitt als solche erhalten, wenn man den metallischen Rand durch zu den korrekten elektrischen Feldlinien orthogonale metallische Flächen ersetzt, weil die Feldverteilung in einem derart entstandenen Bereich sowohl der Differentialgleichung (14.2) als auch der Randbedingung $\boldsymbol{n} \times \boldsymbol{E} = 0$ automatisch genügt und H_z,

*) McLachlan, N.W.: Theory and application of Mathieu-functions. S. 305 u. 307. Oxford 1947.

wie zuvor, unabhängig von z ist. Wären daher die zu den elektrischen Feldlinien orthogonalen Kurven *exakt* konfokale Ellipsen, so würde $\gamma_1 a$ überhaupt nicht von $p = b/a$ abhängen.

15. Näherungsweise Bestimmung der Eigenfrequenzen von Hohlraumresonatoren beliebiger Gestalt.

15.1. Allgemeine Bemerkungen.

In einem metallisch umschlossenen verlustfreien elektromagnetischen Hohlraum gehorchen die Felder $\boldsymbol{E}$ und $\boldsymbol{H}$ den Wellengleichungen

$$(\nabla^2 + k^2)\,\boldsymbol{E}(x, y, z) = 0; \quad (\nabla^2 + k^2)\,\boldsymbol{H}(x, y, z) = 0 \tag{15.1}$$

mit reellem $k = \omega/c$. Die Randbedingungen $\boldsymbol{n} \times \boldsymbol{E} = 0$ bzw. $\boldsymbol{n} \cdot \boldsymbol{H} = 0$ auf der metallischen Umgrenzung machen das Problem zu einem Eigenwertproblem, d. h. von Null verschiedene Lösungen der Feldgleichungen bestehen nur für ein diskretes Spektrum von Eigenwerten $k_\mu^2 = (\omega_\mu/c)^2$, wobei die ω_μ das Spektrum der Eigenfrequenzen bilden. Für jede Eigenschwingung ist im Zeitmittel die gesamte elektrische Feldenergie gleich der gesamten magnetischen Feldenergie.

Die elektrischen bzw. magnetischen Felder sind unter sich im ganzen Hohlraum in Phase und relativ zueinander zeitlich um 90° in der Phase verschoben. Es gilt

$$\begin{aligned} \boldsymbol{E}(x, y, z) &= \boldsymbol{E}'(x, y, z) \\ \boldsymbol{H}(x, y, z) &= -i\boldsymbol{H}'(x, y, z)\,, \end{aligned} \tag{15.2}$$

wobei $\boldsymbol{E}'(x, y, z)$ und $\boldsymbol{H}'(x, y, z)$ *reelle* Größen sind; sie gehorchen den Beziehungen $\operatorname{rot}\boldsymbol{E}' = \omega\mu\mu_0\boldsymbol{H}'$ und $\operatorname{rot}\boldsymbol{H}' = \omega\varepsilon\varepsilon_0\boldsymbol{E}'$ sowie den Differentialgleichungen (15.1).

Für geometrisch „einfache" Formen, für die sich die vektorielle Wellengleichung skalarisieren und separieren läßt, lassen sich die Eigenfrequenzen exakt berechnen, soweit die auftretenden Funktionen tabelliert vorliegen. Für kompliziertere Formen dagegen ist man wieder auf Näherungsverfahren zur Bestimmung der Eigenfrequenzen bzw. Eigenwerte angewiesen. Für letztere läßt sich eine analoge Darstellung wie für die Eigenwerte in den Gl. (14.74) und (14.75) angeben, die mit Wahl einer physikalisch plausiblen angenäherten Feldverteilung $\mathbf{E}_\mu$ bzw. $\mathbf{H}_\mu$ den zugehörigen Eigenwert k_μ^2 der μ-ten Eigenschwingung näherungsweise zu berechnen gestattet.

Da es sich um ein Vektorproblem handelt, das nicht generell auf ein skalares Problem zurückführbar ist, läßt sich die Frage der Minimumseigenschaft der Darstellung für die Eigenwerte k_μ^2 nicht so eindeutig beantworten, wie dies im vorangehenden Problem des zylindrischen Hohlleiters möglich war.

Wir werden jedoch zeigen, daß für k_μ^2 im Hohlraum *stationäre* Darstellungen existieren und bei deren Anwendung denselben Standpunkt wie bei den vorangehenden Betrachtungen zur Methode der stationären Darstellung einnehmen, nämlich daß wir einen brauchbaren Näherungswert für k_μ^2 erhalten, wenn wir eine der tatsächlichen Feldverteilung nahekommende Näherungsverteilung in die stationäre Darstellung einsetzen. Die in die stationäre Darstellung eingehenden Ausdrücke in $\mathbf{E}_\mu$ und $\mathbf{H}_\mu$ und damit die Eigenwerte k_μ^2 sind rein reelle Größen. Die Frage, ob die korrekten Feldverteilungen $\boldsymbol{E}_\mu$ bzw. $\boldsymbol{H}_\mu$ den Eigenwert in der stationären Darstellung zu einem Maximum oder Minimum machen, lassen wir offen. Mit gutem Grund wird man jedoch im allgemeinen ein Minimum erwarten.

15.2. Zwei stationäre Darstellungen für die Eigenwerte von Hohlraumresonatoren.

Aus der MAXWELLschen Gleichung $\operatorname{rot}\boldsymbol{H} = -i\omega\varepsilon\varepsilon_0\boldsymbol{E}$ erhalten wir durch skalare Multiplikation mit $\boldsymbol{E}^*$

$$\boldsymbol{E}^* \cdot \operatorname{rot}\boldsymbol{H} = -i\omega\varepsilon\varepsilon_0\boldsymbol{E}\cdot\boldsymbol{E}^* \tag{15.3}$$

und daraus mit Hilfe einer bekannten Vektorbeziehung

$$\boldsymbol{H}\cdot\operatorname{rot}\boldsymbol{E}^* - \operatorname{div}(\boldsymbol{E}^*\times\boldsymbol{H}) = -i\omega\varepsilon\varepsilon_{00}\boldsymbol{E}\cdot\boldsymbol{E}^*\,. \tag{15.4}$$

Mit Integration über das Hohlraumvolumen V folgt

$$\int_V \boldsymbol{H}\cdot\operatorname{rot}\boldsymbol{E}^*\,dV - \oint_A \boldsymbol{n}\cdot(\boldsymbol{E}^*\times\boldsymbol{H})\,dA = -i\omega\varepsilon\varepsilon_0\int_V \boldsymbol{E}\cdot\boldsymbol{E}^*\,dV\,. \tag{15.5}$$

Das Oberflächenintegral über die Berandungsfläche A verschwindet zufolge $\boldsymbol{n}\cdot(\boldsymbol{E}^*\times\boldsymbol{H}) = (\boldsymbol{n}\times\boldsymbol{E}^*)\cdot\boldsymbol{H}$ und der Randbedingung $\boldsymbol{n}\times\boldsymbol{E}^* = 0$. Somit gilt mit Rücksicht auf die MAXWELLsche Gleichung $\operatorname{rot}\boldsymbol{E} = i\omega\mu\mu_0\boldsymbol{H}$ oder $\operatorname{rot}\boldsymbol{E}^* = -i\omega\mu\mu_0\boldsymbol{H}^*$

$$\int_V \{\varepsilon\varepsilon_0\boldsymbol{E}\cdot\boldsymbol{E}^* - \mu\mu_0\boldsymbol{H}\cdot\boldsymbol{H}^*\}\,dV = 0\,, \tag{15.6}$$

welche Beziehung die Gleichheit des gesamten elektrischen und magnetischen Energieinhalts im Zeitmittel zum Ausdruck bringt.

Drückt man nun in Gl. (15.6) mit Hilfe der MAXWELLschen Gleichungen $\boldsymbol{E}$ durch $\boldsymbol{H}$ bzw. $\boldsymbol{H}$ durch $\boldsymbol{E}$ aus, so erhält man unter Beachtung von $k^2 = \omega^2\mu\mu_0\varepsilon\varepsilon_0$ die folgenden beiden Darstellungen für den μ-ten Eigenwert k_μ^2 durch die zugehörigen Feldverteilungen $\boldsymbol{E}_\mu$ bzw. $\boldsymbol{H}_\mu$:

$$k_\mu^2 = \frac{\int_V |\operatorname{rot}\boldsymbol{E}_\mu|^2\,dV}{\int_V |\boldsymbol{E}_\mu|^2\,dV} = \frac{\int_V \operatorname{rot}|\boldsymbol{H}_\mu|^2\,dV}{\int_V |\boldsymbol{H}_\mu|^2\,dV}\,. \tag{15.7}$$

Die Felder $\boldsymbol{E}_\mu$ und $\boldsymbol{H}_\mu$ gehorchen dabei im Hohlraumvolumen V den Beziehungen

$$\operatorname{div}\boldsymbol{E}_\mu = 0 \text{ und } \operatorname{div}\boldsymbol{H}_\mu = 0\,, \tag{15.8}$$

und auf der Berandung den Bedingungen

$$\boldsymbol{n} \times \boldsymbol{E}_\mu = 0 \text{ und } \boldsymbol{n}\cdot\boldsymbol{H}_\mu = 0\,. \tag{15.9}$$

Wir zeigen nun, daß k_μ^2 in Gl. (15.7) stationär in bezug auf die erste Variation der Feldverteilungen $\boldsymbol{E}_\mu$ und $\boldsymbol{H}_\mu$ ist, wenn letztere den MAXWELLschen Gleichungen sowie den Randbedingungen (15.9) genügen; für die $\boldsymbol{E}_\mu$-Darstellung unterliegt, wie sich zeigen wird, die Variation der Bedingung $\delta\boldsymbol{E}_\mu = 0$ auf der Berandung.

Zunächst behandeln wir die $\boldsymbol{E}_\mu$-Darstellung und erhalten, wenn wir den Nenner der rechten Seite nach links bringen und die Variation bilden*):

$$k_\mu \delta k_\mu \int_V (\boldsymbol{E}_\mu)^2\, dV + k_\mu^2 \int_V \boldsymbol{E}_\mu \cdot \delta\boldsymbol{E}_\mu\, dV = \int_V \operatorname{rot}\boldsymbol{E}_\mu \cdot \operatorname{rot}\delta\boldsymbol{E}_\mu\, dV. \tag{15.10}$$

Es ist nun

$$\operatorname{rot}\boldsymbol{E}_\mu \cdot \operatorname{rot}\delta\boldsymbol{E}_\mu = \delta\boldsymbol{E}_\mu \cdot \operatorname{rot}\operatorname{rot}\boldsymbol{E}_\mu - \operatorname{div}(\operatorname{rot}\boldsymbol{E}_\mu \times \delta\boldsymbol{E}_\mu) \tag{15.11}$$

und somit

$$\begin{aligned} k_\mu \delta k_\mu \int_V (\boldsymbol{E}_\mu)^2\, dV = \int_V \delta\boldsymbol{E}_\mu \{\operatorname{rot}\operatorname{rot}\boldsymbol{E}_\mu - k_\mu^2 \boldsymbol{E}_\mu\}\, dV - \\ - \oint_{\text{Rand}} \boldsymbol{n}\cdot(\operatorname{rot}\boldsymbol{E}_\mu \times \delta\boldsymbol{E}_\mu)\, dA\,. \end{aligned} \tag{15.12}$$

Im Randintegral kann man den Integranden in der gleichwertigen Form $-\operatorname{rot}\boldsymbol{E}_\mu \cdot (\boldsymbol{n} \times \delta\boldsymbol{E}_\mu)$ schreiben. Das Integral verschwindet, falls wir die Variation der Bedingung

$$\boldsymbol{n} \times \delta\boldsymbol{E}_\mu = 0 \quad \text{am Rand} \tag{15.13}$$

unterwerfen oder, mit anderen Worten, verlangen, daß das *variierte* Feld $\boldsymbol{E}_\mu + \delta\boldsymbol{E}_\mu$ überall normal zur Berandung gerichtet ist. Das korrekte Feld $\boldsymbol{E}_\mu$ in Gl. (15.12) gehorcht nach Gl. (1.6) der Beziehung $\operatorname{rot}\operatorname{rot}\boldsymbol{E}_\mu - k^2\boldsymbol{E}_\mu = 0$. Somit folgt $\delta k_\mu = 0$, d. h. die $\boldsymbol{E}_\mu$-Darstellung in Gl. (15.7) ist stationär bezüglich der ersten Variation in $\boldsymbol{E}_\mu$.

Der Beweis des stationären Charakters der $\boldsymbol{H}_\mu$-Darstellung in Gl. (15.7) verläuft ganz analog; wir brauchen uns nur in den voranstehenden Gleichungen $\boldsymbol{E}_\mu$ durch $\boldsymbol{H}_\mu$ ersetzt zu denken.

Das Randintegral in Gl. (15.12) besitzt aber nun den Integranden $\boldsymbol{n}\cdot(\operatorname{rot}\boldsymbol{H}_\mu \times \delta\boldsymbol{H}_\mu) = -\delta\boldsymbol{H}_\mu \cdot (\boldsymbol{n} \times \operatorname{rot}\boldsymbol{H}_\mu) = i\omega\varepsilon\varepsilon_0 \delta\boldsymbol{H}_\mu \cdot (n \times \boldsymbol{E}_\mu) = 0\,,$

*) Mit Rücksicht auf Gl. (15.2) ist es zulässig, in dem homogenen Ausdruck (15.7) $\boldsymbol{E}_\mu$ und $\boldsymbol{H}_\mu$ als rein reelle Größen anzusehen, d. h. sich die Absolutzeichen überall durch gewöhnliche Klammern ersetzt zu denken. Es macht bei der Berechnung von k_μ^2 offensichtlich keinen Unterschied, wenn wir den Faktor $-i$ in $\boldsymbol{H}_\mu$, welcher der zeitlichen Phasenverschiebung zwischen $\boldsymbol{E}_\mu$ und $\boldsymbol{H}_\mu$ Rechnung trägt, unterdrücken.

wegen $\boldsymbol{n} \times \boldsymbol{E}_\mu = 0$, d. h. es verschwindet von selbst. *In der H-Darstellung ist daher die Feldvariation $\delta \boldsymbol{H}_\mu$ an keine Randbedingung gebunden.*

15.3. Näherungsdarstellungen für den Eigenwert der Grundschwingung im dreiachsigen Ellipsoid.

Als Anwendungsbeispiel betrachten wir einen Hohlraum, dessen metallische Begrenzung die Gestalt eines dreiachsigen Ellipsoids mit

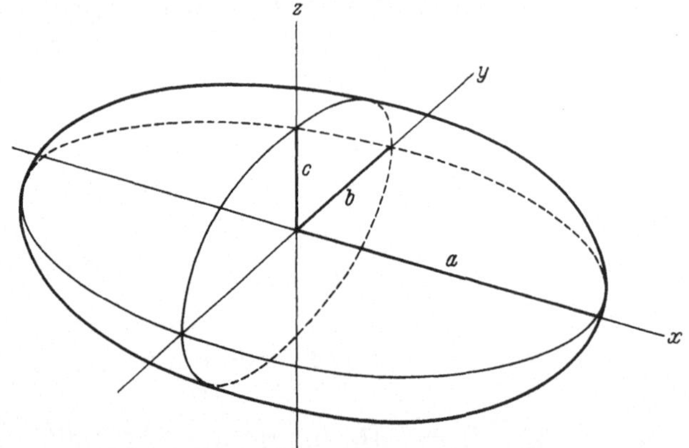

Fig. 15.1. Dreiachsiges Ellipsoid mit den Halbachsen $a > b > c$.

den Halbachsen a, b, c besitzt, wobei wir $a \geqq b \geqq c$ voraussetzen*) (Fig. 15.1). Die Gleichung des begrenzenden Ellipsoids lautet

$$\frac{x^2}{a^2} + \frac{y^2}{b^2} + \frac{z^2}{c^2} - 1 = 0\,. \tag{15.14}$$

Einen Anhalt über die Feldverteilung der Grundschwingung gibt uns die Betrachtung des kugelförmigen Hohlraums. Die längste Eigen-

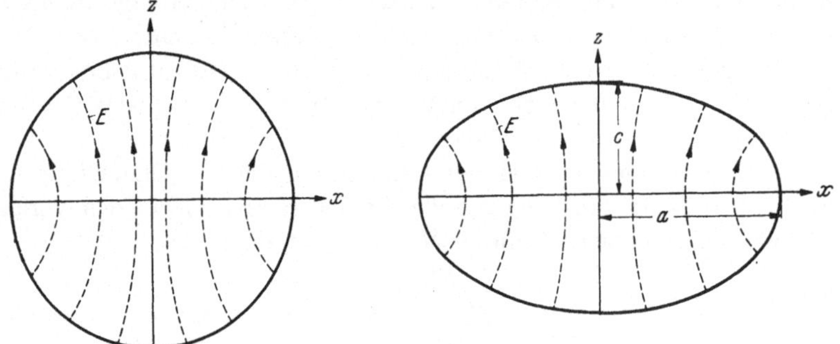

Fig. 15.2. Elektrische Feldlinien der Grundschwingung in der Kugel und in der x, z-Ebene des dreiachsigen Ellipsoids.

welle in der Kugel gehört dem E-Typ an, der eine elektrische Radialkomponente E_r, jedoch keine magnetische Komponente H_r aufweist.

*) Kihara, T.: l. c. (s. Fußnote S. 177).

Die elektrischen Feldlinien in der x, z-Ebene sind in Fig. 15.2 skizziert. Bei einer stetigen Deformation der Kugel in ein Ellipsoid wird man ein qualitativ ähnliches Feldbild für dessen Grundschwingung erwarten. Die elektrischen Feldkomponenten in der Kugel und damit im Ellipsoid besitzen, wie man sich leicht überlegt, die folgenden Symmetrieeigenschaften, wenn G_i wiederum eine gerade Funktion in den Veränderlichen x, y, z bezeichnet:

$$E_{0x} = xz\,G_1(x, y, z); \quad E_{0y} = yz\,G_2(x, y, z); \quad E_{0z} = G_3(x, y, z). \qquad (15.15)$$

Mit Hilfe der MAXWELLschen Gleichungen überlegt man sich daraus ebenfalls leicht die Symmetriebedingungen für die magnetischen Feldlinien:

$$H_{0x} = y \cdot G_4(x,y,z); \quad H_{0y} = x \cdot G_5(x,y,z); \quad H_{0z} = xyz \cdot G_6(x,y,z). \qquad (15.16)$$

Zur ersten Annäherung wählen wir für das variierte Feld $\mathbf{E}_0$ das Polynom niedersten Grades, das sich den Bedingungen $\operatorname{div}\mathbf{E}_0 = 0$ und der Randbedingung $\boldsymbol{n} \times \mathbf{E}_0 = 0$ anpaßt. Wir setzen

$$\mathbf{E}_{0x} = \frac{2xz}{a^2}; \quad \mathbf{E}_{0y} = \frac{2yz}{b^2}; \qquad (15.17)$$

$$\mathbf{E}_{0z} = A - Bx^2 - Cy^2 - Dz^2.$$

Die Bedingung $\operatorname{div}\mathbf{E}_0 = 0$ liefert

$$D = \frac{1}{a^2} + \frac{1}{b^2}. \qquad (15.18)$$

Die Randbedingung verlangt, daß $\mathbf{E}_0$ auf dem Ellipsoid die Richtung der Normalen $\boldsymbol{n}$ besitzt. Der Normalenvektor folgt aus

$$\boldsymbol{n} = \operatorname{grad}\left(\frac{x^2}{a^2} + \frac{y^2}{b^2} + \frac{z^2}{c^2}\right) = \frac{2x}{a^2}\boldsymbol{e}_x + \frac{2y}{b^2}\boldsymbol{e}_y + \frac{2z}{c^2}\boldsymbol{e}_z, \qquad (15.19)$$

wenn $\boldsymbol{e}_x, \boldsymbol{e}_y, \boldsymbol{e}_z$ Einheitsvektoren in der x, y, z-Richtung sind. Damit gilt

$$\mathbf{E}_{0x} : \mathbf{E}_{0y} : \mathbf{E}_{0z} = \frac{x}{a^2} : \frac{y}{b^2} : \frac{z}{c^2}. \qquad (15.20)$$

Der Ansatz für $\mathbf{E}_{0x}$ und $\mathbf{E}_{0y}$ in Gl. (15.17) trägt bereits dem Verhältnis $\mathbf{E}_{0x}/\mathbf{E}_{0y}$ in Gl. (15.20) Rechnung. Es bleibt die Gleichung

$$\frac{\mathbf{E}_{0y}}{\mathbf{E}_{0z}} = \frac{2yz}{b^2(A - Bx^2 - Cy^2 - Dz^2)} = \frac{c^2 y}{b^2 z} \quad (x, y, z \text{ auf dem Ellipsoid}) \qquad (15.21)$$

zur Bestimmung der Konstanten A, B, C. Mit Berücksichtigung von Gl. (15.14) und Koeffizientenvergleich z. B. in y, z findet man mit D nach Gl. (15.18)

$$A = \frac{(a^2 + b^2)c^2}{a^2 b^2} + 2; \quad B = \frac{A}{a^2}; \quad C = \frac{A}{b^2}, \qquad (15.22)$$

und damit die Darstellung von $\mathbf{E}_{0z}$ nach Gl. (15.17) zu

$$\mathbf{E}_{0z} = (M-1)\left(1 - \frac{x^2}{a^2} - \frac{y^2}{b^2}\right) - (M-3)\frac{z^2}{c^2}, \tag{15.23}$$

wenn man die Abkürzung

$$M = 3 + \frac{(a^2+b^2)\,c^2}{a^2\,b^2} \tag{15.24}$$

einführt.

Mit Gl. (15.17) und (15.23) erhält man

$$\operatorname{rot}(\mathbf{E}_0)_x = -\frac{2My}{b^2}\,;\ (\operatorname{rot}\mathbf{E}_0)_y = \frac{2Mx}{a^2}\,;\ (\operatorname{rot}\mathbf{E}_0)_z = 0\,. \tag{15.25}$$

Die erste Näherung für den Eigenwert k_0^2 der Grundschwingung folgt aus der Darstellung (15.7) zu

$$k_0^2 = \frac{\int\limits_V \{(\operatorname{rot}\mathbf{E}_0)_x^2 + (\operatorname{rot}\mathbf{E}_0)_y^2 + (\operatorname{rot}\mathbf{E}_0)_z^2\}\,dx\,dy\,dz}{\int\limits_V (\mathbf{E}_{0x}^2 + \mathbf{E}_{0y}^2 + \mathbf{E}_{0z}^2)\,dx\,dy\,dz}. \tag{15.26}$$

Die Durchführung der Integrationen über das Ellipsoid liefert das Resultat

$$k_0^2 = \left(\frac{2\pi}{\lambda}\right)^2 = \frac{7M}{2M-1}\left(\frac{1}{a^2} + \frac{1}{b^2}\right). \tag{15.27}$$

Für die Kugel erhält man mit $a = b = c$ den Näherungswert für ka zu $\sqrt{70/9} = 2{,}788$; der korrekte Wert ist $ka = 2{,}744$*).

Eine verbesserte Annäherung erhält man mit der $\boldsymbol{H}$-Darstellung in Gl. (15.7), in der man mit Berücksichtigung der Symmetrieeigenschaften für $\boldsymbol{H}_0$ nach Gl. (15.16) den folgenden Ansatz für ein Näherungsfeld $\mathbf{H}_0$ wählt:

$$\begin{aligned} \mathbf{H}_{0x} &= -a^2 y(A_1 - B_1 x^2 - C_1 y^2 - D_1 z^2) \\ \mathbf{H}_{0y} &= b^2 x(A_2 - B_2 x^2 - C_2 y^2 - D_2 z^2) \\ \mathbf{H}_{0z} &= A_3 xyz\,. \end{aligned} \tag{15.28}$$

Die Konstanten lassen sich mit $\operatorname{div}\mathbf{H}_0 = 0$ und den Randbedingungen $(\boldsymbol{n}\cdot\mathbf{H}_0) = 0$ sowie $(\boldsymbol{n}\times\operatorname{rot}\mathbf{H}_0) = 0$, denen das korrekte Feld genügt, bestimmen. Wir verzichten hier auf die Einzelheiten der ausgedehnten Rechnung und begnügen uns mit der Angabe von KIHARAs Resultat:

Mit der Abkürzung M nach Gl. (15.24) und der Abkürzung

$$N = \frac{a^2 - b^2}{a^2 + b^2} \tag{15.29}$$

*) BORGNIS, F.: Ann. Physik (V) **35**, 359 (1939). — BROGLIE, L. DE: l. c. (s. Fußnote S. 157).

folgt der verbesserte Wert zu

$$k_0^2 = \left(\frac{1}{a^2} + \frac{1}{b^2}\right) \frac{9\,M\,(2\,M-1)\,\{2\,(3\,M-1) - N^2\,(3\,M-2)\}}{(3\,M-1)\,(11\,M^2-14\,M+9) - N^2\,(16\,M^3-31\,M^2+27\,M-9)}. \tag{15.30}$$

Für die Kugel erhält man daraus mit $a = b = c$ den Näherungswert für $k_0 a$ zu $\sqrt{810/107} = 2{,}751$; der exakte Wert ist $k_0 a = 2{,}744$.

Eine weitere Verbesserung kann beispielsweise durch einen erweiterten Polynomansatz für $\mathbf{E}_0$ erhalten werden, der den Bedingungen $\operatorname{div} \mathbf{E}_0 = 0$ sowie den Randbedingungen $\boldsymbol{n} \times \mathbf{E}_0 = 0$ und $\boldsymbol{n} \cdot \operatorname{rot} \mathbf{E}_0 = 0$ genügt. Der rechnerische Aufwand wird jedoch außerordentlich groß und dürfte zudem kaum die erzielte Verbesserung lohnen.

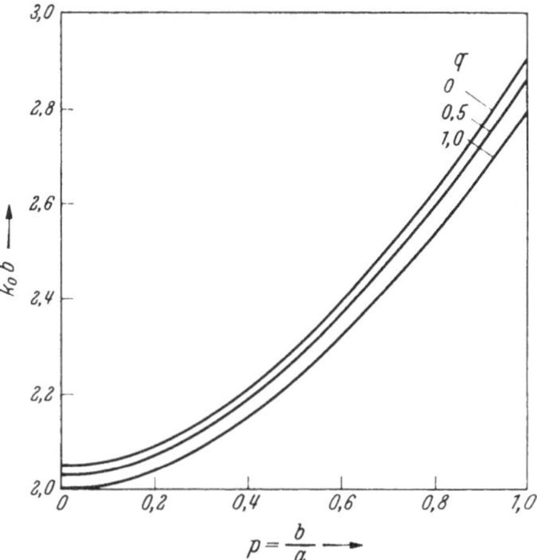

Fig. 15.3. $k_0 b = 2\pi b/\lambda$ als Funktion des Achsenverhältnisses $p = b/a$ mit $q = c/b$ als Parameter für die Grundschwingung im Innern des dreiachsigen Ellipsoids mit den Halbachsen a, b, c, ($a \geqq b \geqq c$). λ ist die zur Grundschwingung gehörige Resonanzwellenlänge im Hohlraum.

Fig. 15.3 zeigt die Abhängigkeit von $k_0 b$ für das dreiachsige Ellipsoid vom Achsenverhältnis $p = b/a$ mit $q = c/b$ als Parameter. Zur Berechnung wurde der Ausdruck (15.27) benutzt.

16. Die Weitwinkel-Konusantenne.

16.1. Problemstellung und allgemeine Betrachtungen.

Wir wenden uns in diesem und dem folgenden Kapitel der Behandlung zweier spezieller räumlicher Strahler zu, deren Abmessungen in der Größenordnung der erregenden Wellenlänge liegen. Es ist nicht die Absicht, diese Probleme, denen ein ausgedehntes Schrifttum gewidmet ist, in aller Vollständigkeit zu behandeln. Hierzu sei vielmehr auf die einschlägige Literatur verwiesen*).

Wir beschränken uns darauf, die Problemstellung aufzuzeigen und einige geeignete Lösungswege zu beschreiten, wobei der Anwendung der Methode der stationären Darstellung besondere Aufmerksamkeit eingeräumt wird.

*) Aharoni, J.: Antennae. Oxford 1946. — King, Ronold W. P.: Theory of linear radiators. Harvard Univ. Press 1956. — Roubine, E.: Les récentes théories de l'antenne. L'onde électrique 27, 32, 57, 104, 160 (1947). — Schelkunoff, S. A.: Advanced antenna theory. New York u. London 1952. — Zuhrt, H.: Elektromagnetische Strahlungsfelder. Berlin-Göttingen-Heidelberg: Springer-Verlag 1952.

Zunächst betrachten wir die Konusantenne nach Fig. 16.1, die von einer konzentrischen LECHER-Leitung aus erregt wird. Die Speiseleitung, deren Abmessungen Fig. 16.1 zeigt, sei im LECHER-Typ (TEM-Typ) erregt und speise den metallischen Konus mit dem halben Öffnungswinkel Θ_0 und der Seitenlänge a über das offene Ende, das sich in der metallischen und als unendlich ausgedehnt gedachten Schirmebene $z = 0$ befindet.

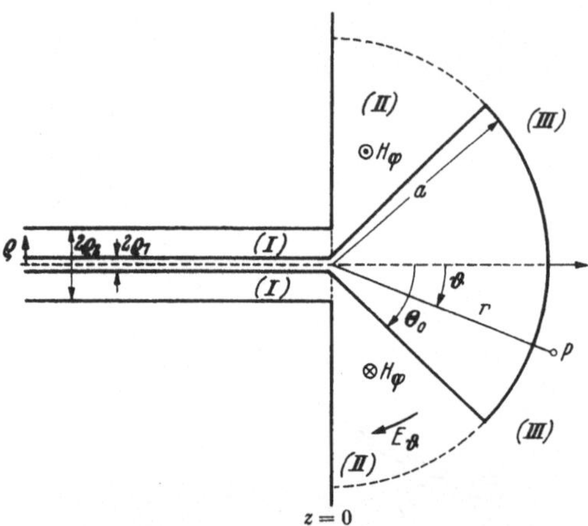

Fig. 16.1. Konus-Antenne, axialsymmetrisch erregt durch eine eben abgeschirmte konzentrische LECHER-Leitung.

Der Konus sei am oberen Ende mit einer metallischen Kugelkappe abgeschlossen und strahle in den freien Halbraum $z \geqq 0$ ab. Gesucht sind die äquivalente Abschlußimpedanz der Speiseleitung sowie das Strahlungsdiagramm der Anordnung in Abhängigkeit von der Frequenz und den Abmessungen der Antenne. Die Weitwinkel-Konusantenne besitzt besonders als Breitbandstrahler praktische Bedeutung. Eine strenge Lösung des Problems für beliebige Öffnungswinkel Θ_0 stößt auf bedeutende rechnerische Schwierigkeiten. Es zeigt sich jedoch, daß unter einigen vereinfachenden Annahmen, die aus physikalischen Überlegungen hervorgehen, für den an eine LECHER-Leitung angeschlossenen Breitbandstrahler von *mittlerer* Öffnung Θ_0 (etwa zwischen 30° und 60°) eine brauchbare Lösung erhalten werden kann, die mit experimentellen Befunden in sehr befriedigender Übereinstimmung steht.

Wir behandeln das Problem zunächst „klassisch". Wir teilen das Strahlungsfeld in drei Zonen auf, in denen die Felder jeweils durch passende Eigenfunktionen dargestellt werden können. Die verschiedenen Darstellungen müssen so gewählt werden, daß sie einen stetigen Übergang der Feldkomponenten an den Zonengrenzen gewährleisten. Bei dieser Anpassung an den Zonengrenzen werden, um eine rechnerische Auswertung zu ermöglichen, eine Anzahl physikalisch plausibler Vernachlässigungen eingeführt.

Die erste Zone ist der Bereich I im Inneren der LECHER-Leitung, der axialsymmetrisch im LECHER-Typ erregt sei, wobei allein die Feldkomponenten E_ϱ und H_φ auftreten. Die in der positiven z-Richtung auf den Konus treffende LECHER-Welle erfährt eine Reflexion; der

Reflexionskoeffizient ist durch die äquivalente Abschlußimpedanz am offenen Ende in der Ebene $z = 0$ bestimmt, die wir zu berechnen suchen.

Als zweite Zone wählen wir den von den Kugelflächen $r = \varrho_2$ und $r = a$ nach Fig. 16.1 begrenzten Bereich zwischen dem Konus und der Ebene $z = 0$. Zufolge der Voraussetzung einer bezüglich der z-Achse axialsymmetrischen Erregung nehmen wir an, daß das gesamte Strahlungsproblem bezüglich der z-Achse axiale Symmetrie besitzt und damit $\partial/\partial\varphi = 0$ ist.

Wenn sich der Konus bis ins Unendliche erstreckte, hätten wir es im Gebiet II mit einer „konischen LECHER-Leitung" zu tun, in der, wie bekannt, eine fortschreitende LECHER-Welle mit den Feldkomponenten E_ϑ und H_φ möglich ist, deren Abhängigkeit von r und ϑ sich leicht angeben läßt. Diese Konuswelle besitzt einen Wellenwiderstand Z_K; wenn wir den Wellenwiderstand Z_L der konzentrischen Leitung gleich Z_K machen und das kleine Übergangsgebiet zwischen den Zonen I und II nach Fig. 16.1 als unbedeutend ansehen — und dies ist eine der im folgenden eingeführten Vernachlässigungen —, so ist anzunehmen, daß bei mittleren Öffnungswinkeln Θ_0 die LECHER-Welle in der Zone I ohne bemerkenswerte Störung in die Konusleitung II übertreten und, bei unbegrenzter Länge der Konusleitung, sich dort ins Unendliche fortpflanzen würde.

Der endlichen Konuslänge a tragen wir dadurch Rechnung, daß wir der nach positiven r-Werten fortschreitenden Konuswelle eine an der geometrischen Zonengrenze $r = a$ mit einem komplexen Reflexionsfaktor β reflektierte und nach negativen r-Werten fortschreitende Welle überlagern. Wir gehen darauf aus, diesen Wert von β der reflektierten Konuswelle mit den Feldkomponenten E_ϑ und H_φ zu finden. Mit β finden wir sodann die Eingangsimpedanz für die Konuswelle an der Stelle $r = \varrho_2$ sowie, wenn wir Anpassung der konzentrischen Leitung an die Konusleitung voraussetzen, die Antennenimpedanz, wie sie praktisch am offenen Ende der konzentrischen Leitung erscheint.

Die dritte Zone wird gemäß Fig. 16.1 durch den freien Kugelhalbraum zwischen $r = a$ und $r = \infty$ gebildet. Zufolge der axialen Symmetrie nehmen wir an, daß auch in diesem Bereich nur eine zirkulare magnetische Feldkomponente H_φ vorhanden ist. Zur elektrischen Feldkomponente E_ϑ tritt jedoch hier noch eine *radiale* Komponente E_r hinzu, so daß wir es im Gebiet III mit dem E-Typ einer Kugelwelle zu tun haben. An der Zonengrenze $r = a$ müssen wir nun die Kugelwelle im Gebiet III an die Konuswelle im Gebiet II anpassen. Die erstere besitzt eine radiale Komponente E_r, die vorgangs betrachtete Grundwelle im Konus besitzt hingegen keine radiale E-Komponente. Zur strengen Lösung müßten wir daher auch die höheren Schwingungstypen im Bereich II hinzunehmen, die eine radiale E-Komponente enthalten. Ähnlich den Betrachtungen in den vorigen Kapiteln könnten wir dabei die Frequenz nach oben beschränken und die Konuslänge a genügend groß annehmen, um einen *exponentiell* abklingenden Verlauf der höheren Schwingungstypen im Konusbereich II zu gewährleisten, so daß dann bei nicht zu kleinen Konuslängen a am Konuseingang bei $r = \varrho_2$ praktisch nur die Grundwelle mit dem Reflexionskoeffizienten β vorhanden ist, aus dem sich die gesuchte Antennenimpedanz ergibt. An dieser Stelle machen wir nun eine zweite Vernachlässigung, indem wir uns um die höheren Schwingungstypen im Bereich II nicht kümmern und bei der Anpassung der tangentiellen Feldkomponenten E_ϑ und H_φ an der Zonengrenze zwischen den Gebieten II und III nur die *Grundwelle* im Gebiet II berücksichtigen, die keine longitudinale Komponente E_r besitzt.

Aus physikalischen Gründen wird man annehmen dürfen, daß für nicht zu kleine Konuslängen a die radiale Komponente E_r keine allzu große Rolle gegenüber der Komponente E_ϑ spielen und somit der begangene Fehler nicht allzu stark ins Gewicht fallen dürfte. Diese Vernachlässigung bringt eine ganz bedeutende rechnerische Vereinfachung mit sich und ermöglicht eine relativ einfache Auswertung für beliebige mittlere Winkel Θ_0. Sie läßt sich überdies, wie wir weiter unten zeigen werden, sowohl theoretisch als auch durch den experimentellen Befund rechtfertigen; letzterer weist, wie sich in den Abb. 16.2 und 16.3 zeigt, eine vorzügliche Übereinstimmung mit den berechneten Werten für die untersuchten Abmessungen auf.

Wir gehen nun daran, die vorgangs skizzierten Schritte im einzelnen durchzuführen. Als zweite Lösungsmethode werden wir weiter unten die Methode der stationären Darstellung wählen, die in der einfachsten Näherung zu einem äquivalenten Resultat führen wird.

16.2. Die Lecher-Welle (TEM-Welle) in der Konusleitung.

Wir gehen von den Maxwellschen Gleichungen (1.1) und (1.2) in Kugelkoordinaten r, ϑ, φ aus und suchen die Lösung für die in radialer Richtung fortschreitende Lecher-Welle (TEM-Welle), welche nur die Feldkomponenten E_ϑ und H_φ aufweist und axiale Symmetrie ($\partial/\partial\varphi = 0$) um die z-Richtung besitzt. Für E_ϑ und H_φ gelten die Gleichungen

$$\frac{\partial}{\partial r}(r E_\vartheta) - i\omega\mu\mu_0(r H_\varphi) = 0 \tag{16.1}$$

$$\frac{\partial}{\partial r}(r H_\varphi) - i\omega\varepsilon\varepsilon_0(r E_\vartheta) = 0 \,. \tag{16.2}$$

Die Bedingung $\operatorname{div}\boldsymbol{E} = 0$ liefert

$$\frac{\partial}{\partial\vartheta}(\sin\vartheta E_\vartheta) = 0 \,. \tag{16.3}$$

Aus der Forderung $E_r = 0$ folgt

$$\frac{\partial}{\partial \vartheta} (\sin\vartheta H_\varphi) = 0 \,. \tag{16.4}$$

Aus Gl. (16.1) und (16.2) erhält man

$$\frac{\partial^2}{\partial r^2} (r E_\vartheta) + k^2 (r E_\vartheta) = 0 \tag{16.5}$$

$$\frac{\partial^2}{\partial r^2} (r H_\varphi) + k^2 (r H_\varphi) = 0 \,. \tag{16.6}$$

Gl. (16.3) und (16.4) werden je durch eine ϑ-Abhängigkeit der Form $1/\sin\vartheta$ für E_ϑ und H_φ befriedigt, Gl. (16.5) und (16.6) durch eine r-Abhängigkeit der Form $e^{\pm ikr}$. Die gesuchte TEM-Welle besitzt daher die folgenden Komponenten:

$$E_\vartheta(r, \vartheta) = \frac{A}{k r \sin\vartheta} (e^{ikr} + \beta e^{-ikr}) \tag{16.7}$$

$$H_\varphi(r, \vartheta) = \frac{B}{k r \sin\vartheta} (e^{ikr} - \beta e^{-ikr}) \,, \tag{16.8}$$

wobei noch aus Gl. (16.1) oder (16.2)

$$\frac{B}{A} = \sqrt{\frac{\varepsilon\varepsilon_0}{\mu\mu_0}} \tag{16.9}$$

folgt; die Konstante A ist so gewählt, daß sie die Dimension einer elektrischen Feldstärke hat.

Die Werte $\sin\vartheta = 0$ bzw. $r = 0$ sind bei unserer Problemstellung, wie Fig. 16.1 zeigt, von vornherein ausgeschlossen, da sowohl $\varrho_2 > 0$ als auch $\Theta_0 \neq 0, \pi$ ist.

Die Lösungen (16.7) und (16.8) stellen in radialer Richtung aus- und einlaufende Wellen mit dem komplexen Reflexionskoeffizienten β dar. Die Feldkomponenten sind im ganzen Gebiet II endlich und erfüllen die notwendigen Randbedingungen an den metallischen Berandungen, wo E_ϑ normal und H_φ tangential zur Oberfläche gerichtet sind.

Die „Spannung", d. h. das Linienintegral des elektrischen Feldes zwischen dem Konus und der Ebene $z = 0$ längs eines Bogens $r = \text{const}$ für die auslaufende Welle folgt zu

$$V(r) = \int_{\Theta_0}^{\pi/2} E_\vartheta(r, \vartheta)\, r\, d\vartheta = \frac{A}{k} e^{ikr} \int_{\Theta_0}^{\pi/2} \frac{d\vartheta}{\sin\vartheta} = \frac{A}{k} e^{ikr} \log\cot\frac{\Theta_0}{2} \,, \tag{16.10}$$

der gesamte „Strom" auf dem Konusmantel in radialer Richtung als das Linienintegral der magnetischen Feldstärke zu

$$J_r(r) = \int_0^{\pi/2} H_\varphi(r, \Theta_0)\, r \sin\Theta_0\, d\varphi = 2\pi \frac{B}{k} e^{ikr} \,, \tag{16.11}$$

und damit der Wellenwiderstand Z_K der Konusleitung mit Berücksichtigung von Gl. (16.9) zu

$$Z_K = \frac{V(r)}{J_r(r)} = \frac{1}{2\pi}\sqrt{\frac{\mu\mu_0}{\varepsilon\varepsilon_0}}\log\cot\frac{\Theta_0}{2} = 60\log\cot\frac{\Theta_0}{2}\ [\text{Ohm}]\,. \tag{16.12}$$

16. 3. Kugelwellen des elektrischen Typs.

Die allgemeine Felddarstellung für Kugelwellen des elektrischen Typs ist wohlbekannt und lautet für den n-ten Schwingungstyp ($n = 1, 2, 3, \ldots$) und im axialsymmetrischen Fall ($\partial/\partial\varphi = 0$) im Gebiet III*)

$$E_r(r,\vartheta) = C_n \frac{n(n+1)}{(kr)^{3/2}} H^{(1)}_{n+1/2}(kr)\, P_n(\cos\vartheta) \tag{16.13}$$

$$E_\vartheta(r,\vartheta) = \frac{C_n}{kr}\frac{d}{d(kr)}\left[\sqrt{kr}\, H^{(1)}_{n+1/2}(kr)\right]\frac{d}{d\vartheta} P_n(\cos\vartheta) \tag{16.14}$$

$$H_\varphi(r,\vartheta) = i\sqrt{\frac{\varepsilon\varepsilon_0}{\mu\mu_0}}\frac{C_n}{\sqrt{kr}} H^{(1)}_{n+1/2}(kr)\frac{d}{d\vartheta} P_n(\cos\vartheta)\,. \tag{16.15}$$

In der r-Koordinate sind die Zylinderfunktionen $H^{(1)}_{n+\frac{1}{2}}(kr)$ zu wählen, die der Ausstrahlungsbedingung für $r\to\infty$ Genüge leisten. Die Zylinderfunktionen mit halbzahligem Parameter lassen sich bekanntlich auf Kombinationen elementarer Funktionen der Form $(kr)^{-p}\,{\sin \atop \cos}(kr)$ zurückführen. Die Funktionen $P_n(\cos\vartheta)$ sind die LEGENDREschen Kugelfunktionen mit ganzzahligem positivem Parameter n**).

Die Kugelfunktionen zweiter Art $Q_n(\cos\vartheta)$ bleiben außer Betracht, weil die positive z-Achse in dem Bereich III enthalten ist; längs $\vartheta = 0, \pi$ besitzen die Funktionen Q_n singulären Charakter und sind daher mit Rücksicht auf die Forderung, daß die Feldkomponenten für $r \geqq a$ überall endlich bleiben, auszuschließen. Die Funktionen $P_n(\cos\vartheta)$ sind gerade Funktionen in $\cos\vartheta$ für gerade n und ungerade Funktionen in $\cos\vartheta$ für ungerade n. Die leitende Schirmebene verlangt im Gebiet III $E_r(r,\vartheta) = 0$ für $z = 0$, d. h. für $\vartheta = \pi/2$ bzw. $\cos\vartheta = 0$. Wir wählen daher nur die Schwingungstypen mit *ungeradem* n, die automatisch für $\vartheta = \pi/2$ die Komponente E_r zum Verschwinden bringen.

16.4. Der Reflexionskoeffizient der TEM-Welle im Gebiet zwischen Konus und Schirmebene.

Wir erfüllen nun gemäß dem in Abschnitt 16.1 besprochenen Vorgang die Bedingung der Stetigkeit der Feldkomponenten E_ϑ und H_φ an der Zonengrenze zwischen den Gebieten II und III sowie die Rand-

*) AHARONI, J.: Antennae, S. 50. Oxford 1946. — BORGNIS, F.: Ann. Physik (V) 35, 359 (1939). — BROGLIE, L. DE: l. c. (s. Fußnote S. 157), S. 78. — MADELUNG, E.: Die mathematischen Hilfsmittel des Physikers, S. 266. Berlin 1936.

**) Siehe z. B. E. MADELUNG: l. c. S. 60ff.

bedingung des Verschwindens von E_ϑ längs der kugeligen Konuskappe im Bereich $0 \leqq \vartheta \leqq \Theta_0$. Dies liefert uns mit den Felddarstellungen (16.7), (16.8) und (16.14), (16.15) den Reflexionskoeffizienten β der TEM-Welle der Konusleitung im Gebiet $\varrho_2 \leqq r \leqq a$, $\Theta_0 \leqq \vartheta \leqq \pi/2$. Die Vernachlässigung liegt, wie bereits besprochen, darin, daß wir nicht für eine stetige Anpassung von E_r an der Zonengrenze sorgen. Dazu müßten die höheren Schwingungstypen im Bereich II bei der Anpassung von E_ϑ und H_φ hinzugenommen werden, wodurch automatisch dann auch die Anpassung für E_r gewährleistet wäre. Dies würde sich in einer Korrektur des Reflexionskoeffizienten auswirken, die wir hier somit außer acht lassen.

Zur Vereinfachung führen wir folgende Abkürzungen ein*):

$$h_n^{(1)}(kr) = \frac{1}{\sqrt{kr}}\, H_{n+1/2}^{(1)}(kr)\,, \tag{16.16}$$

$$P_n^1(\cos\vartheta) = -\frac{d}{d\vartheta}\, P_n(\cos\vartheta) = \sin\vartheta\, \frac{d}{d\cos\vartheta}\, P_n(\cos\vartheta)\,. \tag{16.17}$$

Mit Berücksichtigung der bekannten Beziehung für Zylinderfunktionen $Z_p(x)$

$$\frac{d\,Z_p(x)}{d\,x} = -\frac{p}{x}\, Z_p(x) + Z_{p-1}(x) \tag{16.18}$$

gilt unter Einführung von h_n nach Gl. (16.16)

$$\frac{1}{kr}\,\frac{d}{d(kr)}\left[\sqrt{kr}\; H_{n+1/2}^{(1)}(kr)\right] = h_{n-1}^{(1)}(kr) - \frac{n}{kr}\, h_n^{(1)}(kr)\,. \tag{16.19}$$

Die beiden benötigten transversalen Feldkomponenten des n-ten Schwingungstyps E_ϑ und H_φ im Strahlungsraum $r \geqq a$ besitzen mit Gl. (16.14) und (16.15) und Einführung der Bezeichnungen (16.16) und (16.17) die folgende Form:

$$E_\vartheta(r,\vartheta) = -C_n\left\{h_{n-1}^{(1)}(kr) - \frac{n}{kr}\, h_n^{(1)}(kr)\right\} P_n^1\,(\cos\vartheta) \tag{16.20}$$

$$H_\varphi(r,\vartheta) = -i\sqrt{\frac{\varepsilon\varepsilon_0}{\mu\mu_0}}\; C_n\, h_n^{(1)}(kr)\, P_n^1\,(\cos\vartheta)\,. \tag{16.21}$$

An der Zonengrenze bei $r = a$ passen wir nun die beiden Felddarstellungen nach Gl. (16.7) und (16.8) bzw. (16.20) und (16.21) aneinander an. Im Gebiet III summieren wir über *alle* Schwingungstypen mit *ungeraden* Werten von n, womit, wie bereits erwähnt, E_r auf der leitenden Schirmebene für $r \geqq a$ verschwindet.

*) Vgl. PH. M. MORSE: Vibrations and sound, S. 316. New York u. London 1948. Die Funktionen h_n werden im Englischen als "Spherical BESSEL-functions" bezeichnet. P_n^1 $(\cos\vartheta)$ ist eine zugeordnete Kugelfunktion.

Wenn wir das elektrische Feld E_ϑ mit $A = 1$ in Gl. (16.7) normieren, so folgt im Bereich $\Theta_0 \leqq \vartheta \leqq \pi/2$ auf der Kugelfläche $r = a$

$$\frac{e^{ika} + \beta e^{-ika}}{ka \sin\vartheta} = - \sum_{n=1,3,5,\ldots}^{\infty} C_n \left\{ h_{n-1}^{(1)}(ka) - \frac{n}{ka} h_n^{(1)}(ka) \right\} P_n^1(\cos\vartheta) . \quad (16.22)$$

Auf der Konuskappe selbst, d. h. im Bereich $0 \leqq \vartheta \leqq \Theta_0$ für $r = a$, verschwindet das tangentielle elektrische Feld E_ϑ und wir erhalten dort

$$0 = - \sum_{n=1,3,5,\ldots}^{\infty} C_n \left\{ h_{n-1}^{(1)}(ka) - \frac{n}{ka} h_n^{(1)}(ka) \right\} P_n^1(\cos\vartheta) . \quad (16.23)$$

Mit Hilfe der Gl. (16.22) und (16.23) sowie der Orthogonalitätsrelation für die Kugelfunktion $P_n^1(\cos\vartheta)$ mit ungeradem n

$$\int_0^{\pi/2} P_m^1(\cos\vartheta)\, P_n^1(\cos\vartheta) \sin\vartheta \, d\vartheta = \frac{n(n+1)}{(2n+1)} \delta_{mn} \quad (16.24)$$

können wir die Koeffizienten C_n bestimmen; wir multiplizieren dazu die Gl. (16.22) und (16.23) beiderseits mit $P_m^1(\cos\vartheta) \sin\vartheta$ und integrieren Gl. (16.22) von $\vartheta = \Theta_0$ bis $\vartheta = \pi/2$ und Gl. (16.23) von $\vartheta = 0$ bis $\vartheta = \Theta_0$.

Mit Benutzung von Gl. (16.17) und (16.24) und Addition der erhaltenen Gleichungen folgen bei ungeradem n die Konstanten C_n aus

$$\frac{e^{ika} + \beta e^{-ika}}{ka} P_n(\cos\Theta_0) = - C_n \frac{n(n+1)}{2n+1} \left\{ h_{n-1}^{(1)}(ka) - \frac{n}{ka} h_n^{(1)}(ka) \right\} . \quad (16.25)$$

Eine weitere Beziehung zur Bestimmung des gesuchten Reflexionskoeffizienten β liefert die Anpassung des magnetischen Feldes H_φ an der Zonengrenze bei $r = a$. Mit Gl. (16.8) und (16.21) erhalten wir

$$\frac{e^{ika} - \beta e^{-ika}}{ka \sin\vartheta} = - i \sum_{n=1,3,5,\ldots}^{\infty} C_n h_n^{(1)}(ka) P_n^1(\cos\vartheta) . \quad (\Theta_0 \leqq \vartheta \leqq \pi/2) \quad (16.26)$$

Zur korrekten Anpassung müßten auf der linken Seite von Gl. (16.26) (desgleichen in Gl. (16.22)) die höheren Schwingungstypen der Konusleitung einbezogen werden*).

Mit Integration von Gl. (16.26) über ϑ von $\vartheta = \Theta_0$ bis $\vartheta = \pi/2$ verschaffen wir uns eine zweite Beziehung für die Koeffizienten C_n:

$$\frac{e^{ika} - \beta e^{-ika}}{ka} \log \cot \frac{\Theta_0}{2} = - i \sum_{n=1,3,5,\ldots}^{\infty} C_n h_n^{(1)}(ka) P_n(\cos\Theta_0) . \quad (16.27)$$

---

*) Vgl. dazu Gl. (16.54). Bei Berücksichtigung aller Schwingungstypen stellt sich heraus, daß Gl. (16.25) nur angenähert, Gl. (16.27) jedoch korrekt gilt, da bei letzterer die Integration über die höheren Schwingungstypen von H_φ den Wert Null liefert.

Aus den Gl. (16.25) und (16.27) können wir nun mit Elimination von C_n den Reflexionskoeffizienten β bestimmen. Man erhält nach kurzer Rechnung

$$-\beta = e^{2ika} \times \qquad (16.28)$$
$$\times \frac{-1 + \frac{i}{\log\cot\Theta_0/2} \sum\limits_{n=1,3,5,\ldots}^{\infty} \frac{2n+1}{n(n+1)} [P_n \cos\Theta_0)]^2 \frac{h_n^{(1)}(ka)}{h_{n-1}^{(1)}(ka) - \frac{n}{ka} h_n^{(1)}(ka)}}{1 + \frac{i}{\log\cot\Theta_0/2} \sum\limits_{n=1,3,5,\ldots}^{\infty} \frac{2n+1}{n(n+1)} [P_n(\cos\Theta_0)]^2 \frac{h_n^{(1)}(ka)}{h_{n-1}^{(1)}(ka) - \frac{n}{ka} h_n^{(1)}(ka)}}.$$

Die LEGENDREschen Kugelfunktionen $P_n(\cos\Theta_0)$ sowie die Funktionen $h_n(ka)$, die durch Gl. (16.16) definiert wurden, können aus Tabellen bestimmt werden*), so daß für jeden Wert von ka bei vorgegebenem Konuswinkel Θ_0 der komplexe Reflexionskoeffizient β berechnet werden kann.

16.5. Komplexe Eingangsimpedanz und Strahlungsdiagramm der Konusantenne.

Mit der Kenntnis von β läßt sich die auf die Stelle $r = 0$ bezogene Eingangsimpedanz Z_e der Konusantenne leicht finden; wir definieren sie zu

$$Z_e = \left[\frac{V(r)}{J_r(r)}\right]_{r\to 0}, \qquad (16.29)$$

wobei $V(r)$ und $J_r(r)$ „Spannung" und totalen „Strom" auf der Konusleitung bedeuten. Mit Gl. (16.7) und (16.8) folgt

$$Z_e = \left[\frac{\int\limits_{\Theta_0}^{\pi/2} E_\vartheta(r,\vartheta)\, r\, d\vartheta}{\int\limits_0^{2\pi} H_\varphi(r,\Theta_0)\, r \sin\Theta_0\, d\varphi}\right]_{r\to 0} = \frac{1}{2\pi}\sqrt{\frac{\mu\mu_0}{\varepsilon\varepsilon_0}} \left(\log\cot\frac{\Theta_0}{2}\right) \frac{1+\beta}{1-\beta}$$

und mit Einführung des Wellenwiderstandes Z_K der Konusleitung nach Gl. (16.12)

$$Z_e = Z_K \frac{1+\beta}{1-\beta}. \qquad (16.30)$$

*) Die Funktionen $h_n^{(1)}(x) = j_n(x) + i n_n(x)$ und $h_n^{(2)}(x) = j_n(x) - i n_n(x)$ sind tabelliert nach Betrag und Phase bei A. N. LOWAN, PH. M. MORSE, H. FESHBACH u. M. LAX: Scattering and radiation from circular cylinders and spheres, AMP-Report Nr. 62-1R (1945), sowie PH. M. MORSE u. H. FESHBACH: Methods of theoretical physics, New York, Toronto u. London 1953, Bd. II Tafel XV (Spherical Besselfunctions) S. 1931. Siehe auch US. Bureau of Standards, Mathematical tables project, für Tabellen von j_n und n_n.

Die Zerlegung von Z_e in einen reellen und imaginären Anteil liefert den Eingangs-Wirkwiderstand und -Blindwiderstand der Konusantenne.

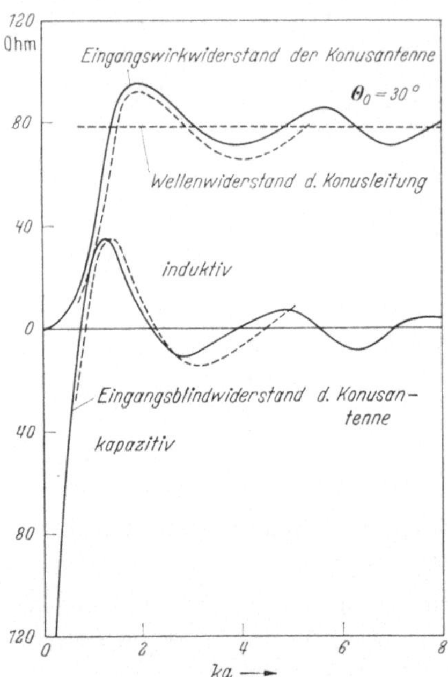

Fig. 16.2. Eingangswirk- und Blindwiderstand der Konusantenne mit dem halben Öffnungswinkel $\Theta_0 = 30°$ als Funktion von $ka = 2\pi a/\lambda$. Der Wellenwiderstand der unendlich langen Konusleitung für $\Theta_0 = 30°$ ist zum Vergleich eingetragen. Die ausgezogenen Kurven geben die berechneten, die gestrichelten Kurven gemessene Werte wieder.

Der Wellenwiderstand der konzentrischen Speiseleitung nach Fig. 16.1 beträgt $Z_L = 60 \log(\varrho_2/\varrho_1)$ Ohm. Wenn Z_L an den Wellenwiderstand Z_K nach Gl. (16.12) angepaßt wird, kann ein einigermaßen reflexionsfreier Übergang von der Speiseleitung in die Konusleitung erwartet werden und man kann die Speiseleitung als mit der Impedanz Z_e nach Gl. (16.30) abgeschlossen ansehen.

Fig. 16.2 zeigt berechnete und gemessene Werte des reellen und imaginären Anteils von Z_e für eine Konusantenne vom halben Öffnungswinkel $\Theta_0 = 30°$ *). Der Eingangswirkwiderstand steigt von Null aus an und strebt mit wachsendem ka unter abnehmenden Schwankungen dem Wellenwiderstand Z_K der unbegrenzten Konusleitung zu. Der Eingangsblindwiderstand geht von hohen kapazitiven Werten aus mit wachsendem ka durch Null zu induktiven Werten und nähert sich unter abnehmenden Schwankungen für $ka \to \infty$ dem Wert Null; die gesamte Eingangsimpedanz Z_e nähert sich daher mit wachsender Frequenz dem Wellenwiderstand Z_K der unendlich langen Konusleitung.

Das *Strahlungsdiagramm* im Fernfeld erhält man aus Gl. (16.20) für E_ϑ unter Verwendung der asymptotischen Entwicklung der Funktionen $h_n^{(1)}(kr)$ für $kr \gg 1$. Es gilt

$$h_{n-1}^{(1)}(kr) - \frac{n}{kr} h_n^{(1)}(kr) \to -i^n \frac{e^{ikr}}{kr}, \quad \text{für } kr \gg 1. \tag{16.31}$$

Bezeichnen wir mit K den Ausdruck

$$K = \sqrt{\frac{\mu\mu_0}{\varepsilon\varepsilon_0}} \, \frac{e^{ika} + \beta e^{-ika}}{ka} \tag{16.32}$$

*) Papas, C. H., u. Ronold W. P. King: Proc. Inst. Radio Engrs. 37, 1269 (1949).

und führen in Gl. (16.20) für E_ϑ die Koeffizienten C_n aus Gl. (16.25) ein, so erhalten wir mit Verwendung von Gl. (16.31) für $kr \gg 1$ und Summierung über alle Schwingungstypen mit ungeradem n die Näherung

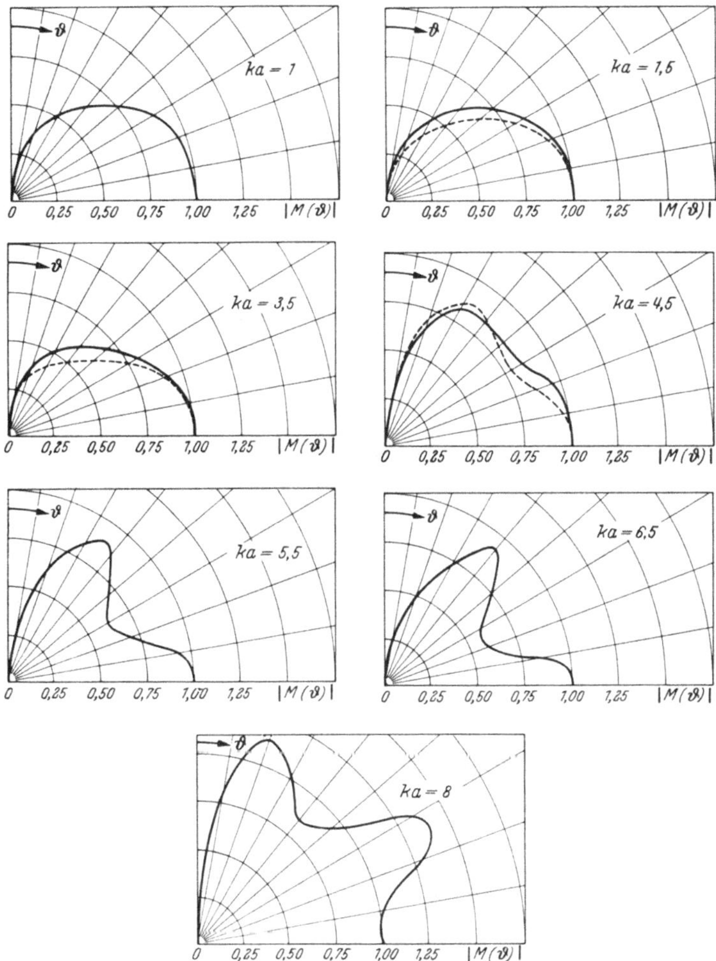

Fig. 16.3. Strahlungsdiagramme der Konusantenne mit einem halben Öffnungswinkel von $\Theta_0 = 30°$ und der Seitenlänge a für verschiedene Werte von $ka = 2\pi a/\lambda$. Die ausgezogenen Kurven geben die berechneten Werte des Absolutbetrages $|M(\vartheta)|$ nach Gl. (16.35); die gestrichelten Kurven sind Meßwerte.

$$E_\vartheta(r,\vartheta) = K \frac{e^{ikr}}{r} \sum_{n=1,3,5,\ldots}^{\infty} P_n^1(\cos\vartheta)\, P_n(\cos\Theta_0) \frac{i^n \dfrac{2n+1}{n(n+1)}}{\left[h_{n-1}^{(1)}(ka) - \dfrac{n}{ka} h_n^{(1)}(ka)\right]}. \tag{16.33}$$

Messen wir das Feld E_ϑ auf der Halbkugel von großem Radius r als Funktion von ϑ in Vielfachen der Feldamplitude längs der Ebene

$\vartheta = \pi/2$, so erhalten wir ein normalisiertes Strahlungsdiagramm, das durch die dimensionslose Größe

$$M(\vartheta) = \frac{E_\vartheta(r, \vartheta)}{E_\vartheta(r, \pi/2)} \tag{16.34}$$

charakterisiert ist. Mit Gl. (16.33) und (16.34) folgt

$$M(\vartheta) \tag{16.35}$$

$$= \frac{\sum\limits_{n=1,3,5,\ldots}^{\infty} i^n \frac{2n+1}{n(n+1)} P_n^1(\cos\vartheta)\, P_n(\cos\Theta_0) \left[h_{n-1}^{(1)}(ka) - \frac{n}{ka} h_n^{(1)}(ka)\right]^{-1}}{\sum\limits_{n=1,3,5,\ldots}^{\infty} i^n \frac{2n+1}{n(n+1)} P_n^1(0)\, P_n(\cos\Theta_0) \left[h_{n-1}^{(1)}(ka) - \frac{n}{ka} h_n^{(1)}(ka)\right]^{-1}}.$$

$M(\vartheta)$ ist eine komplexe Größe, deren Absolutbetrag die Verteilung der Größe des für $\vartheta = \pi/2$ zu Eins normalisierten elektrischen Strahlungsfeldes über eine Halbkugel von großem Radius liefert. Für einen halben Öffnungswinkel von $\Theta_0 = 30°$ gibt Fig. 16.3 für verschiedene Werte von ka berechnete und gemessene Werte von $|M(\vartheta)|$ *).

Bei den gemessenen Impedanzwerten (Fig. 16.2) machte es praktisch keinen Unterschied, ob das obere Konusende offen oder ob es mit einer ebenen oder kugeligen Kappe abgeschlossen war. Bei den Strahlungsdiagrammen (Fig. 16.3) wurde die beste Übereinstimmung zwischen theoretischen und gemessenen Werten festgestellt, wenn die ebene Abschlußfläche in der die Kugelkappe von oben berührenden Ebene $z = a$ lag.

16.6. Lösung des Problems mit der Methode der stationären Darstellung. Das vollständige Lösungssystem in der Konusleitung.

Wir behandeln nun das gleiche Problem nach der Methode der stationären Darstellung, indem wir eine exakte Integralgleichung für die elektrische Feldkomponente $E_\vartheta(a, \vartheta) = \mathsf{E}(\vartheta)$ längs der mathematischen Kugelfläche $r = a$ zwischen Konus und Schirmebene aufstellen und aus dieser eine stationäre Darstellung für den Reflexionskoeffizienten β herleiten**). Zur Aufstellung der korrekten Integralgleichung für $\mathsf{E}(\vartheta)$ benötigen wir zunächst das *vollständige* Lösungssystem in der Konusleitung, in der wir uns bisher nur um die TEM-Welle mit den beiden Komponenten E_ϑ und H_φ gekümmert haben. Zufolge

---

*) Papas, C. H., u. Ronold W. P. King: Proc. Inst. Radio Engrs. **39**, 49 (1951). Die gestrichelt eingezeichneten Strahlungscharakteristiken für $ka = 1{,}5$; 3,5 und 4,5 wurden von G. H. Brown u. O. M. Woodward jr. gemessen. Siehe R.C.A.-Review **13**, 425 (1952).

) Tai, C. T.: Application of a variational principle to the study of biconical antennas. J. Appl. Phys. **20, 1076 (1949).

der Symmetrie um die z-Achse gilt $\partial/\partial\varphi = 0$; wir können wiederum annehmen, daß wir mit dem Feldtripel H_φ, E_ϑ und E_r des elektrischen Wellentyps in der Konusleitung auskommen.

Die Feldkomponenten im Raum II besitzen denselben Charakter wie diejenigen der Kugelwelle im Raum III für $r \geqq a$ nach Gl. (16.13) bis (16.15), wobei jedoch der Konusleitung angepaßte Funktionen zu wählen sind. An Stelle der LEGENDREschen Kugelfunktionen $P_n(\cos\vartheta)$ mit ganzzahligem Index n im Strahlungsraum müssen wir hier eine allgemeinere LEGENDREsche Funktion wählen, die wir mit $L_\mu(\cos\vartheta)$ bezeichnen, wobei μ nun eine *beliebige reelle* Zahl ist. Anstelle der HANKELschen Funktion $H^{(1)}_{n+\frac{1}{2}}(kr)$ im Strahlungsraum tritt zweckmäßig eine allgemeine Zylinderfunktion $Z_{\mu+\frac{1}{2}}(kr) = J_{\mu+\frac{1}{2}}(kr) + \alpha N_{\mu+\frac{1}{2}}(kr)$.

Die Wahl von $P_n(\cos\vartheta)$ im Strahlungsraum, der den *vollen* Kugelbereich $0 \leqq \vartheta \leqq \pi/2$ umfaßt, ist bekanntlich dadurch bedingt, daß man in der vollständigen Lösung $L_n(\cos\vartheta) = A P_n(\cos\vartheta) + B Q_n(\cos\vartheta)$ der LEGENDREschen Differentialgleichung

$$\frac{1}{\sin\vartheta}\,\frac{d}{d\vartheta}\left(\sin\vartheta\,\frac{d}{d\vartheta}\,L_n(\cos\vartheta)\right) + n(n+1)\,L_n(\cos\vartheta) = 0\,, \qquad (16.36)$$

wobei $L_n(\cos\vartheta)$ die ϑ-Abhängigkeit von $rE_r(r,\vartheta)$ beschreibt, die Kugelfunktion zweiter Art Q_n auszuschließen hat ($B = 0$), weil diese für $\vartheta = 0, \pi$ oder $|\cos\vartheta| = 1$ unendlich wird. Ferner muß der Index n eine *ganze* positive Zahl sein, weil nur dann die Funktion $P_n(\cos\vartheta)$ als ein Polynom n-ten Grades in $\cos\vartheta$ für $|\cos\vartheta| = 1$ endliche Werte annimmt. Wenn n keine ganze positive Zahl ist, bricht die Reihenentwicklung von $P_n(\cos\vartheta)$ nach Potenzen von $\cos\vartheta$ nicht bei der n-ten Potenz $\cos^n\vartheta$ ab und divergiert für $\vartheta = \pm\,\pi/2$, d. h. $|\cos\vartheta| = 1$. In der vorliegenden Konusleitung sind wir auf den Bereich $\Theta_0 \leqq \vartheta \leqq \pi/2$ beschränkt (in einer Doppelkonusleitung auf $\Theta_0 \leqq \vartheta \leqq \pi - \Theta_0$); somit sind die Werte $\cos\vartheta = \pm 1$ ausgeschlossen. Um die Randbedingungen bei $\vartheta = \Theta_0$ und $\vartheta = \pi/2$ befriedigen zu können, benötigen wir *beide* linear voneinander unabhängigen Lösungen der LEGENDREschen Differentialgleichung P_μ und Q_μ, wobei auch die Forderung ganzzahliger Indizes entfällt, da die Werte $\vartheta = 0, \pi$ außerhalb des in Frage stehenden ϑ-Bereiches liegen. Indessen ist es aus rein praktischen Gründen zweckmäßiger, anstelle von $P_\mu(\cos\vartheta)$ und $Q_\mu(\cos\vartheta)$ die ebenfalls voneinander linear unabhängigen Funktionen $P_\mu(\cos\vartheta)$ und $P_\mu(-\cos\vartheta)$ zu wählen. Wie man aus Gl. (16.36) erkennt, ändert die Transformation $\vartheta = \pi - \vartheta'$ die Differentialgleichung nicht; wenn $P_\mu(\cos\vartheta)$ eine Lösung ist (wobei wir n durch eine beliebige reelle Zahl μ ersetzen), so ist daher auch $P_\mu(\cos(\pi - \vartheta)) = P_\mu(-\cos\vartheta)$ eine Lösung. Es läßt sich zeigen, daß $P_\mu(x)$ und $P_\mu(-x)$ linear unabhängig sind, wenn μ nicht ganzzahlig ist. Wenn μ einer ganzen Zahl n gleich ist, gilt dagegen $P_n(-x) = (-1)^n P_n(x)$.

In unserem Konusbereich läßt sich also die ϑ-Abhängigkeit durch die Funktion

$$L_\mu(\cos\vartheta) = a_\mu\, P_\mu(\cos\vartheta) + b_\mu\, P_\mu(-\cos\vartheta) \tag{16.37}$$

beschreiben, wobei μ eine reelle Zahl ist, die aus den Grenzbedingungen bestimmt wird*).

Mit Einführung der passenden Funktionen in die Felddarstellungen nach Gl. (16.13) bis (16.15), wobei wir noch die radiale Abhängigkeit durch die (für $r = 0$ endliche) Funktion**)

$$R_\mu(kr) = \sqrt{\frac{1}{kr}}\, J_{\mu+1/2}(kr) \tag{16.38}$$

beschreiben, gilt in der Konusleitung mit Einschluß der Grundwelle nach Gl. (16.7) und (16.8) die folgende allgemeine Felddarstellung für Wellen des E-Typs:

$$E_r(r,\vartheta) = \sum_\mu D_\mu \frac{\mu(\mu+1)}{kr} R_\mu(kr)\, L_\mu(\cos\vartheta) \tag{16.39}$$

$$E_\vartheta(r,\vartheta) = \frac{e^{ikr} + \beta e^{-ikr}}{kr\sin\vartheta} + \sum_\mu \frac{D_\mu}{kr} \frac{d}{d(kr)} (kr\cdot R_\mu(kr)) \frac{d}{d\vartheta} L_\mu(\cos\vartheta) \tag{16.40}$$

$$H_\varphi(r,\vartheta) = \sqrt{\frac{\varepsilon\varepsilon_0}{\mu\mu_0}} \left\{\frac{e^{ikr} - \beta e^{-ikr}}{kr\sin\vartheta} + i\sum_\mu D_\mu\, R_\mu(kr) \frac{d}{d\vartheta} L_\mu(\cos\vartheta)\right\}. \tag{16.41}$$

Die Randbedingungen für das Verschwinden der Komponente $E_r(r,\vartheta)$ des μ-ten Schwingungstyps auf dem Konus und der Schirmebene lauten

$$E_r(r,\Theta_0) = E_r(r,\pi/2) = 0\,, \tag{16.42}$$

oder mit Gl. (16.37) und (16.39)

$$L_\mu(\cos\Theta_0) = a_\mu\, P_\mu(\cos\Theta_0) + b_\mu\, P_\mu(-\cos\Theta_0) = 0\,, \tag{16.43}$$

und

$$L_\mu(0) = a_\mu\, P_\mu(0) + b_\mu\, P_\mu(0) = 0\,. \tag{16.44}$$

Die letztere Gleichung liefert $a_\mu = -b_\mu$***) und mit Gl. (16.43) die

---

*) Ein ähnlicher Fall, dessen Erwähnung zum Verständnis beitragen mag, liegt z. B. bei der Differentialgleichung $(d^2y/dx^2) - \mu^2 y = 0$ vor, deren vollständige Lösung die Form $y = a\exp(\mu x) + b\exp(-\mu x)$ besitzt.

Siehe auch S. A. Schelkunoff: Advanced antenna theory, S. 39—40. New York u. London 1952.

**) Wenn man zusätzlich am *Eingang* der Konusleitung ($r = \varrho_2$) Anpassungsbedingungen an die Speiseleitung vorschreiben will, muß die allgemeine Zylinderfunktion $J_{\mu+\frac{1}{2}}(kr) + \alpha N_{\mu+\frac{1}{2}}(kr)$ eingesetzt werden.

***) Mit Rücksicht auf das Verschwinden von L_μ in der Symmetrieebene zwischen $\vartheta = \Theta_0$ und $\vartheta = \pi - \Theta_0$ tritt die *ungerade* Kombination von $P_\mu(\cos\vartheta)$ und $P_\mu(-\cos\vartheta)$, d. h. $L_\mu = P_\mu(\cos\vartheta) - P_\mu(-\cos\vartheta)$ auf. Der Bedingung $dL_\mu/d\vartheta = 0$ für $\vartheta = \pi/2$ genügt die *gerade* Kombination $L_\mu = P_\mu(\cos\vartheta) + P_\mu(-\cos\vartheta)$. (Vgl. $\sin\mu x$ und $\cos\mu x$ als bezüglich $x = 0$ ungerade und gerade Lösungen von $(d^2y/dx^2) + \mu^2 y = 0$.)

Bedingungsgleichung

$$P_\mu(\cos\Theta_0) - P_\mu(-\cos\Theta_0) = 0 . \tag{16.45}$$

Diese Beziehung bestimmt die Folge diskreter reeller Werte von μ, die wir mit $\mu_1, \mu_2, \mu_3, \ldots, \mu_n$ bezeichnen und die jeweils zum n-ten Wellentyp in der Konusleitung gehören. Zu jedem Öffnungswinkel Θ_0 gehörten eine charakteristische Folge von Werten $\mu_n(\cos\Theta_0)$ und zugehörigen Funktionen $P_{\mu_n}(\cos\vartheta)$. Fig. 16.4 gibt ein Bild der zu den ersten acht Wellentypen gehörigen Werte μ_1, bis μ_8 als Funktionen von Θ_0*).

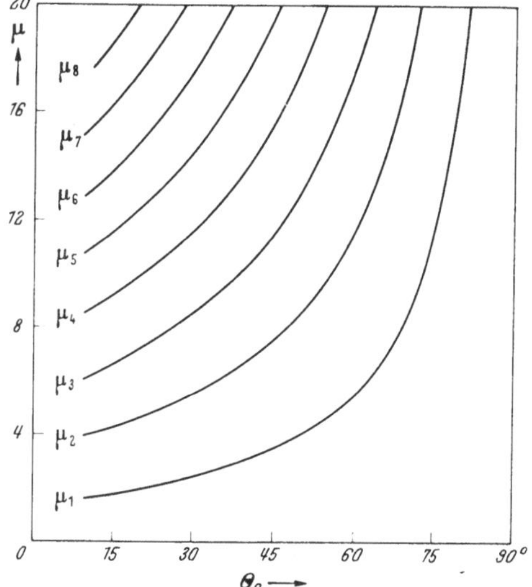

Fig. 16.4. Charakteristische Werte μ_n der Gleichung $P_\mu(\cos\Theta_0) - P_\mu(-\cos\Theta_0) = 0$ als Funktion von Θ_0.

16.7. Eine Integralgleichung für das elektrische Feld am offenen Ende der Konusleitung.

Nachdem wir nun die *vollständigen* Felddarstellungen (16.39) bis (16.41) in der Konusleitung sowie diejenigen im Strahlungsraum mit den Gl. (16.13) bis (16.15) bzw. (16.20) und (16.21) kennen, sind wir in der Lage, eine Integralgleichung für das elektrische Feld $E_\vartheta(a, \vartheta) = \mathsf{E}(\vartheta)$ im offenen Ende $r = a$ der Konusleitung aufzustellen. Wir drücken dazu die Koeffizienten C_n und D_μ in den Darstellungen (16.20) und (16.40) für E_ϑ durch Integraldarstellungen in $\mathsf{E}(\vartheta)$ über die Kugelfläche $r = a$ aus, welche das Gebiet der Konusleitung vom Strahlungsraum trennt. Sodann benutzen wir die Bedingung der Stetigkeit von H_φ beim Durchgang durch die geometrische Kugelfläche $r = a$, welche $[H_\varphi(r, \vartheta)]_{r=a-0} = [H_\varphi(r, \vartheta)]_{r=a+0}$ verlangt. Mit Benutzung der Darstellungen von H_φ nach Gl. (16.21) im Strahlungsraum und H_φ nach Gl. (16.41) in der Konusleitung und Einführung der Integraldarstellung

*) Die Zahlenwerte von μ für $\Theta_0 = 15°$ bis $75°$ in Intervallen von 15° geben L. Robin u. A. Pereira-Gomez: Ann. Télécommunications **8**, 382 (1953). Die Nullstellen der Legendreschen Polynome für ganzzahligen Index n von $n = 1$ bis $n = 16$ finden sich z. B. bei A.N. Lowan, N. Davids u. A. Levenson: Bull. Amer. Math. Soc. **48**, 739 (1942); **49**, 939 (1943).

in $\mathsf{E}(\vartheta)$ für die Koeffizienten C_n und D_μ erhalten wir die gesuchte Integralgleichung für $\mathsf{E}(\vartheta)$.

Zunächst erhalten wir unter Benutzung der Randbedingung $E_\vartheta(a,\vartheta)=0$ auf der Konuskappe aus Gl. (16.20) mit Aufsummierung über alle ungerade n die bereits in Gl. (16.23) aufgestellte Beziehung

$$0=-\sum_{n=1,3,5,\ldots}^{\infty} C_n\left\{h_{n-1}^{(1)}(ka)-\frac{n}{ka}h_n^{(1)}(ka)\right\}P_n^1(\cos\vartheta)\,.\;(0\leqq\vartheta\leqq\Theta_0)\quad(16.46)$$

Über das offene Ende der Konusleitung bei $r=a+0$ gilt mit Gl. (16.20)

$$E_\vartheta(a,\vartheta)=\mathsf{E}(\vartheta)$$

$$=-\sum_{n=1,3,5,\ldots}^{\infty} C_n\left\{h_{n-1}^{(1)}(ka)-\frac{n}{ka}h_n^{(1)}(ka)\right\}P_n^1(\cos\vartheta)\,.\;(\Theta_0\leqq\vartheta\leqq\pi/2)\quad(16.47)$$

Indem wir die beiden vorstehenden Gleichungen beiderseits mit $P_m^1(\cos\vartheta)\sin\vartheta$ multiplizieren und über ϑ von $\vartheta=0$ bis $\vartheta=\pi/2$ integrieren, erhalten wir unter Verwendung der Beziehung (16.24) die FOURIER-Darstellung der Koeffizienten C_n zu

$$\int_{\Theta_0}^{\pi/2}\mathsf{E}(\vartheta)\,P_n^1(\cos\vartheta)\,\sin\vartheta\,d\vartheta=-C_n\frac{n(n+1)}{2n+1}\left\{h_{n-1}^{(1)}(ka)-\frac{n}{ka}h_n^{(1)}(ka)\right\}.\quad(16.48)$$

Aus der Darstellung (16.40) für $E_\vartheta(r,\vartheta)$ in der Konusleitung folgt für $r=a-0$ im Bereich $\Theta_0\leqq\vartheta\leqq\pi/2$

$$E_\vartheta(a,\vartheta)=\mathsf{E}(\vartheta)$$

$$=\frac{e^{ika}+\beta e^{-ika}}{ka\sin\vartheta}+\sum_\mu\frac{D_\mu}{ka}\left[\frac{d}{d(kr)}(kr\cdot R_\mu(kr))\right]_{r=a}\frac{d}{d\vartheta}L_\mu(\cos\vartheta)\,.\quad(16.49)$$

Mit Integration der vorstehenden Gleichung von $\vartheta=\Theta_0$ bis $\vartheta=\pi/2$ ergibt sich zunächst die später benötigte Beziehung

$$\int_{\Theta_0}^{\pi/2}\mathsf{E}(\vartheta)\,d\vartheta=\frac{1}{ka}(e^{ika}+\beta e^{-ika})\log\cot\frac{\Theta_0}{2}\,,\quad(16.50)$$

da die Integration über den Summenausdruck in Gl. (16.49) nichts beiträgt; dieser Umstand folgt aus

$$\int_{\Theta_0}^{\pi/2}\frac{d}{d\vartheta}L_\mu(\cos\vartheta)\,d\vartheta=L_\mu(0)-L_\mu(\cos\Theta_0)=0$$

mit Rücksicht auf Gl. (16.43) und (16.44).

Aus Gl. (16.49) gewinnen wir weiterhin die FOURIER-Darstellung der Koeffizienten D_μ durch beiderseitige Multiplikation mit dem Faktor $\sin\vartheta \frac{d}{d\vartheta} L_\mu(\cos\vartheta)$ und Beachtung der zufolge $L_\mu(\cos\Theta_0) = L_\mu(0) = 0$ geltenden Beziehung

$$\int_{\Theta_0}^{\pi/2} \frac{d}{d\vartheta} L_{\mu_i}(\cos\vartheta) \frac{d}{d\vartheta} L_{\mu_k}(\cos\vartheta) \sin\vartheta\, d\vartheta = \delta_{ik} I_{\mu\mu} \tag{16.51}$$

mit

$$I_{\mu\mu} = \int_{\Theta_0}^{\pi/2} \left[\frac{d}{d\vartheta} L_\mu(\cos\vartheta)\right]^2 \sin\vartheta\, d\vartheta\,. \tag{16.52}$$

Man erhält für D_μ mit Integration über ϑ von $\vartheta = \Theta_0$ bis $\vartheta = \pi/2$

$$\int_{\Theta_0}^{\pi/2} \mathsf{E}(\vartheta) \frac{d}{d\vartheta} L_\mu(\cos\vartheta) \sin\vartheta\, d\vartheta = D_\mu \frac{I_{\mu\mu}}{ka} \left[\frac{d}{d(kr)} (kr \cdot R_\mu(kr))\right]_{r=a}. \tag{16.53}$$

Nachdem wir nun die Koeffizienten C_n und D_μ mit Gl. (16.48) und (16.53) durch Integraldarstellungen in $\mathsf{E}(\vartheta)$ ausgedrückt haben, benutzen wir die Stetigkeitsbedingung von H_φ für $r = a$ zur Aufstellung der gesuchten Integralgleichung für $\mathsf{E}(\vartheta)$. Mit Gl. (16.21) und (16.41) folgt für $r = a$ im Bereich $\Theta_0 \leqq \vartheta \leqq \pi/2$

$$\begin{aligned} &\frac{e^{ika} - \beta e^{-ika}}{ka \sin\vartheta} + i \sum_\mu D_\mu R_\mu(ka) \frac{d}{d\vartheta} L_\mu(\cos\vartheta) \\ &\quad = -i \sum_{n=1,3,5,\ldots}^{\infty} C_n h_n^{(1)}(ka)\, P_n^1(\cos\vartheta)\,. \qquad (\Theta_0 \leqq \vartheta \leqq \pi/2) \end{aligned} \tag{16.54}$$

Führen wir hierin die Werte von C_n und D_μ nach Gl. (16.48) und (16.53) ein, so erhalten wir unter Beachtung von Gl. (16.52) die folgende exakte Integralgleichung für $\mathsf{E}(\vartheta)$, die für *beliebige* Öffnungswinkel Θ_0 gültig ist:

$$\begin{aligned} &\frac{e^{ika} - \beta e^{-ika}}{ka \sin\vartheta} + ika \sum_\mu \frac{R_\mu(ka) \frac{d}{d\vartheta} L_\mu(\cos\vartheta)}{\left[\frac{d}{d(kr)} (kr \cdot R_\mu(kr))\right]_{r=a}} \frac{\int_{\Theta_0}^{\pi/2} \mathsf{E}(\vartheta) \frac{d}{d\vartheta} L_\mu(\cos\vartheta) \sin\vartheta\, d\vartheta}{\int_{\Theta_0}^{\pi/2} \left[\frac{d}{d\vartheta} L_\mu(\cos\vartheta)\right]^2 \sin\vartheta\, d\vartheta} \\ &= i \sum_{n=1,3,5,\ldots}^{\infty} \frac{2n+1}{n(n+1)} \frac{h_n^{(1)}(ka)}{h_{n-1}^{(1)}(ka) - \frac{n}{ka} h_n^{(1)}(ka)} P_n^1(\cos\vartheta) \times \\ &\qquad \times \int_{\Theta_0}^{\pi/2} \mathsf{E}(\vartheta)\, P_n^1(\cos\vartheta) \sin\vartheta\, d\vartheta\,. \end{aligned} \tag{16.55}$$

16.8. Eine stationäre Darstellung für den Reflexionskoeffizienten der TEM-Welle in der Konusleitung.

Aus der Integralgleichung (16.55) erhalten wir einen bezüglich $\mathsf{E}(\vartheta)$ stationären und homogenen Ausdruck, indem wir mit der Größe $\mathsf{E}(\vartheta)\sin\vartheta$ durchmultiplizieren, sodann über ϑ von $\vartheta=\Theta_0$ bis $\vartheta=\pi/2$ integrieren und schließlich die resultierende Beziehung durch $[\int\limits_{\Theta_0}^{\pi/2}\mathsf{E}(\vartheta)\,d\vartheta]^2$ durchdividieren. Man erhält unter Beachtung von Gl. (16.50)

$$\frac{1}{\log\cot\frac{\Theta_0}{2}}\,\frac{e^{ika}-\beta e^{-ika}}{e^{ika}+\beta e^{-ika}}$$

$$=\frac{i}{\left[\int\limits_{\Theta_0}^{\pi/2}\mathsf{E}(\vartheta)\,d\vartheta\right]^2}\left\{\sum_{n=1,3,5,\ldots}^{\infty}\frac{2n+1}{n(n+1)}\,\frac{h_n^{(1)}(ka)}{h_{n-1}^{(1)}(ka)-\frac{n}{ka}h_n^{(1)}(ka)}\times\right.$$

$$\times\left[\int\limits_{\Theta_0}^{\pi/2}\mathsf{E}(\vartheta)\,P_n^1(\cos\vartheta)\sin\vartheta\,d\vartheta\right]^2- \tag{16.56}$$

$$\left.-ka\sum_{\mu}\frac{R_\mu(ka)}{\left[\frac{d}{d(kr)}(kr\cdot R_\mu(kr))\right]_{r=a}}\;\frac{\left[\int\limits_{\Theta_0}^{\pi/2}\mathsf{E}(\vartheta)\,\frac{d}{d\vartheta}L_\mu(\cos\vartheta)\sin\vartheta\,d\vartheta\right]^2}{\int\limits_{\Theta_0}^{\pi/2}\left[\frac{d}{d\vartheta}L_\mu(\cos\vartheta)\right]^2\sin\vartheta\,d\vartheta}\right\}.$$

Die linke Seite ist, wie man sich leicht aus Gl. (16.7) und (16.8) herleitet, dem auf das offene Ende der Konusleitung bei $r=a$ bezogenen äquivalenten komplexen Abschlußleitwert Y_K der TEM-Welle proportional; es ist

$$\frac{1}{\log\cot\Theta_0/2}\,\frac{e^{ika}-\beta e^{-ika}}{e^{ika}+\beta e^{-ika}}=\frac{1}{2\pi}\sqrt{\frac{\mu\mu_0}{\varepsilon\varepsilon_0}}\,Y_K(a)\,. \tag{16.57}$$

Mit der Kenntnis von $Y_K(a)$ läßt sich der Reflexionskoeffizient β und daraus mit Hilfe von Gl. (16.30) der Eingangswiderstand der Konusleitung für $r\to 0$ bestimmen.

Das vorliegende Problem ist nahe mit den Problemen der am Ende frei abstrahlenden LECHER-Leitung oder des unstetigen Übergangs zwischen zwei koaxialen Leitungen verwandt, wie wir sie in Kapitel **10** bzw. Kapitel **11** behandelt haben. Man erkennt den analogen Aufbau der stationären Darstellungen in Gl. (10.42) und (11.28).

Zur Auswertung der stationären Darstellung (16.56) hat man nun eine geeignete Näherungsfunktion $\mathsf{E}(\vartheta)$ anzusetzen. Nach dem in Abschnitt 12.14 erläuterten Verfahren wird man hier zweckmäßig einen Ansatz der Form

$$E_\vartheta(a, \vartheta) = \mathsf{E}(\vartheta) = \frac{a_0}{\sin\vartheta} + \sum_\mu a_\mu \frac{d}{d\vartheta} L_\mu(\cos\vartheta) \tag{16.58}$$

wählen, wobei die Koeffizienten a_μ aus einer zu Gl. (12.109) analogen Beziehung folgen. Mit Rücksicht auf den homogenen Charakter von Gl. (16.56) kann man $a_0 = 1$ setzen.

Die rechnerischen Schwierigkeiten liegen darin, daß zu einer vorgegebenen Öffnung Θ_0 ein im allgemeinen nicht ganzzahliger Wert von μ gehört und die Funktionen $L_\mu(\cos\vartheta)$ und $R_\mu(kr)$ nicht für beliebige μ-Werte tabelliert werden können. Für spezielle Werte von Θ_0 vereinfacht sich die Situation, wenn man nämlich $\mu = n = 3, 5, 7$ usw. wählt. In diesem Fall reduziert sich $L_\mu(\cos\vartheta)$ auf die tabellierten Funktionen $P_n(\cos\vartheta)$ und man kann wenigstens das erste Summenglied in Gl. (16.58) einschließen. Für die zu $\mu_1 = 3, 5$ und 7 gehörigen Öffnungswinkel $\Theta_0 = 39{,}23°$, $57{,}43°$ und $66{,}06°$ (vgl. Fig. 16.4) hat Tai*) den Ausdruck (16.56) unter Einschluß des ersten Summengliedes in Gl. (16.58) berechnet. Die Verbesserung gegenüber der Näherung, die man bei mittleren Öffnungen Θ_0 und Beschränkung in $\mathsf{E}(\vartheta)$ auf den ersten Term $1/\sin\vartheta$ erhält, ist praktisch nicht sehr bedeutend. Dies zeigt, daß die höheren Wellentypen in der Konusleitung bei nicht zu kleinen Öffnungswinkeln keine allzu große Rolle spielen und rechtfertigt damit die in der vorangehenden „klassischen" Behandlung des Problems gemachte Vereinfachung, bei der man sich in der Konusleitung bei mittleren Werten von Θ_0 allein auf die TEM-Welle beschränkt. In der Tat werden wir im folgenden Abschnitt zeigen, daß das von Papas und King erhaltene Ergebnis *identisch* mit dem Taischen Ergebnis der stationären Darstellung ist, wenn man in letzterer $1/\sin\vartheta$ als Näherungsfunktion für $\mathsf{E}(\vartheta)$ einführt.

Für sehr kleine Öffnungswinkel hingegen spielen die höheren Wellentypen in der Konusleitung eine wesentliche Rolle. Während bei weiter Öffnung Θ_0 in der Hauptsache die *TEM-Welle* der Konusleitung mit *allen* Wellentypen im Strahlungsraum gekoppelt ist, zeigt Tai, daß bei schmaler Öffnung Θ_0 in der Hauptsache Wellentypen ungefähr gleicher Ordnung ($\mu \approx n$) zu beiden Seiten der Zonengrenzen bei $r = a$ in Wechselwirkung treten**).

*) Tai, C. T.: J. Appl. Phys. **20**, 1076 (1949).

) Zur Behandlung der Konusantenne mit kleinem Öffnungswinkel Θ_0 siehe S. A. Schelkunoff: Proc. Inst. Radio Engrs. **29, 493 (1941); **34**, 23 (1946). — Smith, P. D. P.: J. Appl. Phys. **19**, 11 (1948). — Tai, C. T.: J. Appl. Phys. **19**, 1155 (1948).

16.9. Übereinstimmung der beiden betrachteten Lösungen in der ersten Näherung.

Wir zeigen abschließend, daß der von PAPAS und KING gefundene Wert für β nach Gl. (16.28) identisch mit dem Wert für β ist, den man aus der stationären Darstellung (16.56) erhält, wenn man dort in einfachster Näherung die Funktion

$$\mathsf{E}(\vartheta) = \frac{1}{\sin\vartheta} \tag{16.59}$$

einführt. Für die auftretenden Integrale gelten mit $\mathsf{E}(\vartheta)$ nach Gl. (16.59) die folgenden Beziehungen:

$$\int_{\Theta_0}^{\pi/2} \mathsf{E}(\vartheta)\, d\vartheta = \log\cot\frac{\Theta_0}{2} \tag{16.60}$$

$$\int_{\Theta_0}^{\pi/2} \mathsf{E}(\vartheta)\, \frac{d}{d\vartheta} L_\mu(\cos\vartheta)\sin\vartheta\, d\vartheta = \int_{\Theta_0}^{\pi/2} \frac{d}{d\vartheta} L_\mu(\cos\vartheta)\, d\vartheta = 0 \tag{16.61}$$

$$\int_{\Theta_0}^{\pi/2} \mathsf{E}(\vartheta)\, P_n^1(\cos\vartheta)\sin\vartheta\, d\vartheta = \int_{\Theta_0}^{\pi/2} P_n^1(\cos\vartheta)\, d\vartheta = P_n(\cos\Theta_0)\,. \tag{16.62}$$

Setzt man diese Ausdrücke in die stationäre Darstellung (16.56) ein, so erhält man

$$\log\cot\frac{\Theta_0}{2}\cdot\frac{e^{ika}-\beta e^{-ika}}{e^{ika}+\beta e^{-ika}} = i\left\{\sum_{n=1,3,5,\ldots}^{\infty}\frac{2n+1}{n(n+1)}\,\frac{h_n^{(1)}(ka)}{h_{n-1}^{(1)}(ka)-\frac{n}{ka}h_n^{(1)}(ka)}\,[P_n(\cos\Theta_0)]^2\right\}. \tag{16.63}$$

Löst man nach β auf, so folgt mit kurzer Rechnung

$$-\beta = e^{2ika}\times \tag{16.64}$$

$$\times\frac{-1+\dfrac{i}{\log\cot\Theta_0/2}\displaystyle\sum_{n=1,3,5,\ldots}^{\infty}\frac{2n+1}{n(n+1)}[P_n(\cos\Theta_0)]^2\frac{h_n^{(1)}(ka)}{h_{n-1}^{(1)}(ka)-\frac{n}{ka}h_n^{(1)}(ka)}}{1+\dfrac{i}{\log\cot\Theta_0/2}\displaystyle\sum_{n=1,3,5,\ldots}^{\infty}\frac{2n+1}{n(n+1)}[P_n(\cos\Theta_0)]^2\frac{h_n^{(1)}(ka)}{h_{n-1}^{(1)}(ka)-\frac{n}{ka}h_n^{(1)}(ka)}},$$

in Übereinstimmung mit dem Ergebnis für β in Gl. (16.28).

Die große Vereinfachung, die die Wahl der Näherungsverteilung von $E_\vartheta(a,\vartheta)$ nach Gl. (16.59) mit sich bringt, liegt in dem Umstand, daß diese Verteilung, die derjenigen der TEM-Welle in der Konusleitung entspricht, orthogonal zu allen Verteilungen $(d/d\vartheta)\, L_\mu(\cos\vartheta)$ für E_ϑ der höheren Schwingungstypen ist und daher den schwierig zu handhabenden zweiten Anteil auf der rechten Seite der stationären Darstellung (16.56) vollkommen beseitigt. Ein analoger Ansatz für die Näherungsverteilung wurde in Abschnitt 10.8 benutzt, wo in der konzentrischen, offen abstrahlenden Leitung für das elektrische Radialfeld die Abhängigkeit $1/\varrho$ der LECHER-Welle als Näherungsverteilung eingeführt wurde. In beiden Fällen läuft dies, wie man sieht, darauf hinaus, daß in der Konusleitung bzw. konzentrischen Leitung die höheren Wellentypen vernachlässigt werden und somit angenommen wird, daß in der Hauptsache die TEM-Welle mit dem Feld im Strahlungsraum in Energieaustausch tritt. In beiden Fällen wird diese Annahme durch die gute Übereinstimmung mit den experimentellen Ergebnissen gestützt.

17. Die kreiszylindrische Antenne.

17.1. Problemstellung.

Als zweites Antennenproblem betrachten wir einen kreiszylindrischen Strahler nach Fig. 17.1. Die Erregung denken wir uns auf einen sehr schmalen Spalt in der Strahlermitte bei $z = 0$ konzentriert, wo wir uns etwa eine Feldstärke E_z längs des Spaltumfanges zwischen den beiden Antennenhälften eingeprägt denken. Dies bedeutet naturgemäß eine weitgehende Idealisierung der tatsächlichen Verhältnisse, da in Wirklichkeit die Speisung der Antenne über eine Energieleitung erfolgt, deren Einfluß beim Vergleich zwischen Theorie und Experiment berücksichtigt werden muß. Wir betrachten den axial-symmetrischen Fall.

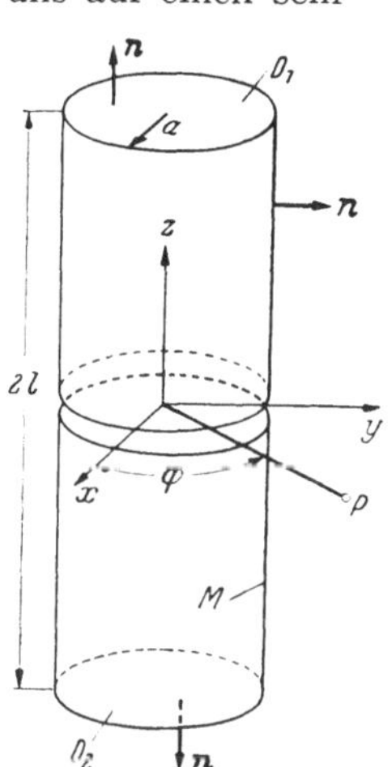

Fig. 17.1. Kreiszylindrischer metallischer Strahler der Länge $z = 2\,l$ und vom Radius $\varrho = a$. D_1 und D_2 bedeuten die obere und untere Deckfläche, M die Mantelfläche des Zylinders, $\boldsymbol{n}$ den Einheitsvektor in Richtung der äußeren Normalen von Mantel- bzw. Deckfläche. Erregerspalt bis $z = 0$

Auf der Mantelfläche des als unendlich gut leitend betrachteten Zylinders setzen wir einen nur in der z-Richtung, d. h. parallel zur Zylinderachse fließenden Gesamtstrom J_z und auf den Deckflächen einen von φ unabhängigen radialen Strom J_ϱ voraus; letzteren werden wir beim Übergang zur im Verhältnis zu ihrer Länge sehr dünnen „Linearantenne“ gegenüber J_z vernachlässigen. Unser Interesse gilt der Eingangsimpedanz $Z_e = (V_0/J_z)_{z=0}$, wobei V_0 die eingeprägte „Spannung“ über den schmalen Erregerspalt bei $z = 0$ bedeutet. Wir werden auch hier wieder von der Methode der stationären Darstellung zur Berechnung der Eingangsimpedanz Z_e Gebrauch machen. Der erste Schritt besteht in der

Aufstellung einer Integralgleichung für den Antennenstrom, aus der wir sodann die stationäre Darstellung für Z_e gewinnen. Bei der Herleitung der erwähnten Integralgleichung bedienen wir uns der *„dyadischen"* oder *„tensoriellen"* GREENschen Funktion, mit deren Hilfe man auf einem formal sehr einfachen Weg zu dem gewünschten Ziel gelangt.

Da eine Vertrautheit mit der Dyadenrechnung nicht generell vorausgesetzt werden kann, sind im Anhang C kurz die grundlegenden Beziehungen zusammengestellt, deren Kenntnis auch dem bisher nicht mit Dyaden vertrauten Leser die folgenden Ausführungen verständlich machen dürfte. Der Leser, der den Gebrauch der dyadischen GREENschen Funktion zu umgehen wünscht, sei direkt auf die Integralgleichungen (17.30) und (17.42) verwiesen, deren Herleitung mit Hilfe der elektrodynamischen Potentiale in der einschlägigen Literatur nachgelesen werden kann (s. die Literaturangabe auf S. 187).

17.2. Die dyadische GREENsche Funktion im freien Raum.

Die Quellen zeitlich veränderlicher elektromagnetischer Felder sind Ströme. Eine quellenmäßige Darstellung der skalaren Wellenfunktion $u(\boldsymbol{r})$, die der Wellengleichung $(\nabla^2 + k^2)\, u(\boldsymbol{r}) = 0$ genügt, ist mit Gl. (3.1) durch

$$u(\boldsymbol{r}) = \oint\limits_A G(\boldsymbol{r}, \boldsymbol{r}')\, \psi(\boldsymbol{r}')\, dA'$$

gegeben. $\psi(\boldsymbol{r}')$ ist die Belegungsfunktion, die nach Multiplikation mit der Quellenfunktion $G(\boldsymbol{r}, \boldsymbol{r}')$, der GREENschen Funktion des betreffenden Problems, und Integration über die Belegungsfläche A die Wellenfunktion $u(\boldsymbol{r})$ im ganzen Raum liefert.

Hat man es mit einem komplizierteren *Vektor*problem zu tun, so kann man sich fragen, ob nicht eine der Gl. (3.1) ähnliche Integralbeziehung die quellenmäßige Darstellung der elektromagnetischen Feldvektoren aus der vektoriellen „Strombelegung" im Raume oder auf gewissen Flächen gestattet. Eine solche Quellenfunktion $\boldsymbol{\Gamma}(\boldsymbol{r}, \boldsymbol{r}')$ würde die vektorielle Verteilung der Stromdichte $\boldsymbol{I}(\boldsymbol{r})$ im Raum mit den Feldvektoren $\boldsymbol{E}$ bzw. $\boldsymbol{H}$ verknüpfen. $\boldsymbol{\Gamma}(\boldsymbol{r}, \boldsymbol{r}')$ muß daher den Charakter einer *Dyade* bzw. eines *Tensors* besitzen, dessen skalare Multiplikation mit dem Vektor $\boldsymbol{I}$ einen Vektor liefert. Entscheiden wir uns beispielsweise für eine Darstellung des *elektrischen* Feldes $\boldsymbol{E}$, mit dessen Kenntnis wir dann mit Hilfe der MAXWELLschen Gleichungen $\boldsymbol{H}$ ohne Schwierigkeit bestimmen können, so machen wir den folgenden Ansatz:

$$\boldsymbol{E}(\boldsymbol{r}) = \int\limits_V \boldsymbol{\Gamma}(\boldsymbol{r}, \boldsymbol{r}') \cdot \boldsymbol{I}(\boldsymbol{r}')\, dV'\,. \tag{17.1}$$

$\boldsymbol{I}(\boldsymbol{r}')$ ist dabei die räumliche Stromdichte im Volumenelement dV'; $\boldsymbol{\Gamma}(\boldsymbol{r}, \boldsymbol{r}')$ bezeichnet in Analogie zu $G(\boldsymbol{r}, \boldsymbol{r}')$ in Gl. (3.1) die *„dyadische"* oder „*tensorielle*" GREENsche Funktion. Ein vektorielles Element der Stromdichte $\boldsymbol{I}(\boldsymbol{r}')$ an einer Stelle $\boldsymbol{r}_0'$, das durch $\boldsymbol{I}_0\,\delta(\boldsymbol{r}' - \boldsymbol{r}_0')$ beschrieben sei, liefert mit Gl. (17.1) den vektoriellen Beitrag

$$d\boldsymbol{E}(\boldsymbol{r}', \boldsymbol{r}_0') = \int_V \boldsymbol{\Gamma}(\boldsymbol{r}, \boldsymbol{r}') \cdot \boldsymbol{I}_0\,\delta(\boldsymbol{r}' - \boldsymbol{r}_0')\,dV' = \boldsymbol{\Gamma}(\boldsymbol{r}, \boldsymbol{r}_0) \cdot \boldsymbol{I}_0$$

zum elektrischen Feld an der Stelle $\boldsymbol{r}$; mit Aufsummierung über alle Stromelemente ergibt sich das resultierende Feld $\boldsymbol{E}(\boldsymbol{r})$. Für den Fall, daß es sich um Flächenströme handelt, wie auf der Oberfläche vollkommener Leiter, tritt in Gl. (17.1) ein Oberflächenintegral anstelle des Volumenintegrals.

Wir werden nun den Ausdruck für die einem vektoriellen Element der Stromdichte $\boldsymbol{I}$ an der Stelle $\boldsymbol{r}'$ im freien Raum zugeordnete dyadische GREENsche Funktion $\boldsymbol{\Gamma}(\boldsymbol{r}, \boldsymbol{r}')$ herleiten.

Mit Einführung des Vektorpotentials $\boldsymbol{A}$ durch

$$\boldsymbol{B} = \mu\mu_0 \boldsymbol{H} = \operatorname{rot} \boldsymbol{A} \tag{17.2}$$

folgt aus der MAXWELLschen Gleichung $\operatorname{rot}\boldsymbol{E} = i\omega\mu\mu_0\boldsymbol{H} = i\omega \operatorname{rot}\boldsymbol{A}$ die Wirbelfreiheit von $\boldsymbol{E} - i\omega\boldsymbol{A}$ und somit

$$\boldsymbol{E} = i\omega\boldsymbol{A} - \operatorname{grad}\varphi\,. \tag{17.3}$$

Verfügt man, wie üblich, über die Divergenz von $\boldsymbol{A}$ durch

$$\operatorname{div}\boldsymbol{A} = \frac{i\omega}{c^2}\varphi\,, \tag{17.4}$$

so folgt mit $c^2 = (\omega/k)^2$ aus Gl. (17.3) und (17.4)

$$\boldsymbol{E} = i\omega\boldsymbol{A} + \frac{i\omega}{k^2}\operatorname{grad}\operatorname{div}\boldsymbol{A}\,, \tag{17.5}$$

oder mit Einführung des Vektor-Operators

$$\nabla = \boldsymbol{e}_x\frac{\partial}{\partial x} + \boldsymbol{e}_y\frac{\partial}{\partial y} + \boldsymbol{e}_z\frac{\partial}{\partial z}\,, \tag{17.6}$$

wobei $\boldsymbol{e}_x$, $\boldsymbol{e}_y$, $\boldsymbol{e}_z$ Einheitsvektoren in der x, y, z-Richtung bedeuten,

$$\boldsymbol{E} = i\omega\boldsymbol{A} + \frac{i\omega}{k^2}\nabla\nabla\cdot\boldsymbol{A}\,. \tag{17.7}$$

Wir betrachten $\nabla\nabla$ nun als eine Dyade, die ausgeschrieben folgendermaßen lautet:

$$\begin{aligned}\nabla\nabla = {} & \boldsymbol{e}_x\boldsymbol{e}_x\frac{\partial^2}{\partial x^2} + \boldsymbol{e}_x\boldsymbol{e}_y\frac{\partial^2}{\partial x\,\partial y} + \boldsymbol{e}_x\boldsymbol{e}_z\frac{\partial^2}{\partial x\,\partial z}\\ & + \boldsymbol{e}_y\boldsymbol{e}_x\frac{\partial^2}{\partial x\,\partial y} + \boldsymbol{e}_y\boldsymbol{e}_y\frac{\partial^2}{\partial y^2} + \boldsymbol{e}_y\boldsymbol{e}_z\frac{\partial^2}{\partial y\,\partial z}\\ & + \boldsymbol{e}_z\boldsymbol{e}_x\frac{\partial^2}{\partial x\,\partial z} + \boldsymbol{e}_z\boldsymbol{e}_y\frac{\partial^2}{\partial y\,\partial z} + \boldsymbol{e}_z\boldsymbol{e}_z\frac{\partial^2}{\partial z^2}\,.\end{aligned} \tag{17.8}$$

Um die rechte Seite der Gl. (17.7) zur Gänze als Produkt einer Dyade mit dem Vektor $\boldsymbol{A}$ zu schreiben, verwenden wir die Einheitsdyade ϵ und setzen für $\boldsymbol{A}$ den identischen Ausdruck $\epsilon \cdot \boldsymbol{A}$. Damit kann Gl. (17.7) in der Form

$$\boldsymbol{E}(\boldsymbol{r}) = i\omega\left(\epsilon + \frac{1}{k^2}\nabla\nabla\right)\cdot \boldsymbol{A}(\boldsymbol{r}) \tag{17.9}$$

geschrieben werden, wenn wir noch die räumliche Abhängigkeit durch Einfügen des Ortsvektors $\boldsymbol{r}$ zum Ausdruck bringen.

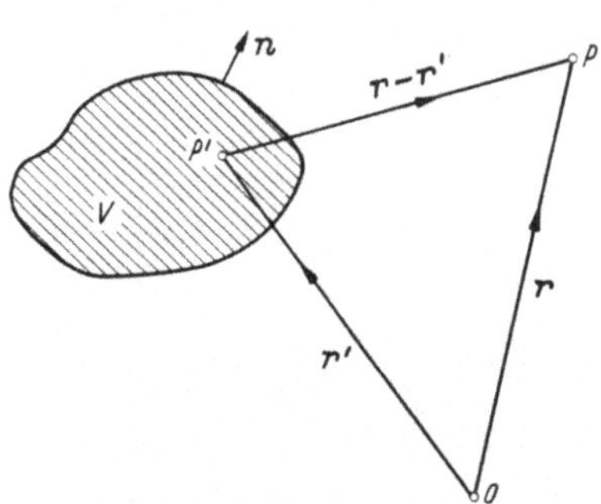

Fig. 17.2. Aufpunkt P und Quellpunkt P' im stromerfüllten Raum.

Der Zusammenhang zwischen dem mit Gl. (17.2) und (17.4) definierten Vektorpotential $\boldsymbol{A}$ und der Verteilung der räumlichen Stromdichte $\boldsymbol{I}$ ist, wie bekannt, durch

$$\boldsymbol{A}(\boldsymbol{r},t) = \frac{\mu\mu_0}{4\pi}\int\limits_V \frac{\boldsymbol{I}\left(\boldsymbol{r}', t - \frac{1}{c}|\boldsymbol{r}-\boldsymbol{r}'|\right)}{|\boldsymbol{r}-\boldsymbol{r}'|}\,dV' \tag{17.10}$$

gegeben*). $\boldsymbol{r}$ bezieht sich dabei auf den Aufpunkt, in dem $\boldsymbol{A}$ betrachtet wird, $\boldsymbol{r}'$ auf den Ort des von der Stromdichte $\boldsymbol{I}$ erfüllten Volumenelements dV' (Fig. 17.2). Für harmonische Zeitabhängigkeit der Form $e^{-i\omega t}$ folgt mit Gl. (17.10)

$$\boldsymbol{I}\left(\boldsymbol{r}', t - \frac{1}{c}|\boldsymbol{r}-\boldsymbol{r}'|\right) = \boldsymbol{I}(\boldsymbol{r}')\, e^{-i\omega\left(t-\frac{1}{c}|r-r'|\right)}$$

$$= \boldsymbol{I}(\boldsymbol{r}')\, e^{ik|r-r'|}\, e^{-i\omega t},$$

und somit unter Abspaltung der harmonischen Zeitabhängigkeit

$$\boldsymbol{A}(\boldsymbol{r}) = \frac{\mu\mu_0}{4\pi}\int\limits_V \boldsymbol{I}(\boldsymbol{r}')\frac{e^{ik|\boldsymbol{r}-\boldsymbol{r}'|}}{|\boldsymbol{r}-\boldsymbol{r}'|}\,dV'. \tag{17.11}$$

Setzen wir diese Beziehung in Gl. (17.9) ein, so erhalten wir

$$\boldsymbol{E}(\boldsymbol{r}) = \frac{i\omega\mu\mu_0}{4\pi}\int\limits_V \left(\epsilon + \frac{1}{k^2}\nabla\nabla\right)\cdot \boldsymbol{I}(\boldsymbol{r}')\frac{e^{ik|\boldsymbol{r}-\boldsymbol{r}'|}}{|\boldsymbol{r}-\boldsymbol{r}'|}\,dV'. \tag{17.12}$$

Damit haben wir unsere Absicht, das elektrische Feld $\boldsymbol{E}(\boldsymbol{r})$ durch die Stromdichte $\boldsymbol{I}(\boldsymbol{r}')$ im Raum auszudrücken, erreicht. Der Vergleich

*) Siehe z. B. R. Becker: Theorie der Elektrizität, Bd. I, S. 216. Leipzig u. Berlin 1933. — Stratton, J. A.: Electromagnetic Theory, S. 428. New York u. London 1941. Es wird dabei vorausgesetzt, daß sich die Ströme in eine Kugel von endlichem Radius einschließen lassen oder bei Annäherung an das Unendliche von genügend hoher Ordnung verschwinden.

mit Gl. (17.1) liefert unmittelbar die gesuchte dyadische GREENsche Funktion im freien Raum*):

$$\boldsymbol{\Gamma}(\boldsymbol{r}, \boldsymbol{r}') = \frac{i\,\omega\,\mu\,\mu_0}{4\,\pi} \left(\boldsymbol{\epsilon} + \frac{1}{k^2} \nabla\nabla\right) \frac{e^{ik|\boldsymbol{r}-\boldsymbol{r}'|}}{|\boldsymbol{r}-\boldsymbol{r}'|}\,. \tag{17.13}$$

Zum Vergleich sei auf die skalare GREENsche Funktion im freien Raum nach Gl. (2.20) hingewiesen. Im Unendlichen verhält sich $\boldsymbol{\Gamma}$ bezüglich der Abhängigkeit von $\boldsymbol{r}$ wie eine auslaufende Kugelwelle und genügt daher der Ausstrahlungsbedingung. Mit Rücksicht auf die Verwendung von Gl. (17.10) muß in dem Ansatz (17.1) vorausgesetzt werden, daß die felderzeugenden Ströme sich nur über ganz im Endlichen gelegene Bereiche erstrecken oder im Unendlichen von genügend hoher Ordnung verschwinden.

Wenn das Volumen V von einem vollkommenen Leiter erfüllt ist, so reduzieren sich die Ströme auf Oberflächenströme, deren Stromdichte mit der magnetischen Feldstärke $\boldsymbol{H}$ auf der Oberfläche A durch $\boldsymbol{I}(\boldsymbol{r}') = \boldsymbol{n}' \times \boldsymbol{H}(\boldsymbol{r}')$ verknüpft ist, wenn $\boldsymbol{n}'$ die äußere Normale im Endpunkt von $\boldsymbol{r}'$ bezeichnet. Unter diesen Umständen lautet die Beziehung (17.1)

$$\boldsymbol{E}(\boldsymbol{r}) = \int_A \boldsymbol{\Gamma}(\boldsymbol{r}, \boldsymbol{r}') \cdot (\boldsymbol{n}' \times \boldsymbol{H}(\boldsymbol{r}'))\, dA'\,. \tag{17.14}$$

Die Funktion $\boldsymbol{\Gamma}$ in Gl. (17.13) ist symmetrisch bezüglich $\boldsymbol{r}$ und $\boldsymbol{r}'$, und es gilt daher für die dyadische GREENsche Funktion des freien Raumes

$$\boldsymbol{\Gamma}(\boldsymbol{r}, \boldsymbol{r}') = \boldsymbol{\Gamma}(\boldsymbol{r}', \boldsymbol{r})\,. \tag{17.15}$$

Bezüglich des Ausdrucks in $|\boldsymbol{r} - \boldsymbol{r}'|$ gilt

$$\nabla\nabla \frac{e^{ik|\boldsymbol{r}-\boldsymbol{r}'|}}{|\boldsymbol{r}-\boldsymbol{r}'|} = -\nabla\nabla' \frac{e^{ik|\boldsymbol{r}-\boldsymbol{r}'|}}{|\boldsymbol{r}-\boldsymbol{r}'|} = -\nabla'\nabla \frac{e^{ik|\boldsymbol{r}-\boldsymbol{r}'|}}{|\boldsymbol{r}-\boldsymbol{r}'|} = \nabla'\nabla' \frac{e^{ik|\boldsymbol{r}-\boldsymbol{r}'|}}{|\boldsymbol{r}-\boldsymbol{r}'|}\,, \tag{17.16}$$

wobei ∇ nur auf $\boldsymbol{r}$ und ∇' nur auf $\boldsymbol{r}'$ einwirkt.

17.3. Die Integralgleichungen für den frei strahlenden, vollkommen leitenden Kreiszylinder.

Wir betrachten die Anordnung nach Fig. 17.1 und setzen eine axialsymmetrische Erregung im Spalt bei $z = 0$ voraus. Wir beschreiben dieselbe durch eine von der φ-Koordinate unabhängige eingeprägte elektrische Feldstärke E_z, die ringsum über den Spaltumfang zwischen der oberen und unteren Zylinderhälfte wirksam sei. Auf der metallischen

*) LEVINE, H., u. J. SCHWINGER: Comm. Pure a. Appl. Math. 3, 355 (1950). Ein Nachdruck dieser Arbeit findet sich in: The theory of electromagnetic waves (Symposium), S. 1—37. New York u. London: Interscience Publ. Inc. 1951. Siehe dazu auch Anhang D. Man beachte, daß der Operator $\nabla\nabla$ nur auf $\boldsymbol{r}$, nicht aber auf $\boldsymbol{r}'$ einwirkt und daher die $\boldsymbol{r}'$-Abhängigkeit von $\boldsymbol{I}(\boldsymbol{r}')$ nicht berührt.

Mantelfläche selbst verschwindet E_z; wir können daher für sehr kleine Spaltbreiten in der Grenze die Verteilung der z-Komponente des elektrischen Feldes längs des Zylindermantels durch eine δ-Funktion beschreiben. Wir setzen

$$[E_z(\varrho, z)]_{\varrho=a} = -\frac{\partial V}{\partial z} = -V_0\,\delta(z)$$

und damit (17.17)

$$-V_0 = \int_{-l}^{l} E_z(a, z)\,dz\,,$$

wobei V_0 die eingeprägte „Potentialdifferenz" über dem Spalt bedeutet. Wir betrachten das durch das Feldtripel H_φ, E_z und E_ϱ beschriebene elektromagnetische Feld. Längs des Zylindermantels fließen die Ströme in der z-Richtung, auf den Deckflächen in rein radialer Richtung. Für alle Feld- und Stromkomponenten gelte $\partial/\partial\varphi = 0$.

Die Kontinuität des gesamten Oberflächenstromes J an den Kanten bei $z = \pm l$ verlangt*)

$$\begin{aligned} J_z(a, l) &= -J_\varrho(a, l) \\ J_z(a, -l) &= J_\varrho(a, -l)\,. \end{aligned} \tag{17.18}$$

Mit Gl. (17.14) erhalten wir für das elektrische Feld $\boldsymbol{E}(\boldsymbol{r})$ im Raum den folgenden Ausdruck:

$$\begin{aligned} \boldsymbol{E}(\boldsymbol{r}) = &\int_M \boldsymbol{\Gamma}(\boldsymbol{r}, \boldsymbol{r}') \cdot (\boldsymbol{n}' \times \boldsymbol{H}(\boldsymbol{r}'))\,dA' + \\ &+ \int_{D_1+D_2} \boldsymbol{\Gamma}(\boldsymbol{r}, \boldsymbol{r}') \cdot (\boldsymbol{n}' \times \boldsymbol{H}(\boldsymbol{r}'))\,dA'\,, \end{aligned} \tag{17.19}$$

wobei sich das erste Integral über den Zylindermantel M ($\varrho = a$; $-l \leqq z \leqq l$) und das zweite Integral über die obere und untere Deckfläche D_1 und D_2 ($z = \pm l$; $0 \leqq \varrho \leqq a$) erstreckt (Fig. 17.1).

Wir lassen nun den Aufpunkt $\boldsymbol{r}$ in die Zylinderoberfläche selbst rücken und machen von der Randbedingung Gebrauch, daß die elektrische Tangentialfeldstärke auf dem als unendlich gut leitend gedachten Zylinder verschwindet.

Für den Zylindermantel M erhalten wir unter Berücksichtigung von Gl. (17.17)

$$\begin{aligned} \boldsymbol{e}_z \cdot \boldsymbol{E}(\boldsymbol{r}) = -V_0\,\delta(z) = &\int_M \boldsymbol{e}_z \cdot \boldsymbol{\Gamma}(\boldsymbol{r}, \boldsymbol{r}') \cdot (\boldsymbol{n}' \times \boldsymbol{H}_M(\boldsymbol{r}'))\,a\,d\varphi'\,dz' + \\ &+ \int_{D_1+D_2} \boldsymbol{e}_z \cdot \boldsymbol{\Gamma}(\boldsymbol{r}, \boldsymbol{r}') \cdot (\boldsymbol{n}' \times \boldsymbol{H}_D(\boldsymbol{r}'))\,\varrho'\,d\varrho'\,d\varphi'\,, \end{aligned} \tag{17.20}$$

wobei $\boldsymbol{r}$ sich über den Zylindermantel erstreckt; durch die Indizes in $\boldsymbol{H}_M$ und $\boldsymbol{H}_D$ wird auf die Mantel- und Deckflächen hingewiesen.

*) Zur Unterscheidung von der Stromdichte $\boldsymbol{I}$ bezeichnet J stets einen Strom.

Für die obere und untere Deckfläche D_1 oder D_2 erhalten wir aus Gl. (17.19)

$$\begin{aligned} \mathbf{e}_z \times \mathbf{E}(\mathbf{r}) = 0 = \int_M \mathbf{e}_z \times \mathbf{\Gamma}(\mathbf{r}, \mathbf{r}') \cdot (\mathbf{n}' \times \mathbf{H}_M(\mathbf{r}'))\, a\, d\varphi'\, dz' + \\ + \int_{D_1+D_2} \mathbf{e}_z \times \mathbf{\Gamma}(\mathbf{r}, \mathbf{r}') \cdot (\mathbf{n}' \times \mathbf{H}_D(\mathbf{r}'))\, \varrho'\, d\varrho'\, d\varphi', \end{aligned} \tag{17.21}$$

wobei der Endpunkt von $\mathbf{r}$ auf einer der beiden Deckflächen liegt*). Damit haben wir zwei simultane Integralgleichungen für die Verteilung des magnetischen Feldes (und damit der Oberflächenströme) auf der gesamten Zylinderoberfläche gewonnen. Jede Integralgleichung enthält die magnetischen Feldverteilungen $\mathbf{H}_M(\mathbf{r}')$ über dem Zylindermantel und $\mathbf{H}_D(\mathbf{r}')$ über den Deckflächen, die somit in beiden Integralgleichungen miteinander gekoppelt sind.

17.4. BRILLOUINs Integralgleichungen für die freien Schwingungen des Kreiszylinders.

Wenn wir die erregende Potentialdifferenz V_0 im Spalt in der Integralgleichung (17.20) gleich Null setzen, gelangen wir zu den simultanen Integralgleichungen des *frei* schwingenden Zylinders, wie sie von L. BRILLOUIN aufgestellt wurden**). Die Auflösung derselben liefert sowohl die Verteilung der magnetischen Feldstärken $\mathbf{H}_M$ und $\mathbf{H}_D$ über Mantel- und Deckflächen als auch die Eigenfrequenzen der freien Schwingungen, die zufolge der Strahlungsdämpfung komplexe Werte besitzen.

Mit Einführung der Oberflächenströme und Übergang von der dyadischen zur skalaren Schreibweise aus den Integralgleichungen (17.20) mit $V_0 = 0$ und (17.21) erhält man die von BRILLOUIN unter Verwendung der elektrodynamischen Potentiale $\mathbf{A}$ und φ abgeleiteten Integralgleichungen.

Wir betrachten Gl. (17.20) mit $V_0 = 0$ und führen darin zunächst die *totalen* Oberflächenströme $\mathbf{e}'_z J_z(z') = 2\pi a(\mathbf{n}' \times \mathbf{H}_M(\mathbf{r}'))$ auf dem Mantel bzw. $\mathbf{e}'_\varrho J_\varrho(\varrho') = 2\pi\varrho(\mathbf{n}' \times \mathbf{H}_D(\mathbf{r}'))$ auf den Deckflächen ein; $\mathbf{e}_z$ und $\mathbf{e}_\varrho$ bedeuten Einheitsvektoren in der positiven z- bzw. ϱ-Richtung. Man erhält

$$\int_M \mathbf{e}_z \cdot \mathbf{\Gamma}(\mathbf{r}, \mathbf{r}') \cdot \mathbf{e}'_z \frac{J_z(z')}{2\pi}\, d\varphi'\, dz' + \int_{D_1+D_2} \mathbf{e}_z \cdot \mathbf{\Gamma}(\mathbf{r}, \mathbf{r}') \cdot \mathbf{e}'_\varrho \frac{J_\varrho(\varrho')}{2\pi}\, d\varphi'\, d\varrho' = 0\,. \tag{17.22}$$

*) Aus Symmetriegründen macht es keinen Unterschied, ob man $\mathbf{r}$ über die obere oder die untere Deckfläche erstreckt. Beide Fälle führen zur selben Integralgleichung. Man beachte, daß nach Fig. 17.1 die Richtungen von $\mathbf{n}$ auf der oberen und unteren Deckfläche entgegengesetzt sind.

**) BRILLOUIN, L.: Quart. Appl. Math. 1, 201 (1943).

Da der rückwärtige Teil der Dyade $\boldsymbol{\Gamma}$ durch ein inneres Produkt mit einer Funktion der *gestrichenen* Integrationsvariablen verknüpft ist, ersetzt man zweckmäßigerweise $\nabla\nabla$ nach Gl. (17.16) durch $-\nabla\nabla'$. Mit Gl. (17.8) und (17.13) ergiebt sich unter Berücksichtigung von $\boldsymbol{e}_z \cdot \boldsymbol{\epsilon} \cdot \boldsymbol{e}_z' = 1$

$$\boldsymbol{e}_z \cdot \boldsymbol{\Gamma} \cdot \boldsymbol{e}_z' = -\frac{i\,\omega\,\mu\,\mu_0}{4\,\pi}\,\boldsymbol{e}_z \cdot \left(\boldsymbol{\epsilon} - \frac{1}{k^2}\nabla\nabla'\right)\frac{e^{ik|\boldsymbol{r}-\boldsymbol{r}'|}}{|\boldsymbol{r}-\boldsymbol{r}'|} \cdot \boldsymbol{e}_z' \tag{17.23}$$

$$= -\frac{i\,\omega\,\mu\,\mu_0}{4\,\pi}\left(1 - \frac{1}{k^2}\frac{\partial}{\partial z}\frac{\partial^2}{\partial z'}\right)\frac{e^{ik|\boldsymbol{r}-\boldsymbol{r}'|}}{|\boldsymbol{r}-\boldsymbol{r}'|} \tag{17.24}$$

auf dem Mantel, und mit $\boldsymbol{e}_z \cdot \boldsymbol{\epsilon} \cdot \boldsymbol{e}_\varrho' = \boldsymbol{e}_z \cdot \boldsymbol{e}_\varrho' = 0$

$$\begin{aligned}\boldsymbol{e}_z \cdot \boldsymbol{\Gamma} \cdot \boldsymbol{e}_\varrho' &= -\frac{i\,\omega\,\mu\,\mu_0}{4\,\pi\,k^2}\frac{\partial}{\partial z}\left(\nabla'\left(\frac{e^{ik|\boldsymbol{r}-\boldsymbol{r}'|}}{|\boldsymbol{r}-\boldsymbol{r}'|}\right) \cdot \boldsymbol{e}_\varrho'\right)\\ &= -\frac{i\,\omega\,\mu\,\mu_0}{4\,\pi k^2}\frac{\partial}{\partial z}\left(\operatorname{grad}'\frac{e^{ik|\boldsymbol{r}-\boldsymbol{r}'|}}{|\boldsymbol{r}-\boldsymbol{r}'|} \cdot \boldsymbol{e}_\varrho'\right)\\ &= -\frac{i\,\omega\,\mu\,\mu_0}{4\,\pi k^2}\frac{\partial}{\partial z}\frac{\partial}{\partial \varrho'}\frac{e^{ik|\boldsymbol{r}-\boldsymbol{r}'|}}{|\boldsymbol{r}-\boldsymbol{r}'|}\end{aligned} \tag{17.25}$$

auf den Deckflächen.

Mit Einführung der Funktion

$$G_k(\boldsymbol{r}, \boldsymbol{r}') = \frac{1}{2\,\pi}\int_0^{2\pi}\frac{e^{ik|\boldsymbol{r}-\boldsymbol{r}'|}}{|\boldsymbol{r}-\boldsymbol{r}'|}\,d\varphi', \tag{17.26}$$

wobei mit Rücksicht auf die Symmetrie bezüglich φ

$$\boldsymbol{r} - \boldsymbol{r}' = \sqrt{\varrho^2 + \varrho'^2 - 2\,\varrho\varrho'\cos\varphi' + (z - z')^2} \tag{17.27}$$

gesetzt werden kann*), folgt aus Gl. (17.22)

$$\begin{aligned}&\int_M \left\{\left(1 - \frac{1}{k^2}\frac{\partial}{\partial z}\frac{\partial}{\partial z'}\right)G_k(\boldsymbol{r}, \boldsymbol{r}')\right\} \cdot J_z(z')\,dz' -\\ &\qquad -\frac{1}{k^2}\int_{D_1+D_2}\left\{\frac{\partial}{\partial z}\frac{\partial}{\partial \varrho'}\,G_k(\boldsymbol{r}, \boldsymbol{r}')\right\} \cdot J_\varrho(\varrho')\,d\varrho' = 0.\end{aligned} \tag{17.28}$$

Mit partieller Integration erhält man daraus, unter Beachtung der Beziehungen in Gl. (17.18) sowie von

$$J_\varrho(0, \pm l) = 0\,, \tag{17.29}$$

wenn wir noch die radialen Ströme auf den Deckflächen D_1 und D_2

---

*) φ' bedeutet nun den Winkel, der sonst mit $(\varphi - \varphi')$ bezeichnet wurde.

durch $J_{1\varrho}$ und $J_{2\varrho}$ unterscheiden, die Beziehung

$$\begin{gathered}\int\limits_{-l}^{l}\left\{\frac{\partial}{\partial z} G_k(a, a, z-z') \frac{\partial}{\partial z'} J_z(z') + k^2 G_k(a, a, z-z') J_z(z')\right\} dz' + \\ + \int\limits_0^a \frac{\partial}{\partial z} G_k(a, \varrho', z-l) \frac{\partial}{\partial \varrho'} J_{1\varrho}(\varrho') d\varrho' + \int\limits_0^a \frac{\partial}{\partial z} G_k(a, \varrho', z+l) \frac{\partial}{\partial \varrho'} J_{2\varrho}(\varrho') d\varrho' = 0.\end{gathered} \tag{17.30}$$

Dies ist die erste BRILLOUINsche Integralgleichung. BRILLOUINs zweite Integralgleichung folgt in analoger Weise aus Gl. (17.21). Wir begnügen uns mit der Angabe des Resultats der Umformung aus der dyadischen in die skalare Schreibweise. Es ergibt sich mit Einführung der Funktion

$$C_k(\varrho, \varrho', z-z') = \frac{1}{2\pi} \int\limits_0^{2\pi} \frac{e^{ik|\boldsymbol{r}-\boldsymbol{r}'|}}{|\boldsymbol{r}-\boldsymbol{r}'|} \cos\varphi' \, d\varphi' \tag{17.31}$$

die Beziehung

$$\begin{gathered}\int\limits_{-l}^{l} \frac{\partial}{\partial \varrho} G_k(a, \varrho, l-z') \frac{\partial}{\partial z'} J_z(z') dz' + \int\limits_0^a \frac{\partial}{\partial \varrho} G_k(\varrho, \varrho', l) \frac{\partial}{\partial \varrho'} J_{2\varrho}(\varrho') d\varrho' + \\ + \int\limits_0^a \frac{\partial}{\partial \varrho} G_k(\varrho, \varrho', -l) \frac{\partial}{\partial \varrho'} J_{1\varrho}(\varrho') d\varrho' \\ + k^2 \int\limits_0^a \{C_k(\varrho, \varrho', -l) J_{1\varrho}(\varrho') + C_k(\varrho, \varrho', l) J_{2\varrho}(\varrho')\} d\varrho' = 0 .\end{gathered} \tag{17.32}$$

Mit BRILLOUIN formen wir die erste Integralgleichung (17.30) noch etwas um. Zunächst schreiben wir sie in der gleichwertigen Form

$$\begin{gathered}\int\limits_{-l}^{l}\left\{-\frac{\partial}{\partial z'} G_k(a, a, z-z') \frac{\partial}{\partial z'} J_z(z') + k^2 G_k(a, a, z-z') J_z(z')\right\} dz' \\ = -\int\limits_0^a \frac{\partial}{\partial z} G_k(a, \varrho', z-l) \frac{\partial}{\partial \varrho'} J_{1\varrho}(\varrho') d\varrho' - \int\limits_0^a \frac{\partial}{\partial z} G_k(a, \varrho', z+l) \frac{\partial}{\partial \varrho'} J_{2\varrho}(\varrho') d\varrho'.\end{gathered} \tag{17.33}$$

Die linke Seite enthält nur Ströme J_z auf dem Zylindermantel, während die rechte Seite aus der Kopplung zwischen den Strömen auf den Deckflächen und denjenigen auf dem Zylindermantel entspringt. Für einen sehr dünnen und langen Zylinder ($l \gg a$) können wir in erster Annäherung diesen Kopplungsterm vernachlässigen, da die Ströme auf den Deckflächen sehr klein relativ zu denjenigen auf dem größten Teil der Mantelfläche sein werden. Unter Vernachlässigung der Kopplungsterme auf der rechten Seite erhalten wir daher für die „dünne und lange" Zylinderantenne, d. h. unter der Vorraussetzung $a/l \ll 1$, aus Gl. (17.33) mit partieller Integration der linken Seite

$$\begin{aligned}\int_0^l & G_k(a, a, z - z')\left\{\frac{\partial^2}{\partial z'^2} J_z(z') + k^2 J_z(z')\right\} dz' \\ &= G_k(a, a, z - z') \frac{\partial}{\partial z'} J_z(z')\Bigg|_{z'=-l}^{z'=l}.\end{aligned} \tag{17.34}$$

Auf dem mittleren Teil der Antenne ist der Beitrag von G_k relativ klein, da in einigem Abstand von den Deckflächen G_k nach Gl. (17.25) wie $1/|\boldsymbol{r} - \boldsymbol{r}'|$ abnimmt. Vernachlässigen wir dort den Beitrag der rechten Seite von Gl. (17.34), so wird dieselbe befriedigt durch

$$\frac{\partial^2}{\partial z'^2} J_z(z') + k^2 J_z(z') = 0 \qquad \text{mit } k = \frac{\omega}{c} = \frac{2\pi}{\lambda}. \tag{17.35}$$

Im mittleren Teile der Antenne ist der Strom daher unter den gemachten Annahmen durch mit Lichtgeschwindigkeit längs der z-Achse fortschreitende Wellen gegeben. Die in der elementaren Antennentheorie vielfach übliche Annahme von stehenden Wellen längs der Antenne besitzt daher nur in dem von den Enden entfernten Teil eine gewisse Berechtigung.

Eine gebräuchliche Näherungsmethode zur Bestimmung der Antennenimpedanz einer „linearen" Antenne besteht darin, eine Stromverteilung $J_z(z')$ in Form einer stehenden Welle über die ganze Antennenlänge anzunehmen, wobei der Strom an den beiden Enden verschwindet. Gl. (17.35) ist damit erfüllt. Da dies aber keine korrekte Lösung der Integralgleichung (17.33) bedeutet, wird die elektrische Feldstärke E_z auf dem Zylindermantel nicht genau zu Null werden, wie es für die korrekte Lösung der Fall sein müßte. Man kann aber nun mit Hilfe der vorausgehenden Integralgleichungen die zu einer angenommenen Stromverteilung $J_z(z)$ gehörige Feldverteilung $E_z(a, z)$ längs des Zylindermantels berechnen und eine Eingangsimpedanz Z_e bei $z = 0$ durch

$$Z_e\,|J_z(0)|^2 = \int_{-l}^{l} E_z(a, z)\, J_z^*(z)\, dz \tag{17.36}$$

definieren. Die Hälfte des reellen Teils dieses Ausdrucks ist der zeitliche Mittelwert der abgestrahlten Leistung, die für die Strahlungsdämpfung maßgebend ist. Diese Näherungsmethode, die man als „*Methode der induzierten EMK*" bezeichnen mag, geht auf L. BRILLOUIN zurück*); ihre Brauchbarkeit hat sich besonders bei der Berechnung von Richtantennen und gekoppelten Systemen erwiesen.

*) Im Englischen als "*emf-method*" bezeichnet. — BRILLOUIN, L.: Radioélectricité **3**, 147 (1922). — PISTOLKORS, A. A.: Proc. Inst. Radio Engrs. **17**, 562 (1929). — CARTER, P. S.: Proc. Inst. Radio Engrs. **20**, 1004 (1932). — Eine genauere Kritik des Verfahrens gibt C. T. TAI: J. Appl. Phys. **20**, 717 (1949).

Damit beschließen wir die auszugsweise Betrachtung der BRILLOUINschen Untersuchung, für deren genaueres Studium wir auf seine oben zitierte Originalarbeit verweisen. Wir kehren zu den dyadischen Integralgleichungen des vorigen Abschnitts zurück, aus denen wir nun die HALLÉNsche Integralgleichung für die Linearantenne ableiten.

17.5. Die HALLÉNsche Integralgleichung für die gerade lineare Antenne.

Betrachtet man die Antenne als einen linearen Leiter, dessen Länge $2\,l$ sehr groß gegenüber dem Durchmesser $2\,a$ ist, so gelangt man von den korrekten simultanen Integralgleichungen (17.20) und (17.21) durch Einführung physikalisch plausibler Vereinfachungen zu einer einzigen, sich nur über die Längenvariable z der Antenne erstreckenden Integralgleichung, die als HALLÉNsche Integralgleichung der „linearen" Antenne bezeichnet wird*).

Eine erste Vereinfachung betrifft die Ströme auf den beiden Deckflächen D_1 und D_2. Denkt man sich die Antenne sehr dünn und lang, so wird man näherungsweise annehmen dürfen, daß der Beitrag der auf den Deckflächen fließenden Ströme und damit des über diese Flächen erstreckten zweiten Integrals in Gl. (17.20) gegenüber dem ersten, sich über den Mantel erstreckenden Integral vernachlässigbar ist. Vernachlässigt man den gesamten Strom auf den beiden Deckflächen, so gilt im Einklang mit Gl. (17.18) an den Enden der Linearantenne die Bedingung

$$J_z(\pm l) = 0\,. \tag{17.37}$$

Die zweite Integralgleichung (17.21), die das Verschwinden des elektrischen Tangentialfeldes auf den Deckflächen garantiert, wird zur Gänze vernachlässigt. Sie bringt die Kopplung zwischen den Strömen auf den Deckflächen und dem Strom auf dem Mantel zum Ausdruck, der mit verschwindender Deckfläche offensichtlich keine wesentliche Bedeutung zukommt. Es bleibt damit der erste Teil der Integralgleichung (17.20)

$$-V_0\,\delta(z) - \int_M \boldsymbol{e}_z \cdot \boldsymbol{\Gamma}(\boldsymbol{r}, \boldsymbol{r}') \cdot (\boldsymbol{n}' \times \boldsymbol{H}_M(\boldsymbol{r}'))\, a\, d\varphi'\, dz'\,. \tag{17.38}$$

Das magnetische Feld $\boldsymbol{H}_M$ auf dem Mantel besitzt nach unseren ursprünglichen Annahmen nur eine φ-Komponente. Mit $\boldsymbol{H}_M = \boldsymbol{e}_\varphi H_\varphi$, wobei $\boldsymbol{e}_\varphi$ einen Einheitsvektor in der φ-Richtung bedeutet, folgt

$$\boldsymbol{n}' \times \boldsymbol{H}_M(\boldsymbol{r}') = \boldsymbol{e}'_\varrho \times \boldsymbol{e}'_\varphi H_\varphi(\boldsymbol{r}') = \boldsymbol{e}'_z H_\varphi(\boldsymbol{r}')\,. \tag{17.39}$$

*) HALLÉN, E.: Uppsala Univ. Arsskr. 1930, Nr. 1; Nova Acta Uppsala, Ser. 4, **11**, Nr. 4 (1938).

Außerdem gilt, wie man aus Gl. (17.13) und der Darstellung (17.8) entnimmt,

$$\boldsymbol{e}_z \cdot \boldsymbol{\Gamma}(\boldsymbol{r}, \boldsymbol{r}') = \frac{i\,\omega\,\mu\,\mu_0}{4\,\pi}\left(\boldsymbol{e}_z + \frac{1}{k^2}\frac{\partial}{\partial z}\nabla\right)\frac{e^{ik|\boldsymbol{r}-\boldsymbol{r}'|}}{|\boldsymbol{r}-\boldsymbol{r}'|}\,. \tag{17.40}$$

Somit folgt mit Gl. (17.39) und Beachtung von Gl. (17.24)

$$\begin{aligned}\boldsymbol{e}_z \cdot \boldsymbol{\Gamma}(\boldsymbol{r}, \boldsymbol{r}') \cdot (\boldsymbol{n}' \times \boldsymbol{H}_M(\boldsymbol{r}')) &= \boldsymbol{e}_z \cdot \boldsymbol{\Gamma}(\boldsymbol{r}, \boldsymbol{r}') \cdot \boldsymbol{e}_z' H_\varphi(\boldsymbol{r}') \\ &= \frac{i\,\omega\,\mu\,\mu_0}{4\,\pi}\left(1 + \frac{1}{k^2}\frac{\partial^2}{\partial z^2}\right)\frac{e^{ik|\boldsymbol{r}-\boldsymbol{r}'|}}{|\boldsymbol{r}-\boldsymbol{r}'|}H_\varphi(\boldsymbol{r}')\,.\end{aligned} \tag{17.41}$$

Setzen wir diesen Ausdruck in Gl. (17.38) ein, so erhalten wir

$$-V_0\,\delta(z) = \frac{i\,\omega\,\mu\,\mu_0}{4\,\pi}\int\limits_M \left(1 + \frac{1}{k^2}\frac{\partial^2}{\partial z^2}\right)\frac{e^{ik|\boldsymbol{r}-\boldsymbol{r}'|}}{|\boldsymbol{r}-\boldsymbol{r}'|}H_\varphi(\boldsymbol{r}')\,a\,d\varphi'\,dz'\,. \tag{17.42}$$

$\boldsymbol{r}$ und $\boldsymbol{r}'$ liegen dabei auf dem Zylindermantel, so daß $|\boldsymbol{r} - \boldsymbol{r}'|$ den Abstand zweier auf demselben befindlicher Punkte bedeutet. Mit Gl. (17.26) und $\varrho = \varrho' = a$ ist daher

$$|\boldsymbol{r} - \boldsymbol{r}'| = \sqrt{\left(2a\sin\frac{\varphi'}{2}\right)^2 + (z-z')^2}\,. \tag{17.43}$$

Mit Einführung von

$$K(a, z - z') = \frac{k}{2\,\pi}\int\limits_0^{2\pi}\left(1 + \frac{1}{k^2}\frac{\partial^2}{\partial z^2}\right)\frac{e^{ik\sqrt{(2a\sin\varphi'/2)^2 + (z-z')^2}}}{\sqrt{\left(2a\sin\frac{\varphi'}{2}\right)^2 + (z-z')^2}}\,d\varphi' \tag{17.44}$$

sowie des *totalen* Antennenstroms auf dem Zylindermantel $J_z(a, z') = 2\,\pi\,a\,H_\varphi(\boldsymbol{r}')$, den wir der Kürze halber mit $J_z(z')$ bezeichnen, schreiben wir Gl. (17.42)

$$-V_0\,\delta(z) = \frac{i}{4\,\pi}\sqrt{\frac{\mu\,\mu_0}{\varepsilon\varepsilon_0}}\int\limits_{-l}^{l} K(a, z - z')\,J_z(z')\,dz'\,. \tag{17.45}$$

Definieren wir die Eingangsimpedanz Z_e der Antenne bezüglich des Spaltes bei $z = 0$ durch

$$Z_e = \frac{V_0}{J_z(0)}\,, \tag{17.46}$$

so folgt aus Gl. (17.45)

$$Z_e\,J_z(0)\,\delta(z) = -\frac{i}{4\pi}\sqrt{\frac{\mu\,\mu_0}{\varepsilon\varepsilon_0}}\int\limits_{-l}^{l} K(a, z - z')\,J_z(z')\,dz'\,, \tag{17.47}$$

wobei K durch Gl. (17.44) gegeben ist. Dies ist die Integralgleichung für den Strom J_z der Linearantenne, die wir weiter unten bei der Formulierung einer stationären Darstellung für Z_e verwenden werden;

die darin enthaltene Vereinfachung betrifft nur die Außerachtlassung der Ströme auf den beiden Deckflächen.

Wir benutzen nun Gl. (17.45), um zu HALLÉNs Integralgleichung zu gelangen. Der Ausdruck für $K(a, z - z')$ in der Darstellung (17.44), dessen Nenner durch $|\boldsymbol{r} - \boldsymbol{r}'|$ nach Gl. (17.43) gegeben ist, wird (in noch zulässiger Weise) unendlich für $\boldsymbol{r}' = \boldsymbol{r}$. Diese Singularität wird jedoch durch die Operation $\partial^2/\partial z^2$ verschärft. Wir wollen daher unter $K(a, z - z')$ den Ausdruck

$$K(a, z - z') = \frac{k}{2\pi}\left(1 + \frac{1}{k^2}\frac{\partial^2}{\partial z^2}\right)\int\limits_0^{2\pi} \frac{e^{ik\sqrt{2a(\sin\varphi'/2)^2 + (z-z')^2}}}{\sqrt{2\,a\,(\sin\varphi'/2)^2 + (z - z')^2}}\, d\varphi' \tag{17.48}$$

verstehen, d. h. wir denken uns zuerst die Integration über φ' ausgeführt und anschließend an der so erhaltenen Funktion von z und z' die Differentiation nach z vorgenommen.

Gl. (17.45) können wir mit $K(a, z - z')$ nach Gl. (17.48) als Differentialgleichung für eine nur von z abhängige Funktion $F(z)$ ansehen, die sich unmittelbar nach z integrieren läßt. Sie lautet

$$\left(\frac{\partial^2}{\partial z^2} + k^2\right) F(z) = -\frac{4\pi k}{i}\sqrt{\frac{\varepsilon\varepsilon_0}{\mu\mu_0}}\, V_0\,\delta(z) \tag{17.49}$$

mit

$$F(z) = \frac{1}{2\pi}\int\limits_{-l}^{l} dz' \int\limits_0^{2\pi} \frac{e^{ik\sqrt{(2a\sin\varphi'/2)^2 + (z-z')^2}}}{\sqrt{(2\,a\,\sin\varphi'/2)^2 + (z - z')^2}}\, J_z(z')\, d\varphi'\,. \tag{17.50}$$

Ein partikuläres Integral von Gl. (17.49) kennen wir bereits von der Betrachtung der GREENschen Funktion in Gl. (2.22) mit der Lösung (2.18). Fügen wir noch die bezüglich $z = 0$ gerade Lösung der homogenen Gleichung hinzu, so finden wir als Lösung

$$F(z) = 2\pi\sqrt{\frac{\varepsilon\varepsilon_0}{\mu\mu_0}}\,(V_0\, e^{ik|z|} + B\cos kz)\,, \tag{17.51}$$

mit $F(z)$ nach Gl. (17.50)*).

Um zu einer eindimensionalen („linearisierten") Integralgleichung für $J_z(z)$ zu gelangen, die nurmehr von der Veränderlichen z abhängt, führt HALLÉN in dem Ausdruck (17.50) für $F(z)$ plausible Vereinfachungen ein, wobei angenommen wird, daß der Antennenradius a sehr klein

*) $F(z)$ ist, bis auf einen konstanten Faktor, mit dem Vektorpotential auf der Antenne identisch. Gl. (17.51) zeigt, daß dieses durch je eine von $z = 0$ nach $z = \pm l$ auslaufende Welle plus einer stehenden Welle, beide von reiner Sinusform, gegeben ist. Der *Strom* auf der Antenne ist hingegen keineswegs von solch einfacher Sinusform. Zur Bestimmung der Konstanten B hat man in der Lösung für $J_z(z)$ die Grenzbedingung $J_z(\pm l) = 0$ heranzuziehen.

gegenüber der Antennenlänge l sowie der erregenden Wellenlänge ist. Zunächst können wir den Abstand $|\boldsymbol{r}-\boldsymbol{r}'|$ zweier Punkte auf der Mantelfläche mit Gl. (17.27) und $\varrho = a$ in der Form

$$|\boldsymbol{r}-\boldsymbol{r}'| = \sqrt{a^2+\varrho'^2-2a\varrho'\cos\varphi'+(z-z')^2} \qquad (\varrho'=a) \qquad (17.52)$$

schreiben. Für eine im Verhältnis zu ihrer Länge sehr dünne Antenne ($a/l \ll 1$) liegt es nahe, zu erwarten, daß es keinen großen Unterschied macht, wenn man sich den Strom statt auf der Mantelfläche auf der Zylinderachse konzentriert denkt*). Mit $\varrho' = 0$ folgt aber aus Gl. (17.52)

$$|\boldsymbol{r}-\boldsymbol{r}'| = \sqrt{a^2+(z-z')^2}\,. \qquad (\varrho'=0) \qquad (17.53)$$

Mit dieser Vereinfachung läßt sich in Gl. (17.50) die Integration nach φ' ausführen, und man erhält den vereinfachten Ausdruck

$$F_1(z) = \int\limits_{-l}^{l} \frac{e^{ik\sqrt{a^2+(z-z')^2}}}{\sqrt{a^2+(z-z')^2}}\, J_z(z')\,dz'\,. \qquad (a/l \ll 1) \qquad (17.54)$$

Dieser Ausdruck läßt sich folgendermaßen umschreiben:

$$F_1(z) = J_z(z)\int\limits_{-l}^{l} \frac{dz'}{\sqrt{a^2+(z-z')^2}} + \int\limits_{-l}^{l} \frac{J_z(z')\,e^{ik\sqrt{a^2+(z-z')^2}} - J_z(z)}{\sqrt{a^2+(z-z')^2}}\,dz'\,. \qquad (17.55)$$

Nach HALLÉN kann man nun, ohne einen Fehler der Größenordnung a/l zu überschreiten, die Wurzel im *zweiten* Integranden durch $|z-z'|$ ersetzen. Für $z'=z$ gehen dann Zähler *und* Nenner zufolge der gewählten Aufspaltung von $F_1(z)$ durch Null, womit der Integrand im ganzen Integrationsbereich regulär bleibt.

Das erste Integral läßt sich auswerten und ergibt

$$\int\limits_{-l}^{l} \frac{dz'}{\sqrt{a^2+(z-z')^2}} = \log\frac{l-z+\sqrt{(l-z)^2+a^2}}{-l-z+\sqrt{(l+z)^2+a^2}}\,. \qquad (17.56)$$

Erweitert man den Ausdruck im Logarithmus mit $-l-z-\sqrt{(l+z)^2+a^2}$ und vernachlässigt sodann a^2 gegenüber $(l\pm z)^2$, so erhält man aus Gl. (17.56)

$$\int\limits_{-l}^{l} \frac{dz'}{\sqrt{a^2+(z-z')^2}} = \log\frac{4\,(l^2-z^2)}{a^2}\,. \qquad (a/l \ll 1) \qquad (17.57)$$

---

*) Die Berechtigung dieser Vereinfachung untersuchen O. ZINKE: Arch. Elektrotechn. 35, 67 (1941), und S. A. SCHELKUNOFF: Proc. Inst. Radio Engrs. 33, 872 (1945).

Damit erhält man schließlich aus Gl. (17.51), indem man $F(z)$ durch $F_1(z)$ nach Gl. (17.55) ersetzt, die folgende Integralgleichung für den Antennenstrom $J_z(z)$:

$$J_z(z) \log \frac{4\,(l^2 - z^2)}{a^2} + \int_{-l}^{l} \frac{J(z') e^{ik|z-z'|} - J(z)}{|z-z'|}\, dz' = 2\pi \sqrt{\frac{\varepsilon\varepsilon_0}{\mu\mu_0}} \,(V_0\, e^{ik|z|} + B \cos kz)\,. \qquad (a/l \ll 1) \tag{17.58}$$

Dies ist Hallén$_s$ linearisierte Integralgleichung für die kreiszylindrische dünne Sendeantenne, die über einen dünnen Spalt bei $z = 0$ durch eine Spannung $V_0\, e^{-i\omega t}$ erregt wird*).

Hallén$_s$ ursprüngliche Untersuchungen enthalten nur die Beschränkung auf eine im Verhältnis zu ihrer Länge dünne, d. h. „lineare" Antenne. Darüber hinaus sind dieselben von sehr allgemeiner Art und schließen eine endliche Leitfähigkeit, veränderlichen Querschnitt, beliebige Lage des Erregerspalts und ein äußeres Feld für den Fall einer Empfangsantenne ein. Der Auflösung von Hallén$_s$ Integralgleichung durch sukzessive Approximationsverfahren sind neben Hallén$_s$ grundlegenden Untersuchungen eine große Zahl von Arbeiten gewidmet worden. Es wird dabei von einer plausiblen Stromverteilung $J_z(z)$ ausgegangen, die dann durch Einsetzen in die Integralgleichung in wiederholten Schritten verbessert wird.

Es ist nicht unsere Absicht, auf diese in der Literatur ausführlich behandelten direkten Lösungen von Hallén$_s$ Integralgleichung einzugehen. Vielmehr wollen wir, unter Heranziehung der ursprünglichen Integralgleichung (17.47) mit dem korrekten Kern $K(a, z - z')$ nach Gl. (17.44), eine stationäre Darstellung für die Eingangsimpedanz Z_e formulieren.

17.6. Eine stationäre Darstellung für die Eingangsimpedanz der kreiszylindrischen Antenne.

In der geläufigen Weise erhalten wir aus der Integralgleichung (17.47) eine bezüglich J_z stationäre und homogene Darstellung, indem wir beiderseits mit $J_z(z)$ multiplizieren, über z von $z = -l$ bis $z = l$ integrieren und die so erhaltene Gleichung beiderseits durch $J_z^2(0)$ dividieren. Man erhält

$$Z_e = -\frac{i}{4\pi} \sqrt{\frac{\mu\mu_0}{\varepsilon\varepsilon_0}} \; \frac{\int\limits_{-l}^{l}\int\limits_{-l}^{l} J_z(z)\, K(a, z-z')\, J_z(z')\, dz\, dz'}{\int\limits_{-l}^{l} J_z(z)\, \delta(z)\, dz \int\limits_{-l}^{l} J_z(z')\, \delta(z')\, dz'}\,. \tag{17.59}$$

*) Hallén, E.: Nova Acta Reg. Soc. Sci. Upsaliensis Ser. IV, **11**, Nr. 4 (1938), Gl. (24); auch Electricitetslära, S. 419, Gl. (35.31). Stockholm 1953.

mit $K(a, z - z')$ nach Gl. (17.44). Anstelle von $J_z(0)$ wurde, um die gewohnte Form des stationären Ausdrucks hervortreten zu lassen, der gleichwertige Ausdruck

$$J_z(0) = \int_{-l}^{l} J_z(z)\, \delta(z)\, dz \tag{17.60}$$

gewählt. Es läßt sich leicht nachrechnen, daß der Ausdruck (17.59) stationär in bezug auf die erste Variation $\delta J_z(z)$ in der Nachbarschaft der korrekten Stromverteilung $J_z(z)$ ist, wenn letztere der Integralgleichung (17.47) genügt. Da der Kern K komplex ist, ergibt sich, wie zu erwarten, ein komplexer Wert für die Eingangsimpedanz Z_e, dessen Realteil den Strahlungswiderstand und dessen Imaginärteil den Eingangsblindwiderstand der Antenne liefert*).

Es sei angemerkt, daß zur Formulierung des stationären Ausdrucks (17.59) nicht angenommen werden muß, daß die Erregung auf einen unendlich dünnen Spalt konzentriert ist. Setzt man für das eingeprägte elektrische Feld E_z längs des Zylindermantels anstelle von $-V_0\delta(z)$ in Gl. (17.17) eine stetige Funktion $-V_0 f(z)$, die im wesentlichen einen Beitrag in der Umgebung der Antennenmitte haben mag und außerdem zu $\int_{-l}^{l} f(z)\, dz = 1$ normiert sei, so erhält man einen ganz analogen stationären Ausdruck (17.59), wenn man die Eingangsimpedanz durch einen Mittelwert

$$Z_e = \frac{V_0}{\int_{-l}^{l} J_z(z)\, f(z)\, dz} \tag{17.61}$$

definiert; im Nenner der rechten Seite von Gl. (17.59) ist $\delta(z)$ durch $f(z)$ zu ersetzen.

Aus Gl. (17.20) und (17.41) geht hervor, daß mit Einführung von K nach Gl. (17.44) das elektrische Feld E_z längs der Antenne durch

$$E_z(a, z) = -\frac{i}{4\pi}\sqrt{\frac{\mu\mu_0}{\varepsilon\varepsilon_0}} \int_{-l}^{l} K(a, z - z')\, J_z(z')\, dz' \tag{17.62}$$

*) Die stationäre Darstellung für Z_e wurde zuerst von J. E. Storer formuliert (Variational solution of the problem of the symmetrical cylindrical antenna. Techn. Report Nr. 101, 10. Februar 1950), Cruft Laboratory, Harvard University. Die hier folgende Auswertung mit Verwendung des korrekten (z' und φ' enthaltenden) Kerns K folgt den Untersuchungen von C. T. Tai (A variational solution of the problem of cylindrical antennas, Techn. Report Nr. 188, August 1950), Aircraft Radiation Systems Laboratory, sowie Techn. Memorandum: A new interpretation of the integral equation formulation of cylindrical antennas (July 1954), Stanford Research Institute, Stanford, California. — S. a. C. T. Tai, IRE-Transact. on antennas and propagation, AP — 3, 125 (1955).

beschrieben wird; daher läßt sich Z_e in Gl. (17.59) auch in der Form

$$Z_e = \frac{1}{J_z^2(0)} \int_{-l}^{l} E_z(a, z)\, J_z(z)\, dz \tag{17.63}$$

schreiben. Dieser Ausdruck ist dem in Gl. (17.36) erwähnten Ausdruck ähnlich; letzterer enthält jedoch den konjugiert komplexen Wert $J_z^*(z)$ unter dem Integral und $|J_z^2(0)|$ im Nenner anstelle von $J_z(z)$ unter dem Integral und $J_z^2(0)$ im Nenner der stationären Darstellung. Es läßt sich leicht nachrechnen, daß der Wert von Z_e in Gl. (17.36) keineswegs stationär bezüglich $J_z^*(z)$ ist, wenn $J_z(z)$ der Integralgleichung (17.47) genügt. Die Situation ist dieselbe wie diejenige, die wir am Ende von Abschnitt 10.10 in Gl. (10.64) angetroffen hatten; nur für eine rein reelle Stromverteilung werden beide Darstellungen identisch. Die tatsächliche Stromverteilung auf einer Linearantenne ist aber komplex, d. h. sie enthält an jeder Stelle einen Anteil in Phase und einen solchen mit einer Phasenverschiebung von 90° bezüglich der erregenden Spannung V_0.

17.7. Eine erste Näherung für die Eingangsimpedanz der linearen Antenne.

Eine der einfachsten Näherungen für die Stromverteilung längs der Antenne, die durch die Differentialgleichung (17.35) nahegelegt wird, ist

$$J_z(z) = \sin k(l - |z|)\,. \qquad (|z| \leqq l) \tag{17.64}$$

J_z ist dabei symmetrisch zur Stelle der Erregung $z = 0$ und verschwindet an den beiden Enden bei $z = \pm l$; die Ableitung bei $z = 0$ ist im allgemeinen unstetig. Die Amplitude kann mit Rücksicht auf den homogenen Charakter der stationären Darstellung (17.59) zu Eins gewählt werden. Setzt man den Ausdruck (17.64) in letztere ein, so folgt als einfache Näherung

$$Z_e = \frac{1}{4\pi} \sqrt{\frac{\mu\mu_0}{\varepsilon\varepsilon_0}}\; \frac{-i \int_{-l}^{l} \int_{-l}^{l} \sin k(l - |z|)\, K(a, z - z')\, \sin k(l - |z'|)\, dz\, dz'}{\left[\int_{-l}^{l} \sin k(l - |z|)\, \delta(z)\, dz\right]^2}\,. \tag{17.65}$$

Der Ausdruck läßt sich exakt auswerten. Zunächst führen wir eine neue Veränderliche ein mit

$$\xi' = 2a \sin\frac{\varphi'}{2} \quad \text{und} \quad d\xi' = \frac{1}{2}\sqrt{4a^2 - \xi'^2}\, d\varphi'\,. \tag{17.66}$$

Das Integral im Zähler nimmt mit Einführung von K aus Gl. (17.44) und der Substitution (17.66) die folgende Form an:

$$\frac{2}{\pi}\int\limits_0^{2a}\frac{d\xi'}{\sqrt{4a^2-\xi'^2}}\int\limits_{-l}^{l}\int\limits_{-l}^{l} -ik\sin k(l-|z|)\sin k(l-|z'|)\times \\ \times\left(1+\frac{1}{k^2}\frac{\partial^2}{\partial z^2}\right)\frac{e^{ik\sqrt{\xi'^2+(z-z')^2}}}{\sqrt{\xi'^2+(z-z')^2}}\,dz\,dz'. \tag{17.67}$$

Die Auswertung des Doppelintegrals über z und z' ergibt unter der Voraussetzung $l \gg \xi'$ ($\xi' \leqq 2a$) das Resultat

$$\int\limits_{-l}^{l}\int\limits_{-l}^{l} = i\,\Omega(\xi')\sin 2kl - i(\log 4)\sin 2kl + 2L(2kl) + \\ + e^{-2ikl}[2L(2kl) - L(4kl)], \tag{17.68}$$

wobei

$$\Omega(\xi') = 2\log\frac{2l}{\xi'},$$

$$L(x) = \int\limits_0^x \frac{1-e^{iu}}{u}\,du = 0{,}577216\cdots + \log x - Ci(x) + Si(x),$$

$$Ci(x) = \int\limits_\infty^x \frac{\cos u}{u}\,du, \quad Si(x) = \int\limits_0^x \frac{\sin u}{u}\,du. \tag{17.69}$$

Das einzige von ξ' abhängende Glied ist das erste, das $\Omega(\xi')$ als Faktor enthält. Unter Beachtung von

$$\frac{2}{\pi}\int\limits_0^{2a}\frac{d\xi'}{\sqrt{4a^2-\xi'^2}} = 1$$

und

$$\frac{2}{\pi}\int\limits_0^{2a}\frac{\Omega(\xi')\,d\xi'}{\sqrt{4a^2-\xi'^2}} = 2\log\frac{2l}{a} = \Omega(a), \tag{17.70}$$

erhalten wir schließlich das Ergebnis*)

$$Z_e = \frac{1}{4\pi}\sqrt{\frac{\mu\mu_0}{\varepsilon\varepsilon_0}}\,\frac{1}{\sin^2 kl}\Big\{i[\Omega(a)-\log 4]\sin 2kl + 2L(2kl) + \\ + e^{-2ikl}[2L(2kl) - L(4kl)]\Big\}. \tag{17.71}$$

*) Vgl. J. Labus: Z. Hochfrequenztechnik u. Elektroakustik **41**, 22 (1933). — Brown, G. H., u. Ronold W. P. King: Proc. Inst. Radio Engrs. **22**, **457** (1934). — Synge, J. L.: Quart. Appl. Math. **6**, 133 (1948). — Tai, C. T.: l. c. Die Größe Ω spielt bei der direkten Lösung der Hallénschen Integralgleichung eine ausgezeichnete Rolle, weshalb sie zweckmäßig als Maß des Verhältnisses $2\,l/a$ eingeführt wird.

Da die in Gl. (17.64) angenommene Stromverteilung rein reell ist, besteht mit Rücksicht auf die in diesem Fall vorhandene Gleichheit der beiden Darstellungen (17.36) und (17.59) bzw. (17.63) kein Unterschied zwischen den Resultaten der Methode der induzierten EMK und der Methode der stationären Darstellung. Ein solcher Unterschied tritt erst hervor, wenn eine komplexe Stromverteilung als Näherungsfunktion angesetzt wird.

Wie man aus der vorangehenden Integration erkennt, hätte man das gleiche Ergebnis (17.71) auch erhalten, wenn man den korrekten Kern $K(a, \varphi, z - z')$ von vorneherein vereinfacht hätte, indem man darin für $|\boldsymbol{r} - \boldsymbol{r}'|$ den vereinfachten Ausdruck (17.53) setzt, d. h. wenn man von der vereinfachten Integralgleichung

$$Z_e J_z(0)\,\delta(z) = -\frac{i}{4\pi}\sqrt{\frac{\mu\mu_0}{\varepsilon\varepsilon_0}}\int_{-l}^{l} k\left(1+\frac{1}{k^2}\frac{\partial^2}{\partial z^2}\right)\frac{e^{ik\sqrt{a^2+(z-z')^2}}}{\sqrt{a^2+(z-z')^2}}\,J_z(z')\,dz' \tag{17.72}$$

ausgegangen wäre. In diesem Fall enthält das Doppelintegral über z und z' in dem Ausdruck (17.67) anstelle von ξ'^2 den Wert a^2 und es entfällt die nachfolgende Integration nach ξ'. In Gl. (17.68) tritt daher bei Verwendung des vereinfachten Kerns anstelle von $\Omega(\xi')$ der Wert $\Omega(a)$, womit man aber unmittelbar zum Ergebnis (17.71) gelangt. Wenn man bei der Anwendung der Methode der stationären Darstellung die Integralgleichung für J_z nur als Durchgangsstufe zur Aufstellung des stationären Ausdrucks für Z_e benutzt, macht es bei der linearen Antenne keinen Unterschied, ob man den korrekten oder den obigen „linearisierten" Kern verwendet.

Die Dinge liegen jedoch anders, wenn man die Integralgleichung für J_z selbst lösen will. Gegen die vereinfachte Form in Gl. (17.72) läßt sich nämlich einwenden, daß sie auf der rechten Seite in dem ganzen in Frage kommenden Bereich von z und z' nur stetige Funktionen in z und z' enthält, während auf der linken Seite die unstetige δ-Funktion erscheint; die Integralgleichung (17.72) besitzt daher im mathematischen Sinn gar keine Lösung. Gl. (17.72) bzw. die aus ihr durch zweimalige Integration nach z hervorgehende Form findet man mitunter in der Literatur — und wie ein Blick auf Gl. (17.58) zeigt, zu Unrecht — als HALLÉNsche Integralgleichung der linearen Antenne bezeichnet. Nach HALLÉN ist die linearisierte Integralgleichung (17.58) solchen Einwanden nicht unterworfen und sie besitzt, im Gegensatz zu Gl. (17.72), eine Lösung*).

*) Laut einer freundlichen persönlichen Mitteilung von Herrn Prof. HALLÉN.

Fig. 17.3 zeigt als Beispiel den Verlauf des reellen und imaginären Teils der Eingangsimpedanz Z_e nach Gl. (17.71) in Abhängigkeit von kl, wobei für $\Omega(a) = 2\log(2l/a)$ die Werte 10 bzw. 15 gewählt wurden; dies entspricht sehr angenähert den Werten $2\,l/a = 148$ und 1808. Für eine Antenne, deren Länge eine halbe Wellenlänge umfaßt ($2\,l = \lambda/2$), ergibt sich der bekannte Wert $Z_e = 73{,}13 - i \cdot 42{,}55$ Ohm, der in der betrachteten Näherung unabhängig von $2\,l/a$ ist.

Man erkennt aus Fig. 17.3 die Unvollkommenheiten, die der Verwendung der mit Gl. (17.64) angenommenen einfachen Näherung für die Stromverteilung anhaften. Einmal zeigt sich, daß der *reelle* Anteil von Z_e, der dem Strahlungswiderstand entspricht, von dem Verhältnis $2\,l/a$ überhaupt nicht abhängt. Zum andern ergeben sich für $kl = n\pi$ unendliche Werte für den Wirk- und Blindanteil von Z_e. Die letztere Tatsache wird daraus verständlich, daß die in Gl. (17.64) angesetzte Stromverteilung für $kl = n\pi$ an der Stelle $z = 0$ den Wert Null annimmt. Die elektromagnetische Feldenergie im Raum und damit die von der Antenne gelieferte Wirk- und Blindleistung verschwinden jedoch keineswegs für $kl = n\pi$. Der endliche Wert von $Z_e J_z^2(0)$ bei gleichzeitigem Nullwerden von $J_z(0)$ bedingt notwendigerweise das Unendlichwerden von Z_e.

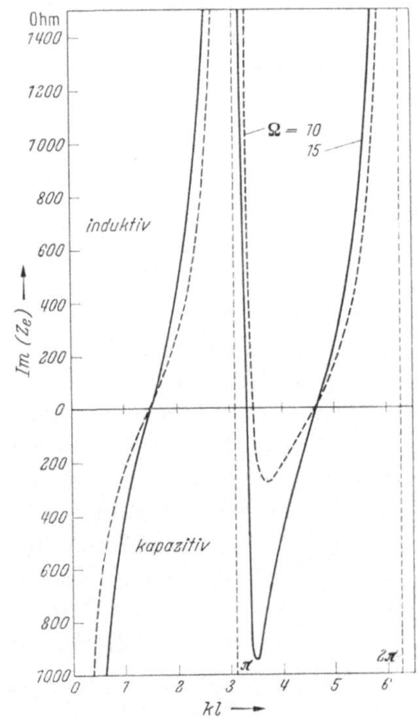

Fig. 17.3. Reeller und imaginärer Teil der Eingangsimpedanz Z_e der Linearantenne in erster Näherung als Funktion von $kl = 2\pi l/\lambda$ nach Gl. (17.71) mit $\Omega = 2\log(2\,l/a)$ als Parameter.

Für relativ kurze Antennen, deren Länge $2\,l$ etwa unterhalb $\lambda/4$ liegt, haben sich die Resultate der obigen einfachen Näherung indessen als recht brauchbar erwiesen. Wir werden im folgenden Abschnitt das Ergebnis einer verbesserten Näherungsfunktion für die Stromverteilung betrachten, welche die vorgangs besprochenen Unvollkommenheiten beseitigt.

17.8. Eine verbesserte Näherung für die Eingangsimpedanz der linearen Antenne.

Die einfache Näherungsfunktion nach Gl. (17.64) läßt sich als Überlagerung zweier von der Erregungsstelle $z = 0$ nach beiden Antennenenden fortschreitender und von dort reflektierter ungedämpfter Wellenzüge auffassen. Mit Rücksicht auf die Strahlungsdämpfung wird man den wirklichen Verhältnissen besser durch die Annahme gedämpfter Wellenzüge Rechnung tragen; dies legt den folgenden Ansatz nahe*):

$$J_z(z) = \frac{1}{2i}\left(e^{i(k+i\alpha)(l-|z|)} - e^{-i(k+i\alpha)(l-|z|)}\right). \quad (|z| \leqq l) \qquad (17.73)$$

Der Dämpfung wird dabei durch die Konstante α Rechnung getragen. Der Ansatz befriedigt die Grenzbedingung $J_z(z) = 0$ für $z = \pm\, l$.

Nimmt man noch $|\alpha l| \ll 1$ an, so läßt sich Gl. (17.73) näherungsweise in der Form

$$J_z(z) = \sin k(l - |z|) + i\alpha(l - |z|)\cos k(l - |z|)\,, \quad (|z| \leqq l) \qquad (17.74)$$

schreiben. Dieser Ausdruck wurde von C. T. Tai als Näherung für $J(z)$ in der stationären Darstellung für Z_e zugrunde gelegt; wir betrachten im folgenden die von ihm erhaltenen Ergebnisse**).

Der Ausdruck (17.74) verschwindet an den Enden $|z| = l$; er bleibt jedoch bei $z = 0$ für beliebige Werte von kl endlich, womit man für alle positiven Werte von kl eine endliche Eingangsimpedanz erhält. Die Größe von α ist zunächst unbestimmt; sie wird von Tai aus der stationären Eigenschaft der Darstellung (17.51) mittels $\partial Z_e/\partial\alpha = 0$ gefunden. Im allgemeinen ergibt sich dabei ein komplexer Wert $\alpha = \alpha_1 - i\alpha_2$; dies läßt sich nach Gl. (17.73) dahin interpretieren, daß man anstelle von k einen Wert $k + \alpha_2$ erhält, d. h. daß sich die Wellen auf der Antenne mit einer von der Lichtgeschwindigkeit verschiedenen (und, wie man weiß, kleineren) Geschwindigkeit ausbreiten***).

*) Der Ansatz entspricht dem Zustand auf einer am Ende offenen, verlustbehafteten Übertragungsleitung der Länge $2\,l$, wie sie mit gutem Erfolg als idealisiertes Ersatzschema für die lineare Antenne in einer Untersuchung von E. Siegel u. J. Labus: Z. Hochfrequenztechnik u. Elektroakustik **43**, 166 (1934), verwendet wurde.

**) Tai, C. T.: l.c. (s. Fußnote S. 222)

***) In Wirklichkeit ist die Ausbreitungsgeschwindigkeit längs der Antenne keine Konstante. Die hier auftretende Konstante α_2 entspricht daher einer über die Antennenlänge gemittelten Phasengeschwindigkeit.

Mit Einsetzen des Ausdrucks (17.74) in die stationäre Darstellung (17.59) für Z_e und mit Bestimmung des Wertes von α aus $\partial Z_e/\partial\alpha = 0$ gelangt TAI unter der Voraussetzung $l \gg \xi$ zu folgendem Resultat:

$$Z_e = \frac{1}{4\pi}\sqrt{\frac{\mu\mu_0}{\varepsilon\varepsilon_0}}\,\frac{\nu_{11}\nu_{12}-\nu_{12}^2}{\nu_{11}(kl\cos kl)^2-\nu_{12}\,kl\sin 2kl+\nu_{22}\sin^2 kl} \tag{17.75}$$

und

$$i\alpha = \frac{\nu_{11}\,kl\cos kl-\nu_{12}\sin kl}{\nu_{22}\sin kl-\nu_{12}\,kl\cos kl}, \tag{17.76}$$

wobei mit den in Gl. (17.69) definierten Funktionen Ω und L die Größen ν_{mn} durch folgende Ausdrücke gegeben sind:

$$\begin{aligned}\nu_{11} &= -i\int_{-l}^{l}\int_{-l}^{l}\sin k(l-|z|)\,K(a,z-z')\sin k(l-|z'|)\,dz\,dz'\\ &= 2L(2kl)+e^{2ikl}\left\{-\log 2+\frac{\Omega(a)}{2}\right\}\\ &\quad+e^{-2ikl}\left\{\log 2-\frac{\Omega(a)}{2}+2L(2kl)-L(4kl)\right\};\end{aligned} \tag{17.77}$$

$$\begin{aligned}\nu_{12} &= -i\int_{-l}^{l}\int_{-l}^{l}\sin k(l-|z|)\,K(a,z-z')\,k(l-|z'|)\cos k(l-|z'|)\,dz\,dz'\\ &= -ikl\,[2-\Omega(a)+L(2kl)]+e^{2ikl}\left\{-\frac{1}{2}-ikl\left[2\log 2-\frac{\Omega(a)}{2}\right]\right\}\\ &\quad+e^{-2ikl}\left\{\frac{1}{2}-ikl\left[2\log 2-\frac{\Omega(a)}{2}+3L(2kl)-2L(4kl)\right]\right\};\end{aligned} \tag{17.78}$$

$$\begin{aligned}\nu_{22} &= -i\int_{-l}^{l}\int_{-l}^{l}k(l-|z|)\cos k(l-|z|)\,K(a,z-z')\,k(l-|z'|)\cos k(l-|z'|)\,dz\,dz'\\ &= L(2kl)-ikl\left\{-\frac{1}{2}-\Omega(a)+L(2kl)\right\}+k^2l^2\left\{-\frac{1}{2}+L(2kl)\right\}\\ &\quad+e^{2ikl}\left\{-\frac{1}{8}-\frac{1}{2}\log 2+\frac{\Omega(a)}{4}-ikl\,(1+\log 2)+k^2l^2\left[\frac{1}{2}+2\log 2-\frac{\Omega(a)}{2}\right]\right\}\\ &\quad+e^{-2ikl}\left\{\frac{1}{8}+\frac{1}{2}\log 2-\frac{\Omega(a)}{4}+L(2kl)-\frac{1}{2}L(4kl)\right.\\ &\qquad-ikl\,[1+\log 2+L(2kl)-L(4kl)]\\ &\qquad\left.+k^2l^2\left[-2\log 2+\frac{\Omega(a)}{2}-3L(2kl)+2L(4kl)\right]\right\}.\end{aligned} \tag{17.79}$$

Für *kurze* Antennen folgt daraus mit der Annahme $kl \ll 1$ im freien Raum ($\varepsilon = \mu = 1$) die Näherung

$$(Z_e)_{kl\ll 1} = 20\,k^2l^2+i\,\frac{60\,\Omega(a)}{kl}\left(1-\frac{2+\log 4}{\Omega(a)}\right)\quad[\text{Ohm}]. \tag{17.80}$$

In Fig. 17.4 sind die mit Gl. (17.75) berechneten Kurven für den reellen und imaginären Anteil von Z_e für $\Omega = 10$ und $\Omega = 15$ wiedergegeben.

Die Verbesserung gegenüber den Ergebnissen der einfachen Näherung nach Fig. 17.3 ist augenscheinlich; Z_e bleibt nun überall endlich und der Strahlungswiderstand ist eine Funktion des Durchmessers der Antenne. Die Ergebnisse der Fig. 17.4 stehen überdies in guter Übereinstimmung mit den direkt aus der Integralgleichung gewonnenen Lösungen von KING und MIDDLETON sowie HALLÉN und den auf anderem Wege gewonnenen Resultaten SCHELKUNOFFs*).

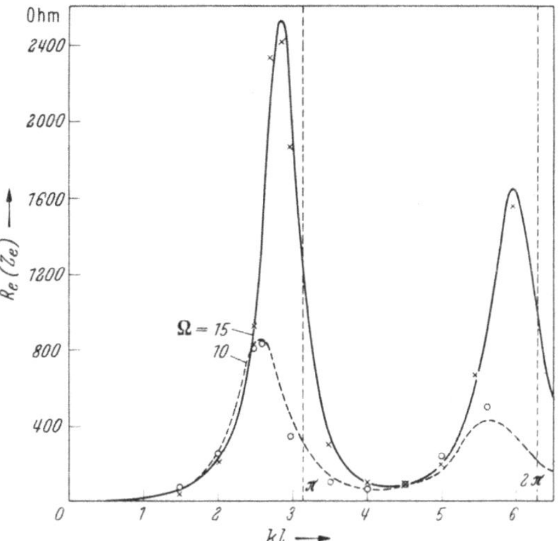

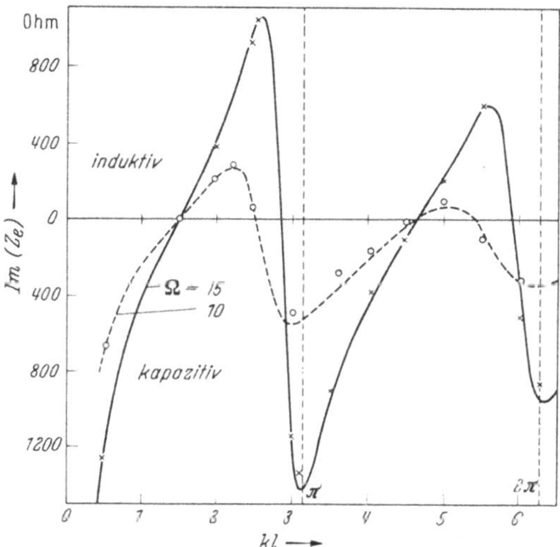

Fig. 17.4. Reeller und imaginärer Teil der Eingangsimpedanz Z_e in Ohm der Linearantenne nach TAI als Funktion von $kl = 2\pi l/\lambda$ in verbesserter Näherung nach Gl. (17.75) mit $\Omega = 2 \log (2\,l/a)$ als Parameter. Die eingezeichneten Punkte (o für $\Omega = 10$ und × für $\Omega = 15$) entsprechen der Näherung zweiter Ordnung nach KING-MIDDLETON.

Für die Linearantenne, deren Gesamtlänge $2l$ einer halben Wellenlänge gleich ist ($2l = \lambda/2$), wird $kl = \pi/2$. Für diesen speziellen Fall erhält man aus den TAIschen Formeln (17.75) und (17.76) das folgende Ergebnis**):

*) KING, RONOLD W. P., u. D. MIDDLETON: Quart. Appl. Math. 3, 302 (1946); J. Appl. Phys. 17, 273 (1946). — HALLÉN, E.: l. c., sowie "Admittance diagrams for antennas and the relation between antenna theories", Techn. Report Nr. 46 (June 1, 1948), Cruft Laboratory, Harvard University, Cambridge; — Elektricitetslära. Abschn. 35. Stockholm 1953. — SCHELKUNOFF, S. A.: Proc. Inst. Radio Engrss. **29**, 493 (1941); Electromagnetic waves. New York, Toronto u. London 1948.

**) Es ist $Si(\pi) = 1{,}85194$, $Si(2\pi) = 1{,}41815$, $Ci(\pi) = 0{,}07367$, $Ci(2\pi) = -0.02253$, $\log \gamma = 0.577216$.

$$Z_e = 30\,\frac{\nu_{11}\,\nu_{22} - \nu_{12}^2}{\nu_{22}}\ [\mathrm{Ohm}] \text{ und } \alpha = i\,\frac{\nu_{12}}{\nu_{22}}$$

mit $\nu_{11} = 2{,}4376 - 1{,}4182\,i,\ \nu_{12} = 1{,}3628 - 1{,}2662\,i,$

$$\nu_{22} = 0{,}7624 + (1{,}5708\,\Omega - 9{,}7131)\,i\,.$$

Hieraus folgen für die angegebenen Werte des Parameters $\Omega = 2\log(2\,l/a)$ die folgenden Zahlenwerte:

Ω	=	10	15	∞
$2\,l/a$	=	148	1808	∞
Z_e(Ohm)	=	$89{,}684 - 39{,}132\,i$	$80{,}552 - 41{,}586\,i$	$73{,}129 - 42{,}545\,i$
α	=	$0{,}2501 - 0{,}1794\,i$	$0{,}1031 - 0{,}0858\,i$	0

Wie zu erwarten, hängt die Eingangsimpedanz von Ω, d. h. dem Verhältnis $2\,l/a$ ab. Für die „unendlich dünne" Antenne ergibt sich in der Grenze der gleiche Wert, den man mit der vorangehenden ersten Näherung bzw. nach der Methode der induzierten EMK erhält. Der Grund dafür ist, daß für $\Omega \to \infty$ die Methode der stationären Darstellung für die „Dämpfungskonstante" α im Ansatz (17.74) den Grenzwert Null liefert, womit die Stromverteilung $I_z(z)$ sich wieder auf die einfache, *rein reelle* Näherung einer stehenden Welle längs der Antenne reduziert, die wir in Gl. (17.64) zugrunde gelegt hatten.

17.9. Die Eingangsimpedanz der unendlich langen linearen Antenne.

Die mehr theoretische Frage nach der Stromverteilung einer sich von dem Erregerspalt bei $z = 0$ nach beiden Seiten ins Unendliche erstreckenden Antenne wurde von verschiedenen Autoren untersucht*).

Für die Stromverteilung in großer Entfernung vom Spalt findet PAPAS den Ausdruck

$$J_z(z) = \pi\sqrt{\frac{\varepsilon\,\varepsilon_0}{\mu\,\mu_0}}\,V_0\,\frac{e^{i\,k\,z}}{\log\frac{z}{k\,a^2}}\,. \qquad (z \to \infty) \qquad (17.81)$$

Ein einfacher Näherungsausdruck bei Anwendung der Methode der stationären Darstellung ist daher durch

$$J_z(z) = e^{i\,k\,|z|} \qquad (17.82)$$

gegeben, der zwei vom Ursprung nach $z = \pm\,\infty$ auslaufenden Wellen entspricht. Setzt man den Ausdruck (17.82) in die stationäre Form

*) STRATTON, J. A., u. L. J. CHU: J. Appl. Phys. **12**, 230 (1941). — SCHELKUNOFF, S. A.: Proc. Inst. Radio Engrs. **29**, 493 (1941); **33**, 872 (1945). — HALLÉN, E.: J. Appl. Phys. **19**, 1140 (1948). — PAPAS, C. H.: J. Appl. Phys. **20, 437** (1949).

(17.59) für Z_e ein, so liefert nach TAI die Integration das folgende Resultat:

$$Z_e = \frac{1}{\pi} \sqrt{\frac{\mu \mu_0}{\varepsilon \varepsilon_0}} \left(\log \frac{1}{k a} - 0{,}577216 \cdots + i \frac{\pi}{2} \right). \qquad (17.83)$$

Zum Vergleich führen wir eine von SCHELKUNOFF auf anderem Wege gewonnene Näherung an*):

$$Z_e = \frac{1}{\pi} \sqrt{\frac{\mu \mu_0}{\varepsilon \varepsilon_0}} \left(\log \frac{1}{k a} - 0{,}577216 \cdots + Ci(2\pi) + i\, Si(2\pi) \right). \qquad (17.84)$$

Der zahlenmäßige Unterschied zwischen beiden Resultaten ist nicht sehr bedeutend (vgl. zweite Fußnote S. 229).

*) SCHELKUNOFF, S. A.: Electromagnetic waves, S. 292. New York, Toronto u. London 1943.

18. Anhang.

A. Zum Zusammenhang zwischen der stationären Darstellung nach SCHWINGER und RAYLEIGHS Resultat für das Fernfeld bei der Beugung einer skalaren Welle an einer kleinen Scheibe.

A.1. Die RAYLEIGHsche Beziehung zwischen Fernfeldamplitude und statischer Kapazität des beugenden Objekts.

In einer Untersuchung über die Beugung an ebenen, unendlich dünnen Hindernissen berechnete LORD RAYLEIGH die Fernfeldamplitude des Streufeldes im skalaren Fall, d. h. für ein Feld $u(\boldsymbol{r})$, das überall der Wellengleichung

$$(\nabla^2 + k^2)\, u(\boldsymbol{r}) = 0 \qquad \text{(A.1)}$$

genügt; als Randbedingungen am Schirm werden dabei die Fälle $u = 0$ und $\partial u/\partial n = 0$ behandelt*). Betrachtet man z. B. eine ebene Scheibe von endlicher Ausdehnung nach Fig. A.1, auf die eine ebene skalare Welle in der durch den Einheitsvektor $\boldsymbol{n}_1$ gekennzeichneten Richtung falle, und zerlegt man das totale Feld u in einen einfallenden und gestreuten Anteil

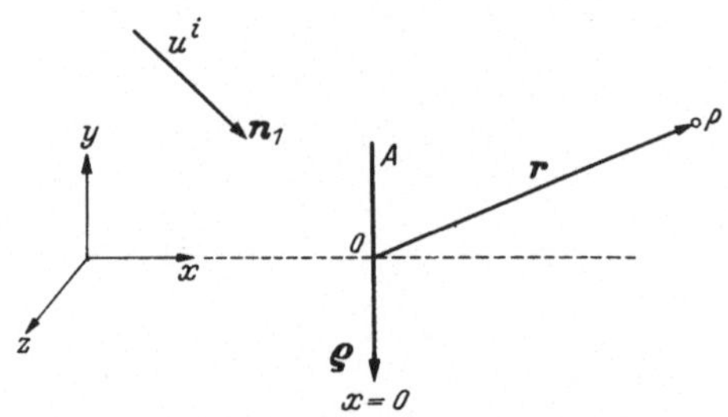

Fig. A.1. Ebene Scheibe der Fläche A unter Einfall einer ebenen Welle u^i in Richtung des Einheitsvektors $\boldsymbol{n}_1$. Die Ortsvektoren im Raum bzw. auf der Scheibe sind $\boldsymbol{r}$ bzw. ϱ.

$$u(\boldsymbol{r}) = u^i(\boldsymbol{r}) + u^s(\boldsymbol{r})\,, \qquad \text{(A.2)}$$

so gilt nach den gleichen Betrachtungen, die in Abschnitt 3.2 zur Gl. (3.9) führten, *bei der Randbedingung* $u = 0$ auf der Scheibe

$$u(\boldsymbol{r}) = u^i(\boldsymbol{r}) + \oint_A G(\boldsymbol{r}, \varrho')\, \frac{\partial}{\partial n'}\, u(\varrho')\, dA'\,. \qquad \text{(A.3)}$$

Die Integration erstreckt sich dabei über beide Seiten von A; der Ortsvektor ϱ bezieht sich auf die Scheibe. $G(\boldsymbol{r}, \varrho)$ bezeichnet die GREENsche Funktion des freien Raumes, die der Differentialgleichung

$$(\nabla^2 + k^2)\, G(\boldsymbol{r}, \varrho') = -\,\delta(\boldsymbol{r} - \varrho') \qquad \text{(A.4)}$$

*) LORD RAYLEIGH: Philosophic. Mag. 43, 259 (1897); Scientific Papers, Band IV, S. 283.

sowie der Ausstrahlungsbedingung genügt und nach Gl. (2.20) durch

$$G(\boldsymbol{r}, \varrho') = \frac{e^{ik|\boldsymbol{r}-\varrho'|}}{4\pi|\boldsymbol{r}-\varrho'|} \tag{A.5}$$

gegeben ist.

Aus Vergleich von Gl. (A.2) mit (A.3) geht hervor, daß das Streufeld bestimmt ist durch

$$u^s(\boldsymbol{r}) = \oint_A G(\boldsymbol{r}, \varrho') \frac{\partial}{\partial n'} u(\varrho')\, dA'. \tag{A.6}$$

Das Feld $u^s(x, y, z)$ ist eine gerade Funktion in x bezüglich $x = 0$ in Fig. A.1, wie aus analogen Symmetriebetrachtungen wie in Abschnitt 1.5 hervorgeht. Daher ist $(\partial/\partial x)\, u^s(\boldsymbol{r})$ eine bezüglich $x = 0$ ungerade (und beim Durchgang durch die Scheibe unstetige) Funktion. In Gl. (A.6) kann man somit die Integration auf eine Seite von A, z. B. die positive beschränken und Gl. (A.6) in der Form

$$u^s(\boldsymbol{r}) = -\int_{A^+} G(\boldsymbol{r}, \varrho')\, \eta(\varrho')\, dA' \tag{A.7}$$

schreiben, wobei $\partial/\partial n' = -\partial/\partial x'$ auf A^+ ist, da die äußere Normale gegen die Scheibe zu gerichtet ist (vgl. Fig. 3.3). $\eta(\varrho')$ ist somit definiert zu

$$\eta(\varrho') = \left(\frac{\partial u^+(\varrho')}{\partial x'} - \frac{\partial u^-(\varrho')}{\partial x'}\right)_{x=0} = 2\left[\frac{\partial}{\partial x'} u^s(\varrho')\right]_{x=0+}. \tag{A.8}$$

Mit Gl. (A.5) folgt aus Gl. (A.7)

$$u^s(\boldsymbol{r}) = -\frac{1}{4\pi}\int_{A^+} \frac{e^{ik|\boldsymbol{r}-\varrho'|}}{|\boldsymbol{r}-\varrho'|}\, \eta(\varrho')\, dA'. \tag{A.9}$$

Die einfallende Welle sei normiert zu

$$u^i(\boldsymbol{r}) = e^{ik\boldsymbol{n}_1\cdot\boldsymbol{r}}. \tag{A.10}$$

Auf der Scheibe gilt dann zufolge der Randbedingung $u = u^i + u^s = 0$

$$u^s(\varrho) = -e^{ik\boldsymbol{n}_1\cdot\varrho}. \tag{A.11}$$

Nun setzen wir voraus, daß alle linearen Dimensionen der beugenden Scheibe klein im Verhältnis zur Wellenlänge der einfallenden Welle seien, d. h. daß $k\varrho \ll 1$ sei. Damit gilt nach Gl. (A.11) $u^s(\varrho) \approx -1$ auf dem Schirm, und mit Gl. (A.9), wenn wir $\boldsymbol{r} \to \varrho$ gehen lassen,

$$1 = \int_{A^+} \frac{\eta(\varrho')}{4\pi|\varrho-\varrho'|}\, dA'. \qquad (k\varrho \to 0) \tag{A.12}$$

Diese Beziehung können wir elektrostatisch als Integralgleichung für die Ladungsdichte $\varepsilon_0\eta(\varrho')$ auf einer leitenden Scheibe mit dem konstanten Potential Eins interpretieren*). Die Kapazität C der Scheibe im freien Raum gegen das Unendliche ist infolgedessen numerisch

*) Vgl. Gl. (A.18).

gleich der gesamten Ladung und es gilt

$$C = \varepsilon_0 \int_{A+} \eta(\varrho')\, dA'. \tag{A.13}$$

Andererseits können wir Gl. (A.9) im Fernfeld, d. h. für $r \gg \varrho$ in erster Näherung schreiben als

$$u^s(\boldsymbol{r}) = -\frac{e^{ikr}}{4\pi r} \int_{A+} \eta(\varrho')\, dA' = -B\frac{e^{ikr}}{r}, \quad (r \to \infty) \tag{A.14}$$

wobei B die „*Fernfeldamplitude*" des gestreuten Wellenfeldes auf einer Kugel mit großem Radius r bezeichnet. Mit Gl. (A.13) ergibt sich

$$B = \frac{1}{4\pi\varepsilon_0} C, \tag{A.15}$$

d. h. die Fernfeldamplitude des Streufeldes ist der elektrostatischen Kapazität der beugenden Scheibe gegen das Unendliche proportional, wenn die Lineardimensionen der Scheibe sehr klein gegenüber der erregenden Wellenlänge sind; dies ist das von RAYLEIGH bemerkte Ergebnis*).

A.2. Eine stationäre Formulierung von RAYLEIGHs Ergebnis.

Die statische Kapazität läßt sich nun bekanntlich auch energetisch ausdrücken als

$$C = \frac{1}{2}\frac{Q^2}{W}, \tag{A.16}$$

wenn Q die Gesamtladung der Scheibe und W die gesamte elektrostatische Feldenergie bezeichnen. Eine frei bewegliche Ladung verteilt sich nach dem bekannten Satz von THOMSON derart über einen Leiter, daß die Feldenergie den kleinstmöglichen Wert annimmt**) und verleiht damit der Kapazität ihren größtmöglichen Wert. Da sich C somit alternativ durch einen stationären Ausdruck formulieren läßt, gilt dies auch für die Fernfeldamplitude in RAYLEIGHs Beugungsproblem. Auf diesen Umstand hat ERDÉLYI***) aufmerksam gemacht und darauf hingewiesen, daß die stationäre Formulierung des Fernfeldes von Beugungsproblemen am Schirm nach dem Vorgang von LEVINE und SCHWINGER****) im gewissen Sinn eine Erweiterung der RAYLEIGHschen Näherung nach kürzeren Wellenlängen hin darstellt. Dies besagt nicht, daß man durch einen naheliegenden Schritt von dem RAYLEIGHschen Ergebnis zu demjenigen von LEVINE und SCHWINGER gelangen

*) In elektrostatischen Einheiten ist $\varepsilon_0 = 1/4\pi$ zu setzen; damit gilt $B = C$ im elektrostatischen C.G.S.-System.

**) BECKER, A.: l. c., S. 85. — STRATTON, J.: l. c., S. 114 (s. Fußnote S. 1).

***) ERDÉLYI, A.: Atti Acad. Sci. Torino 87, I, 281 (1952—53).

****) LEVINE, H., u. J. SCHWINGER: Physic. Rev. 74, 958 (1948).

kann. Indessen läßt sich umgekehrt zeigen, daß man aus der Formulierung einer stationären Darstellung nach der SCHWINGERschen Methode im Grenzfall $k\varrho \to 0$ zu dem RAYLEIGHschen Ergebnis gelangt, falls man dieses in eine stationäre Form bringt. Letztere folgt unmittelbar aus dem stationären Ausdruck (A.16) für die statische Kapazität C der Scheibe.

Die Feldenergie W läßt sich ausdrücken durch

$$W = \frac{1}{2} \int_{A^+} \varepsilon_0 \, \eta(\varrho) \, \varphi(\varrho) \, dA \,, \tag{A.17}$$

wenn $\varepsilon_0 \, \eta(\varrho)$ die Ladungsdichte und $\varphi(\varrho)$ das von ihr erzeugte Potential ist. Letzteres ist gegeben durch

$$\varphi(\varrho) = \frac{1}{4\pi\varepsilon_0} \int_{A^+} \frac{\varepsilon_0 \, \eta(\varrho')}{|\varrho - \varrho'|} \, dA', \tag{A.18}$$

die Gesamtladung ist

$$Q = \varepsilon_0 \oint_{A+} \eta(\varrho) \, dA \,. \tag{A.19}$$

Die Feldenergie folgt mit Gl. (A.17) und (A.18) zu

$$W = \frac{\varepsilon_0}{8\pi} \int_{A+} \frac{\eta(\varrho)\,\eta(\varrho')}{|\varrho - \varrho'|} \, dA \, dA' \,, \tag{A.20}$$

und mit Gl. (A.16) die stationäre Darstellung der Kapazität C der Scheibe zu

$$C = 4\pi\varepsilon_0 \frac{\left[\int_{A+} \eta(\varrho)\, dA\right]^2}{\int_{A+} \frac{\eta(\varrho)\,\eta(\varrho')}{|\varrho - \varrho'|} \, dA \, dA'} \,. \tag{A.21}$$

Es läßt sich leicht nachrechnen, daß der in $\eta(\varrho)$ homogene Ausdruck (A.21) für C stationär bezüglich $\eta(\varrho)$ ist, wenn $\eta(\varrho)$ der Integralgleichung (A.12) genügt.

A.3. Eine stationäre Darstellung nach SCHWINGER für das Streufeld in großer Entfernung von einer beugenden Scheibe.

In dem korrekten Ausdruck (A.9) für das Streufeld können wir für große Abstände von der beugenden Scheibe die GREENsche Funktion in folgender Weise entwickeln:

$$\begin{aligned} G(\boldsymbol{r}, \varrho') &= \frac{e^{ik|\boldsymbol{r} - \varrho'|}}{4\pi\,|\boldsymbol{r} - \varrho'|} = \frac{e^{ik\sqrt{\boldsymbol{r}\cdot\boldsymbol{r} - 2\boldsymbol{r}\cdot\varrho' + \varrho'\cdot\varrho'}}}{4\pi\sqrt{\boldsymbol{r}\cdot\boldsymbol{r} - 2\boldsymbol{r}\cdot\varrho' + \varrho'\cdot\varrho'}} \\ &= \frac{e^{ikr}}{4\pi r} e^{-ik\frac{\boldsymbol{r}\cdot\varrho'}{r}} \left[1 + 0\left(\frac{\varrho'}{r}\right)\right]. \end{aligned} \tag{A.22}$$

$(r \to \infty,\ k\varrho$ endlich)

In der RAYLEIGHschen Näherung für $k\varrho \to 0$ hatten wir $G(\boldsymbol{r}, \boldsymbol{\varrho}') = e^{ikr}/4\pi r$ gesetzt. Indem wir ein weiteres Glied in der Entwicklung von $G(\boldsymbol{r}, \boldsymbol{\varrho}')$ hinzunehmen, gelangen wir zur SCHWINGERschen Näherung für das Fernfeld, die somit einen Schritt über die RAYLEIGHsche Näherung hinausgeht und daher für größere Werte von $k\varrho$ brauchbar sein wird, als es die RAYLEIGHsche Näherung erwarten läßt. Wir setzen also für das gestreute Fernfeld mit Gl. (A.9) und (A.22)

$$u^s(\boldsymbol{r}) = -\frac{e^{ikr}}{4\pi r} \int\limits_{A+} e^{-ik\boldsymbol{n}_2\cdot\boldsymbol{\varrho}'}\, \eta(\boldsymbol{\varrho}')\, dA' = -B\frac{e^{ikr}}{r}, \tag{A.23}$$

und damit für die „Fernfeldamplitude"

$$B(\boldsymbol{n}_2, \boldsymbol{n}_1) = \frac{1}{4\pi} \int\limits_{A^+} e^{-ik\boldsymbol{n}_2\cdot\boldsymbol{\varrho}'}\, \eta_1(\boldsymbol{\varrho}')\, dA'. \tag{A.24}$$

Dabei haben wir den Einheitsvektor $\boldsymbol{r}/r$, der nach dem Aufpunkt im Fernfeld hinweist, durch $\boldsymbol{n}_2$ bezeichnet. Der Einheitsvektor $\boldsymbol{n}_1$ in B und der Index von η weisen auf die Einfallsrichtung $\boldsymbol{n}_1$ der primären Welle hin, durch welche die zugehörige Verteilung $\eta_1(\boldsymbol{\varrho}')$ bestimmt ist.

Läßt man die Welle wieder aus der Richtung $\boldsymbol{n}_1$ einfallen und beobachtet in der Richtung $-\boldsymbol{n}_2$, so gilt

$$B(-\boldsymbol{n}_2, \boldsymbol{n}_1) = \frac{1}{4\pi} \int\limits_{A^+} e^{ik\boldsymbol{n}_2\cdot\boldsymbol{\varrho}'}\, \eta_1(\boldsymbol{\varrho}')\, dA'. \tag{A.25}$$

Umgekehrt gilt für eine in der Richtung $\boldsymbol{n}_2$ einfallende und in der Richtung $-\boldsymbol{n}_1$ beobachtete Welle

$$B(-\boldsymbol{n}_1, \boldsymbol{n}_2) = \frac{1}{4\pi} \int\limits_{A^+} e^{ik\boldsymbol{n}_1\cdot\boldsymbol{\varrho}'}\, \eta_2(\boldsymbol{\varrho}')\, dA'. \tag{A.26}$$

Die zugehörigen Verteilungen von $\eta(\boldsymbol{\varrho}')$ sind dabei nach Gl. (A.7) unter der Randbedingung $u(\boldsymbol{\varrho}) = 0$ auf der beugenden Scheibe bestimmt durch die Integralgleichung

$$u^i(\boldsymbol{\varrho}) = \int\limits_{A^+} G(\boldsymbol{\varrho}, \boldsymbol{\varrho}')\, \eta(\boldsymbol{\varrho}')\, dA'. \tag{A.27}$$

Es gilt daher

$$e^{ik\boldsymbol{n}_1\cdot\boldsymbol{\varrho}} = \int\limits_{A^+} G(\boldsymbol{\varrho}, \boldsymbol{\varrho}')\, \eta_1(\boldsymbol{\varrho}')\, dA' \tag{A.28}$$

$$e^{ik\boldsymbol{n}_2\cdot\boldsymbol{\varrho}} = \int\limits_{A^+} G(\boldsymbol{\varrho}, \boldsymbol{\varrho}')\, \eta_2(\boldsymbol{\varrho}')\, dA'. \tag{A.29}$$

Zur Gewinnung einer stationären Darstellung für die Fernfeldamplitude B multiplizieren wir Gl. (A.28) mit $\eta_2(\boldsymbol{\varrho}')$ und integrieren über die

Scheibe. Man erhält mit Berücksichtigung von Gl. (A.26)

$$4\pi B(-\boldsymbol{n}_1, \boldsymbol{n}_2) = \int_{A^+} e^{ik\boldsymbol{n}_1\cdot\varrho}\, \eta_2(\varrho)\, dA = \int_{A_+} \eta_2(\varrho)\, G(\varrho,\varrho')\, \eta_1(\varrho')\, dA\, dA'. \quad (A.30)$$

Bilden wir nun mit Gl. (A.25), (A.26) und (A.30) den Ausdruck

$$\frac{B(-\boldsymbol{n}_2, \boldsymbol{n}_1)\cdot B(-\boldsymbol{n}_1, \boldsymbol{n}_2)}{B(-\boldsymbol{n}_1, \boldsymbol{n}_2)} \equiv B(-\boldsymbol{n}_2, \boldsymbol{n}_1)\,, \quad (A.31)$$

so erhalten wir die gesuchte stationäre Darstellung der Fernfeldamplitude des Streufeldes zu

$$B(-\boldsymbol{n}_2, \boldsymbol{n}_1) = \frac{1}{4\pi} \frac{\int_{A^+} e^{ik\boldsymbol{n}_2\cdot\varrho'}\, \eta_1(\varrho')\, dA' \int_{A^+} e^{ik\boldsymbol{n}_1\cdot\varrho'}\, \eta_2(\varrho')\, dA'}{\int_{A^+} \eta_2(\varrho)\, G(\varrho,\varrho')\, \eta_1(\varrho')\, dA\, dA'}\,. \quad (r\to\infty) \quad (A.32)$$

Die stationäre Eigenschaft von $B(-\boldsymbol{n}_2, \boldsymbol{n}_1)$ bezüglich der ersten Variation von η_1 und η_2 läßt sich leicht nach dem gleichen Vorgang wie in Abschnitt 4.5 bestätigen, wenn das Bestehen der Integralgleichungen (A.28) und (A.29) für η_1 und η_2, d. h. die zu den Einfallsrichtungen $\boldsymbol{n}_1$ und $\boldsymbol{n}_2$ gehörigen Verteilungen von η über der beugenden Scheibe vorausgesetzt wird. Für eine vorgegebene Einfallsrichtung $\boldsymbol{n}_1$ gibt $B(-\boldsymbol{n}_2, \boldsymbol{n}_1)$ die Streufeldamplitude in großem Abstand r für jede gewünschte Richtung $-\boldsymbol{n}_2$.

Da die GREENsche Funktion $G(\varrho, \varrho')$ in ϱ und ϱ' symmetrisch ist, folgt aus Gl. (A.32) mit Vertauschung der Indizes 1 und 2

$$B(-\boldsymbol{n}_2, \boldsymbol{n}_1) = B(-\boldsymbol{n}_1, \boldsymbol{n}_2)\,, \quad (A.33)$$

d. h. die Vertauschbarkeit von Einfalls- und Beobachtungsrichtung.

Die stationäre Darstellung des Fernfeldes und das durch Gl. (A.33) zum Ausdruck gebrachte Reziprozitätsgesetz stehen in enger Beziehung zueinander. Nimmt man letzteres als gegeben an, so läßt sich damit der stationäre Ausdruck (A.32) auch unter Benutzung der Identität (A.31), des Ausdrucks (A.24) und der Integralgleichung (A.29) formulieren.

A.4. Die RAYLEIGHsche Streufeldbeziehung als Grenzfall der SCHWINGERschen stationären Darstellung für sehr lange Wellen.

Für den Fall der RAYLEIGHschen Näherung $k\varrho \to 0$ erhalten wir

$e^{ik\boldsymbol{n}_1\cdot\varrho} \to 1$, $e^{ik\boldsymbol{n}_2\cdot\varrho} \to 1$ und

$$G(\varrho, \varrho') = \frac{e^{ik|\varrho-\varrho'|}}{4\pi|\varrho-\varrho'|} \to \frac{1}{4\pi|\varrho-\varrho'|}\,. \quad (A.34)$$

Die Integralgleichungen (A.28) und (A.29) gehen damit in der Grenze in die Integralgleichung (A.12) über und es wird $\eta_1(\varrho) = \eta_2(\varrho) = \eta(\varrho)$.

Die stationäre Darstellung (A.32) geht über in

$$B(-\boldsymbol{n}_2, \boldsymbol{n}_1) = \frac{\left[\int\limits_{A^+} \eta(\varrho)\, dA\right]^2}{\int\limits_{A^+} \frac{\eta(\varrho)\,\eta(\varrho')}{|\varrho - \varrho'|}\, dA\, dA'} = B\,. \quad (r \to \infty,\ k\varrho \to 0) \tag{A.35}$$

Der Vergleich mit Gl. (A.21) zeigt, daß die SCHWINGERsche stationäre Darstellung (A.32) für $k\varrho \to 0$ zu der RAYLEIGHschen Beziehung (A.15)

$$B = \frac{1}{4\pi\varepsilon_0}\, C \tag{A.36}$$

zurückführt, wenn anstelle der ursprünglichen RAYLEIGHschen Darstellung die äquivalente *stationäre* Darstellung der elektrostatischen Kapazität C gewählt wird.

Die vorangehenden Betrachtungen beziehen sich, wie schon bemerkt, auf die Beugung einer skalaren Welle. Da man es bei elektromagnetischen Wellen mit einem Vektorproblem zu tun hat, in welchem das Streufeld nicht nur von der Amplitude und der Einfallsrichtung der erregenden Welle, sondern auch von deren Polarisation abhängt, lassen sich die vorangehenden Ergebnisse nicht ohne weiteres auf den elektromagnetischen Fall anwenden. Indessen ist zu vermuten, daß diese Betrachtungen eine Näherung für *inkohärente* elektromagnetische Strahlung mit statistisch verteilter Polarisationsrichtung liefern, die um so besser sein dürfte, je weniger geometrische Vorzugsrichtungen die beugende Scheibe aufweist. In der Tat zeigt die strenge Lösung des vektoriellen Beugungsproblems an einer Kreisscheibe, daß sich für eine solche inkohärente Strahlung die Ergebnisse für das skalare und das vektorielle Problem sehr nahekommen, wenn man von der nächsten Nachbarschaft der beugenden Kante absieht*). Im folgenden Abschnitt werden wir auf das vektorielle Problem zu sprechen kommen.

B. Zur Beziehung zwischen Transmissionsfaktor und Fernfeld beim ebenen Schirm und deren Verwendung zur experimentellen Ermittlung des Transmissionsfaktors.

B.1. Der Transmissionsfaktor für den ebenen Schirm.

In Abschnitt 6.2 wurde eine Beziehung für den Streuquerschnitt $\sigma_{\|}$ des unendlich langen Kreiszylinders beim Auftreffen einer ebenen Welle hergeleitet, deren elektrischer Feldvektor parallel zur Zylinderachse gerichtet ist. Gl. (6.12) zeigte, daß der Streuquerschnitt proportional dem imaginären Anteil der „Fernfeldamplitude" des elektrischen Feldes ist, die man auf dem durch die Zylinderachse gehenden und

*) Siehe dazu W. ANDREJEWSKI: Z. angew. Physik 5, 178 (1953).

zur Einfallsrichtung der ebenen Welle parallelen Strahl in großem Abstand vom beugenden Zylinder vorfindet. Ähnliche Beziehungen gelten bei anderen Beugungsproblemen und wir wollen im folgenden zeigen, daß ein solcher Zusammenhang auch für den Transmissionsfaktor beim Auftreffen einer ebenen Welle auf einen ebenen Schirm mit beliebiger endlicher Öffnung Geltung besitzt. Der Streuquerschnitt σ wird gemäß der in Gl. (3.14) gegebenen Definition durch Integration der Streustrahlung über eine das streuende Objekt umschließende Fläche gewonnen. Um σ experimentell zu bestimmen, müßte man bei Anwendung von Gl. (3.14) die Verteilung der Streustrahlung über eine solche Fläche messen. Die oben erwähnte Beziehung zwischen σ und dem elektrischen Feldvektor auf einem ausgezeichneten Strahl im Fernfeld führt die experimentelle Bestimmung von σ auf eine Messung an einer einzigen Stelle zurück. Man muß indessen, wie sich zeigen wird, sowohl die Amplitude als auch die Phase des betreffenden Feldvektors bezüglich des einfallenden Feldes kennen.

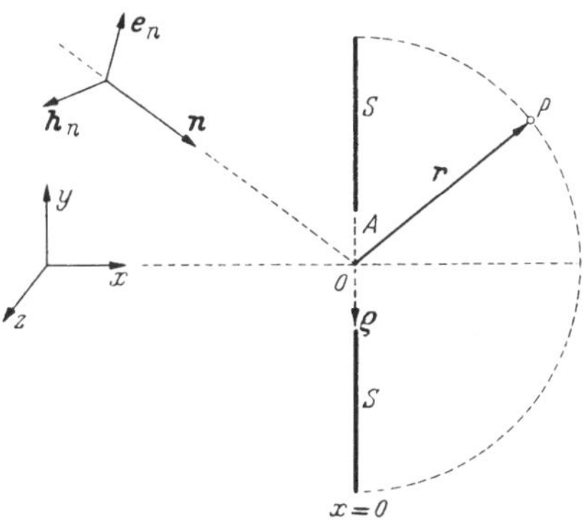

Fig. B.1. Eine längs der Richtung $\boldsymbol{n}$ auf einen ebenen, leitenden, unendlich ausgedehnten Schirm S mit der Öffnung A fallende ebene Welle. $\boldsymbol{e}_n$ und $\boldsymbol{h}_n$ bedeuten Einheitsvektoren in Richtung des einfallenden elektrischen und magnetischen Feldes, $\boldsymbol{\varrho}$ und $\boldsymbol{r}$ Ortsvektoren in der Schirmebene und im Raum.

Wir betrachten einen unendlich ausgedehnten, leitenden, ebenen Schirm S mit beliebig gestalteter, im Endlichen gelegener Öffnung A (Fig. B.1). Eine ebene Welle falle von links in einer durch den Normalenvektor $\boldsymbol{n}$ gekennzeichneten Richtung ein. $\boldsymbol{e}_n$ und $\boldsymbol{h}_n$ seien Einheitsvektoren in Richtung des elektrischen und magnetischen Feldvektors der längs $\boldsymbol{n}$ einfallenden Welle, die durch

$$\begin{aligned} \boldsymbol{E}_n^i(\boldsymbol{r}) &= \boldsymbol{e}_n\, E_0\, e^{ik\boldsymbol{n}\cdot\boldsymbol{r}} \\ \boldsymbol{H}_n^i(\boldsymbol{r}) &= \boldsymbol{h}_n\, H_0\, e^{ik\boldsymbol{n}\cdot\boldsymbol{r}} \end{aligned} \tag{B.1}$$

gegeben sei. Die Amplituden E_0 und H_0 sind dabei reelle Zahlen. Die Einheitsvektoren $\boldsymbol{e}_n$, $\boldsymbol{h}_n$ und $\boldsymbol{n}$ bilden ein orthogonales Dreibein, d. h. es gilt $\boldsymbol{e}_n \cdot \boldsymbol{h}_n = 0$, $\boldsymbol{e}_n \cdot \boldsymbol{n} = 0$ und $\boldsymbol{h}_n \cdot \boldsymbol{n} = 0$.

Der *Transmissionsfaktor* t für die durch die Öffnung A tretende Strahlung werde definiert zu*)

$$t = \frac{\operatorname{Re} \int\limits_A \boldsymbol{e}_x \cdot (\boldsymbol{E}_n(\boldsymbol{\varrho}) \times \boldsymbol{H}_n^*(\boldsymbol{\varrho}))\, dA}{A\, |\boldsymbol{E}_n^i \times \boldsymbol{H}_n^{i*}|}\,. \tag{B.2}$$

*) Vgl. auch Gl. (9.27).

$\boldsymbol{e}_x$ bezeichnet einen Einheitsvektor senkrecht zur Schirmebene, $\boldsymbol{\varrho}$ den Ortsvektor in der Öffnung, $\boldsymbol{E}_n$ und $\boldsymbol{H}_n$ die Feldvektoren des totalen Feldes in der Öffnung mit der Fläche A, $\boldsymbol{E}_n^i$ und $\boldsymbol{H}_n^i$ die Feldvektoren der einfallenden ebenen Welle.

Wir benutzen nun den in Abschnitt 1.5 erörterten Umstand, daß die in der Schirmebene liegende magnetische Transversalkomponente $\boldsymbol{H}_{tr}^s(\varrho)$ des Streufeldes über der Öffnung verschwindet, so daß dort die totale magnetische Transversalkomponente $\boldsymbol{H}_{tr}$ mit derjenigen der einfallenden Welle $\boldsymbol{H}_{tr}^i$ identisch ist. Der Ausdruck unter dem Integralzeichen im Zähler von Gl. (B.2) läßt sich auch schreiben als

$$\boldsymbol{e}_x \cdot (\boldsymbol{E}_n(\varrho) \times \boldsymbol{H}_n^*(\varrho)) = (\boldsymbol{e}_x \times \boldsymbol{E}_n(\varrho)) \cdot \boldsymbol{H}_n^*(\varrho) \,.$$

Der Vektor $\boldsymbol{e}_x \times \boldsymbol{E}_n(\varrho)$ liegt in der Schirmebene; für das skalare Produkt dieses Vektors mit $\boldsymbol{H}_n^*(\varrho)$ spielt daher nur die in der Schirmebene liegende Komponente von $\boldsymbol{H}_n^*(\varrho)$ eine Rolle, die nach dem Obigen mit $\boldsymbol{H}_{n_{tr}}^*(\varrho)$ identisch ist. Die longitudinale Komponente von $\boldsymbol{H}_n^*(\varrho)$ ist irrelevant, und wir können daher in der Öffnung in dem obigen skalaren Produkt $\boldsymbol{H}_n^*(\varrho)$ durch das Feld $\boldsymbol{H}_n^{*i}(\varrho) = \boldsymbol{h}_n H_0 e^{-ik\boldsymbol{n}\cdot\varrho}$ nach Gl. (B.1) ersetzen. Damit folgt aus Gl. (B.2)

$$t = \frac{\operatorname{Re} \int\limits_A (\boldsymbol{e}_x \times \boldsymbol{E}_n(\varrho)) \cdot \boldsymbol{h}_n H_0 \, e^{-ik\boldsymbol{n}\cdot\varrho} \, dA}{A \, |\boldsymbol{e}_n \times \boldsymbol{h}_n| \, E_0 H_0} \,,$$

und mit Rücksicht auf die Beziehung $|\boldsymbol{e}_n \times \boldsymbol{h}_n| = 1$

$$t = \frac{\operatorname{Re} \int\limits_A (\boldsymbol{e}_x \times \boldsymbol{E}_n(\varrho)) \cdot \boldsymbol{h}_n \, e^{-ik\boldsymbol{n}\cdot\varrho} \, dA}{A \, E_0} \,. \tag{B.3}$$

$(\boldsymbol{e}_x \times \boldsymbol{E}_n(\varrho))$ ist dabei die in der ebenen Öffnung gelegene totale transversale elektrische Feldkomponente.

Wenn wir gemäß den Betrachtungen am Ende des Abschnittes 1.5 in die einfallende Welle eine am Schirm reflektierte ebene Welle einschließen, so verschwindet bei der Aufteilung des totalen elektrischen Feldes in die Anteile $\boldsymbol{E}^i$ und $\boldsymbol{E}^s$ das Feld $\boldsymbol{E}^i$ auf dem ganzen Schirm und damit auch über der Öffnung, und es herrscht über letzterer nur der Streufeldanteil $\boldsymbol{E}^s$. Zu der durch die Öffnung hindurchtretenden Strahlung trägt allein die Transversalkomponente des elektrischen Streufeldes $\boldsymbol{E}_{tr}^s$ in der Öffnung bei; über die leitende Bedeckung des Schirmes verschwindet $\boldsymbol{E}_{tr}^s$. In Gl. (B.3) kann man daher $\boldsymbol{e}_x \times \boldsymbol{E}_n(\varrho)$ durch $\boldsymbol{e}_x \times \boldsymbol{E}_n^s(\varrho)$ ersetzen, wobei der Index n auf die Einfallsrichtung der zugeordneten ebenen Welle hinweist. Es gilt daher

$$t = \frac{\operatorname{Re} \int\limits_A (\boldsymbol{e}_x \times \boldsymbol{E}_n^s(\varrho)) \cdot \boldsymbol{h}_n \, e^{-ik\boldsymbol{n}\cdot\varrho} \, dA}{A \, E_0} \,. \tag{B.4}$$

B.2. Eine Vektordarstellung des Fernfeldes.

Es läßt sich nun zeigen, daß der Ausdruck (B.4) für t in engem Zusammenhang mit dem Streufeld in großer Entfernung von der Öffnung steht. Zu diesem Zweck drücken wir das elektrische Feld $\boldsymbol{E}^s(\boldsymbol{r})$ in der Fernzone durch die elektrische Feldverteilung über der Schirmöffnung A aus, wobei wir mit Vorteil von der in Abschnitt 17.2 eingeführten dyadischen GREENschen Funktion Gebrauch machen. Die in Gl. (17.13) angegebene GREENsche Funktion des freien Raumes läßt sich jedoch nur dann verwenden, wenn die Ströme sich über einen ganz im Endlichen gelegenen Bereich erstrecken oder im Unendlichen von genügender Ordnung verschwinden. Für einen ins Unendliche reichenden Schirm müßte man, analog dem in Abschnitt 10.4 behandelten skalaren Problem, durch Spiegelung der Quellpunkte an der Schirmebene eine bezüglich der Schirmebene ungerade dyadische GREENsche Funktion verwenden. Wir vereinfachen uns das Problem dadurch, daß wir vorübergehend zur komplementären Schirmanordnung nach Fig. B.2 übergehen; hier können wir die dyadische GREENsche Funktion des freien Raumes verwenden, wobei sich die durch die einfallende Welle hervorgerufenen Flächenströme nun über die ganz im Endlichen gelegene Bedeckung $\bar{A}$ erstrecken. In der Schirmebene außerhalb der Bedeckung erzeugen diese Ströme keine magnetische Transversalkomponente, so daß dieser Teil des komplementären Schirmes automatisch einen magnetischen Leiter darstellt ($\boldsymbol{H}^s_{tr} = 0$) *). Das Problem reduziert sich somit auf die Darstellung des elektrischen bzw. magnetischen Feldes in der Fernzone, das von einem Strombelag über der im Endlichen gelegenen Fläche $\bar{A}$ herrührt. Von dem so gefundenen Feld gewinnen wir sodann mit der Transformation (1.19) das Streufeld für den ursprünglichen Schirm in Fig. B.1.

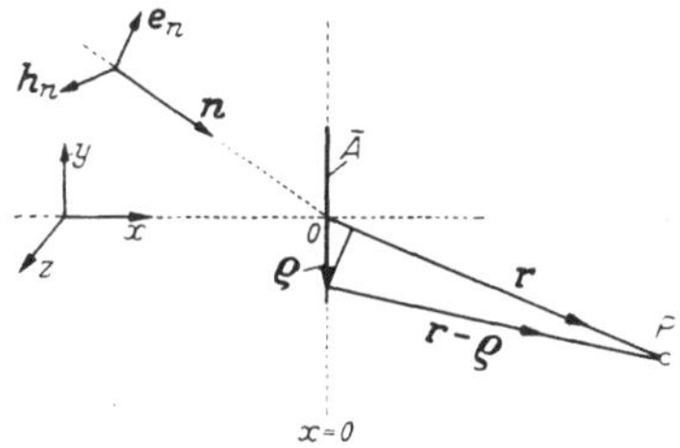

Fig. B.2. Zur Schirmanordnung der Fig. B.1 komplementäre Schirmanordnung.

Mit Gl. (17.1) und (17.13) gilt

$$\boldsymbol{E}(\boldsymbol{r}) = \int_{\bar{A}} \boldsymbol{\Gamma}(\boldsymbol{r}, \boldsymbol{\varrho}') \cdot \boldsymbol{I}(\boldsymbol{\varrho}')\, d\bar{A}', \tag{B.5}$$

wobei

$$\boldsymbol{\Gamma}(\boldsymbol{r}, \boldsymbol{\varrho}') = \frac{i\,\omega\,\mu\,\mu_0}{4\,\pi}\left(\boldsymbol{\epsilon} + \frac{1}{k^2}\nabla\nabla\right)\frac{e^{ik|\boldsymbol{r}-\boldsymbol{\varrho}'|}}{|\boldsymbol{\varrho}-\boldsymbol{\varrho}'|}. \tag{B.6}$$

*) Dies läßt sich z. B. mit Hilfe des Vektorpotentials $\boldsymbol{A}$ einsehen. Der Vektor $\boldsymbol{A}$ besitzt die Richtung der Flächenströme; aus Symmetriegründen ist $\boldsymbol{A}$ eine gerade Funktion in x bezüglich der Schirmebene $x = 0$ mit stetiger Ableitung außerhalb der Bedeckung. Mit $\mu\mu_0\boldsymbol{H} = \operatorname{rot}\boldsymbol{A}$ und $\partial A_y/\partial x = \partial A_z/\partial x = 0$ folgt, daß $\boldsymbol{H}$ nur eine longitudinale Komponente H_x außerhalb der Bedeckung besitzt.

Mit Einführung eines Einheitsvektors $\boldsymbol{e}_r$ in der Richtung von $\boldsymbol{r}$ gilt, wie man aus Fig. B.2 abliest, für große Entfernungen r zum Aufpunkt, d. h. für $\varrho/r \ll 1$

$$|\boldsymbol{r} - \boldsymbol{\varrho}'| \approx r - \boldsymbol{e}_r \cdot \boldsymbol{\varrho}' \tag{B.7}$$

und damit *)

$$\frac{e^{ik|\boldsymbol{r}-\boldsymbol{\varrho}'|}}{|\boldsymbol{r}-\boldsymbol{\varrho}'|} \approx \frac{e^{ikr}}{r} \cdot e^{-ik\boldsymbol{e}_r\cdot\boldsymbol{\varrho}'} . \tag{B.8}$$

Nun ist nach Gl. (17.16)

$$\nabla\nabla \frac{e^{ik|\boldsymbol{r}-\boldsymbol{\varrho}'|}}{|\boldsymbol{r}-\boldsymbol{\varrho}'|} = \nabla'\nabla' \frac{e^{ik|\boldsymbol{r}-\boldsymbol{\varrho}'|}}{|\boldsymbol{r}-\boldsymbol{\varrho}'|} , \tag{B.9}$$

wobei nun ∇' nur auf $\boldsymbol{\varrho}'$ einwirkt. Es ist

$$\nabla' e^{-ik\boldsymbol{e}_r\cdot\boldsymbol{\varrho}'} = -ik e^{-ik\boldsymbol{e}_r\cdot\boldsymbol{\varrho}'} \nabla' (\boldsymbol{e}_r \cdot \boldsymbol{\varrho}') . \tag{B.10}$$

Nach einer bekannten Vektorformel gilt $\nabla(\boldsymbol{a} \cdot \boldsymbol{r}) = \operatorname{grad}(\boldsymbol{a} \cdot \boldsymbol{r}) = \boldsymbol{a}$ und somit $\nabla'(\boldsymbol{e}_r \cdot \boldsymbol{\varrho}') = \boldsymbol{e}_r$. Damit folgt

$$\nabla' e^{-ik\boldsymbol{e}_r\cdot\boldsymbol{\varrho}'} = -ik\boldsymbol{e}_r e^{-ik\boldsymbol{e}_r\cdot\boldsymbol{\varrho}'}$$

und

$$\nabla'\nabla' e^{-ik\boldsymbol{e}_r\cdot\boldsymbol{\varrho}'} = -k^2 \boldsymbol{e}_r \boldsymbol{e}_r e^{-ik\boldsymbol{e}_r\cdot\boldsymbol{\varrho}'} . \tag{B.11}$$

Mit Gl. (B.6), (B.8) und (B.11) folgt somit für große Entfernungen von der Öffnung

$$\boldsymbol{\Gamma}(\boldsymbol{r}, \boldsymbol{\varrho}') \approx \frac{i\omega\mu\mu_0}{4\pi} (\colon - \boldsymbol{e}_r \boldsymbol{e}_r) \frac{e^{ikr}}{r} e^{-ik\boldsymbol{e}_r\cdot\boldsymbol{\varrho}'} . \tag{B.12}$$

Nun gilt für einen beliebigen Vektor $\boldsymbol{a}$

$$(\epsilon - \boldsymbol{e}_r \boldsymbol{e}_r) \cdot \boldsymbol{a} = \boldsymbol{a} - \boldsymbol{e}_r \boldsymbol{e}_r \cdot \boldsymbol{a} = -\boldsymbol{e}_r \times (\boldsymbol{e}_r \times \boldsymbol{a}) ,$$

da

$$\boldsymbol{e}_r \times (\boldsymbol{e}_r \times \boldsymbol{a}) = (\boldsymbol{e}_r \cdot \boldsymbol{a}) \boldsymbol{e}_r - (\boldsymbol{e}_r \cdot \boldsymbol{e}_r) \boldsymbol{a} = \boldsymbol{e}_r (\boldsymbol{e}_r \cdot \boldsymbol{a}) - \boldsymbol{a}$$

ist. Somit folgt nach Gl. (B.5) und (B.12) mit $\boldsymbol{a} = \boldsymbol{I}(\boldsymbol{\varrho}')$

$$\boldsymbol{E}(\boldsymbol{r}) = -\frac{i\omega\mu\mu_0}{4\pi} \frac{e^{ikr}}{r} \int\limits_{\bar{A}} \boldsymbol{e}_r \times (\boldsymbol{e}_r \times \boldsymbol{I}(\boldsymbol{\varrho}')) e^{-ik\boldsymbol{e}_r\cdot\boldsymbol{\varrho}'} d\bar{A}'$$

oder

$$\boldsymbol{E}(\boldsymbol{r}) = -\frac{i\omega\mu\mu_0}{4\pi} \frac{e^{ikr}}{r} \boldsymbol{e}_r \times \left\{\boldsymbol{e}_r \times \int\limits_{\bar{A}} \boldsymbol{I}(\boldsymbol{\varrho}') e^{-ik\boldsymbol{e}_r\cdot\boldsymbol{\varrho}'} d\bar{A}'\right\} . \tag{B.13}$$

In großer Entfernung von der Öffnung besitzt das Streufeld den Charakter einer Kugelwelle. Das magnetische Feld $\boldsymbol{H}(\boldsymbol{r})$ ist daher mit dem Vektor $\boldsymbol{e}_r$ und dem elektrischen Vektor $\boldsymbol{E}(\boldsymbol{r})$ durch die Beziehung

$$\boldsymbol{E}(\boldsymbol{r}) = \sqrt{\frac{\mu\mu_0}{\varepsilon\varepsilon_0}} (\boldsymbol{H}(\boldsymbol{r}) \times \boldsymbol{e}_r) \qquad (r \to \infty) \tag{B.14}$$

*) Vgl. auch Gl. (A.22).

verknüpft. Mit Rücksicht auf Gl. (B.13) gilt daher

$$\boldsymbol{H}(\boldsymbol{r}) = \frac{i\,k}{4\pi}\,\frac{e^{i\,k\,r}}{r}\left\{\boldsymbol{e}_r \times \int\limits_{\bar{A}} \boldsymbol{I}(\varrho')\, e^{-ik\boldsymbol{e}_r\cdot\varrho'}\, d\bar{A}'\right\}. \tag{B.15}$$

Der Flächenstrom $\boldsymbol{I}(\varrho')$ erzeugt einen Sprung der magnetischen Transversalkomponente $\boldsymbol{H}^s_{tr}$ des Streufeldes über der Bedeckung und es gilt unter Beachtung der Symmetrie des magnetischen Streufeldes in bezug auf die Schirmebene, das beim Durchgang durch die Bedeckung $\bar{A}$ sein Vorzeichen wechselt,

$$\boldsymbol{I}(\varrho') = 2\,(\boldsymbol{e}_x \times \boldsymbol{H}^s(\varrho')\,. \tag{B.16}$$

Somit erhalten wir für das Streufeld $\boldsymbol{H}^s(\boldsymbol{r})$ der Schirmanordnung nach Fig. B.2 in großer Entfernung von der Öffnung aus Gl. (B.15) und (B.16) den Ausdruck

$$\boldsymbol{H}^s(\boldsymbol{r}) = i\,k\,\frac{e^{i\,k\,r}}{2\pi r}\left\{\boldsymbol{e}_r \times \int\limits_{\bar{A}} (\boldsymbol{e}_x \times \boldsymbol{H}^s(\varrho'))\, e^{-ik\boldsymbol{e}_r\cdot\varrho'}\, d\bar{A}'\right\}. \tag{B.17}$$

Nunmehr gehen wir mit Hilfe der Transformation (1.19) zur ursprünglichen Schirmanordnung nach Fig. B.1 über. Mit der Substitution

$$\boldsymbol{E}^s = -\sqrt{\frac{\mu\,\mu_0}{\varepsilon\varepsilon_0}}\,\boldsymbol{H}^s$$

folgt das elektrische Fernfeld für den ursprünglichen Schirm aus Gl. (B.17) zu

$$\boldsymbol{E}^s(\boldsymbol{r}) = \frac{ik}{2\pi}\,\frac{e^{i\,k\,r}}{r}\left\{\boldsymbol{e}_r \times \int\limits_{A} (\boldsymbol{e}_x \times \boldsymbol{E}^s(\varrho'))\, e^{-ik\,\boldsymbol{e}_r\cdot\varrho'}\, dA'\right\}. \tag{B.18}$$

Damit haben wir das elektrische Streufeld in großer Entfernung durch die Verteilung des Streufeldes über der Öffnung dargestellt. Führen wir zur Charakterisierung der Streufeldverteilung auf einer Kugelfläche in großem Abstand r einen Vektor $\boldsymbol{B}$ ein durch

$$\boldsymbol{E}^s(\boldsymbol{r}) = \boldsymbol{e}_r \times \boldsymbol{B}(\boldsymbol{e}_r, \boldsymbol{n})\,\frac{e^{i\,k\,r}}{r}\,, \qquad (r\to\infty) \tag{B.19}$$

wobei $\boldsymbol{e}_r$ auf die Richtung zum Aufpunkte P des Streufeldes $\boldsymbol{E}^s(\boldsymbol{r})$ und $\boldsymbol{n}$ auf die Einfallsrichtung der das Streufeld erzeugenden ebenen Welle hinweisen, so gilt mit Gl. (B.18) und (B.19)

$$\boldsymbol{B}(\boldsymbol{e}_r, \boldsymbol{n}) = \frac{ik}{2\pi}\int\limits_{A} (\boldsymbol{e}_x \times \boldsymbol{E}^s_n(\varrho'))\, e^{-ik\,\boldsymbol{e}_r\cdot\varrho'}\, dA'\,. \tag{B.20}$$

Wählen wir den Aufpunkt P auf dem zur Einfallsrichtung $\boldsymbol{n}$ parallelen Strahl, so wird

$$\boldsymbol{B}(\boldsymbol{n}, \boldsymbol{n}) = \frac{ik}{2\pi}\int\limits_{A} (\boldsymbol{e}_x \times \boldsymbol{E}^s_n(\varrho'))\, e^{-ik\boldsymbol{n}\cdot\varrho'}\, dA'\,. \tag{B.21}$$

B.3. Eine Beziehung zwischen Transmissionsfaktor und Fernfeldamplitude.

Ein Vergleich mit der Darstellung (B.4) für den Transmissionsfaktor t zeigt, daß sich letzterer darstellen läßt durch*)

$$t = \frac{1}{A E_0} \operatorname{Re}\left\{\frac{2\pi}{ik} \boldsymbol{h}_n \cdot \boldsymbol{B}(\boldsymbol{n}, \boldsymbol{n})\right\} = \frac{2\pi}{k A E_0} \operatorname{Im}\{\boldsymbol{h}_n \cdot \boldsymbol{B}(\boldsymbol{n}, \boldsymbol{n})\}\,. \quad \text{(B.22)}$$

Damit haben wir t mit der Streufeldamplitude in großer Entfernung von der Schirmöffnung und in Richtung der Fortschreitung der einfallenden Welle in Beziehung gebracht.

Zur Messung von t wählt man am einfachsten die Fortschreitungsrichtung der einfallenden Welle senkrecht zur Schirmebene ($\boldsymbol{n} = \boldsymbol{e}_x$) und mißt beispielsweise das elektrische Feld in großer Entfernung hinter der Öffnung in der Einfallsrichtung, d. h. auf der x-Achse in Fig. B.1. Wählt man z. B. die Polarisation der einfallenden Welle so, daß das magnetische Feld in der y-Richtung liegt, so gilt mit Gl. (B.22) in diesem Fall

$$t = \frac{2\pi}{k A E_0} \operatorname{Im}\{\boldsymbol{e}_y \cdot \boldsymbol{B}(\boldsymbol{e}_x, \boldsymbol{e}_x)\}\,. \quad \text{(B.23)}$$

Die Größe $\boldsymbol{B}$ können wir nun nach Gl. (B.19) durch das der Messung zugängliche Streufeld $\boldsymbol{E}^s(\boldsymbol{r})$ hinter der Schirmöffnung ausdrücken. Mit $\boldsymbol{r} = x\,\boldsymbol{e}_x$ und $\boldsymbol{e}_r = \boldsymbol{n} = \boldsymbol{e}_x$ folgt

$$\boldsymbol{E}^s(x) = \boldsymbol{e}_x \times \boldsymbol{B}(\boldsymbol{e}_x, \boldsymbol{e}_x)\frac{e^{ikx}}{x}\,. \quad \text{(B.24)}$$

Multiplizieren wir diese Beziehung beiderseits skalar mit $\boldsymbol{e}_z$, so folgt mit $\boldsymbol{e}_z \cdot (\boldsymbol{e}_x \times \boldsymbol{B}) = (\boldsymbol{e}_z \times \boldsymbol{e}_x) \cdot \boldsymbol{B} = \boldsymbol{e}_y \cdot \boldsymbol{B}$ die Beziehung

$$\boldsymbol{e}_z \cdot \boldsymbol{E}^s(x) = E_z^s(x) = \boldsymbol{e}_y \cdot \boldsymbol{B}(\boldsymbol{e}_x, \boldsymbol{e}_x)\frac{e^{ikx}}{x}\,. \quad \text{(B.25)}$$

Somit erhalten wir aus Gl. (B.23)

$$t = \frac{2\pi x}{k A E_0} \operatorname{Im}\{E_z^s(x)\, e^{-ikx}\}\,. \quad \text{(B.26)}$$

Setzen wir $E_z^s(x) = |E_z^s(x)|\, e^{i\Theta_E}$, wobei Θ_E den Phasenwinkel der Komponente E_z^s des Streufeldes in großer Entfernung x vom Schirm in bezug auf den Feldvektor E_z^i der einfallenden Welle in der Schirmebene bezeichnet, so folgt aus Gl. (B.26)

$$t = \frac{2\pi x}{k A E_0} |E_z^s(x)| \sin(\Theta_E - kx)\,. \qquad (x \to \infty) \quad \text{(B.27)}$$

Damit läßt sich die experimentelle Ermittlung des Transmissionsfaktors t auf die Messung der elektrischen Feldkomponente $E_z^s(x)$ im Fernfeld hinter der Öffnung nach Größe und Phase zurückführen.

---

*) Vgl. H. Levine u. J. Schwinger: Comm. Pure a. Appl. Math. 3, 355 (1950), Gl. (6.4). — Toraldo di Francia, G.: Rc. Accad. Nat. Lincei (Roma) 8, 359 (1950).

B.4. Messung des Transmissionsfaktors.

Huang und Kodis*) haben Messungen von t bei Wellenlängen in der Gegend von $\lambda = 1{,}25$ cm an Schirmen mit kreisrunden, rechteckigen und elliptischen Öffnungen durchgeführt. Die Schwierigkeit der Messung des Phasenwinkels Θ_E wurde dadurch umgangen, daß für $\sin(\Theta_E - kx)$ ein Wert angenommen wurde, wie er aus theoretischen Ergebnissen folgt. Diese zeigen, daß für Öffnungen, deren lineare Abmessungen von der Größe der zur Messung verwendeten Wellenlänge oder darüber sind, der Winkel $\Theta_E - kx$ praktisch gleich $\pi/2$ ist, so daß $\sin(\Theta_E - - kx) = 1$ gesetzt werden kann. Die Messung reduzierte sich damit auf die Bestimmung des Betrags von E_z^s allein. Für im Verhältnis zur Wellenlänge kleine Öffnungen muß die Abweichung des Phasenwinkels von $\pi/2$ auf Grund theoretisch errechneter Werte berücksichtigt werden. Die Meßergebnisse stehen in befriedigender Übereinstimmung mit theoretischen Resultaten. Als Beispiel zeigt Fig. B.3 das Ergebnis für kreisrunde Öffnungen.

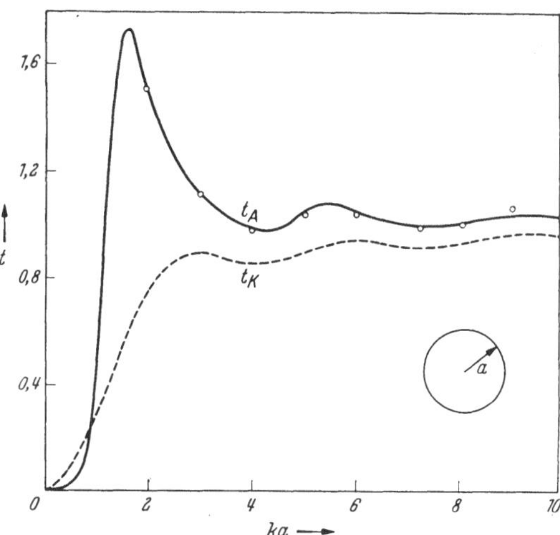

Fig. B.3. Transmissionsfaktor t eines ebenen Schirms mit kreisrunder Öffnung vom Radius a bei einer Meßwellenlänge $\lambda = 1{,}25$ cm für senkrechten Einfall. Die Kurve t_A entspricht der exakten theoretischen Lösung nach Meixner und Andrejewski nach der Berechnung von Andrejewski, die Kurve t_K dem Ergebnis der Kirchhoffschen Näherung**). Die eingezeichneten Punkte sind Meßwerte nach Huang und Kodis. $k = 2\pi/\lambda$.

C. Grundzüge der Dyadenrechnung (Dyadenalgebra).

Zum Verständnis der in Kapitel **17** eingeführten „dyadischen" oder „tensoriellen" Greenschen Funktion $\boldsymbol{\Gamma}(\boldsymbol{r}, \boldsymbol{r}')$ geben wir in diesem Abschnitt für den nicht mit Dyaden vertrauten Leser einen kursorischen

*) Huang, Ch., u. R. D. Kodis: The measurement of aperture transmission coefficients. Techn. Rep. Nr 165 (June 10, 1953), Cruft Laboratory, Harvard University, Cambridge, USA. — Huang, Ch., R. D. Kodis u. H. Levine: J. Appl. Phys. **26**, 151 (1955).

) Andrejewski, W.: Z. angew. Phys. **5, 178 (1953). — Meixner, J., u. W. Andrejewski: Ann. Physik (6) **7**, 157 (1950).

Abriß über die Definition und das Rechnen mit den von J. W. GIBBS eingeführten Dyaden*).

Eine GIBBSsche Dyade definieren wir als ein formales Produkt zweier Vektoren. Bezeichnen wir die Einheitsvektoren in einem rechtwinkligen dreidimensionalen Koordinatensystem mit $\boldsymbol{e}_x, \boldsymbol{e}_y, \boldsymbol{e}_z$ und zwei Vektoren $\boldsymbol{a}$ und $\boldsymbol{b}$ durch

$$\boldsymbol{a} = a_x\, \boldsymbol{e}_x + a_y\, \boldsymbol{e}_y + a_z\, \boldsymbol{e}_z \tag{C.1}$$

$$\boldsymbol{b} = b_x\, \boldsymbol{e}_x + b_y\, \boldsymbol{e}_y + b_z\, \boldsymbol{e}_z\,, \tag{C.2}$$

so ist die Dyade $\Theta = \boldsymbol{a}\,\boldsymbol{b}$ definiert als das formale Produkt**)

$$\Theta = \boldsymbol{a}\,\boldsymbol{b} = (a_x\, \boldsymbol{e}_x + a_y\, \boldsymbol{e}_y + a_z\, \boldsymbol{e}_z)\,(b_x\, \boldsymbol{e}_x + b_y\, \boldsymbol{e}_y + b_z\, \boldsymbol{e}_z) \tag{C.3}$$

oder

$$\begin{aligned} \Theta = \boldsymbol{a}\,\boldsymbol{b} = {} & \boldsymbol{e}_x\, \boldsymbol{e}_x\, a_x\, b_x + \boldsymbol{e}_x\, \boldsymbol{e}_y\, a_x\, b_y + \boldsymbol{e}_x\, \boldsymbol{e}_z\, a_x\, b_z \\ & + \boldsymbol{e}_y\, \boldsymbol{e}_x\, a_y\, b_x + \boldsymbol{e}_y\, \boldsymbol{e}_y\, a_y\, b_y + \boldsymbol{e}_y\, \boldsymbol{e}_z\, a_y\, b_z \\ & + \boldsymbol{e}_z\, \boldsymbol{e}_x\, a_z\, b_x + \boldsymbol{e}_z\, \boldsymbol{e}_y\, a_z\, b_y + \boldsymbol{e}_z\, \boldsymbol{e}_z\, a_z\, b_z\,. \end{aligned} \tag{C.4}$$

Die Dyade Θ ist zunächst ein bloßes Schema. Die *skalaren* Faktoren in jedem Term können verschoben werden, wie z.B. $\boldsymbol{e}_x \boldsymbol{e}_y a_x b_y = a_x b_y \boldsymbol{e}_x \boldsymbol{e}_y$; nicht vertauschbar ist jedoch die Reihenfolge der Einheitsvektoren. Abkürzungsweise kann die obige Dyade durch die Matrix ihrer Komponenten

$$\begin{vmatrix} a_x\, b_x & a_x\, b_y & a_x\, b_z \\ a_y\, b_x & a_y\, b_y & a_y\, b_z \\ a_z\, b_x & a_z\, b_y & a_z\, b_z \end{vmatrix} \tag{C.5}$$

charakterisiert werden. Sie ist durch sechs unabhängige Größen bestimmt. Ein beliebiger Tensor ist bekanntlich durch neun unabhängige skalare Größen bestimmt. In Erweiterung des Begriffs der speziellen Dyade Θ nach Gl. (C.4) kann man zu dem allgemeinen Tensorbegriff durch Einführung einer verallgemeinerten Dyade der folgenden Form übergehen:

$$\begin{aligned} \Phi = {} & \alpha\;\; \boldsymbol{e}_x\, \boldsymbol{e}_x + \beta\;\; \boldsymbol{e}_x\, \boldsymbol{e}_y + \gamma\;\; \boldsymbol{e}_x\, \boldsymbol{e}_z \\ & + \alpha'\; \boldsymbol{e}_y\, \boldsymbol{e}_x + \beta'\; \boldsymbol{e}_y\, \boldsymbol{e}_y + \gamma'\; \boldsymbol{e}_y\, \boldsymbol{e}_z \\ & + \alpha''\, \boldsymbol{e}_z\, \boldsymbol{e}_x + \beta''\, \boldsymbol{e}_z\, \boldsymbol{e}_y + \gamma''\, \boldsymbol{e}_z\, \boldsymbol{e}_z\,, \end{aligned} \tag{C.6}$$

*) Eine ausgezeichnete Darstellung findet sich in der von J.W. GIBBS für seine Hörer an der Yale-Universität in New Haven, Connecticut, USA, herausgegebenen Schrift: Elements of vector analysis, 1881 u. 1884. — Siehe GIBBS, J. WILLARD: The Collected works, Bd. II, Teil II, S. 17/90. New York, London, Toronto: Longmans, Green and Co. 1928 und J. W. GIBBS u. E. B. WILSON: Vector analysis. New Haven University Press 1943. — Siehe auch FRANK-MISES: l. c., Bd. I, S. 90ff. (s. Fußnote S. 25). — BUDDE, E.: Tensoren und Dyaden im dreidimensionalen Raum. Braunschweig 1914. — LOHR, E.: Vektor und Dyadenrechnung für Physiker und Techniker. Berlin 1950.

**) Dyaden bezeichnen wir durch große griechische Buchstaben.

wobei α, β, γ usw. beliebige positive oder negative skalare Größen sind. Die verallgemeinerte Dyade $\boldsymbol{\Phi}$ läßt sich, wie man sieht, durch die Summe dreier Dyaden von der Form $\boldsymbol{\Theta} = \boldsymbol{a}\,\boldsymbol{b}$ darstellen; in der Tat kann die Dyade $\boldsymbol{\Phi}$ in Gl. (C.6) ausgedrückt werden durch

$$\boldsymbol{\Phi} = \boldsymbol{a}\,\boldsymbol{e}_x + \boldsymbol{b}\,\boldsymbol{e}_y + \boldsymbol{c}\,\boldsymbol{e}_z\,, \tag{C.7}$$

wobei $\boldsymbol{a}$, $\boldsymbol{b}$, $\boldsymbol{c}$ die folgenden Vektoren sind:

$$\begin{aligned} \boldsymbol{a} &= \alpha\,\boldsymbol{e}_x + \alpha'\,\boldsymbol{e}_y + \alpha''\,\boldsymbol{e}_z \\ \boldsymbol{b} &= \beta\,\boldsymbol{e}_x + \beta'\,\boldsymbol{e}_y + \beta''\,\boldsymbol{e}_z \\ \boldsymbol{c} &= \gamma\,\boldsymbol{e}_x + \gamma'\,\boldsymbol{e}_y + \gamma''\,\boldsymbol{e}_z\,. \end{aligned} \tag{C.8}$$

Andererseits läßt sich $\boldsymbol{\Phi}$ ausdrücken durch

$$\boldsymbol{\Phi} = \boldsymbol{e}_x\,\boldsymbol{p} + \boldsymbol{e}_y\,\boldsymbol{q} + \boldsymbol{e}_z\,\boldsymbol{r}\,, \tag{C.9}$$

wobei $\boldsymbol{p}$, $\boldsymbol{q}$, $\boldsymbol{r}$ die folgenden Vektoren sind:

$$\begin{aligned} \boldsymbol{p} &= \alpha\ \ \boldsymbol{e}_x + \beta\ \ \boldsymbol{e}_y + \gamma\ \ \boldsymbol{e}_z \\ \boldsymbol{q} &= \alpha'\ \boldsymbol{e}_x + \beta'\ \boldsymbol{e}_y + \gamma'\ \boldsymbol{e}_z \\ \boldsymbol{r} &= \alpha''\,\boldsymbol{e}_x + \beta''\,\boldsymbol{e}_y + \gamma''\,\boldsymbol{e}_z\,. \end{aligned} \tag{C.10}$$

Allgemein läßt sich $\boldsymbol{\Phi}$ auch darstellen als

$$\boldsymbol{\Phi} = \boldsymbol{d}\,\boldsymbol{u} + \boldsymbol{e}\,\boldsymbol{v} + \boldsymbol{f}\boldsymbol{w}\,, \tag{C.11}$$

d. h. aus der Summe dreier Dyaden der Form $\boldsymbol{a}\,\boldsymbol{b}$*). Es gilt das distributive Gesetz:

$$(\boldsymbol{a} + \boldsymbol{b} + \cdots)\,(\boldsymbol{p} + \boldsymbol{q} + \cdots) = \boldsymbol{a}\,\boldsymbol{p} + \boldsymbol{a}\,\boldsymbol{q} + \boldsymbol{b}\,\boldsymbol{p} + \boldsymbol{b}\,\boldsymbol{q} + \cdots\,. \tag{C.12}$$

Wir definieren nun das *innere* und *äußere* Produkt einer Dyade mit einem Vektor. Es kommt dabei darauf an, ob der Vektor *vor* oder *hinter* der Dyade steht. Wir definieren eine *Prä*multiplikation $\boldsymbol{p}\cdot\boldsymbol{\Theta}$ bzw. $\boldsymbol{p}\times\boldsymbol{\Theta}$ und eine *Post*multiplikation $\boldsymbol{\Theta}\cdot\boldsymbol{p}$ bzw. $\boldsymbol{\Theta}\times\boldsymbol{p}$. Es ist

$$\boldsymbol{\Theta}\cdot\boldsymbol{p} = \boldsymbol{\Theta}\cdot(p_x\,\boldsymbol{e}_x + p_y\,\boldsymbol{e}_y + p_z\,\boldsymbol{e}_z)\,.$$

Mit Benutzung von $\boldsymbol{\Theta} = \boldsymbol{a}\,\boldsymbol{b}$ nach Gl. (C.4) und $\boldsymbol{e}_j\cdot\boldsymbol{e}_k = \delta_{jk}$ oder

$$\begin{aligned} \boldsymbol{e}_x\cdot\boldsymbol{e}_x &= \boldsymbol{e}_y\cdot\boldsymbol{e}_y = \boldsymbol{e}_z\cdot\boldsymbol{e}_z = 1 \\ \boldsymbol{e}_x\cdot\boldsymbol{e}_y &= \boldsymbol{e}_x\cdot\boldsymbol{e}_z = \boldsymbol{e}_y\cdot\boldsymbol{e}_z = 0 \end{aligned}$$

folgt

$$\begin{aligned} \boldsymbol{\Theta}\cdot\boldsymbol{p} = {} & \boldsymbol{e}_x\,a_x\,b_x\,p_x + \boldsymbol{e}_y\,a_y\,b_x\,p_x + \boldsymbol{e}_z\,a_z\,b_x\,p_x \\ & + \boldsymbol{e}_x\,a_x\,b_y\,p_y + \boldsymbol{e}_y\,a_y\,b_y\,p_y + \boldsymbol{e}_z\,a_z\,b_y\,p_y \\ & + \boldsymbol{e}_x\,a_x\,b_z\,p_z + \boldsymbol{e}_y\,a_y\,b_z\,p_z + \boldsymbol{e}_z\,a_z\,b_z\,p_z\,, \end{aligned}$$

*) Gibbs bezeichnet die spezielle Dyade $\boldsymbol{\Theta}$ als *dyad*, die allgemeine Dyade $\boldsymbol{\Phi}$ als *dyadic*.

oder

$$\boldsymbol{\Theta}\cdot\boldsymbol{p}=(\boldsymbol{a}\boldsymbol{b})\cdot\boldsymbol{p}=\boldsymbol{a}(\boldsymbol{b}\cdot\boldsymbol{p})=(a_x\boldsymbol{e}_x+a_y\boldsymbol{e}_y+a_z\boldsymbol{e}_z)\,(b_xp_x+b_yp_y+b_zp_z). \quad \text{(C.13)}$$

Analog gilt

$$\boldsymbol{p}\cdot\boldsymbol{\Theta}=\boldsymbol{p}\cdot\boldsymbol{a}\,\boldsymbol{b}=(\boldsymbol{p}\cdot\boldsymbol{a})\,\boldsymbol{b}\,. \quad \text{(C.14)}$$

Man sieht, daß $\boldsymbol{p}\cdot\boldsymbol{\Theta}$ verschieden von $\boldsymbol{\Theta}\cdot\boldsymbol{p}$ ist und daß daher die Reihenfolge der Faktoren eine wesentliche Rolle spielt.

Analog gilt

$$\boldsymbol{\Theta}\times\boldsymbol{p}=\boldsymbol{a}\,\boldsymbol{b}\times\boldsymbol{p}=\boldsymbol{a}(\boldsymbol{b}\times\boldsymbol{p})=\boldsymbol{a}\,\boldsymbol{c}\,,\quad \text{mit } \boldsymbol{c}=(\boldsymbol{b}\times\boldsymbol{p}) \quad \text{(C.15)}$$

und

$$\boldsymbol{p}\times\boldsymbol{\Theta}=\boldsymbol{p}\times\boldsymbol{a}\,\boldsymbol{b}=(\boldsymbol{p}\times\boldsymbol{a})\boldsymbol{b}=\boldsymbol{d}\,\boldsymbol{b}\,,\quad \text{mit } \boldsymbol{d}=(\boldsymbol{p}\times\boldsymbol{a})\,. \quad \text{(C.16)}$$

Aus dem Vorigen folgt, daß das innere Produkt zwischen einer Dyade und einem Vektor einen Vektor ergibt. Das äußere Produkt zwischen einer Dyade und einem Vektor hingegen ergibt wieder eine Dyade.

Zwei Dyaden $\boldsymbol{\Phi}$ und $\boldsymbol{\Psi}$ sind gleich, wenn für jeden Vektor $\boldsymbol{a}$ und $\boldsymbol{b}$ eine der folgenden Beziehungen gilt:

$$\boldsymbol{\Phi}\cdot\boldsymbol{a}=\boldsymbol{\Psi}\cdot\boldsymbol{a}$$

oder

$$\boldsymbol{a}\cdot\boldsymbol{\Phi}=\boldsymbol{a}\cdot\boldsymbol{\Psi} \quad \text{(C.17)}$$

oder

$$\boldsymbol{a}\cdot\boldsymbol{\Phi}\cdot\boldsymbol{b}=\boldsymbol{a}\cdot\boldsymbol{\Psi}\cdot\boldsymbol{b}\,.$$

Das innere Produkt zwischen zwei Dyaden $(\boldsymbol{a}\,\boldsymbol{b})$ und $(\boldsymbol{p}\,\boldsymbol{q})$ ist die Dyade

$$\begin{aligned}(\boldsymbol{a}\,\boldsymbol{b})\cdot(\boldsymbol{p}\,\boldsymbol{q})&=\boldsymbol{a}(\boldsymbol{b}\cdot\boldsymbol{p})\boldsymbol{q}=(\boldsymbol{b}\cdot\boldsymbol{p})\,\boldsymbol{a}\,\boldsymbol{q}\\(\boldsymbol{p}\,\boldsymbol{q})\cdot(\boldsymbol{a}\,\boldsymbol{b})&=\boldsymbol{p}(\boldsymbol{q}\cdot\boldsymbol{a})\,\boldsymbol{b}=(\boldsymbol{q}\cdot\boldsymbol{a})\,\boldsymbol{p}\,\boldsymbol{b}\,.\end{aligned} \quad \text{(C.18)}$$

Eine wichtige Rolle kommt der *Einheitsdyade* (Identitätsdyade, Idemfaktor, Einheitstensor) ϵ zu, welche definiert ist durch

$$\epsilon\cdot\boldsymbol{a}=\boldsymbol{a}$$

oder (C.19)

$$\boldsymbol{a}\cdot\epsilon=\boldsymbol{a}$$

für einen beliebigen Vektor $\boldsymbol{a}$. Mit dieser Beziehung folgt auch mit Gl. (C.11)

$$\begin{aligned}\epsilon\cdot\boldsymbol{\Phi}&=\boldsymbol{\Phi}\\\boldsymbol{\Phi}\cdot\epsilon&=\boldsymbol{\Phi}\,.\end{aligned} \quad \text{(C.20)}$$

Die Einheitsdyade besitzt die Form

$$\epsilon=\boldsymbol{e}_x\,\boldsymbol{e}_x+\boldsymbol{e}_y\,\boldsymbol{e}_y+\boldsymbol{e}_z\,\boldsymbol{e}_z\,; \quad \text{(C.21)}$$

ihre Matrix lautet

$$\begin{vmatrix}1&0&0\\0&1&0\\0&0&1\end{vmatrix}\,. \quad \text{(C.22)}$$

Wenn zwei Dyaden in der Beziehung

$$\boldsymbol{\Phi} \cdot \boldsymbol{\Psi} = \boldsymbol{\epsilon} \tag{C.23}$$

stehen, so gilt auch

$$\boldsymbol{\Psi} \cdot \boldsymbol{\Phi} = \boldsymbol{\epsilon}\,. \tag{C.24}$$

Dies ergibt sich aus folgender Überlegung: Mit Gl. (C.23) gilt auch $\boldsymbol{a} \cdot \boldsymbol{\Phi} \cdot \boldsymbol{\Psi} = \boldsymbol{a} \cdot \boldsymbol{\epsilon} = \boldsymbol{a}$; somit gilt $\boldsymbol{a} \cdot \boldsymbol{\Phi} \cdot \boldsymbol{\Psi} \cdot \boldsymbol{\Phi} = \boldsymbol{a} \cdot \boldsymbol{\Phi}$ für jeden Vektor $\boldsymbol{a}$ und somit für jeden Wert des Vektors $\boldsymbol{a} \cdot \boldsymbol{\Phi}$. Aus Gl. (C.19) folgt aber damit das gesuchte Ergebnis $\boldsymbol{\Psi} \cdot \boldsymbol{\Phi} = \boldsymbol{\epsilon}$. Die beiden Dyaden $\boldsymbol{\Phi}$ und $\boldsymbol{\Psi}$ heißen bei Bestehen der Gl. (C.23) zueinander *reziprok*; man bezeichnet in diesem Fall auch $\boldsymbol{\Psi}$ mit $\boldsymbol{\Phi}^{-1}$ bzw. $\boldsymbol{\Phi}$ mit $\boldsymbol{\Psi}^{-1}$ und schreibt

$$\boldsymbol{\Phi} \cdot \boldsymbol{\Phi}^{-1} = \boldsymbol{\Phi}^{-1} \cdot \boldsymbol{\Phi} = \boldsymbol{\epsilon}\,. \tag{C.25}$$

Vertauscht man in einer Dyade $\Theta = \boldsymbol{a}\,\boldsymbol{b}$ die Reihenfolge der Vektoren $\boldsymbol{a}$ und $\boldsymbol{b}$, so gelangt man zur *konjugierten* Dyade $\widetilde{\Theta} = \boldsymbol{b}\,\boldsymbol{a}$*). Ist die Matrix von Θ gegeben durch

$$\left|\begin{matrix} a_x\, b_x & a_x\, b_y & a_x\, b_z \\ a_y\, b_x & a_y\, b_y & a_y\, b_z \\ a_z\, b_x & a_z\, b_y & a_z\, b_z \end{matrix}\right|,$$

so lautet die Matrix der zu Θ konjugierten Dyade $\widetilde{\Theta}$

$$\left|\begin{matrix} a_x\, b_x & a_y\, b_x & a_z\, b_x \\ a_x\, b_y & a_y\, b_y & a_z\, b_y \\ a_x\, b_z & a_y\, b_z & a_z\, b_z \end{matrix}\right|.$$

Wie man erkennt, gehen die beiden vorstehenden Matrizen durch Vertauschung von Spalten und Zeilen ineinander über.

Es gilt für jeden Vektor $\boldsymbol{d}$

$$\boldsymbol{d} \cdot \boldsymbol{\Phi} = \widetilde{\boldsymbol{\Phi}} \cdot \boldsymbol{d} \tag{C.26}$$

und

$$\boldsymbol{\Phi} \cdot \boldsymbol{d} = \boldsymbol{d} \cdot \widetilde{\boldsymbol{\Phi}}\,, \tag{C.27}$$

was unmittelbar durch Einsetzen von $\boldsymbol{\Phi} = \boldsymbol{a}\,\boldsymbol{p} + \boldsymbol{b}\,\boldsymbol{q} + \boldsymbol{c}\,\boldsymbol{r}$ und $\widetilde{\boldsymbol{\Phi}} = \boldsymbol{p}\,\boldsymbol{a} + \boldsymbol{q}\,\boldsymbol{b} + \boldsymbol{r}\,\boldsymbol{c}$ ersichtlich wird.

Eine Dyade $\boldsymbol{\Phi}$, die ihrer konjugierten Dyade $\widetilde{\boldsymbol{\Phi}}$ gleich ist, heißt *selbstkonjugiert*.

Mit Anwendung der vorstehenden Regeln bildet man mit Hilfe des Vektoroperators

$$\nabla = \boldsymbol{e}_x \frac{\partial}{\partial x} + \boldsymbol{e}_y \frac{\partial}{\partial y} + \boldsymbol{e}_z \frac{\partial}{\partial z} \tag{C.28}$$

*) $\widetilde{\Theta}$ wird auch häufig als *transponierte* Dyade bezeichnet.

die Ausdrücke

$$\nabla \times \boldsymbol{\Phi} = \boldsymbol{e}_x \times \frac{\partial}{\partial x} \boldsymbol{\Phi} + \boldsymbol{e}_y \times \frac{\partial}{\partial y} \boldsymbol{\Phi} + \boldsymbol{e}_z \times \frac{\partial}{\partial z} \boldsymbol{\Phi} \qquad \text{(C.29)}$$

$$\nabla \cdot \boldsymbol{\Phi} = \boldsymbol{e}_x \cdot \frac{\partial}{\partial x} \boldsymbol{\Phi} + \boldsymbol{e}_y \cdot \frac{\partial}{\partial y} \boldsymbol{\Phi} + \boldsymbol{e}_z \cdot \frac{\partial}{\partial z} \boldsymbol{\Phi} . \qquad \text{(C.30)}$$

Wenn $\boldsymbol{\Phi}$ nach Gl. (C.7) dargestellt ist durch

$$\boldsymbol{\Phi} = \boldsymbol{a}\, \boldsymbol{e}_x + \boldsymbol{b}\, \boldsymbol{e}_y + \boldsymbol{c}\, \boldsymbol{e}_z ,$$

so gilt

$$\nabla \times \boldsymbol{\Phi} = (\nabla \times \boldsymbol{a})\, \boldsymbol{e}_x + (\nabla \times \boldsymbol{b})\, \boldsymbol{e}_y + (\nabla \times \boldsymbol{c})\, \boldsymbol{e}_z , \qquad \text{(C.31)}$$

$$\nabla \cdot \boldsymbol{\Phi} = (\nabla \cdot \boldsymbol{a})\, \boldsymbol{e}_x + (\nabla \cdot \boldsymbol{b})\, \boldsymbol{e}_y + (\nabla \cdot \boldsymbol{c})\, \boldsymbol{e}_z . \qquad \text{(C.32)}$$

Mit Verwendung der Vektorbeziehung rot rot $\boldsymbol{a}$ = grad div $\boldsymbol{a} - \nabla^2 \boldsymbol{a}$ oder

$$\nabla \times \nabla \times \boldsymbol{a} = \nabla\nabla \cdot \boldsymbol{a} - \nabla^2 \boldsymbol{a} , \qquad \text{(C.33)}$$

folgt mit Gl. (C.31) und (C.32) für eine Dyade $\boldsymbol{\Phi}$ nach Gl. (C.7) die Beziehung

$$\nabla \times \nabla \times \boldsymbol{\Phi} = \nabla(\nabla \cdot \boldsymbol{\Phi}) - (\nabla \cdot \nabla)\, \boldsymbol{\Phi}, \qquad \text{(C.34)}$$

wobei

$$(\nabla \cdot \nabla)\, \boldsymbol{\Phi} = \nabla^2 \boldsymbol{\Phi} = \frac{\partial^2}{\partial x^2} \boldsymbol{\Phi} + \frac{\partial^2}{\partial y^2} \boldsymbol{\Phi} + \frac{\partial^2}{\partial z^2} \boldsymbol{\Phi} \qquad \text{(C.35)}$$

ist.

Anschließend findet sich noch eine Zusammenstellung einer Anzahl algebraischer Beziehungen zwischen Vektoren $\boldsymbol{a}$, $\boldsymbol{b}$ und allgemeinen Dyaden $\boldsymbol{\Phi}$, $\boldsymbol{X}$, $\boldsymbol{\Psi}$, wie sie durch Gl. (C.6) definiert sind:

$$(\boldsymbol{a} \times \boldsymbol{b}) \cdot \boldsymbol{\Phi} = \boldsymbol{a} \cdot (\boldsymbol{b} \times \boldsymbol{\Phi})$$

$$(\boldsymbol{\Phi} \times \boldsymbol{a}) \cdot \boldsymbol{b} = \boldsymbol{\Phi} \cdot (\boldsymbol{a} \times \boldsymbol{b})$$

$$(\boldsymbol{a} \cdot \boldsymbol{\Phi}) \cdot \boldsymbol{b} = \boldsymbol{a} \cdot (\boldsymbol{\Phi} \cdot \boldsymbol{b}) = \boldsymbol{a} \cdot \boldsymbol{\Phi} \cdot \boldsymbol{b}$$

$$(\boldsymbol{a} \cdot \boldsymbol{\Phi}) \times \boldsymbol{b} = \boldsymbol{a} \cdot (\boldsymbol{\Phi} \times \boldsymbol{b}) = \boldsymbol{a} \cdot \boldsymbol{\Phi} \times \boldsymbol{b}$$

$$(\boldsymbol{a} \times \boldsymbol{\Phi}) \cdot \boldsymbol{b} = \boldsymbol{a} \times (\boldsymbol{\Phi} \cdot \boldsymbol{b}) = \boldsymbol{a} \times \boldsymbol{\Phi} \cdot \boldsymbol{b}$$

$$(\boldsymbol{a} \times \boldsymbol{\Phi}) \times \boldsymbol{b} = \boldsymbol{a} \times (\boldsymbol{\Phi} \times \boldsymbol{b}) = \boldsymbol{a} \times \boldsymbol{\Phi} \times \boldsymbol{b}$$

$$\epsilon \times \boldsymbol{a} = \boldsymbol{a} \times \epsilon$$

$$(\epsilon \times \boldsymbol{a}) \cdot \boldsymbol{b} = \boldsymbol{a} \times \boldsymbol{b}$$

$$\boldsymbol{a} \cdot (\epsilon \times \boldsymbol{b}) = \boldsymbol{a} \times \boldsymbol{b}$$

$$\epsilon \times (\boldsymbol{a} \times \boldsymbol{b}) = (\boldsymbol{a} \times \boldsymbol{b}) \times \epsilon = \boldsymbol{b}\,\boldsymbol{a} - \boldsymbol{a}\,\boldsymbol{b}$$

$$(\epsilon \times \boldsymbol{a}) \cdot \boldsymbol{\Phi} = \boldsymbol{a} \times \boldsymbol{\Phi}$$

$$\boldsymbol{\Phi} \cdot (\epsilon \times \boldsymbol{a}) = \boldsymbol{\Phi} \times \boldsymbol{a}$$

$$(\boldsymbol{a} \cdot \boldsymbol{\Phi}) \cdot \boldsymbol{\Psi} = \boldsymbol{a} \cdot (\boldsymbol{\Phi} \cdot \boldsymbol{\Psi}) = \boldsymbol{a} \cdot \boldsymbol{\Phi} \cdot \boldsymbol{\Psi}$$

$$(\boldsymbol{a} \times \boldsymbol{\Phi}) \boldsymbol{\Psi} \cdot = \boldsymbol{a} \times (\boldsymbol{\Phi} \cdot \boldsymbol{\Psi}) = \boldsymbol{a} \times \boldsymbol{\Phi} \cdot \boldsymbol{\Psi}$$

$$(\boldsymbol{\Phi} \cdot \boldsymbol{\Psi}) \cdot \boldsymbol{a} = \boldsymbol{\Phi} \cdot (\boldsymbol{\Psi} \cdot \boldsymbol{a}) = \boldsymbol{\Phi} \cdot \boldsymbol{\Psi} \cdot \boldsymbol{a}$$

$$(\boldsymbol{\Phi} \cdot \boldsymbol{\Psi}) \times \boldsymbol{a} = \boldsymbol{\Phi} \cdot (\boldsymbol{\Psi} \times \boldsymbol{a}) = \boldsymbol{\Phi} \cdot \boldsymbol{\Psi} \times \boldsymbol{a}$$

$$(\boldsymbol{\Phi} \times \boldsymbol{a}) \cdot \boldsymbol{\Psi} = \boldsymbol{\Phi} \cdot (\boldsymbol{a} \times \boldsymbol{\Psi})$$

$$(\boldsymbol{\Phi} \cdot \boldsymbol{X}) \cdot \boldsymbol{\Psi} = \boldsymbol{\Phi} \cdot (\boldsymbol{X} \cdot \boldsymbol{\Psi}) = \boldsymbol{\Phi} \cdot \boldsymbol{X} \cdot \boldsymbol{\Psi}.$$

D. Die dyadische GREENsche Funktion.

D.1. Lösung der vektoriellen Wellengleichung mittels der dyadischen GREENschen Funktion.

In Kapitel **17** wurde die dyadische GREENsche Funktion im freien Raum auf heuristische Weise aus dem Vektorpotential gewonnen. In dem vorliegenden Abschnitt wollen wir in allgemeinerer Weise die Darstellung der Lösung der vektoriellen Wellengleichung (1.6) des elektrischen Feldes mit Hilfe der dyadischen GREENschen Funktion betrachten. Für das Verständnis ist es von Vorteil, zunächst nochmals kurz auf die skalare Wellengleichung einzugehen, wobei wir aber nun auch im Raum verteilte Quellen zulassen wollen. Die Wellengleichung schreiben wir dazu in der allgemeinen inhomogenen Form

$$(\nabla^2 + k^2)\, u(\boldsymbol{r}) = q(\boldsymbol{r}) \,. \tag{D.1}$$

$q(\boldsymbol{r})$ sei eine vorgegebene, im Unendlichen von genügender Ordnung verschwindende skalare Quellenverteilung. Zur Lösung der Gl. (D.1) ziehen wir die skalare GREENsche Funktion G heran, die der Differentialgleichung

$$(\nabla^2 + k^2)\, G(\boldsymbol{r}, \boldsymbol{r}') = -\delta(\boldsymbol{r} - \boldsymbol{r}') \tag{D.2}$$

genüge. Mit Anwendung des GREENschen Satzes in der Form der Gl. (2.11), worin wir u mit $u(\boldsymbol{r})$ in Gl. (D.1) und v mit $G(\boldsymbol{r}, \boldsymbol{r}')$ in Gl. (D.2) identifizieren, erhält man

$$\begin{aligned} &-\int_V u(\boldsymbol{r})\, \delta(\boldsymbol{r} - \boldsymbol{r}')\, dV - \int_V G(\boldsymbol{r}, \boldsymbol{r}')\, q(\boldsymbol{r})\, dV \\ &= \oint_A \left\{ u(\boldsymbol{r}) \frac{\partial}{\partial n} G(\boldsymbol{r}, \boldsymbol{r}') - G(\boldsymbol{r}, \boldsymbol{r}') \frac{\partial}{\partial n} u(\boldsymbol{r}) \right\} dA \,, \end{aligned} \tag{D.3}$$

wobei die Fläche A das Integrationsvolumen V umrandet. Für Punkte im Innern von A folgt aus Gl. (D.3), wenn wir noch unter Beachtung der Symmetrieeigenschaft von G nach Gl. (2.15) $\boldsymbol{r}$ mit $\boldsymbol{r}'$ vertauschen,

$$u(\boldsymbol{r}) = -\int_V q(\boldsymbol{r}')\, G(\boldsymbol{r},\boldsymbol{r}')\, dV' + \oint_A \left\{G(\boldsymbol{r},\boldsymbol{r}') \frac{\partial}{\partial n} u(\boldsymbol{r}') - u(\boldsymbol{r}') \frac{\partial}{\partial n} G(\boldsymbol{r},\boldsymbol{r}')\right\} dA' . \tag{D.4}$$

In unseren früheren Betrachtungen hatten wir die homogene Wellengleichung (1.18) ohne eine räumliche Quellenverteilung $q(\boldsymbol{r})$ zugrunde gelegt, deren Lösung durch das Oberflächenintegral in Gl. (D.4) allein gegeben ist. Dies war genügend, weil in den betrachteten Fällen keine räumlichen Quellen des Feldes $u(\boldsymbol{r})$ vorlagen; hingegen waren die Randwerte von $u(\boldsymbol{r})$ oder von $\partial u(\boldsymbol{r})/\partial n$ als bekannt angenommen.

Wie Gl. (D.4) zeigt, setzt sich die Lösung der inhomogenen Wellengleichung (D.1) aus derjenigen der homogenen Wellengleichung und einer partikulären Lösung der inhomogenen Wellengleichung zusammen, welche die Quellenfunktion $q(\boldsymbol{r})$ enthält.

Die vorangehenden Betrachtungen geben einen nützlichen Anhalt für die Darstellung von Lösungen der allgemeinen *vektoriellen* Wellengleichung (1.6) des elektrischen Feldes, die wir mit Einführung des Operators ∇ nach Gl. (C.28) in der Form

$$\nabla \times \nabla \times \boldsymbol{E}(\boldsymbol{r}) - k^2\, \boldsymbol{E}(\boldsymbol{r}) = i\omega\mu\mu_0\, \boldsymbol{I}(\boldsymbol{r}) \tag{D.5}$$

schreiben. Mit den Überlegungen von Abschnitt (17.2) machen wir einen Lösungsansatz für die obige inhomogene Differentialgleichung in der Form*)

$$\boldsymbol{E}(\boldsymbol{r}) = \int_V \boldsymbol{\Gamma}(\boldsymbol{r},\boldsymbol{r}') \cdot \boldsymbol{I}(\boldsymbol{r}')\, dV' . \tag{D.6}$$

Gehen wir damit in Gl. (D.5) ein, so finden wir

$$\int_V \{\nabla \times [\nabla \times \boldsymbol{\Gamma}(\boldsymbol{r},\boldsymbol{r}')] - k^2\, \boldsymbol{\Gamma}(\boldsymbol{r},\boldsymbol{r}')\} \cdot \boldsymbol{I}(\boldsymbol{r}')\, dV' = i\omega\mu\mu_0 \boldsymbol{I}(\boldsymbol{r}) . \tag{D.7}$$

Um die rechte Seite ebenfalls auf die Form einer Dyade zu bringen, benutzen wir mit Verwendung der Einheitsdyade nach Gl. (C.19) die Identität

$$\boldsymbol{I}(\boldsymbol{r}) = \int_V \epsilon \cdot \boldsymbol{I}(\boldsymbol{r}')\, \delta(\boldsymbol{r}-\boldsymbol{r}')\, dV' \tag{D.8}$$

und erhalten mit Gl. (D.7)

$$\int_V \{\nabla \times \nabla [\times \boldsymbol{\Gamma}(\boldsymbol{r},\boldsymbol{r}')] - k^2 \boldsymbol{\Gamma}(\boldsymbol{r},\boldsymbol{r}') - i\omega\mu\mu_0 \epsilon\, \delta(\boldsymbol{r}-\boldsymbol{r}')\} \cdot \boldsymbol{I}(\boldsymbol{r}')\, dV' = 0. \tag{D.9}$$

---

*) Zur dyadischen GREENschen Funktion des elektrischen Feldes siehe z. B.: W. FRANZ: Z. Naturforsch. **3 A**, 500 (1948). — LEVINE, H., u. J. SCHWINGER: l. c. (s. Fußnote S. 211). — KODIS, R. D.: J. Soc. Indust. Appl. Math. **2**, 89 (1954). — SEVERIN, H.: Z. f. Physik **129**, 426 (1951).

Diese Beziehung wird für beliebiges $\boldsymbol{I}(\boldsymbol{r})$ durch die folgende Differentialgleichung für $\boldsymbol{\Gamma}$ befriedigt:

$$\nabla \times [\nabla \times \boldsymbol{\Gamma}(\boldsymbol{r}, \boldsymbol{r}')] - k^2 \boldsymbol{\Gamma}(\boldsymbol{r}, \boldsymbol{r}') = i\omega\mu\mu_0 \,\mathfrak{E}\, \delta(\boldsymbol{r} - \boldsymbol{r}') . \quad \text{(D.10)}$$

Um eine vollständige Darstellung der Lösung der inhomogenen Gl. (D.5) zu finden, betrachten wir Gl. (D.10) als Differentialgleichung der dyadischen GREENschen Funktion und wenden auf die Gl. (D.5) und (D.10) die vektorielle Form des GREENschen Satzes an. Für zwei Vektorfelder $\boldsymbol{B}(\boldsymbol{r})$ und $\boldsymbol{C}(\boldsymbol{r})$ lautet derselbe*), wenn $\boldsymbol{n}$ den Einheitsvektor in der äußeren Normalenrichtung bedeutet,

$$\begin{aligned} &\int_V \{\boldsymbol{B} \cdot (\nabla \times \nabla \times \boldsymbol{C}) - \boldsymbol{C} \cdot (\nabla \times \nabla \times \boldsymbol{B})\}\, dV \\ &= \oint_A \boldsymbol{n} \cdot \{\boldsymbol{C} \times \nabla \times \boldsymbol{B} - \boldsymbol{B} \times \nabla \times \boldsymbol{C}\}\, dA . \end{aligned} \quad \text{(D.11)}$$

Um diese Vektorbeziehung auf die Dyade $\boldsymbol{\Gamma}$ zur Anwendung bringen zu können, multiplizieren wir Gl. (D.10) von rechts skalar mit einem beliebigen konstanten Vektor $\boldsymbol{e}$, wodurch wir eine *Vektor*beziehung für $\boldsymbol{\Gamma}(\boldsymbol{r}, \boldsymbol{r}') \cdot \boldsymbol{e}$ erhalten:

$$\nabla \times [\nabla \times \boldsymbol{\Gamma}(\boldsymbol{r}, \boldsymbol{r}') \cdot \boldsymbol{e}] - k^2 \boldsymbol{\Gamma}(\boldsymbol{r}, \boldsymbol{r}') \cdot \boldsymbol{e} = i\omega\mu\mu_0 \boldsymbol{e}\, \delta(\boldsymbol{r} - \boldsymbol{r}') . \quad \text{(D.12)}$$

In Gl. (D.11) identifizieren wir nun $\boldsymbol{B}$ mit $\boldsymbol{E}(\boldsymbol{r}')$ und $\boldsymbol{C}$ mit $\boldsymbol{\Gamma}(\boldsymbol{r}, \boldsymbol{r}') \cdot \boldsymbol{e}$ und erhalten damit

$$\begin{aligned} &\int_V \{\boldsymbol{E}(\boldsymbol{r}') \cdot [\nabla' \times \nabla' \times (\boldsymbol{\Gamma}(\boldsymbol{r}', \boldsymbol{r}) \cdot \boldsymbol{e})] - (\boldsymbol{\Gamma}(\boldsymbol{r}', \boldsymbol{r}) \cdot \boldsymbol{e}) \cdot [\nabla' \times \nabla' \times \boldsymbol{E}(\boldsymbol{r}')]\}\, dV' \\ &= \oint_A \boldsymbol{n}' \cdot \{(\boldsymbol{\Gamma}(\boldsymbol{r}', \boldsymbol{r}) \cdot \boldsymbol{e}) \times \nabla' \times \boldsymbol{E}(\boldsymbol{r}') - \boldsymbol{E}(\boldsymbol{r}') \times \nabla' \times (\boldsymbol{\Gamma}(\boldsymbol{r}', \boldsymbol{r}) \cdot \boldsymbol{e})\}\, dA' . \end{aligned} \quad \text{(D.13)}$$

$\boldsymbol{n}'$ liegt dabei im Endpunkt von $\boldsymbol{r}'$.
Ersetzen wir hierin $\nabla' \times \nabla' \times \boldsymbol{\Gamma}(\boldsymbol{r}', \boldsymbol{r}) \cdot \boldsymbol{e}$ und $\nabla' \times \nabla' \times \boldsymbol{E}(\boldsymbol{r}')$ aus den Gl. (D.12) bzw. (D.5), so folgt für das Volumenintegral der linken Seite

$$\begin{aligned} &\int_V k^2 \boldsymbol{E}(\boldsymbol{r}') \cdot (\boldsymbol{\Gamma}(\boldsymbol{r}', \boldsymbol{r}) \cdot \boldsymbol{e})\, dV' + i\omega\mu\mu_0 \boldsymbol{E}(\boldsymbol{r}) \cdot \boldsymbol{e} - \int_V k^2 (\boldsymbol{\Gamma}(\boldsymbol{r}', \boldsymbol{r}) \cdot \boldsymbol{e}) \cdot \boldsymbol{E}(\boldsymbol{r}')\, dV' \\ &\qquad - i\omega\mu\mu_0 \int_V (\boldsymbol{\Gamma}(\boldsymbol{r}', \boldsymbol{r}) \cdot \boldsymbol{e}) \cdot \boldsymbol{I}(\boldsymbol{r}')\, dV' \end{aligned}$$

---

*) STRATTON, J. A.: Electromagnetic theory, S. 250. New York u. London 1941. Zur Herleitung der Gl. (D.11) dient die Beziehung

$$\nabla \cdot (\boldsymbol{A} \times \boldsymbol{B}) = \boldsymbol{B} \cdot (\nabla \times \boldsymbol{A}) - \boldsymbol{A} \cdot (\nabla \times \boldsymbol{B}) .$$

Setzt man darin $\boldsymbol{A} = \nabla \times \boldsymbol{C}$ und wendet den Satz von GAUSS an, so folgt

$$\oint_A \boldsymbol{n} \cdot [(\nabla \times \boldsymbol{C}) \times \boldsymbol{B}]\, dA = \int_V [\boldsymbol{B} \cdot (\nabla \times (\nabla \times \boldsymbol{C})) \quad (\nabla \times \boldsymbol{B}) \cdot (\nabla \times \boldsymbol{C})]\, dV$$

Mit Vertauschung von $\boldsymbol{B}$ und $\boldsymbol{C}$ und Subtraktion der so erhaltenen Gleichung von der obigen folgt Gl. (D.11).

und damit aus Gl. (D.13) mit einigen Umstellungen, die den konstanten Vektor $\boldsymbol{e}$ nach rechts bringen,

$$\begin{aligned}\boldsymbol{E}(\boldsymbol{r}) \cdot \boldsymbol{e} &= \int\limits_V \boldsymbol{I}(\boldsymbol{r}') \cdot (\boldsymbol{\Gamma}(\boldsymbol{r}', \boldsymbol{r}) \cdot \boldsymbol{e})\, dV' - \\ &- \frac{1}{i\omega\mu\mu_0} \oint\limits_A \boldsymbol{n}' \times (\nabla' \times \boldsymbol{E}(\boldsymbol{r}')) \cdot (\boldsymbol{\Gamma}(\boldsymbol{r}', \boldsymbol{r}) \cdot \boldsymbol{e})\, dA' - \\ &- \frac{1}{i\omega\mu\mu_0} \oint\limits_A (\boldsymbol{n}' \times \boldsymbol{E}(\boldsymbol{r}')) \cdot [\nabla' \times (\boldsymbol{\Gamma}(\boldsymbol{r}', \boldsymbol{r}) \cdot \boldsymbol{e})]\, dA'\,.\end{aligned} \tag{D.14}$$

Da der Vektor $\boldsymbol{e}$ beliebig gewählt werden kann, folgt aus Gl. (D.14)

$$\begin{aligned}\boldsymbol{E}(\boldsymbol{r}) &= \int\limits_V \boldsymbol{I}(\boldsymbol{r}') \cdot \boldsymbol{\Gamma}(\boldsymbol{r}',\boldsymbol{r})\, dV' - \\ &- \frac{1}{i\omega\mu\mu_0} \oint\limits_A \{\boldsymbol{n}' \times (\nabla' \times \boldsymbol{E}(\boldsymbol{r}')) \cdot \boldsymbol{\Gamma}(\boldsymbol{r}',\boldsymbol{r}) + (\boldsymbol{n}' \times \boldsymbol{E}(\boldsymbol{r}')) \cdot [\nabla' \times \boldsymbol{\Gamma}(\boldsymbol{r}',\boldsymbol{r})]\}\, dA'.\end{aligned} \tag{D.15}$$

Man erkennt die Analogie dieser Darstellung des Vektorfeldes $\boldsymbol{E}(\boldsymbol{r}')$ durch die dyadische GREENsche Funktion $\boldsymbol{\Gamma}$ zu der skalaren Darstellung (D.4) der Wellenfunktion $u(\boldsymbol{r})$ durch die skalare GREENsche Funktion G in Gl. (D.4). Das Volumenintegral ist eine Lösung der inhomogenen vektoriellen Wellengleichung (D.5) für $\boldsymbol{E}(\boldsymbol{r})$, welche die räumliche Quellenverteilung $\boldsymbol{I}(r)$ enthält. Die Oberflächenintegrale sind Lösungen der homogenen Wellengleichung $\nabla \times \nabla \times \boldsymbol{E}(\boldsymbol{r}) - k^2 \boldsymbol{E}(\boldsymbol{r}) = 0$, in der $\boldsymbol{E}$ durch seine Randwerte auf A dargestellt ist.

D.2. Die dyadische GREENsche Funktion im freien Raum.

Wir betrachten eine ganz im Endlichen gelegene räumliche Stromverteilung $\boldsymbol{I}(\boldsymbol{r}')$ im freien Raum und suchen die zugehörige dyadische GREENsche Funktion $\boldsymbol{\Gamma}$ des elektrischen Feldes. Letztere gehorche der Differentialgleichung (D.10)

$$\nabla \times [\nabla \times \boldsymbol{\Gamma}(\boldsymbol{r}, \boldsymbol{r}')] - k^2 \boldsymbol{\Gamma}(\boldsymbol{r}, \boldsymbol{r}') = i\omega\mu\mu_0\, \epsilon\, \delta(\boldsymbol{r} - \boldsymbol{r}')\,. \tag{D.16}$$

Als „Randbedingung" verlangen wir, daß $\boldsymbol{\Gamma}$ für $r \to \infty$ der Ausstrahlungsbedingung genüge, d. h. sich bezüglich der r-Abhängigkeit im Unendlichen wie eine auslaufende Kugelwelle verhalte.

Die Gl. (D.16) läßt sich unter Beachtung der Beziehung (C.34) umformen in

$$\nabla(\nabla \cdot \boldsymbol{\Gamma}(\boldsymbol{r}, \boldsymbol{r}')) - (\nabla^2 + k^2)\, \boldsymbol{\Gamma}(\boldsymbol{r}, \boldsymbol{r}') = i\omega\mu\mu_0\, \epsilon\, \delta(\boldsymbol{r} - \boldsymbol{r}')\,. \tag{D.17}$$

Die Divergenzbildung von Gl. (D.16) liefert

$$k^2 \nabla \cdot \boldsymbol{\Gamma}(\boldsymbol{r}, \boldsymbol{r}') = -\, i\omega\mu\mu_0 \nabla\, \delta(\boldsymbol{r} - \boldsymbol{r}') = i\omega\mu\mu_0 \nabla'\, \delta(\boldsymbol{r} - \boldsymbol{r}')\,. \tag{D.18}$$

Hiermit folgt aus Gl. (D.17) eine andere Form der Differentialgleichung für $\boldsymbol{\Gamma}$:

$$(\nabla^2 + k^2)\, \boldsymbol{\Gamma}(\boldsymbol{r}, \boldsymbol{r}') = -\, i\omega\mu\mu_0 \left(\mathsf{E} + \frac{1}{k^2} \nabla\nabla\right) \delta(\boldsymbol{r} - \boldsymbol{r}') \,. \tag{D.19}$$

Zur Lösung machen wir den Ansatz

$$\boldsymbol{\Gamma}(\boldsymbol{r}, \boldsymbol{r}') = \left(\mathsf{E} + \frac{1}{k^2} \nabla\nabla\right) G(\boldsymbol{r}, \boldsymbol{r}') \,. \tag{D.20}$$

Gehen wir damit in Gl. (D.19) ein, so läßt sich auf der linken Seite der Operator $(\nabla^2 + k^2)$ als Skalar über die Dyade $\left(\mathsf{E} + \frac{1}{k^2} \nabla\nabla\right)$ hinwegschieben, und man erhält die Beziehung

$$\left(\mathsf{E} + \frac{1}{k^2} \nabla\nabla\right) \{(\nabla^2 + k^2)\, G(\boldsymbol{r}, \boldsymbol{r}') + i\omega\mu\mu_0\, \delta(\boldsymbol{r} - \boldsymbol{r}')\} = 0 \,, \tag{D.21}$$

welche durch

$$(\nabla^2 + k^2)\, G(\boldsymbol{r}, \boldsymbol{r}') = -\, i\omega\mu\mu_0\, \delta(\boldsymbol{r} - \boldsymbol{r}') \tag{D.22}$$

befriedigt wird. Dies ist aber die Differentialgleichung der *skalaren* GREENschen Funktion, wie wir sie, abgesehen von dem Faktor $i\omega\mu\mu_0$ in Gl. (2.1) zugrunde gelegt hatten. Die Lösung im freien Raum ist mit Gl. (2.20) durch

$$G(\boldsymbol{r}, \boldsymbol{r}') = i\omega\mu\mu_0 \frac{e^{ik|\boldsymbol{r} - \boldsymbol{r}'|}}{4\pi\, |\boldsymbol{r} - \boldsymbol{r}'|} \tag{D.23}$$

gegeben. Damit erhalten wir mit Gl. (D.20) die gesuchte *dyadische* GREEN*sche Funktion im freien Raum* zu

$$\boldsymbol{\Gamma}(\boldsymbol{r}, \boldsymbol{r}') = \frac{i\omega\mu\mu_0}{4\pi} \left(\mathsf{E} + \frac{1}{k^2} \nabla\nabla\right) \frac{e^{ik|\boldsymbol{r} - \boldsymbol{r}'|}}{|\boldsymbol{r} - \boldsymbol{r}'|} \,, \tag{D.24}$$

im Einklang mit dem bereits in Gl. (17.13) auf andere Weise hergeleiteten Ausdruck.

Jede zulässige Lösung der Differentialgleichung (D.16) bzw. (D.19) muß der Divergenzbeziehung (D.18) genügen. Mit dem Ansatz (D.20) für $\boldsymbol{\Gamma}$ folgt aus derselben die Bedingungsgleichung

$$k^2 \nabla \cdot \left(\mathsf{E} + \frac{1}{k^2} \nabla\nabla\right) G(\boldsymbol{r}, \boldsymbol{r}') = -\, i\omega\mu\mu_0 \nabla\, \delta(\boldsymbol{r} - \boldsymbol{r}') \,. \tag{D.25}$$

Die linke Seite von Gl. (D.25) läßt sich schreiben als

$$k^2 \nabla G(\boldsymbol{r}, \boldsymbol{r}') + \nabla \cdot \nabla\nabla G(\boldsymbol{r}, \boldsymbol{r}') = (\nabla^2 + k^2)\, \nabla G(\boldsymbol{r}, \boldsymbol{r}') = \nabla (\nabla^2 + k^2)\, G(\boldsymbol{r}, \boldsymbol{r}') \,.$$

Falls $G(\boldsymbol{r}, \boldsymbol{r}')$ die Differentialgleichung (D.22) erfüllt, folgt somit die linke Seite von Gl. (D.25) zu

$$\nabla (\nabla^2 + k^2)\, G(\boldsymbol{r}, \boldsymbol{r}') = -\, i\omega\mu\mu_0 \nabla\, \delta(\boldsymbol{r} - \boldsymbol{r}') \,,$$

womit sich die Divergenzbeziehung für $\boldsymbol{\Gamma}$ als befriedigt erweist.

Die Lösung (D.24) für $\boldsymbol{\Gamma}$ erfüllt sowohl die Differentialgleichung als auch die Ausstrahlungsbedingung, da sie im Unendlichen den Charakter einer auslaufenden Kugelwelle besitzt; man vergleiche dazu auch Gl. (B.12). Fernerhin gilt für sie

$$\boldsymbol{\Gamma}(\boldsymbol{r}, \boldsymbol{r}') = \boldsymbol{\Gamma}(\boldsymbol{r}', \boldsymbol{r}) = \tilde{\boldsymbol{\Gamma}}(\boldsymbol{r}, \boldsymbol{r}') = \tilde{\boldsymbol{\Gamma}}(\boldsymbol{r}', \boldsymbol{r}), \tag{D.26}$$

[wobei nach der Definition (C.26) $\tilde{\boldsymbol{\Gamma}}$ die konjugierte Dyade bezeichnet], da der Operator $\mathfrak{E} + \frac{1}{k^2} \nabla \nabla$, wie man aus Gl. (17.8) ersieht, selbstkonjugiert ist und ferner eine Vertauschung von $\boldsymbol{r}$ mit $\boldsymbol{r}'$ den hinter dem Operator stehenden Ausdruck nicht verändert.

D.3. Vektordarstellung des elektrischen Feldes im freien Raum aus einer vorgegebenen Stromverteilung.

In der allgemeinen Darstellung (D.15) können wir mit Rücksicht auf Gl. (D.26) das Volumenintegral anschreiben als

$$\int_V \boldsymbol{I}(\boldsymbol{r}') \cdot \boldsymbol{\Gamma}(\boldsymbol{r}', \boldsymbol{r})\, dV' = \int_V \tilde{\boldsymbol{\Gamma}}(\boldsymbol{r}', \boldsymbol{r}) \cdot \boldsymbol{I}(\boldsymbol{r}')\, dV' = \int_V \boldsymbol{\Gamma}(\boldsymbol{r}, \boldsymbol{r}') \cdot \boldsymbol{I}(\boldsymbol{r}')\, dV. \tag{D.27}$$

Das Oberflächenintegral ist über die unendlich ferne Oberfläche A zu erstrecken und verschwindet dort zufolge der Ausstrahlungsbedingung, der sowohl $\boldsymbol{E}$ als auch $\boldsymbol{\Gamma}$ genügen. Aus Gl. (D.15) folgt daher mit Verwendung von Gl. (D.27) im freien Raum die Darstellung

$$\boldsymbol{E}(\boldsymbol{r}) = \int_V \boldsymbol{\Gamma}(\boldsymbol{r}, \boldsymbol{r}') \cdot \boldsymbol{I}(\boldsymbol{r}')\, dV', \tag{D.28}$$

wobei $\boldsymbol{\Gamma}$ durch Gl. (D.24) gegeben ist. Damit sind wir wieder bei den Beziehungen (17.1) bzw. (17.12) angelangt.

Gl. (D.28) erlaubt eine einfache und mitunter recht nützliche formale Darstellung für das *Fernfeld* einer vorgegebenen, im Endlichen gelegenen Stromverteilung $\boldsymbol{I}(\boldsymbol{r})$. Für große Entfernungen $\boldsymbol{r}$ können wir von der Darstellung (B.12) für $\boldsymbol{\Gamma}$ Gebrauch machen und erhalten aus Gl. (D.28)

$$\boldsymbol{E}(\boldsymbol{r}) = \frac{i\,\omega\,\mu\,\mu_0}{4\,\pi} \frac{e^{i k r}}{r} \int_V (\mathfrak{E} - \boldsymbol{e}_r\, \boldsymbol{e}_r)\, e^{-ik\boldsymbol{e}_r \cdot \boldsymbol{r}'} \cdot \boldsymbol{I}(\boldsymbol{r}')\, dV', \quad (r \to \infty) \tag{D.29}$$

wobei $\boldsymbol{e}_r$ einen in der Richtung $\boldsymbol{r}$ nach dem Aufpunkt weisenden Einheitsvektor bedeutet. In Analogie zu den Darstellungen (B.13) und (B.15) erhält man alternative Darstellungen für das elektrische und magnetische Fernfeld in der Form

$$\boldsymbol{E}(\boldsymbol{r}) = -\frac{i\,\omega\,\mu\,\mu_0}{4\,\pi} \frac{e^{i k r}}{r}\, \boldsymbol{e}_r \times \left\{\boldsymbol{e}_r \times \int_V \boldsymbol{I}(\boldsymbol{r}')\, e^{-ik\boldsymbol{e}_r \cdot \boldsymbol{r}'}\, dV'\right\} \quad (r \to \infty) \tag{D.30}$$

und

$$\boldsymbol{H}(\boldsymbol{r}) = \frac{i\,k}{4\,\pi}\,\frac{e^{i\,k\,r}}{r}\left\{\boldsymbol{e}_r \times \int\limits_V \boldsymbol{I}(\boldsymbol{r}')\, e^{-i\,k\,\boldsymbol{e}_r\cdot\boldsymbol{r}'}\,d\,V'\right\}. \quad (r\to\infty) \qquad \text{(D.31)}$$

Die letzteren Beziehungen bringen zum Ausdruck, daß sich das Fernfeld durch Aufsummierung über die von den Stromelementen $\boldsymbol{I}(\boldsymbol{r}')\,\delta(\boldsymbol{r}-\boldsymbol{r}')$ erzeugte Dipolstrahlung gewinnen läßt. Der Term $e^{-ik\,\boldsymbol{e}_r\cdot\boldsymbol{r}'}$ trägt dabei der relativen Retardierung der Stromelemente Rechnung.

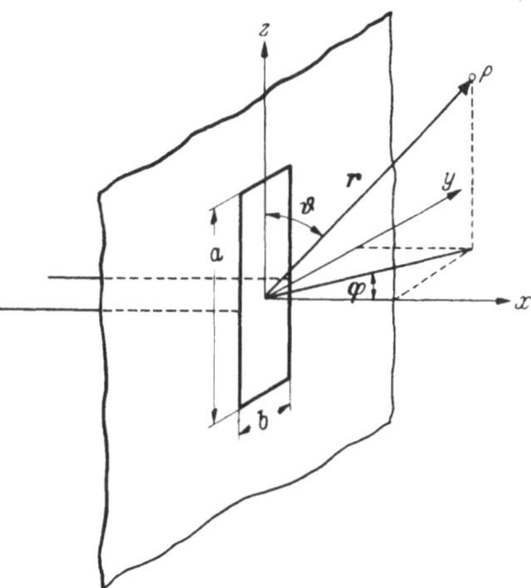

Fig. D.1. Von einer Paralleldrahtleitung symmetrisch erregter rechteckiger Schlitzstrahler der Länge a und Breite b in der leitenden y, z-Ebene.

Als Anwendungsbeispiel betrachten wir einen Schlitzstrahler nach Fig. D.1. In der als unendlich ausgedehnt gedachten leitenden Ebene $x=0$ befinde sich ein rechteckiger Schlitz der Länge a und Breite b. Der Schlitz sei bezüglich seiner Länge a in „Resonanz“, d. h. es gelte $a=\lambda/2$; gleichzeitig sei $b \ll \lambda$. Die Erregung werde beispielsweise, wie in Fig. D.1 angedeutet, durch eine Paralleldrahtleitung besorgt. Die Verteilung des eingeprägten elektrischen Feldes ${}^e\boldsymbol{E}$ über den Schlitz für die „Grundwelle“ läßt sich in guter Annäherung durch

$${}^e\boldsymbol{E} = \boldsymbol{e}_y\,{}^eE_y = \boldsymbol{e}_y\,E_0 \cos\frac{\pi z}{a} \qquad \text{(D.32)}$$

beschreiben. Gesucht sei das durch den strahlenden Schlitz hervorgerufene Fernfeld.

Das magnetische Strahlungsfeld ist mit einem Strombelag verknüpft, der sich über den unendlich ausgedehnten leitenden Teil der y, z-Ebene erstreckt. Um uns von den ins Unendliche reichenden Strömen zu befreien, gehen wir von der Anordnung nach Fig. D.1 zur komplementären Anordnung über.

Die von dem Schlitz ausgehende Strahlung ist, wenn wir von der Störung durch die erregende Leitung absehen, symmetrisch zur Ebene $x=0$. Aus Symmetriegründen verschwindet daher das transversale magnetische Feld über dem Schlitz, da es nach den Überlegungen in Abschnitt 1.5 eine bezüglich der Ebene $x=0$ ungerade und im Schlitz stetige Funktion ist. Wir können uns daher den Schlitz durch einen magnetischen Leiter überspannt denken.

Wir gehen nun von der Anordnung nach Fig. D.1 zur komplementären Anordnung über, indem wir elektrische und magnetische „Ränder“

vertauschen (Fig. D.2). In der komplementären Anordnung haben wir es mit einem elektrisch leitenden „Schlitz" in einer magnetisch leitenden Ebene zu tun. Das eingeprägte elektrische Feld nach Gl. (D.32) geht mit der Transformation (1.19) in ein eingeprägtes magnetisches Feld ${}^e\boldsymbol{H}$ (bzw. einen eingeprägten Strombelag) über den leitenden Schlitz in Fig. D.2(b) über:

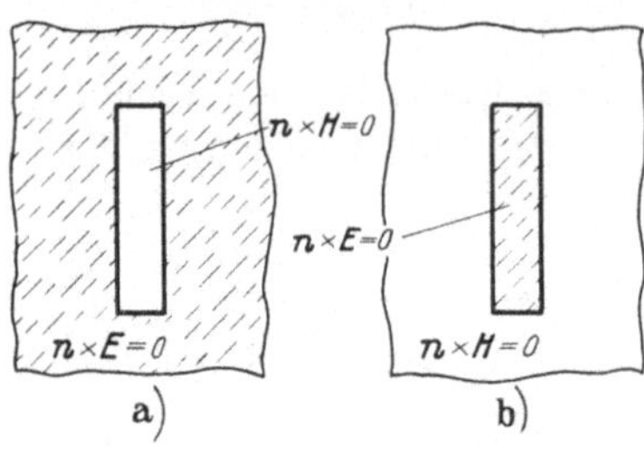

Fig. D.2. a) Schlitzstrahler nach Fig. D.1 und b) die dazu komplementäre Anordnung.

$$ {}^e\overline{\boldsymbol{H}} = \boldsymbol{e}_y\, {}^e\overline{H}_y = \sqrt{\frac{\varepsilon\varepsilon_0}{\mu\mu_0}}\, \boldsymbol{e}_y\, E_0 \cos\frac{\pi z}{a}. \tag{D.33} $$

Nunmehr können wir mit der Darstellung (D.31) das magnetische Fernfeld des komplementären Systems berechnen, dessen Strombelag sich jetzt über die im Endlichen gelegene Schlitzfläche erstreckt. Mit der Transformation (1.19) gehen wir sodann zum elektrischen Fernfeld des ursprünglichen Systems zurück. Mit Gl. (D.31) finden wir, wenn wir das magnetische Fernfeld des komplementären Systems durch $\overline{\boldsymbol{H}}(\boldsymbol{r})$ bezeichnen,

$$ \overline{\boldsymbol{H}}(\boldsymbol{r}) = \frac{ik}{4\pi}\frac{e^{ikr}}{r}\left\{\boldsymbol{e}_r \times \int_{\overline{A}} e^{-ik\boldsymbol{e}_r\cdot\boldsymbol{r}'}\left(\boldsymbol{e}_x \times {}^e\overline{\boldsymbol{H}}(\boldsymbol{r}')\right) d\overline{A}'\right\}, \tag{D.34} $$

oder mit Gl. (D.33)

$$ (\boldsymbol{r}) = \frac{ik}{4\pi}\sqrt{\frac{\varepsilon\varepsilon_0}{\mu\mu_0}}\, E_0 \frac{e^{ikr}}{r}\{\boldsymbol{e}_r \times (\boldsymbol{e}_x \times \boldsymbol{e}_y)\} \int_{\overline{A}} e^{-ik\boldsymbol{e}_r\cdot\boldsymbol{r}'} \cos\frac{\pi z'}{a}\, d\overline{A}. \tag{D.35} $$

Mit der Transformation (1.19) folgt daraus das elektrische Fernfeld de: ursprünglichen Systems zu

$$ \boldsymbol{E}(\boldsymbol{r}) = -\frac{ik}{4\pi} E_0 \frac{e^{ikr}}{r}\{\boldsymbol{e}_r \times \boldsymbol{e}_z\} \int_{\overline{A}} e^{-ik\boldsymbol{e}_r\cdot\boldsymbol{r}'} \cos\frac{\pi z'}{a}\, dA'. \tag{D.36} $$

Wie man aus Fig. D.1 ersieht, gilt

$$ -\boldsymbol{e}_r \times \boldsymbol{e}_z = \boldsymbol{e}_\varphi \sin\vartheta. \tag{D.37} $$

Das Fernfeld besitzt daher nur die Komponente E_φ. Weiterhin ist

$$ \boldsymbol{e}_r\cdot\boldsymbol{r}' = \boldsymbol{e}_r\cdot(\boldsymbol{e}_y\, y' + \boldsymbol{e}_z\, z') = y'\sin\vartheta\sin\varphi + z'\sin\vartheta $$

und damit

$$ \int_{\overline{A}} e^{-ik\boldsymbol{e}_r\cdot\boldsymbol{r}'} \cos\frac{\pi z'}{a}\, dA' = \int_{-b/2}^{b/2} dy' \int_{-a/2}^{a/2} dz'\, e^{-iky'\sin\vartheta\sin\varphi}\, e^{-ikz'\sin\vartheta} \cos\frac{\pi z'}{a}. \tag{D.38} $$

Es gilt

$$\int_{-b/2}^{b/2} e^{-iky'\sin\vartheta\sin\varphi}\, dy' = b\,\frac{\sin\left[\frac{kb}{2}\sin\vartheta\sin\varphi\right]}{\frac{kb}{2}\sin\vartheta\sin\varphi}\,, \tag{D.39}$$

$$\int_{-a/2}^{a/2} e^{-ikz'\sin\vartheta}\cos\frac{\pi z'}{a}\, dz' = \frac{2a}{\pi}\,\frac{\cos\left[\frac{ka}{2}\cos\vartheta\right]}{\sin^2\vartheta}\,. \tag{D.40}$$

Mit $a = \lambda/2$ wird $k = 2\pi/\lambda = \pi/a$. Mit den Gl. (D.37) bis (D.40) erhalten wir aus Gl. (D.36) mit $ka = \pi$ und unter der Annahme $kb \ll \pi$ schließlich das gesuchte Fernfeld zu

$$E_\varphi(\boldsymbol{r}) = \frac{i}{2\pi}\, b\, E_0\, \frac{\cos\left[\frac{\pi}{2}\cos\vartheta\right]}{\sin\vartheta}\, \frac{e^{ikr}}{r}\,. \tag{D.41}$$

Das magnetische Fernfeld ist, dem Kugelwellencharakter des Fernfelds entsprechend, gegeben durch

$$H_\vartheta(\boldsymbol{r}) = \sqrt{\frac{\varepsilon\varepsilon_0}{\mu\mu_0}}\, E_\varphi(\boldsymbol{r})\,, \tag{D.42}$$

mit $E_\varphi(\boldsymbol{r})$ nach Gl. (D.41).

Die ϑ-Abhängigkeit von $E_\varphi(\boldsymbol{r})$ in Gl. (D.41) ist von derselben Art wie diejenige von E_φ oder H_φ eines linearen Strahlers der Länge $\lambda/2$ mit aufgeprägter sinusförmiger Stromverteilung in der Grundschwingung*). In der Tat stellt das komplementäre System mit $kb \to 0$ einen solchen linearen Strahler dar. Beim Übergang zum Schlitzstrahler vertauschen sich dann, bis auf einen konstanten Faktor, $\boldsymbol{E}$ und $\boldsymbol{H}$, d. h. in der fernen Kugelwelle geht E_ϑ in H_ϑ und H_φ in $-E_\varphi$ über.

D. 4. Vektordarstellung des elektrischen Feldes einer vorgegebenen Stromverteilung in einem homogenen, metallisch umschlossenen Volumen.

Wir betrachten ein endliches Volumen V, das von einer Fläche A umrandet sei, die wir als unendlich gut leitend voraussetzen. Damit unterwerfen wir das elektrische Feld $\boldsymbol{E}$ der Randbedingung

$$\boldsymbol{n} \times \boldsymbol{E}(\boldsymbol{r}) = 0\,. \quad (\boldsymbol{n},\, \boldsymbol{r} \text{ auf } A) \tag{D.43}$$

Die Darstellung (D.28) ist, wie wir zeigen, auch in diesem Fall gültig, falls wir $\boldsymbol{\Gamma}(\boldsymbol{r}, \boldsymbol{r}')$ in der Differentialgleichung (D.10) bzw. (D.17) der

*) Stratton, J. A.: Electromagnetic theory, S. 441. New York u. London 1941.

Randbedingung

$$\boldsymbol{n} \times \boldsymbol{\Gamma}(\boldsymbol{r}, \boldsymbol{r}') = 0 \quad (\boldsymbol{n}, \boldsymbol{r} \text{ auf } A) \tag{D.44}$$

unterwerfen.

Aus der Vektorbeziehung (D.11) läßt sich zunächst unter Zuhilfenahme der Differentialgleichung (D.12) und der Randbedingung (D.44) für $\boldsymbol{\Gamma}$ die Symmetriebeziehung

$$\boldsymbol{\Gamma}(\boldsymbol{r}', \boldsymbol{r}'') = \widetilde{\boldsymbol{\Gamma}}(\boldsymbol{r}'', \boldsymbol{r}') \tag{D.45}$$

herleiten, wenn man in Gl. (D.11) $\boldsymbol{B}$ mit $\boldsymbol{\Gamma}(\boldsymbol{r}, \boldsymbol{r}') \cdot \boldsymbol{e}'$ und $\boldsymbol{C}$ mit $\boldsymbol{\Gamma}(\boldsymbol{r}, \boldsymbol{r}'') \cdot \boldsymbol{e}''$ identifiziert, wobei $\boldsymbol{e}'$ und $\boldsymbol{e}''$ beliebige konstante Vektoren bedeuten. Mit Gl. (D.45) gilt

$$\int_V \boldsymbol{I}(\boldsymbol{r}') \cdot \boldsymbol{\Gamma}(\boldsymbol{r}', \boldsymbol{r})\, dV' = \int_V \boldsymbol{I}(\boldsymbol{r}') \cdot \widetilde{\boldsymbol{\Gamma}}(\boldsymbol{r}, \boldsymbol{r}')\, dV' = \int_V \boldsymbol{\Gamma}(\boldsymbol{r}, \boldsymbol{r}') \cdot \boldsymbol{I}(\boldsymbol{r}')\, dV'. \tag{D.46}$$

In der allgemeinen Darstellung (D.15) können wir den Integranden im ersten Oberflächenintegral auf der rechten Seite folgendermaßen umformen:

$$\begin{aligned} \boldsymbol{n}' \times (\nabla' \times \boldsymbol{E}(\boldsymbol{r}')) \cdot \boldsymbol{\Gamma}(\boldsymbol{r}', \boldsymbol{r}) &= i\omega\mu\mu_0(\boldsymbol{n}' \times \boldsymbol{H}(\boldsymbol{r}')) \cdot \boldsymbol{\Gamma}(\boldsymbol{r}', \boldsymbol{r}) \\ &= -\, i\omega\mu\mu_0(\boldsymbol{H}(\boldsymbol{r}') \times \boldsymbol{n}') \cdot \boldsymbol{\Gamma}(\boldsymbol{r}', \boldsymbol{r}) \\ &= -\, i\omega\mu\mu_0 \boldsymbol{H}(\boldsymbol{r}') \cdot (\boldsymbol{n}' \times \boldsymbol{\Gamma}(\boldsymbol{r}', \boldsymbol{r}))\,. \end{aligned} \tag{D.47}$$

Nach Gl. (D.44) gilt aber, da $\boldsymbol{n}$ im Endpunkt von $\boldsymbol{r}$, bzw. $\boldsymbol{n}'$ im Endpunkt von $\boldsymbol{r}'$ liegt,

$$\boldsymbol{n} \times \boldsymbol{\Gamma}(\boldsymbol{r}, \boldsymbol{r}') = \boldsymbol{n}' \times \boldsymbol{\Gamma}(\boldsymbol{r}', \boldsymbol{r}) = 0\,,$$

womit nach Gl. (D.47) das erste Oberflächenintegral in Gl. (D.15) verschwindet. Das zweite Oberflächenintegral verschwindet ebenfalls zufolge $\boldsymbol{n}' \times \boldsymbol{E}(\boldsymbol{r}') = 0$. Somit erhalten wir aus Gl. (D.15) unter Beachtung von Gl. (D.46) im Innern des Volumens V wieder die frühere Beziehung (D.28)

$$\boldsymbol{E}(\boldsymbol{r}) = \int_V \boldsymbol{\Gamma}(\boldsymbol{r}, \boldsymbol{r}') \cdot \boldsymbol{I}(\boldsymbol{r}')\, dV'\,, \tag{D.48}$$

falls $\boldsymbol{\Gamma}(\boldsymbol{r}, \boldsymbol{r}')$ der Differentialgleichung (D.10) und der Randbedingung (D.44) genügt.

Betreffs weiterer Ausführungen zur dyadischen GREENschen Funktion, insbesondere über deren spezielle Darstellung in verschieden gestalteten Bereichen, sei auf das Werk "Methods of theoretical physics" von PH. M. MORSE und H. FESHBACH verwiesen. (Bd. II, Kap. 13; New York, Toronto u. London, 1953.)

Die Einführung der dyadischen GREENschen Funktion zur Darstellung des elektromagnetischen Feldes und der Entwicklungssatz nach Vektoreigenfunktionen findet sich in J. SCHWINGER's Report 43—34 (205) vom 21. Mai 1943. (Radiation Laboratory, Massachusetts Institute of Technology.)

Namenverzeichnis.

Sachverzeichnis.

Ergebnisse der exakten Naturwissenschaften

Herausgegeben von Professor Dr. **S. Flügge,** Marburg/Lahn, und Professor Dr. **F. Trendelenburg,** Erlangen, unter Mitwirkung von Professor Dr. **W. Bothe,** Heidelberg, und Professor Dr. **F. Hund,** Frankfurt a. M.

Siebenundzwanzigster Band:

Mit 271 Abbildungen. III, 421 Seiten Gr.-8°. 1953.
DM 66.—; Ganzleinen DM 69.—

Inhaltsübersicht: **Theorie des rein elektrischen Durchschlags fester Isolatoren.** Von W. Franz, Münster i. Westf. — **Der Leitungsmechanismus in homöopolaren Halbleitern.** Von O. Madelung, Erlangen. — **Die Energieschemata der leichten Atomkerne. II. Teil: Die Energieschemata der Kerne ^{20}F bis ^{36}Cl.** Von U. Cappeller, Marburg a. d. Lahn. — **Präparative Methoden der Elektronenmikroskopie und ihre Ergebnisse.** Von H. König, Darmstadt. — **Impulsverstärker und Impulsspektrographen.** Von E. Baldinger und W. Haeberli, Basel. — **Feldemission.** Von E. W. Müller, State College, Pa., USA. — **Szintillationszähler.** Von A. Krebs, Fort Knox, Ky., USA. — Namen- und Sachverzeichnis.

Achtundzwanzigster Band:

Mit 268 Abbildungen. III, 483 Seiten Gr.-8°. 1955.
DM 79.80; Ganzleinen DM 83.—

Inhaltsübersicht: **Erzeugung und Anwendung von Röntgenblitzen.** Von W. Schaaffs, Berlin. — **Ergebnisse der Experimente mit künstlichen π-Mesonen.** Von H. Thurn, Frankenthal/Pf. — **Theoretische Behandlung von Problemen der Mesonenphysik.** Von S. Flügge, Marburg/Lahn. — **The Spectroscopy of Nuclear Gamma-Rays by Direct Crystal Diffraction Methods.** By Jesse W. M. DuMond, Pasadena, Cal., USA. — **Bedeutung von Korpuskularbestrahlung für die Eigenschaften von Festkörpern.** Von K. Lintner und E. Schmid, Wien, Österreich. — **Technik und Anwendung der Kernemulsionen.** Von M. Teucher, Bern, Schweiz. — Namen- und Sachverzeichnis.

Springer-Verlag / Berlin · Göttingen · Heidelberg